普通高等院校能源动力类精品教材

低温技术原理与气体分离

丁国忠　陈建业　编

华中科技大学出版社
中国·武汉

内 容 提 要

本书从原理和方法入手,将低温技术需要的基础热力学和传热学串联起来,阐述低温技术基本原理与气体分离技术以及相关主要设备,主要内容分为低温技术的理论基础、气体的液化与分离和低温设备三大部分,介绍低温热力学和低温传热学基本原理、溶液热力学、低温工质和低温材料的性质、气体液化循环、气体精馏原理及设备、空分工艺、板翅式换热器和低温液体的储运与绝热技术等。

本书可作为能源与动力工程学科制冷及低温工程与相关专业的本科生教材,也可供冶金、石油化工及气体工程相关技术人员参考。

图书在版编目(CIP)数据

低温技术原理与气体分离/丁国忠,陈建业编. —武汉:华中科技大学出版社,2021.10
ISBN 978-7-5680-7573-2

Ⅰ.①低… Ⅱ.①丁… ②陈… Ⅲ.①低温技术 ②气体分离 Ⅳ.①TB66 ②O643.13

中国版本图书馆 CIP 数据核字(2021)第 202825 号

低温技术原理与气体分离   丁国忠   陈建业   编
Diwen Jishu Yuanli yu Qiti Fenli

策划编辑:王新华
责任编辑:王新华
封面设计:潘 群
责任校对:刘 竣
责任监印:周治超
出版发行:华中科技大学出版社(中国·武汉)   电话:(027)81321913
         武汉市东湖新技术开发区华工科技园   邮编:430223
录   排:华中科技大学惠友文印中心
印   刷:武汉开心印印刷有限公司
开   本:787mm×1092mm   1/16
印   张:20.75
字   数:526 千字
版   次:2021 年 10 月第 1 版第 1 次印刷
定   价:53.00 元

前　言

随着科学技术的发展,制冷及低温工程专业人才的社会需求越来越大。面向 21 世纪的发展需要,基于华中科技大学能源与动力工程学院本专业多年的教学科研积累,制冷及低温工程系教师共同讨论、确定了本书的提纲。

本书主要内容分为低温技术的理论基础、气体的液化与分离和低温设备三大部分,介绍低温热力学和低温传热学基本原理、溶液热力学、低温工质和低温材料的性质、气体液化循环、气体精馏原理及设备、空分工艺、板翅式换热器和低温液体的储运与绝热技术等。全书内容围绕气体液化与分离展开。

本书编写过程中立足于基础知识,同时结合企业实际产品和大型商业软件,使读者能以理论联系实际的方法掌握低温技术原理。

本书的内容由低温原理课程组几经讨论和修改,力求既保留基本原理,又符合新技术发展变化的趋势,有助于学生的学习和工程应用。

本书的编写得到了舒水明教授的大力支持和指导,何国庚教授、张晓青教授及一些研究生也参与了部分工作,在此表示感谢!

在本书出版过程中还得到华中科技大学能源与动力工程学院领导、教务科,华中科技大学出版社编辑们的热心帮助和指导,也一并表示感谢!

编　者

目　录

第1章 低温热力学基础

1.1 概　述

低温技术是指利用各种方法使气体液化或液化分离,或者使某一物体或空间达到并保持所需要的低温环境的技术。低温技术广泛应用于工业、农业、军事、医疗及科学研究等方面。低温技术所涉及的温度范围一般定为 120 K 以下,而 0.3 K 以下则称为超低温。

为了获得低温,需要研究获得低温的方法及其基础理论,以及如何构建各种低温循环。同时,任何一种获得低温的方法都必须依靠工质的状态变化来实现,所以各种工质的热力学性质及热物理性质,也是低温技术研究的主要内容。这两者构成低温技术的理论基础。

低温技术的应用有三种方式:一是使空气或其他混合气体通过低温液化分离获得所需的产品。如分离空气来获得氧、氮、氩和其他稀有气体,或者分离油田气及石油裂解气来获得乙烯、丙烯,分离天然气来获得甲烷、乙烷等。二是生产液化气体,如液化天然气(LNG)、液化石油气、液氧、液氮、液氩、液氢等。三是通过低温制冷机或者低温系统来提供低温环境,以满足空间技术、红外、超导及某些工业等所需要的温度或者温度链要求。低温应用过程中也会耦合多学科技术来满足不同的应用需求,并且低温技术应用中特别需要回收与利用冷量,这有时甚至决定了液化循环或低温技术的成败。

从空气中提取氧、氮、稀有气体是低温技术应用的一个重要方面。富氧燃烧已经被证明有助于各种燃烧过程,并有较大节能效果。如富氧燃烧火力发电厂、涡轮增压汽车发动机等都是利用富氧空气从而产生节能效果,对整个社会资源节约有广泛而重大的意义。氧用于炼钢和冶炼有色金属可以强化冶炼过程,用于转炉氧气顶吹、平炉及电炉吹氧,以及高炉的富氧鼓风,也用于气焊和切割。为了强化高炉炼铁过程,使用富氧空气(含 30%~40% 的 O_2)可提高产量,特别是纯氧顶吹转炉炼铁已被普遍采用,冶炼时间(包括辅助时间)只需 40 min,成为最佳的炼钢方法之一。这种方法与其他方法相比具有速度快、产量高、品种多、质量好、投资省等优点。转炉顶吹法每炼 1 t 钢需要高纯度(99.5%)的氧气 50~60 m^3/h,而 500 t 的平炉约需氧气 3000 m^3/h。鼓风炼铁也可以提高高炉生铁产量,降低焦炭消耗。若不用富氧鼓风,1 t 铁需要 600 kg 焦炭,而 600 kg 焦炭需用 1 t 煤,平均每 4 t 开采煤中才有 1 t 可用来炼焦。如用重油喷射加富氧空气(含 25% 的 O_2)鼓风,可以大大降低焦铁比,1 t 铁只需 350 kg 焦炭。据统计,高炉中氧气浓度每提高 1%,生铁产量可以提高 4%~6%,焦铁比可降低 5%~6%。化学工业中,在合成氨工厂,氧作为重油和粉煤的气化剂。在国防和空间技术中,液氧是火箭燃料的助燃剂(氧化剂),如美国载人登月飞船用的火箭,发射一次用了 2500 t O_2。此外,在煤的地下气化、合成燃烧生产、磁流体发电、火焰切割分离开采岩石等方面都需要大量富氧空气。

氮的主要用户是化学(化肥)工业。氮气是生产合成氨的原料气,如硝酸铵含氮 36%,在火箭技术中用作燃料氧化剂的硫酸铵含氮 21%,尿素含氮 46.7%。氮气在火箭技术、原子能工业、军事、食品保鲜和生物医学技术中也有应用。如在火箭技术中,氮气用于吹扫火箭的各个系统,压送氧化剂;原子能工业中用纯氮气作保护气;氮气用来洗涤导弹冷却装置;氮气用于水果保鲜。液氮还用作低温冷源（H_2/He 的恒温器）。液氢、液氦容器有时候需要液氮作保护介质；冷却真空套基于低温吸附氖、氢、氦等都需要液氮；在医学和畜牧业方面，液氮用于保存和运输血浆、牲畜的精液，以及低温手术刀；食品工业中，利用液氮喷雾快速冷冻食品，其保鲜效果更佳；而低温生物医学中用于长期保存高活性、不稳定物质（如臭氧、自由基等）的工艺，生产同质异性产品（如 H_2O_2）的反应，以及某些新的化合物的合成等都必须在液氮温度下进行。而超高纯氮气也用作计算机、手机、电子元器件、集成电路的环境保护气，其杂质含量是 10^{-6}、10^{-9} 级甚至更低。

稀有气体可以通过在大型空分装置上附加一些设备提取（全提取空分装置），有广泛的用途。氩在工业上的用途很广，单晶硅的生产，稀有金属（铀、钛、锆、锗等）的冶炼以及收音机制造、造船、原子能工业、机械工业都要用氩作保护气（氩弧焊）。用氩充填日光灯和霓虹灯、电子管，可以作为激发光源。氖气导电性好，主要用于充填电子管、钠蒸气灯、荧光灯和水银灯，它们用作港口、机场和水陆交通的航标，在各种测量仪器上用作显示装置。

氦在国防尖端技术中的应用尤为突出。一个模拟宇宙的实验舱，操作温度为 4 K，压力为 1.333×10^{-12} Pa，每周要消耗 1500 L 液氦（作为冷却剂）。氦是目前最难液化的一种介质（沸点为 4.2 K，在 2.2 K 发生相变成为超流氦），利用液态氦可以获得接近绝对零度的超低温度。在液氦温度下，某些金属电阻为零而成为超导体。利用超导材料可制造电机、计算机记忆系统；建立强磁场，如磁悬浮列车可以实现超导磁分离；火箭、导弹发射时，氦被用作燃料（液氢、液氧）的压送剂；氦还用作气冷式原子能反应堆中的载热剂，用于等离子体工业、气体激光、雷达探测、高空摄影、准分子激光器的混合气、化学气相沉积、光导纤维生产工艺、核磁共振扫描仪（MRI）中的启动和运行过程。半导体工业中，氦用作保护气、检漏气体。在医学方面，氦气与氧气的混合气作呼吸剂可医治潜水病，因而海军、深海打捞部门也使用氦；氦的升力比氢（H_2）小 8% 但安全，可用来充填飞船。总之，氦气在宇航技术、原子能反应堆、低温超导、红外探测、气相色谱、激光技术、特种金属冶炼、医学、潜水作业，以及填充气球、电子管和温度计等方面，均是不可缺少的一种气体。氦主要从天然气、核裂变物质中提取，价格高昂。

低温技术的发展还推动了超导技术的发展。利用超导材料可制成高效能的电机、电器、电缆、贮能线圈等。超导技术在高能物理、受控热核反应、磁流体发电、超导磁分离、宇航、船舶推进、磁悬浮列车、无线电微波技术等方面也得到诸多应用。低温技术为低温超导和高温超导提供最基本的安全可靠的条件，成为应用超导系统的一个重要的部分。

既然低温技术有这么多应用，就需要了解其理论基础，低温技术是建立在热力学基础之上的。热力学与低温技术的关系，可概括为以下几个方面：

（1）对基本制冷方法的研究必须运用热力学的知识。为了达到低温条件，一般需要采用人工制冷的方法。但是制冷过程怎样实现？什么条件下制冷过程进行得比较有效？这些问题就需要运用热力学的知识来解决。经典的案例是用热力学的方法分析出气态工质达到转化温度后的节流降温规律，解决了氢、氦等低温气体的节流降温及液化问题。

（2）对工质热物理性质的研究是低温技术的重要方面。无论从理论或者实验来研究工质的热物理性质，都离不开热力学。

（3）必须以热力学的理论为指导来构建技术上可行的复合制冷循环。只有用热力学的理论和方法来分析这些循环，才能确定热力学指标及最佳工况，并通过分析指明存在的问题及改进的方向。

（4）低温装置的容量、性能和经济性分析需要利用热力学第一、第二定律，即应用能量平衡法及有效能分析法进行循环及低温装置的热力学计算。

（5）对于提供低温的制冷机，也需要以热力学进行分析及设计优化。低温制冷机是提供低温的核心设备，对其设计制造与优化需要建立在热力学基础上。

低温技术是以热力学的理论和方法为基础发展起来的，而低温技术的发展又丰富了热力学的内容：开拓了热力学的低温领域，开展了对制冷方法及逆向循环的分析，促进了对低温工质特性的研究，并发现了物质在低温下的某些奇异现象，促进了变质量流量热力学在低温制冷机上的应用。

1.2　实际气体的性质

气态工质处于平衡状态时，其基本状态参数压力 p、比容 v 与温度 T 之间有一定的函数关系，可写成如下形式：

$$f(p,v,T) = 0 \tag{1-1}$$

上式称为气体的状态方程，又称克拉伯龙（Clapeyron）方程，其最简单的形式如下：

$$pv = RT \tag{1-2}$$

式中，R 为气体常数（kJ/(kg·K)），其值随气体种类而变。式(1-2)与由气体分子运动论提出的理想气体的物理模型所得结论完全一致，也称为理想气体状态方程。

理想气体状态方程由于没有考虑气体分子间的相互作用力和气体分子本身的体积，因而不能准确地表示实际气体的状态特性。

实际气体都不同程度地偏离理想气体状态方程，偏离程度取决于压力、温度与气体的性质，特别是取决于气体液化的难易程度。对于处在室温及 0.1 MPa 左右的气体，这种偏离程度是很小的，低于 10%。如氧气和氢气是沸点很低（−183 ℃与−253 ℃）的气体，在 25 ℃和 0.1 MPa 时，摩尔体积与理想值的偏差在 0.1% 以下。而沸点较高的二氧化硫和氯气（−10 ℃与−35 ℃），在 25 ℃与 0.1 MPa 的摩尔体积比按理想气体状态方程预测的数值分别低了 2.4% 与 1.6%。当温度较低、压力较高时，各种气体的行为都将不同程度地偏离理想气体的行为。

下面以氮气为例，具体说明大多数较难液化的气体不完全遵守理想气体状态方程的情况。表 1-1 中列出在温度为 0 ℃、压力为 0.1 MPa 时，体积恰为 1 L 的氮气的 pv 值与压力 p 的关系。按照波义尔（又译玻意耳、波义耳）-马略特定律（英文为 Boyle's law），在任何压力下，上述氮气的 pv 值都应该保持恒量：0.1 MPa·L。从表 1-1 可见，在 0 ℃下，从 0.1 MPa 到 10 MPa，波义尔-马略特定律的推论和实验结果相差不大（约为 1%），但当压力增加到 50～100 MPa 时，偏差就变得很大了，在 100 MPa 下，偏差达到 100%。其他气体也大致如此。

表 1-1　氮气在 0 ℃时不同压力下的 pv 值

压力 p/MPa	0.1	10	20	50	100
pv/(MPa·L)	1.000	0.994	1.048	1.309	2.069

引起上述偏差的原因有两个：一是分子之间的引力，当气体被压缩时，分子间平均距离缩短，分子间引力变大，气体的体积就要在分子间引力的作用下进一步缩小。因此，在定温下，当压力增加时，气体的体积要比波义尔-马略特定律所给出的数值小，即气体的 pv 值随压力 p 的增大而减小。二是分子本身的体积，当气体被压缩到分子本身的体积不容忽视时，容器内气体

分子间可以被压缩的空间与气体体积之比要随压力的增加而不断减小。因此,把气体压缩到一定体积所需的压力应该高于波义尔-马略特定律所给出的压力,即气体的 pv 值要变大,这一状况反映了分子之间的斥力。分子之间的引力和分子本身的体积这两个因素的影响是相反的,前者使气体易于压缩,而后者使气体难于压缩。在较低压力下,分子间引力是使气体偏离理想气体状态方程的主要因素,而在很高压力下,分子体积的影响就显得更加重要。

可以写出将分子间引力与分子体积这两个因素考虑在内的气体状态方程。研究较早的适用于中压范围内的气体状态方程是范德华方程。

它具有如下的形式:

$$\left(p + \frac{a}{v^2}\right)(v - b) = RT \tag{1-3}$$

式中,a 及 b 为范德华常数,对于一些常见气体,其值列于表 1-2 中。表 1-2 中的数值是对 1 kmol 而言。

表 1-2 常见气体的范德华常数

气 体	分子式	a	b	气 体	分子式	a	b
氧	O_2	137.80	0.0318	乙烯	C_2H_4	449.92	0.0571
氮	N_2	140.84	0.03918	甲烷	CH_4	228.28	0.0428
空气		135.57	0.03634	乙烷	C_2H_6	556.17	0.0638
氢	H_2	24.723	0.0266	水蒸气	H_2O	553.64	0.0305
氩	Ar	136.28	0.0322	二氧化氮	NO_2	535.40	0.0443
氖	Ne	21.380	0.0171	一氧化氮	NO	135.78	0.0278
氦	He	34.572	0.0237	二氧化硫	SO_2	680.29	0.0563
氪	Kr	233.87	0.0398	硫化氢	H_2S	448.97	0.0428
氙	Xe	424.96	0.0510	乙炔	C_2H_2	444.82	0.05136
二氧化碳	CO_2	363.96	0.0427	氯	Cl_2	657.93	0.0562
一氧化碳	CO	150.47	0.0399	R_2	$CClF_2$	1076.07	0.0996
氨	NH_3	422.53	0.0371				

范德华方程考虑了气体分子本身体积和气体分子间相互作用力的影响,因而在方程中引入了两个修正项 a/v^2 及 b。其中修正项 b 考虑了分子体积的影响,因而用 $v-b$ 来表示分子运动的自由空间。从理论上可以证明,b 的数值等于气体分子本身体积的四倍。修正项 a/v^2 是考虑了靠近容器内壁的气体分子受内侧分子的吸引而产生的不平衡力所带来的影响。这一引力同单位时间内碰撞容器壁的分子数成正比,又同容器中吸引它的分子数成正比,因而同气体的分子浓度的平方成正比,即与 v^2 成反比。作用在靠近容器内壁的气体分子上的吸引力同外界的压力方向一致,一起压缩气体,因而 a/v^2 也成为内压力。

由此可知,气体的压力越高,温度越低,则气体的比容越小,修正项 a/v^2 及 b 所起的作用就越大。反之,当压力很低而温度较高时,气体的比容很大,修正项 a/v^2 及 b 的值都相对较小,可以忽略,则式(1-3)转变为理想气体状态方程。这证明了范德华方程同理想气体状态方程在物理模型方面的相似性。

范德华方程是从气体分子运动模型得出的,原则上对各种气体都适用。但因考虑的因素较少,用于物性计算时仍会有较大的误差,特别是当压力比较高或接近液体状态时,这种误差就更大。例如对于二氧化碳,在 5 MPa 压力时,误差约为 4%,而在 100 MPa 压力时误差可达 35% 以上。

但范德华方程有较高的理论价值。将范德华方程改写成如下的形式:

$$v^3 - \left(b + \frac{RT}{p}\right)v^2 + \frac{a}{p}v - \frac{ab}{p} = 0 \tag{1-4}$$

当 p 及 T 给定时,可以求出三个 v 或者一个 v 值(此时方程的另两个根为虚数)。在式(1-4)中给定不同 T 值,求解后可在 p-v 坐标图上绘出一组等温线,如图 1-1 所示。由图可以看出,当温度升高时,v 随 p 单调变化,这与理想气体状态方程所得的等温线很相似,如 DE 线和 FG 线。但在较低温度时,等温线在一定的比容范围出现了波形分布,在此范围内,每个 p 一般对应有三个 v 值。

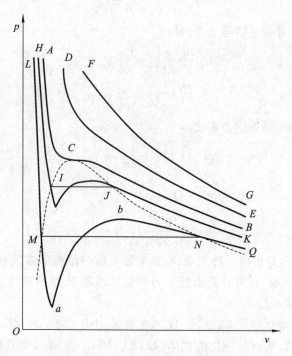

图 1-1　范德华等温线与实验等温线

在图 1-1 中,如果将等温线的波形部分用一等压线段代替,该压力值等于温度 T 对应的饱和蒸气压力,则所得曲线与实验等温线完全一致。

由此可见,范德华方程不但能较好地说明气体的特性,而且能说明气体到液体的转变过程。范德华等温线的波形部分虽然同实验等温线不同,但其中一些状态仍然有物理意义,且在一定条件下可以由实验得到。图 1-1 中线段 Ma 表示过热液体,令液体在无扰动的情况下缓慢地等温膨胀,就可看到液体的延迟蒸发,得到过热液体。同样,在无扰动的情况下对气体缓慢地等温压缩,就可得到用线段 Nb 表示的状态,称为过冷蒸气,或称过饱和蒸气,即出现液体延迟凝结的现象。过饱和蒸气也可出现在拉伐尔喷嘴中的气体快速膨胀过程中。过热液体及过冷蒸气在热力学中称为亚稳态,它们在一定的条件下可以存在,但是处于不稳定的平衡状态。线段 ab 所表示的状态是不稳定状态,实际上是不太可能出现的。

如图 1-1 所示,随着温度的降低,范德华等温线由单调的变化逐渐变为波形部分。两种状态的曲线之间有一条将两者分开的等温线,这就是临界等温线。临界等温线也是单调变化的,但出现一个拐点,即液化过程的临界点。临界点也就是饱和液体线与饱和蒸气线的交点,该点的参数称为临界压力(p_{cr})、临界温度(T_{cr}),以及临界比容(v_{cr})。分析图 1-1,当温度高于 T_{cr} 时,物质仅能以气态存在,不能用压缩的方法使之液化。如果温度低于 T_{cr},则物质能以液态、气态及气液两相混合态存在。

根据 p-v 图上临界点的特性,可以求出临界参数与范德华常数 a 及 b 之间的关系。因为临界点是饱和曲线上的极值点,同时又是临界等温线的拐点,所以满足下述关系:

$$\left(\frac{\partial p}{\partial v}\right)_{T_{cr}} = 0, \quad \left(\frac{\partial^2 p}{\partial v^2}\right)_{T_{cr}} = 0 \tag{1-5}$$

将式(1-3)用于临界状态,即可求得

$$p_{cr} = \frac{RT_{cr}}{v_{cr}-b} - \frac{a}{v_{cr}^2}$$

对上式连续两次求导,并令导数等于零,可得

$$\frac{RT_{cr}}{(v_{cr}-b)^2} + \frac{2a}{v_{cr}^3} = 0$$

$$\frac{2RT_{cr}}{(v_{cr}-b)^3} - \frac{6a}{v_{cr}^4} = 0$$

对这三个方程联立求解,可得到关系式:

$$v_{cr} = 3b, \quad T_{cr} = \frac{8a}{27bR}, \quad p_{cr} = \frac{a}{27b^2} \tag{1-6}$$

$$a = 3p_{cr}v_{cr}^2 = \frac{27R^2 T_{cr}^2}{64 p_{cr}} \tag{1-7a}$$

$$b = \frac{1}{3}v_{cr} = \frac{RT_{cr}}{8p_{cr}}, \quad R = \frac{8}{3}\frac{p_{cr}v_{cr}}{T_{cr}} \tag{1-7b}$$

式(1-6)及式(1-7)说明,对于任一种工质,临界参数可以与范德华常数互相换算。只要用实验方法确定其中任一组数值,就可计算出其余的数值。通常 R 为已知,T_{cr} 及 p_{cr} 较易测准,就可以用它们来计算 a、b 及 v_{cr}。

一般说来,对较难液化的气体(如 N_2、H_2),在常温、中压(20～30 MPa)范围内应用范德华方程可得到较准确的结果,而对易液化的气体(如 CO_2、NH_3、Cl_2 等),则只能在常温和略高(0～5 MPa)压力范围内使用,否则误差较大。因此,基于实验研究或者某些特定工质提出了很多具有较高准确度的实际气体状态方程。下面介绍几个比较典型的实际气体状态方程。

(1) 比迪-布里吉曼(Beattie-Bridgeman)方程:

$$pv^2 = RT\left[v + B_0\left(1 - \frac{b}{v}\right)\right]\left(1 - \frac{c}{vT^3}\right) - A_0\left(1 - \frac{a}{v}\right) \tag{1-8}$$

式中,A_0、B_0、a、b、c 为由实验确定的常数,随工质种类而不同。表 1-3 给出了几种气体的这些常数值,其中气体量是以 kmol 为单位。在表中给出的范围内,方程的计算结果与实验数值的平均偏差不大于 0.18%。

表 1-3　比迪-布里吉曼方程的常数值

气　体	A_0	B_0	a	b	c	温度范围/℃
氦	2.18862	0.01400	0.05984	0	40	−252～400
氢	20.01169	0.02098	−0.00506	−0.04359	504	−252～200

气　体	A_0	B_0	a	b	c	温度范围/℃
氮	136.23146	0.05046	0.02617	−0.00691	42000	−149～400
氧	151.08571	0.04624	0.02562	+0.004208	48000	−117～100
空气	131.84409	0.04611	0.01931	−0.01101	43400	−145～200
二氧化碳	101.98361	0.10476	0.07132	+0.07235	660000	0～100
甲烷	230.70689	0.05587	0.01855	−0.01587	128300	0～200

（2）BWR(Benedict-Webb-Rubin)方程：

$$p = RT + \left(B_0 RT - A_0 - \frac{C_0}{T^2}\right)\rho^2 + (bRT - a)\rho^3 + a\alpha\rho^6 - \frac{c\rho^3}{T^2}(1 + \gamma\rho^2)^{-\gamma\rho^2} \tag{1-9}$$

式中，ρ 为密度；A_0、B_0、C_0、a、b、c、α、γ 为实验常数。BWR 方程具有八个实验常数，因而用来计算高密度压缩流体的物性数据时具有更高的准确度。BWR 方程特别适用于轻烃及其混合物的液体和蒸气的物性数据计算。

（3）RK(Redlich-Kwong)方程：

$$p = \frac{RT}{v - b} - \frac{a}{T^{0.5} v(v + b)} \tag{1-10}$$

式中，a 及 b 为实验常数。RK 方程比较简单，只有两个常数；在所有的二常数状态方程中它的精确度最高，是最成功的一个方程。RK 方程的形式同范德华方程很相似，同样对该方程运用式(1-5)所表示的关系，也可求得 a、b 与临界参数之间的关系：

$$a = \frac{R^2 T_{cr}^{2.5}}{9(2^{1/3} - 1)p_{cr}} = 0.42748 \frac{R^2 T_{cr}^{2.5}}{p_{cr}}$$

$$b = \frac{2^{1/3} - 1}{3} \frac{RT_{cr}}{p_{cr}} = 0.08664 \frac{RT_{cr}}{p_{cr}}$$

这表明已知某种工质的临界参数时，可计算出该工质的 RK 方程的常数。

（4）维里(Virial)方程：

$$\frac{pv}{RT} = 1 + \frac{B}{v} + \frac{C}{v^2} + \frac{D}{v^3} + \frac{E}{v^4} + \cdots \tag{1-11}$$

式中，B、C、D、E 等都是温度的函数，且分别成为第二、第三、第四、第五等维里系数。维里方程也可表示成如下的形式：

$$\frac{pv}{RT} = 1 + B'p + C'p^2 + D'p^3 + \cdots \tag{1-12}$$

式(1-12)同式(1-11)是等效的，但它们的系数是不相同的。

可用 p-v-T 的实验数据来确定维里系数，例如按比迪-布里吉曼方程，若其常数已由实验确定，则可换算得维里方程的维里系数：

$$B = B_0 - \frac{A_0}{RT} - \frac{C}{T^3}$$

$$C = \frac{aA_0}{RT} - B_0\left(b + \frac{c}{T^3}\right)$$

$$D = bcB_0 / T^3$$

另外，Dieterici 方程和 Martin-Hou 方程也应用甚广。

1.3 对比态定律及其应用

在相同的温度、压力下,不同气体的压缩因子是不相等的。因此,在真实气体状态方程中,应该包含与气体性质有关的常数项。

而对比态定律表明在相同的对比温度、对比压力下(即在相同的对比状态下),不同气体的压缩因子可认为是相等的。凡是组成、结构、分子大小相近似的物质都比较严格地遵守这一定律。因此,已知一种物质的某种性质时,就可以用该原理来确定另一结构与之相近的物质的性质。

若某一物质在某一状态时的状态参数为 p、v、T,则其对比压力、对比比容及对比温度可分别表示为

$$p_r = \frac{p}{p_{cr}}, \quad v_r = \frac{v}{v_{cr}}, \quad T_r = \frac{T}{T_{cr}}$$

通称为对比参数。对比参数值的大小,表明该物质所处状态远离其临界状态的程度。

共同遵守对比态原理,表现出相同性质的所有物质称为热力学相似物质。通用函数形式为

$$f(p_r, v_r, T_r) = 0, \quad v_r = f_1(p_r, T_r)$$

将对比参数代入范德华方程(1-3)可得

$$\left(p_r p_{cr} + \frac{a}{v_r^2 v_{cr}^2}\right)(v_r v_{cr} - b) = RT_r T_{cr}$$

再将式(1-7)表示的 a、b 及 R 的值代入,整理后可得

$$\left(p_r + \frac{3}{v_r^2}\right)(3v_r - 1) = 8T_r \tag{1-13}$$

上式称为范德华对比态方程,它的特点是方程中只包括无因次参数 p_r、v_r、T_r 及几个常值系数,没有与物质特性有关的个别常数。因此它是一个通用方程,适用于任意一种符合范德华方程的工质。

如果两种工质所处的状态具有相同的对比参数,则称它们处于对比状态。此时它们离开各自的临界状态的程度是相同的。在临界状态时,任何物质的对比参数都相同,因而所有物质的临界状态都是对比状态。

对于符合范德华方程的几种物质,它们的三个对比参数 p_r、v_r、T_r 中若有两个相等,则第三个必然相等,且同处于对比状态,这称为对比态定律。

实际气体的压缩性系数也可用对比态参数表示,形式如下:

$$\xi = \frac{p_{cr} v_{cr}}{RT_{cr}} \frac{p_r v_r}{T_r} = \xi_{cr} \frac{p_r v_r}{T_r} \tag{1-14}$$

而根据对比态定律,对于热力学相似的工质,当 p_r、T_r 相等时,v_r 必相等(即 v_r 是 p_r 和 T_r 的函数)。因此可以减少一个自变量,则式(1-14)可表示为

$$\xi = f(p_r, T_r, \xi_{cr}) \tag{1-15}$$

即压缩性系数可表示为对比参数 p_r、T_r 及临界压缩性系数 ξ_{cr} 的函数。

由式(1-7),用范德华方程导出的临界压缩性系数为常数,即 $\xi_{cr} = 3/8 = 0.375$。将 ξ_{cr} 当作常数处理时,式(1-15)可简化为

$$\xi = f(p_r, T_r) \tag{1-16}$$

这表明，当 ξ_{cr} 为常数时，对于所有的气体，只要它们的 p_r 及 T_r 相等，则 ξ 值必然相等。这是对比态定律的第二种说法。

对于大多数有机化合物，除高分子和高极性物质以外，$\xi_{cr}=0.27\sim0.29$，因此认定 $\xi_{cr}=$ 常数误差不大。根据式(1-16)，各种气体的压缩性系数可以整理为两参数(p_r，T_r)关系的通用图表，这样使用起来就很方便。目前这样的图表较多，其中以奈尔森(Nelson)和奥伯特(Obert)整理的图(称为压缩性系数图)准确性最好，如图 1-2 至图 1-4 所示。该图在 $p_r \leqslant 10$ 时，根据 26 种气体的实验数据整理得出，在 $p_r=10\sim40$ 的范围内是根据 17 种气体的平均实验数据得出的。当 $p_r<1$ 时，应用该图一般最大误差为 1%；当 $p_r=1\sim10$ 时，对于这 26 种气体，除近临界区外，误差不超过 2.5%，而当 $p_r=10\sim20$ 及 $T_r=1\sim3.5$ 时，最大误差可达 5%。

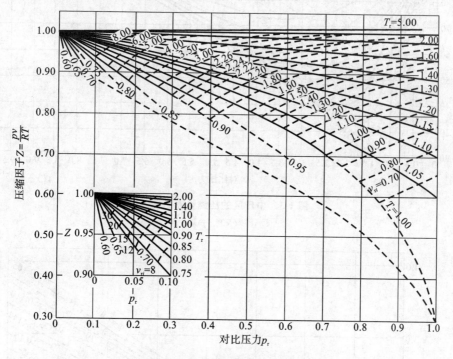

图 1-2　低压区的压缩性系数图

(Nelson 和 Obert，1954)

$$v_{ri}=v/(RT_{cr}/p_{cr})$$

值得注意的是两参数对比态原理仅能应用于"简单"分子，即分子四周的力场是高度对称的，分子间的作用力仅与距离有关，而与方位无关。严格说来，仅球形非极性分子(如氩、氪、氙)属于这类简单分子。甲烷、氧、氮和一氧化碳等，接近于简单分子。所以该图对 H_2O、NH_3、CH_3Cl 等极性气体不适用；对 H_2、Ne、He 等气体，只有当 $T_r>2.5$ 且对比压力和对比温度进行如下修正：

$$p_r = \frac{p}{p_{cr}+810.6}, \quad T_r = \frac{T}{T_{cr}+8} \tag{1-17}$$

才能得到满意的结果。

为了提高对比态原理的精确度，需要引入第三参数。上述两参数对比态原理针对多种流体，因为没有反映物种特性的量，所以会在计算中产生偏差。要想提高精度，就需引入反映物种特性的分子结构参数。前人做过一些尝试，如用分子键长、正常沸点下的汽化热、临界压缩

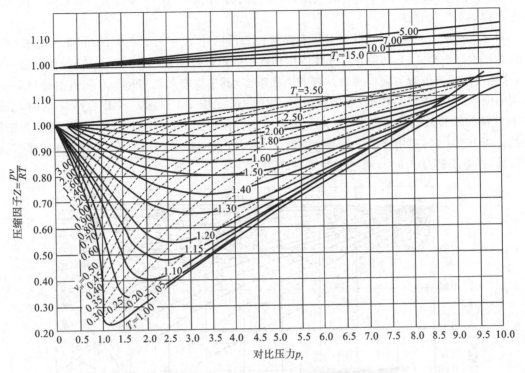

图 1-3　中压区的压缩性系数图

$$v_{ri} = v/(RT_{cr}/p_{cr})$$

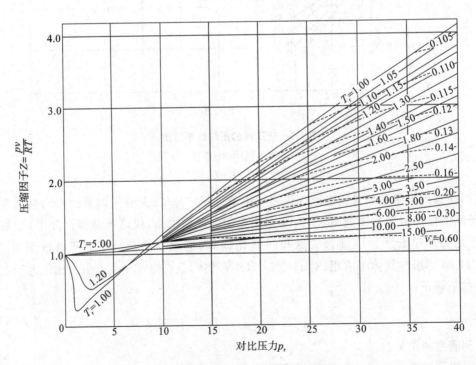

图 1-4　所有 p 区的压缩性系数图

$$v_{ri} = v/(RT_{cr}/p_{cr})$$

因子 ξ_{cr} 等,结果都不太满意。

其中将 ξ_{cr} 作为第三参数,使用简单,对于大多数物质,计算精度尚好。但由于 v_{cr} 难于十分精确测定,因此要求高精度时仍然需用其他参数。

偏心因子是引入的又一个第三参数,由 K. S. Pitzer 提出,目前已被普遍承认。它是根据纯态物质的蒸气压来定义的。实验发现,纯态物质的饱和对比蒸气压的对数与对比温度的倒数近似呈线性关系,即 $\dfrac{d(\lg p_{r,s})}{d(1/T_r)} = a$,其中 a 为斜率。就两参数对比态原理而言,所有的流体 a 都应该是相同的,但实验结果并非如此。每一种物质都有不同的特定值。Pitzer 看到,当将 $\lg p_r$ 对 $1/T_r$ 作图时,简单流体(氩、氪、氙)的所有蒸气压数据都集中在一条线上,且通过 $T_r = 0.7$,$\lg p_{r,s} = -1.0$ 这一点,所以偏心因子的定义为:其他流体在 $T_r = 0.7$ 时的纵坐标与同一条件下的氩、氪和氙的 $\lg p_{r,s}$ 值的差,即

$$\omega = -\lg(p_{r,s})_{T_r=0.7} - 1.000$$

这代表物质的结构性质,用来衡量非球形气体分子间的引力同球形气体分子的偏差。起初,以 ω 表示分子的偏心度或非球形度,目前主要作为对分子形状及极性复杂性的某种量度。ω 适用于正常流体,而对 H_2、He、Ne 等分子不适用。对于球形分子气体如氩、氪、氙,在 $T_r = 0.7$ 时的对比饱和蒸气压力 p_{cr} 接近 0.1,故偏心因子 $\omega \approx 0$;对于非球形分子气体,$T_r = 0.7$ 时的对比饱和蒸气压力略小于 0.1,故偏心因子为正值,一般在 $0 \sim 0.5$ 范围内。常用气体的偏心因子列于表 1-4 中。

表 1-4　常用气体的临界状态特性数据及偏心因子

气体 (分子式)	相对分子质量	标准沸点 T/K	临界温度 T_{cr}/K	临界压力 p_{cr}		临界体积 v_{cr} /(m³/kmol)	临界压缩性系数 ξ_{cr}	偏心因子 ω
				/atm	/kPa			
氦(^{4}He)	4.003	4.224	5.2014	2.24	226.97	0.0573	0.301	−0.387
氖(Ne)	20.183	27.0	44.4	27.2	2756.04	0.0417	0.311	0
氩(Ar)	38.948	87.3	150.8	48.1	4873.73	0.0949	0.291	−0.004
氪(Kr)	83.80	119.8	200.4	54.3	5501.95	0.0291	0.288	−0.002
氙(Xe)	131.30	165.0	289.7	57.6	5836.32	0.118	0.286	0.002
氢(H_2)	2.016	20.4	33.2	12.8	1296.96	0.0650	0.305	−0.22
氧(O_2)	31.999	90.2	154.78	49.3	5046.98	0.0734	0.288	0.021
氮(N_2)	28.016	77.4	126.2	33.5	3394.38	0.0895	0.290	0.040
空气	28.96	78.8	132.5	37.17	3766.15	0.0905		
二氧化碳(CO_2)	44.01	164.7	304.2	72.8	7376.46	0.0946	0.274	0.225
一氧化碳(CO)	28.01	81.7	132.9	34.5	3496.71	0.0931	0.285	0.040
水蒸气(H_2O)	18.015	373.2	647.3	217.6	22043.32	0.056	0.229	0.344
甲烷(CH_4)	16.043	111.7	190.6	45.4	4600.15	0.099	0.288	0.008
乙烷(C_2H_6)	30.07	184.6	305.4	48.2	4883.37	0.148	0.285	0.098
氨(NH_3)	17.031	239.7	405.6	111.3	11277.47	0.0725	0.242	0.250
氯(Cl_2)	70.906	238.7	417	76	7700.70	0.124	0.275	0.073

气体 （分子式）	相对 分子 质量	标准 沸点 T/K	临界 温度 T_{cr}/K	临界压力 p_{cr}		临界体积 v_{cr} $/(m^3/kmol)$	临界压 缩性系 数 ξ_{cr}	偏心 因子 ω
				/atm	/kPa			
乙烯（C_2H_4）	28.054	169.4	282.4	49.7	5035.85	0.129	0.276	0.085
丙烯（C_3H_8）	42.06	225.4	365.0	45.6	4620.42	0.181	0.275	0.148
乙炔（C_2H_6）	26.038	189.2	305.3	80.6	8140.30	0.113	0.271	0.184
一氯甲烷（CH_3Cl）	50.488	248.9	416.3	65.9	6677.32	0.139	0.268	0.156
二氧化氮（NO_2）	48.006	294.3	431.4	100	10132.30	0.170	0.480	0.86
R_{11}（$CFCl_3$）	137.368	297.0	471.2	43.5	4407.64	0.248	0.279	
R_{12}（CF_2Cl_2）	120.914	243.4	385.0	40.7	4123.93	0.217	0.280	0.176
R_{13}（CF_3Cl）	104.459	191.7	302.0	38.7	3921.28	0.180	0.282	0.180
R_{21}（$CHFCl_2$）	102.923	282	451.6	51.0	5167.58	0.197	0.272	0.202
R_{22}（CHF_2Cl）	86.469	232.4	369.2	49.1	4976.06	0.165	0.267	0.215
R_{113}（$C_2F_3Cl_3$）	187.380	320.7	487.2	33.7	3414.85	0.304	0.256	0.252
R_{114}（$C_2F_4Cl_2$）	170.922	276.9	418.9	32.2	3262.67	0.293	0.275	0.255
R_{142}（$C_2H_3F_2Cl$）	100.496	263.4	410.2	40.7	4123.93	0.231	0.279	
R_{143}（$C_2H_3F_3$）	84.041	225.5	346.2	37.1	3756.16	0.221	0.289	0.257

注：1 atm＝101.325 kPa。

Pitzer 就第二维里系数提出了最简单的三参数关系式：

$$Z = 1 + \frac{Bp}{RT} = 1 + \frac{Bp_{cr}}{RT_{cr}} \cdot \frac{p_r}{T_r} \tag{1-18}$$

（由 $Z = 1 + \dfrac{B}{V} + \dfrac{C}{V^2} + \cdots$ 及 $Z = q + B'p + C'p^2 + \cdots$ 演化而来。）

其中

$$\frac{Bp_{cr}}{RT_{cr}} = B^{(0)} + \omega B^{(1)}$$

式中

$$B^{(0)} = 0.083 - \frac{0.422}{T_r^{1.6}}, \quad B^{(1)} = 0.139 - \frac{0.172}{T_r^{4.2}}$$

最近 $B^{(0)}$、$B^{(1)}$ 被进一步修改为

$$B^{(0)} = 0.1445 - 0.330T_r^{-1} - 0.1385T_r^{-2} - 0.0121T_r^{-3} - 0.000607T_r^{-8}$$

$$B^{(1)} = 0.0637 + 0.331T_r^{-2} - 0.423T_r^{-3} - 0.008T_r^{-8}$$

该式适用范围：$v_r = \dfrac{v}{v_{cr}} \geqslant 2$。此式对非极性气体最为精确，但对强极性和缔合分子不精确。

若 $v_r \leqslant 2$，Pitzer 提出了气体的压缩性系数表达形式：

$$\xi = \xi^{(0)}(p_r, T_r) + \omega \xi^{(1)}(p_r, T_r) \tag{1-19}$$

其中 $\xi^{(0)}$ 是球形分子气体的压缩性系数，$\xi^{(1)}$ 是非球形分子气体的压缩性系数的校正值，它们都只是 p_r 及 T_r 的函数。在文献[1]中分别给出 $\xi^{(0)}$ 及 $\xi^{(1)}$ 的数值随 p_r、T_r 而变化的关系曲线，其适用范围是 $0.8 < T_r \leqslant 4, 0.1 < p_r \leqslant 10$。此式亦只适合于非极性和弱极性物质，对其他流体则

得不到好的结果。

例 1-1 试用范德华方程和对比态法分别计算空气在 $p=100$ atm 及 $T=300$ K 时的密度,并与实测值相比较。

解 (1)已知 $p=10132.5$ kPa,$T=300$ K

对于空气,由表 1-2 及表 1-4 可查得

$$M_r=28.96$$

$$a=\frac{135.57}{28.96^2}\text{ kPa}\cdot\text{m}^6/\text{kg}^2=0.16165\text{ kPa}\cdot\text{m}^6/\text{kg}^2$$

$$b=0.03634/28.96\text{ m}^3/\text{kg}=0.001255\text{ m}^3/\text{kg}$$

$$R=8.31434/28.96\text{ kJ}/(\text{kg}\cdot\text{K})=0.2871\text{ kJ}/(\text{kg}\cdot\text{K})$$

将这些数值代入式(1-4)得

$$v^3-\left(0.001255+\frac{0.2871\times300}{10132.5}\right)v^2+\frac{0.16165}{10132.5}=\frac{0.16165\times0.001255}{10132.5}$$

或

$$v^3-9.755\times10^{-8}v^2+1.595\times10^{-6}v=2.002\times10^{-8}$$

用试凑法求解得

$$v=0.00809\text{ m}^3/\text{kg}$$

即

$$\rho=\frac{1}{v}=\frac{1}{0.00809}\text{ kg/m}^3=123.61\text{ kg/m}^3$$

可以查得此状态下空气的实测密度为

$$\rho'=118.3\text{ kg/m}^3$$

故范德华方程计算结果的相对误差为

$$\frac{\rho-\rho'}{\rho'}=\frac{5.31}{118.3}=4.49\%$$

这样的误差是比较大的。

(2)对于空气,由表 1-4 可查得

$$p_{cr}=3766.25\text{ kPa},\quad T_{cr}=132.5\text{ K}$$

$$\omega=0.8\omega_{N_2}+0.2\omega_{O_2}=0.032+0.0042=0.0362$$

从而可计算出对比参数

$$p_r=p/p_{cr}=10132.5/3766.25=2.690$$

$$T_r=T/T_{cr}=300/132.5=2.264$$

先按两参数法计算。由图 1-3 查得

$$\xi=0.98$$

由此可以计算出

$$\rho=\frac{p}{\xi RT}=\frac{10132.5}{0.98\times0.2871\times300}\text{ kg/m}^3=120.4\text{ kg/m}^3$$

其相对误差为

$$\frac{120.4-118.3}{118.3}=1.47\%$$

再按三参数法计算。由文献[1]中的图 1-6 及图 1-7 查得

$$\xi^{(0)}=0.975,\quad\xi^{(1)}=0.19$$

故

$$\xi=\xi^{(0)}+\omega\xi^{(1)}=0.975+0.0362\times0.19=0.982$$

由此可计算出

$$\rho = \frac{p}{\xi RT} = \frac{10132.5}{0.0982 \times 0.2871 \times 300} \text{ kg/m}^3 = 119.8 \text{ kg/m}^3$$

其相对误差为

$$\frac{119.8 - 118.3}{118.3} = 1.27\%$$

由上述计算可知,用对比态法计算比用范德华方程要准确得多,而对比态法中三参数法的误差要比两参数法小。

例 1-2 试用(1)理想气体状态方程,(2)RK 方程,(3)压缩性系数图三种方法计算 673 K、4.053 MPa 下甲烷气体的摩尔体积,并比较结果。

解 (1)用理想气体状态方程。

$$v = \frac{RT}{p} = \frac{673 \times 8.314}{4.053 \times 10^6} \text{ m}^3/\text{mol} = 1.381 \times 10^{-3} \text{ m}^3/\text{mol}$$

(2)用 RK 方程。

可查得:$T_{cr} = 190.6$ K,$p_{cr} = 4.600$ MPa,$\omega = 0.008$。首先求 a、b:

$$a = \frac{0.4278 R^2 T_{cr}^{2.5}}{p} = \frac{0.4278 \times 8.314^2 \times 1.906^{2.5}}{4.6 \times 10^6} \text{ Pa} \cdot \text{m}^6 \cdot \text{K}^{1/2}/\text{mol}^2$$

$$= 3.224 \text{ Pa} \cdot \text{m}^6 \cdot \text{K}^{1/2}/\text{mol}^2$$

$$b = \frac{0.0867 RT_{cr}}{p_{cr}} \text{ m}^3/\text{mol} = 2.987 \times 10^{-5} \text{ m}^3/\text{mol}$$

代入方程迭代得

$$v = 1.390 \times 10^{-3} \text{ m}^3/\text{mol}$$

(3)用压缩性系数图。

因 v 不知,故不能用 v_r 作判据。

由

$$T_r = \frac{T}{T_{cr}} = 3.53, \quad p_r = \frac{4.053}{4.6} = 0.881$$

位于曲线上方,用第二维里系数法。则

$$B^{(0)} = 0.083 - \frac{0.422}{T_r^{4.2}} = 0.0269, \quad B^{(1)} = 0.139 - \frac{0.172}{T_r^{4.2}} = 0.138$$

所以

$$\frac{Bp_{cr}}{RT_{cr}} = B^{(0)} + \omega B^{(1)} = 0.0269 + 0.008 \times 0.138 = 0.0281$$

$$Z = 1 + \frac{Bp_{cr}}{RT_{cr}} \frac{p_r}{T_r} = 1 + 0.0281 \times \frac{0.881}{3.53} = 1.007$$

$$v = 1.390 \times 10^{-3} \text{ m}^3/\text{mol}$$

由上述计算可知,理想气体状态方程与其他方法相差较大,其余两种方法较接近。

1.4 实际气体热量参数的计算

气体在压力很低时(等于或稍小于大气压力时)可以看作理想气体,而理想气体的焓、熵及比热容等仅与其温度有关。实际气体与理想气体物性数值的差别,主要是由压力升高引起的。多数气体在理想状态下的热量参数已经过系统的试验和计算,其数值可在有关的手册(例如 NIST 数据库)中找到。因此,对于实际气体热量参数的计算,主要是计算它与理想气体的偏差。

对热量参数的计算,一般采用三参数法。根据所采用的判据不同,有如下两种方法。

1. 临界压缩性系数法

这种方法认为,凡是临界压缩性系数 ξ_{cr} 相近的气体,都可以看作热力学相似物质。不仅它们的对比参数遵从对比态定律,而且它们的热量参数与理想气体的热量参数之差 $H-H^{\circ}$、$S-S^{\circ}$、$c_p-c_p^{\circ}$ 等(上标°表示理想气体状态)也可表示为对比参数的同一形式的函数。因此,可以按照不同的 ξ_{cr} 值绘制一套通用的物性图表,应用这些图或表即可近似地计算实际气体的热量参数。

在编制这种图表时,通常是将 ξ_{cr} 分为 0.23、0.25、0.27 及 0.29 四级。各种氟利昂及多数烃类气体,其 ξ_{cr} 值是在 0.26~0.28,这里选用 $\xi_{cr}=0.27$ 的一类工质来加以说明,它们的热量参数的偏差值通用计算图见文献[1]。这些图均以 p_r 及 T_r 为变量,而在确定 p_r 及 T_r 时对于 H_2、He、Ne 等气体要按式(1-17)进行修正。

在应用这些图进行计算时,先由表 1-4 查出气体的临界参数 p_{cr}、T_{cr} 以及相对分子质量 M_r,再与给定的 p、T 相比,求出 p_r 及 T_r,然后按下述步骤进行计算。

(1) 焓 h。

①依据 p_r、T_r 在文献[1]的图 1-8 中查得 $\dfrac{H^{\circ}-H}{T_{cr}}$ (kJ/(kmol·K));

②依据 T 在有关文献中查得 H°(kJ/kmol);

③再按下式计算实际气体的焓:

$$h=\frac{1}{M_r}\Big(H^{\circ}-T_{cr}\times\frac{H^{\circ}-H}{T_{cr}}\Big)(kJ/kg) \tag{1-20}$$

(2) 熵 S。

①依据 p_r、T_r 在文献[1]的图 1-9 中查得 $S^{\circ}-S$(kJ/(kmol·K));

②依据 T 在有关文献中查得 S°(kJ/(kmol·K));

③再按下式计算实际气体的熵:

$$S=\frac{S^{\circ}-8.3143\ln\dfrac{p}{101.3}-(S^{\circ}-S)}{M_r}(kJ/(kg·K)) \tag{1-21}$$

在制图时取 1 atm 及 0 K 时的熵为 0,所以上式中还需对压力进行修正。

(3) 定压比热容 c_p。

①依据 p_r、T_r 在文献[1]的图 1-10 中查得 $c_p-c_p^{\circ}$(kJ/(kmol·K));

②依据 T 在有关文献中查得 c_p°(kJ/(kmol·K));

③再按下式计算实际气体的定压比热容 c_p:

$$c_p=\frac{c_p^{\circ}+(c_p-c_p^{\circ})}{M_r}(kJ/(kg·K)) \tag{1-22}$$

(4) 定容比热容 c_V。

①依据 p_r、T_r 在文献[1]的图 1-11 中查得 c_p-c_V(kJ/(kmol·K));

②再用已求得的 c_p 按下式计算 c_V:

$$c_V=c_p-\frac{1}{M_r}(c_p-c_V)(kJ/(kg·K)) \tag{1-23}$$

对于 ξ_{cr} 偏离 0.27 较大的情况,可按同样的方式分别应用 $\xi_{cr}=0.23,0.25,0.29$ 的热量参数的偏差值通用计算图或表进行计算。

2. 偏心因子法

按偏心因子进行计算时,每千摩尔气体的各种热量参数偏差值的计算式如下:

$$\frac{H^\circ - H}{R_M T_{cr}} = \left(\frac{H^\circ - H}{R_M T_{cr}}\right)^{(0)} + \omega \left(\frac{H^\circ - H}{R_M T_{cr}}\right)^{(1)} \tag{1-24}$$

$$\frac{S^\circ - S}{R_M} = \left(\frac{S^\circ - S}{R_M}\right)^{(0)} + \omega \left(\frac{S^\circ - S}{R_M}\right)^{(1)} \tag{1-25}$$

$$\frac{c_p^\circ - c_p}{R_M} = \left(\frac{c_p^\circ - c_p}{R_M}\right)^{(0)} + \omega \left(\frac{c_p^\circ - c_p}{R_M}\right)^{(1)} \tag{1-26}$$

$$\frac{c_V^\circ - c_V}{R_M} = \left(\frac{c_V^\circ - c_V}{R_M}\right)^{(0)} + \omega \left(\frac{c_V^\circ - c_V}{R_M}\right)^{(1)} \tag{1-27}$$

式中，$R_M = \dfrac{R}{M_r}$。上式中的各项均为无因次量，其中带有上标(0)的各项为球形分子气体对于理想气体的偏差，带有上标(1)的各项为非球形分子气体对于球形分子气体的校正值。这些偏差和校正值可由文献[4]的 LK 表查得。图 1-5 至图 1-8 中给出球形分子气体的定压比热容、定容比热容对理想气体的偏差值以及非球形分子气体相应的校正值，这些图可用于实际气体比热容的计算。计算时先确定 p_r 及 T_r，然后按照前一种方法的步骤进行计算。

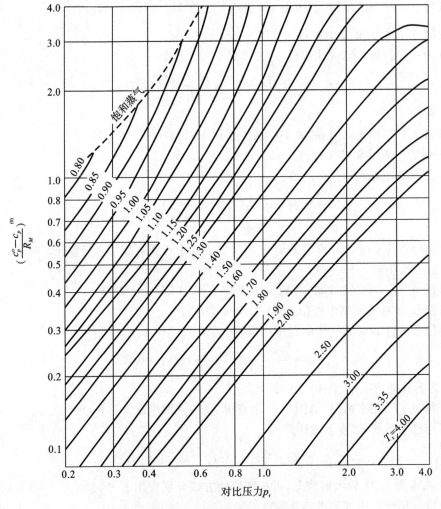

图 1-5　球形分子气体定压比热容的偏差值

例 1-3　已知 CO_2 在 350 K、理想气体状态下，焓 $h^\circ = 257.4$ kJ/kg，熵 $S^\circ = 4.999$ kJ/(kg·K)，

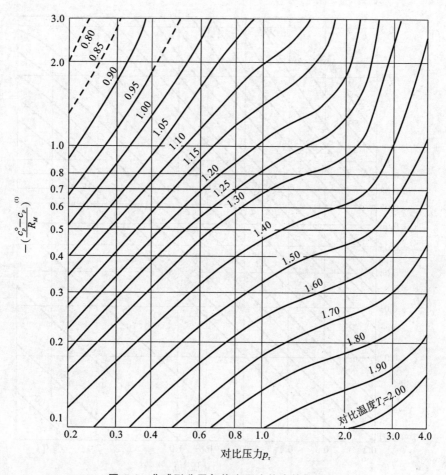

图 1-6 非球形分子气体定压比热容的校正值

试按临界压缩性系数法确定其在 350 K、6500 kPa 时的焓及熵。

解 对于 CO_2，由表 1-4 可查得

$$p_{cr} = 7376.46 \text{ kPa}, \quad T_{cr} = 304.2 \text{ K}, \quad M_r = 44.01, \quad \xi_{cr} = 0.274$$

由此可求得所计算状态的对比参数，即

$$p_r = 6500/7376.46 = 0.8812$$

$$T_r = 350/304.2 = 1.1506$$

CO_2 的 ξ_{cr} 很接近 0.27，故可按文献[1]的图 1-8 及图 1-9 进行计算。依据 p_r 及 T_r 由两图可查得

$$\frac{H° - H}{T_{cr}} = 7.33 \text{ kJ/(kmol} \cdot \text{K)}, \quad S° - S = 5.84 \text{ kJ/(kmol} \cdot \text{K)}$$

从而可计算作为实际气体的焓和熵，即

$$h = h° - \frac{T_{cr}}{M_r}\frac{H° - H}{T_{cr}} = \left(257.4 - \frac{304.2}{44.01} \times 7.337\right) \text{kJ/kg} = 206.7 \text{ kJ/kg}$$

$$S = S° - \frac{8.3143}{M_r} \ln \frac{p}{101.3} - \frac{S° - S}{M}$$

$$= \left(4.999 - \frac{8.3143}{44.01} \ln \frac{6500}{101.3} - \frac{5.84}{44.01}\right) \text{kJ/(kg} \cdot \text{K)}$$

$$= 4.0811 \text{ kJ/(kg} \cdot \text{K)}$$

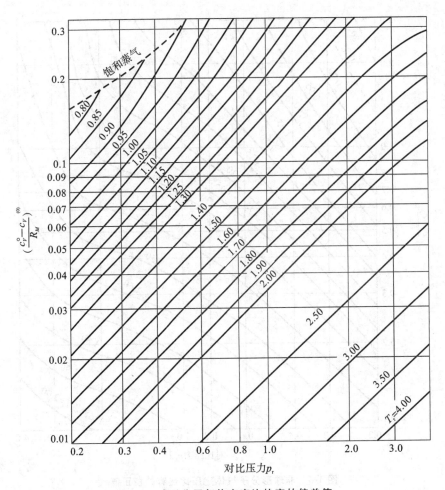

图 1-7 球形分子气体定容比热容的偏差值

由文献[5]可查得 CO_2 在 350 K、6500 kPa 时焓和熵的实测值分别为

$$h'=207.8 \text{ kJ/kg}, \quad S'=4.1058 \text{ kJ/(kg·K)}$$

上述计算的相对误差为

$$\frac{(h^\circ-h)-(h^\circ-h')}{h^\circ-h'}=\frac{50.7-49.6}{49.6}=2.22\%$$

$$\frac{(S^\circ-S)-(S^\circ-S')}{S^\circ-S}=\frac{0.9179-0.8392}{0.8392}=2.76\%$$

例 1-4 用偏心因子法求氨在 400 K、2500 kPa 时的定压比热容。已知氨在 400 K 时的理想气体状态下的定压比热容 $c_p=2.287$ kJ/(kg·K)。

解 对于氨,由表 1-4 查得

$$p_{cr}=11277.47 \text{ kPa}, \quad T_{cr}=405.6 \text{ K}, \quad M_r=17.031, \quad \omega=0.250$$

由此可求得计算状态的对比参数

$$p_r=2500/11277.47=0.222, \quad T_r=400/405.6=0.986$$

依据 p_r 及 T_r 由图 1-5 及图 1-6 可查得

$$\left(\frac{c_p^\circ-c_p}{R_M}\right)^{(0)}=0.42, \quad -\left(\frac{c_p^\circ-c_p}{R_M}\right)^{(1)}=0.64$$

由此可计算得

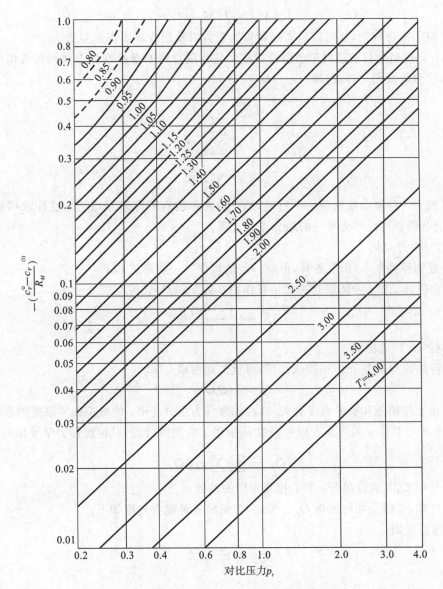

图 1-8　非球形分子气体定容比热容的偏差值

$$\frac{c_p^{\circ}-c_p}{R_M}=-0.42-0.25\times0.64=-0.58$$

$$c_p=c_p^{\circ}+0.58\ kJ/(kg\cdot K)=(2.287+0.58)kJ/(kg\cdot K)=2.867\ kJ/(kg\cdot K)$$

由物性软件或数据库可查得氨在 400 K、2500 kPa 时的定压比热容为 $c_p'=2.78\ kJ/(kg\cdot K)$，故上述计算的相对误差为

$$\frac{2.867-2.78}{2.78}=3.13\%$$

化工生产与气体行业中（如基本有机合成工艺、合成氨工艺、石油炼制和石油化工工艺等），处理的物系多为多组分混合物，因此对混合物进行计算时用纯物质的 p-v-T 关系来预测混合物的性质很重要。

3. 混合规则和虚拟临界常数

混合规则：混合物的虚拟参数 M_m 与纯物质参数 M_i 以及组成 y_i 之间的关系可以表达为

$$M_m = f(M_i, y_i)$$

一旦有了混合规则,就可以根据纯物质的参数以及组成求出虚拟参数。

凯(Kay)规则是目前最简单的混合规则。它将混合物的虚拟临界参数视为纯组分临界常数和其摩尔分数乘积之总和,即

$$M_m = \sum^i y_i M_i \qquad (1\text{-}28)$$

$$T_{cm} = \sum^i y_i T_{ci}$$

$$p_{cm} = \sum^i y_i p_{ci}$$

凯规则为各种复杂规则的一个特例,是一种简单的直线摩尔平均法。这样求得虚拟临界参数后,混合物就可以作为单一的组分进行计算。

1)常见混合规则

混合规则种类繁多,情况各异,但有一定的规律。一般形式如下:

(1)与组分 i 和 j 的体积有关的相互作用参数 Y_{ij} 的形式可写成

$$Y_{ij}^{1/3} = \frac{Y_i^{1/3} + Y_j^{1/3}}{2} \qquad (1\text{-}29)$$

式中,Y 与体积 V 成比例。

(2)若参数 Q 和相互作用能成比例,可近似地写成

$$Q_{ij} = (Q_i Q_j)^{1/2} \qquad (1\text{-}30)$$

由于相互作用能和临界温度有关,故此式常作为组分 i 和 j 的虚拟临界温度的混合规则。

RK 方程中系数 a 和维里方程中系数 B 采用二次型混合规则(由统计力学导出):

$$Q_m = \sum^i \sum^j y_i y_j Q_{ij}$$

来求得。其中 Q_{ij} 是表征组分 i 和 j 相互作用的参数。

由上可知,关键是如何求得 Q_{ij}。为此,常见的三种混合规则如下:

(1)线性规则:

若
$$Q_{ij} = \frac{Q_i + Q_j}{2}$$

则
$$Q_m = \sum^i y_i Q_i$$

(2)几何平均规则:

若
$$Q_{ij} = (Q_i Q_j)^{1/2}$$

则
$$Q_m = \left(\sum^i y_i Q_i^{1/2} \right)^{1/2}$$

(3)立方平均规则:

若
$$Q_{ij} = \left(\frac{Q_i^{1/3} + Q_j^{1/3}}{2} \right)^3$$

则
$$Q_m = \frac{1}{8} \sum^i \sum^j (Q_i^{1/3} + Q_j^{1/3})^3$$

以上三种混合规则,不但可以用于虚拟临界参数,还可以用于 ω、Z 和相对分子质量以及状态方程中参数的计算。具体取哪一种,包括经验常数,要依赖经验取舍。

2) 道尔顿定律和压缩性系数图联用

假设道尔顿(Dalton)定律适用于真实气体混合物,则混合气体的总压力为

$$p = \sum p_i = \frac{Z_m nRT}{V}$$

式中,p_i 是混合气体中纯组分 i 的压力,$p_i = \dfrac{Z_i n_i RT}{V}$;$Z_m$ 是混合物的压缩因子,$Z_m = \sum y_i Z_i$,其中 Z_i 为纯组分 i 的压缩因子,代表 n_i mol 的组分 i 在与混合气体同样温度下占有整个体积 V 时的压缩因子。

此处纯组分压力和分压有区别,纯组分压力 p_i 代表纯物质单独占有全部体积时所具有的压力,而分压 $\overline{p_i}$ 与总压的关系为 $\overline{p_i} = y_i p_i$。并且道尔顿定律和普遍化压缩因子图相结合,仅在低压区比较精确,当压力大于 5 MPa 时则不适用。

3) Amagat 定律和压缩性系数图

假设 Amagat 定律适用于真实气体混合物,则气体混合物的体积应为各组分分别在混合物的温度及总压力下测得的体积之和,即

$$V = \sum V_i = \frac{Z_m nRT}{p}$$

式中,V_i 是纯组分体积,$V_i = \dfrac{Z_i n_i RT}{p}$;$Z_m$ 是混合物的压缩因子,$Z_m = \sum y_i Z_i$,Z_i 是 i 组分的压缩因子,是在混合物气体的压力和温度下进行测定或计算的。

Amagat 定律和压缩性系数图相结合,一般在 30 MPa 以上的高压下才是正确的。另外,Amagat 定律、道尔顿定律中的 Z_i 有区别。

4) 真实气体混合物的状态方程

由于真实气体分子间的相互作用非常复杂,因此在真实气体状态方程中,其相互作用通过不同的参数予以体现。但要确定混合物的参数,需要知道组成与参数之间的关系。除维里方程外,大多数状态方程至今尚没有从理论上建立混合规则。目前主要依靠经验和半经验的混合规则。这里需要指出,各状态方程一般有特定的混合规则,使用时要注意其配套关系,不能随便使用。

(1) 维里方程。

用维里方程或第二维里系数关系式计算真实气体的 $p\text{-}v\text{-}T$ 关系时,也是把混合物虚拟为一种纯气体,通过混合第二维里系数 B_m 按纯气体的方法进行计算。前已述及,混合第二维里系数 B_m 与组成的关系为

$$B_m = \sum^i \sum^j (y_i y_j B_{ij})$$

式中,y 表示混合物中组分摩尔分数,i、j 表示组分;B_{ij} 表示双分子之间的作用,因此 $B_{ij} = B_{ji}$,B_{ij} 在 $i = j$ 时表示纯组分的维里系数,$i \neq j$ 时表示交叉维里系数,仅是温度的函数。

第三维里系数与组成的关系为

$$C = \sum^i \sum^j \sum^k (y_i y_j y_k C_{ijk})$$

当 i、j、k 相等时表示同一组分,不等时表示交叉维里系数。一般而言,第三维里系数的数据很少,交叉相互作用的数据则更少。

Pitzer 的第二维里系数由 Prausnitz 扩展到混合物中,其混合规则为

$$B_{ij} = \frac{RT_{cij}}{p_{cij}}(B^{(0)} + \omega_{ij} B^{(1)})$$

$B^{(0)}$、$B^{(1)}$ 计算同前，只是 T_r 的函数。T_{cij}、ω_{ij}、p_{cij} 分别为

$$T_{cij} = (T_{ci}T_{cj})^{1/2}(1-k_{ij})$$

$$\omega_{ij} = \frac{\omega_i + \omega_j}{2}$$

$$p_{cij} = \frac{Z_{cij}RT_{cij}}{v_{cij}}$$

其中

$$v_{cij} = \left(\frac{v_{ci}^{1/3} + v_{cj}^{1/3}}{2}\right)^3$$

$$Z_{cij} = \frac{Z_{ci} + Z_{cj}}{2}$$

计算出 B_{ij} 后代入维里系数混合方程求 B_m，则由 $Z = 1 + \dfrac{Bp}{RT}$ 可求混合物的压缩性系数。

需要注意的是维里系数有其适用范围，用虚拟临界参数求混合物的对比温度和对比压力后，用校验图校验所用方法的正确性。

（2）RK 方程。

当 RK 方程应用到混合物时，其混合规则为

$$a_m = \sum^i \sum^j y_i y_j a_{ij}, \quad b_m = \sum^i y_i b_i$$

其中

$$a_{ij} = \frac{0.4278R^2 T_{cij}^{2.5}}{p_{cij}}, \quad b_i = \frac{0.0867RT_{ci}}{p_{ci}}$$

T_{cij}、p_{cij} 的计算方法同维里系数法。a、b 确定后，可得 Z 值，即

$$Z = \frac{1}{1-h} - \frac{a}{bRT^{3/2}}\frac{h}{1+h}$$

式中

$$h = \frac{b}{v} = \frac{bp}{ZRT}$$

（3）Soave 方程。

$$a = \sum^i \sum^j y_i y_j (a_i a_j)(1-k_{ij})$$

其中 k_{ij} 为相互作用系数。

混合规则为

$$b = \sum^i y_i b_i$$

（4）BWR 方程。

该方程应用于混合物时，八个常数与组成的关系为

$$x_m = \left(\sum^j y_j x_j^{1/r}\right)^r$$

对于每个 BWR 常数，x、r 的值列于表 1-5。

表 1-5　x、r 的值

x	A_0	B_0	C_0	a	b	c	α	γ
r	2	1	2	3	3	3	3	2

1.5 变质量系统热力学

工程热力学通常只研究工质质量不变的系统及稳定流动系统所进行的热力学过程(包括循环过程)。这样的系统称为常质量热力学系统。

在工程实践中也有许多这样的情况,即在过程的进行中工质的数量不是保持恒值,而是系统的工质质量以及进入或离去的质量流率均随时间而变,这样的系统称为变质量热力学系统。

对于变质量热力学系统来说,热力学的基本定律和方法,以及按热力学理论推导出的基本物性关系都应该是适用的。但必须多考虑质量变化这一因素,对单组分系统单相平衡态的描述要用三个独立变量,因此系统的状态方程应写成如下的形式:

$$f(p, V, T, m) = 0 \tag{1-31}$$

此外,在系统的量性参数 V、U、H 和 S 的计算中,其变量应表示为

$$\begin{aligned}
\mathrm{d}V &= \mathrm{d}(mv) = m\mathrm{d}v + v\mathrm{d}m \\
\mathrm{d}U &= \mathrm{d}(mu) = m\mathrm{d}u + u\mathrm{d}m \\
\mathrm{d}H &= \mathrm{d}(mh) = m\mathrm{d}h + h\mathrm{d}m \\
\mathrm{d}S &= \mathrm{d}(ms) = m\mathrm{d}s + s\mathrm{d}m
\end{aligned} \tag{1-32}$$

同样,系统的体积变化时所做的功为

$$\mathrm{d}W = p\mathrm{d}V = mp\mathrm{d}v + pv\mathrm{d}m \tag{1-33}$$

其中第二项表示质量变化(流进或流出)所引起的容积变化功,这也就是 $\mathrm{d}m$ 质量微团的流动功。

选取控制容积,若过程中有质量为 m_i 的物质进入控制容积,质量为 m_e 的物质离开控制容积,则进、出质量之差增加了控制容积的质量而储存于系统中,即

进入的质量＝系统中储存质量的变化值＋离开的质量

研究图 1-9 所示的系统,假定它具有如下的特性:①容积可以改变,且容积改变时要做容积变化功;②有工质的流入和流出,流率不相等,且随时间而变;③虽然流动情况不稳定,但系统在每一瞬间均处于均匀态,因而具有确定的状态参数;④通过界面同外界可以进行热量交换,且可以对外做功(除容积变化功外)。具有上述特性的过程称为均匀态不稳定流动过程。

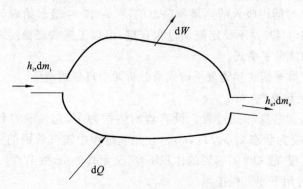

图 1-9 均匀态不稳定流动过程

设在 $\mathrm{d}t$ 时间内进入系统的质量为 $\mathrm{d}m_i$,离开系统的质量为 $\mathrm{d}m_e$,在此期间系统内的质量增量为 $\mathrm{d}m$,则由质量守恒定律可知

$$\mathrm{d}m = \mathrm{d}m_i - \mathrm{d}m_e \tag{1-34}$$

将上式对时间进行积分,则在 Δt 时间内有

$$m_i - m_e = m_2 - m_1 \tag{1-35}$$

其中 m_i 和 m_e 分别是在 Δt 时间内进入和离开系统的质量,m_1 和 m_2 是起始瞬间和终了瞬间系统所含的质量。该式说明,在某一段时间内进入与离开系统的质量之差等于系统所含质量的增量。如果系统不止一个入口和一个出口,则上式可改写成

$$\sum m_i - \sum m_e = m_2 - m_1 \tag{1-36}$$

再根据能量守恒定律来研究上述过程的能量特性,并导出热力学第一定律表达式。如图1-9 所示,设在 dt 时间内除进入和离开系统的质量变化外,系统吸收了 dQ 的热量,对外输出了 dW 的功,则此期间系统的内能为

$$dU = mdu + udm$$

过程的能量平衡式为

$$dQ + e_i dm_i - e_e dm_e = dW + dU \tag{1-37}$$

其中 e_i 及 e_e 分别表示进入和离开系统的工质每单位质量所具有的能量,它包括内能 u、流动功 pv、动能 $w^2/2$ 和重力势能 gz,即

$$e = u + pv + \frac{1}{2}w^2 + gz \tag{1-38}$$

对于气体工质来说,重力势能相对较小,因而忽略不计,所以在流速 w 不太大的条件下,有

$$e = u + pv = h \tag{1-39}$$

将上式代入式(1-37),则能量平衡式可简化为

$$dQ + h_i dm_i - h_e dm_e = dW + dU \tag{1-40}$$

将上式对时间积分,可得能量平衡式的积分形式,即

$$Q + \int h_i dm_i - \int h_e dm_e = W + m_2 u_2 - m_1 u_1 \tag{1-41}$$

又假设 h_i 及 h_e 不随时间而变,则上式可简化为

$$Q + m_i h_i - m_e h_e = W + m_2 u_2 - m_1 u_1 \tag{1-42}$$

当系统不止一个入口和一个出口时,能量平衡式为

$$Q + \sum m_i h_i - \sum m_e h_e = W + m_2 u_2 - m_1 u_1 \tag{1-43}$$

其中 Q 和 W 是在 Δt 时间内吸入的热量和输出的功,u_1 和 u_2 是起始瞬间和终了瞬间系统内单位工质的内能。式(1-43)是不稳定流动过程在进、出口工质状态稳定而且动能和重力势能可以忽略的条件下的能量平衡式。

下面应用上述质量平衡式和能量平衡式来分析两个典型的例子。

1. 刚性容器的绝热充气

向氧气瓶内充氧就是这样的过程。设容器的体积为 V,充气前容积内气体处于状态 1 (p_1, T_1, m_1),充气后变为状态 2 (p_2, T_2, m_2),在充气过程中输气管内的压力 p_i 和温度 T_i 恒定不变。因是绝热过程,故 $Q=0$;容器的体积不变,又无其他功,故 $W=0$。从而由式(1-35)及式(1-42)知,该过程可用下述方程描述:

$$m_i = m_2 - m_1$$

$$m_i h_i = m_2 u_2 - m_1 u_1$$

在已知 p_1、T_1 及 p_2 的情况下,联立并解此方程组,就可求得充气后的温度及充入的气量 m_i。

如果容器内原有的气体与充入的气体为同一种气体,且都可以当作理想气体,则对这一过程还可以进一步分析。代入理想气体状态方程后,上两式可合并为

$$\left(\frac{p_2 V}{RT_2} - \frac{p_1 V}{RT_1}\right)h_i = \frac{p_2 V}{RT_2}u_2 - \frac{p_1 V}{RT_1}u_1$$

取 T_0 为计算理想气体内能及焓的基准温度,令 $u_0 = 0$,则

$$h_0 = u_0 + pv = pv = RT_0$$

又因为

$$u = u_0 + c_V(T - T_0) = c_V(T - T_0)$$

$$h = h_0 + c_p(T - T_0) = c_p(T - T_0)$$

将 u 及 h 的表达式代入前式,可得

$$\left(\frac{p_2}{T_2} - \frac{p_1}{T_1}\right)[RT_0 + (c_V + R)(T_i - T_0)] = \frac{p_2}{T_2}c_V(T_2 - T_0) - \frac{p_1}{T_1}c_V(T_1 - T_0)$$

经移项化简后可得充气后温度的表达式,即

$$T_2 = \frac{kT_1}{\dfrac{T_1}{T_i} + \left(k - \dfrac{T_1}{T_i}\right)\dfrac{p_1}{p_2}} \tag{1-44}$$

其中 k 为气体绝热指数。进一步可计算充入的气量

$$m_i = m_2 - m_1 = \frac{p_1 V}{RT_1}\left(\frac{p_2}{p_1}\frac{T_1}{T_2} - 1\right)$$

将式(1-44)代入,经整理后可得

$$m_i = \frac{V}{kRT_i}(p_2 - p_1) \tag{1-45}$$

它在输气管内参数条件下的体积为

$$V_i = \frac{m_i RT_i}{p_i} = \frac{V}{kp_i}(p_2 - p_1) \tag{1-46}$$

分析式(1-44)可以看出,充气后容器内气体的温度取决于 $\dfrac{T_1}{T_i}$ 同 k 值的关系;当 $\dfrac{T_1}{T_i} = k$ 时,$T_2 = T_1$,即温度不变;当 $\dfrac{T_1}{T_i} < k$ 时,充气后的温度升高,反之,则温度下降。通常在充氧的情况下,总是 $\dfrac{T_1}{T_i} < k$,故充气后温度总是升高;充气压比 p_2/p_1 越大,温升越大。

2. 刚性容器的绝热放气

设一刚性容器的容积为 V,放气前容器内气体处于状态 1(p_1, T_1, m_1),放气后变为状态 2(p_2, T_2, m_2)。在这个过程中 $Q = 0$,$W = 0$。在放气过程中,放出的气体的状态即为容器内气体在该瞬间的状态,故 h_e 为变值。因此由式(1-34)及式(1-40)可知,过程的特性可由下述微分方程组来描述:

$$\begin{cases} -\mathrm{d}m_e = \mathrm{d}m \\ -h_e \mathrm{d}m_e = \mathrm{d}U = m\mathrm{d}u + u\mathrm{d}m \end{cases}$$

求解该方程组即可得到放气量及放气后的温度。

若容器内的气体可当作理想气体,则将上两式合并,并代入 u 及 h 的表达式:

$$[RT_0 + (c_V + R)(T - T_0)]\mathrm{d}m = mc_V\mathrm{d}T + c_V(T - T_0)\mathrm{d}m$$

或

$$(c_p - c_V)T\mathrm{d}m = mc_V\mathrm{d}T$$

化简得

$$\frac{\mathrm{d}m}{m} = \frac{1}{k-1}\frac{\mathrm{d}T}{T}$$

对整个过程进行积分,得

$$\frac{m_2}{m_1} = \left(\frac{T_2}{T_1}\right)^{\frac{1}{k-1}}$$

再将理想气体的状态方程代入上式,经化简后即得

$$T_2 = T_1 \left(\frac{p_2}{p_1}\right)^{\frac{k-1}{k}} \tag{1-47}$$

而且

$$m_2 = m_1 \left(\frac{p_2}{p_1}\right)^{\frac{1}{k}} \tag{1-48}$$

由式(1-47)可以看出,刚性容器绝热放气过程是一个降温过程。在 p_1、T_1 给定的情况下,放气过程终了时的压力越低,所能达到的温度也越低。式(1-47)还表明,绝热放气过程中容器内气体温度的变化规律同定量气体的可逆绝热膨胀过程完全一样。这是因为在上面的推导中假定容器内的气体在每一瞬间都处于平衡状态,而没有考虑流出的气体在容器外自由膨胀时的不可逆性。实际上,在放气过程中容器中的气体能否来得及达到平衡状态是与放气的速率有关的。只有当放气速率无限慢时才能达到上述极限情况;而当放气速率较大时,容器内的气体在每一瞬间难以达到平衡状态,就不能按上述方法求解。

例 1-5 一钢瓶内装氮气,压力为 1000 kPa,温度为 300 K。令氮气在绝热的情况下缓慢放出,降压到 100 kPa,试求放气结束时瓶内的温度及剩余气量。若在同样的条件下改用氦气,其结果又怎样?

解 已知 $p_1=1000$ kPa,$T_1=300$ K,$p_2=100$ kPa。对于氮气,$k=1.40$,故

$$T_2 = T_1 \left(\frac{p_2}{p_1}\right)^{\frac{k-1}{k}} = 300 \times \left(\frac{1}{10}\right)^{\frac{1}{3.5}} \text{K} = 155.38 \text{ K}$$

$$m_2 = m_1 \left(\frac{p_2}{p_1}\right)^{\frac{1}{k}} = \left(\frac{1}{10}\right)^{\frac{1}{1.4}} m_1 = 0.193 m_1$$

若改用氦气,则 $k=1.66$,故

$$T_2 = T_1 \left(\frac{p_2}{p_1}\right)^{\frac{k-1}{k}} = 300 \times \left(\frac{1}{10}\right)^{0.3976} \text{K} = 120.10 \text{ K}$$

$$m_2 = m_1 \left(\frac{p_2}{p_1}\right)^{\frac{1}{k}} = \left(\frac{1}{10}\right)^{\frac{1}{1.66}} m_1 = 0.250 m_1$$

由上述计算可知,工质的 k 值越大,放气后达到的温度越低,剩余的气体量越多。

1.6 有效能及其分析方法

1. 有效能的定义

Rant Z. 于 1956 年首次提出了有效能的概念。此后有效能分析法得到广泛应用,成为对过程系统进行能量分析优化的有效方法。Szargut 于 1988 年重新将有效能定义为"物流有效能是其通过可逆过程变化到与正常自然组成的环境达到热力学平衡态时所做的功"。能量不仅有数量的大小,而且有品位的高低,热力学中以有效能作为衡量做功能力的统一尺度。能量的有效能越大,其做功能力越大,有效能是表示各种能量质量的方法。

热力学概念中,理论功是指物系在状态变化时所提供的最大功;基准态是体系与周围环境达到平衡状态(25 ℃、0.101 MPa),这种平衡包括热平衡(温度相同)、力平衡(压力相同)和化

学平衡(组成相同)。平衡的环境状态即为热力学死态(寂态),体系处于热力学死态时,㶲为零。当体系和环境仅有热平衡和力平衡而未达到化学平衡时,这种平衡称为约束性平衡。若体系与环境既有热平衡、力平衡,又有化学平衡,则这种平衡称为非约束性平衡。基准态下体系的做功能力为零。由体系所处的状态到达基准态所提供的理论功即为体系处于该状态的有效能。能量由有效能和无效能两个部分组成。在给定环境下,能量可转变为有用功的部分称为有效能;不能转变为有用功的部分称为无效能。

在低温工程中有效能的应用逐步扩大,有效能分析法的优越性也更为明显。为此,许多学者提出以有效能分析法来评价能量的转化过程,也有人将有效能分析法称为第二定律分析法。有效能概念和有效能分析法无论是在理论上还是在实际应用方面,都是对热力学第二定律的一个完整的发展。

2. 有效能的组成

对于没有核、磁、电与表面张力效应的过程,稳定流动的流体有效能 E_x 由四个成分组成,分别为动能有效能 E_{xk}、位能有效能 E_{xp}、物理有效能 E_{xph} 和化学有效能 E_{xc}。

流体的动能和位能可以全部转化成有效的功,因此流体的动能和位能即为有效能。对于物理有效能来说,体系由所处的状态到达与环境成约束性平衡状态所提供的理想功即为该物系的物理有效能。即物系因温度和压力与环境不同所具有的有效能为物理有效能。体系和环境由约束性平衡状态到达非约束性平衡状态所提供的理想功为该体系的化学有效能。即体系由于组成和环境组成不同所具有的有效能称为化学有效能。

稳定流动过程流体的有效能由上述四个有效能成分组成,即

$$E_x = E_{xk} + E_{xp} + E_{xph} + E_{xc} \tag{1-49}$$

3. 有效能的计算

稳流过程流体的物理有效能为

$$E_x = (H - H_0) - T_0(S - S_0) \tag{1-50}$$

式中,H 和 S 分别是流体处于某状态的焓和熵;H_0 和 S_0 分别是流体在基准态的焓和熵。

恒温热流 Q 的有效能的计算公式为

$$E_{xQ} = Q(1 - T_0/T) \tag{1-51}$$

对于变温热源,有效能计算公式为

$$E_{xQ} = \int_1^2 \left(1 - \frac{T_0}{T}\right) dQ = \int_{T_1}^{T_2} \left(1 - \frac{T_0}{T}\right) c_p dT \tag{1-52a}$$

也可以简单表示成

$$E_{xQ} = Q(1 - T_0/T_m) \tag{1-52b}$$

式中,T_m 是热力学平均温度。

4. 有效能损失

有效能损失来源于过程的不可逆性,热力学过程普遍存在的不可逆性可归纳为以下几个方面:

(1) 传热的不可逆性:利用工艺流体的不同温度要求组成热交换器,是化工生产的一大特点。而换热物流的匹配是否得当,将影响能量降级损失的大小。

(2) 传质的不可逆性:化工生产中的提纯、净化、分离等操作都要消耗有效能,这都涉及传质过程。

(3) 流体流动的不可逆性:在确定某一工序的操作压力后,由于气体和液体存在流动阻

力,在确定压缩机或泵的出口压力时还要加上阻力,因而直接增加了压缩机或泵的功耗。

整个系统的有效能损失 E_{xl} 分为内部有效能损失和外部有效能损失,外部有效能损失包括由系统排弃的物流和能流的有效能,内部有效能损失取决于过程内部的不可逆性,通常是确定的。外部有效能损失是需要根据具体系统决定的量。如果所有设备的热损失、冷凝水和冷却水的有效能分别计入外部有效能损失,则系统总有效能输入 $E_{x,in}$ 和总有效能输出 $E_{x,out}$ 的差就是系统的有效能损失,即

$$E_{xl} = \sum E_{x,in} - \sum E_{x,out} = T_0 S \tag{1-53}$$

精馏过程的有效能损失主要包括以下几个方面:

(1) 比最小回流比大的那部分回流造成的功损失,分离过程的 R 总要比最小回流比 R_{min} 大,造成部分有效能损失。

(2) 在分离过程中有再沸器、冷凝器等换热器,塔顶、底本身就有温差。在精馏过程的有效能损失中,温差所造成的有效能损失占有较大的比重,其有效能损失表示为

$$E_{xl,\Delta T} = Q T_0 (1/T_C - 1/T_H) \tag{1-54}$$

(3) 克服流体在塔内或管内流动阻力而造成的有效能损失。例如,气体从一块板至上一块板和流经冷凝器、再沸器等,都会造成有效能损失,可表示为

$$E_{xl,\Delta p} = V(T_0/T) \cdot \Delta p \tag{1-55}$$

(4) 在进料或产品进出系统时可能存在膨胀,即使是绝热膨胀,也会造成有效能损失。

(5) 塔板上的非平衡、组成不同的物流间混合都将造成有效能的损失。在精馏塔内,因为板效率低于 100%,板上气、液相并不完全平衡。此外,还存在如进料不当、漏液、雾沫夹带以及板上的浓度梯度等,这些均会导致有效能损失。

5. 有效能效率

有效能分析的重要内容是确定过程中有效能效率,用效率来评价过程。有效能效率(η_E)是完成某一过程理论上需要的有效能与实现该过程实际消耗的有效能之比。其定义式为

$$\eta_E = \frac{E_{xN}}{E_{xA}} = 1 - \frac{E_{xl}}{E_{xA}} \tag{1-56}$$

式中,E_{xN} 是过程期望的有效能;E_{xA} 是实现期望所消耗的有效能;E_{xl} 表示有效能损失。

例 1-6 求空气分离过程的最小消耗功、实际消耗功及实际功损失(不包括压缩过程的功损失)。

解 设大气空气温度为 298 K,压力为 1 atm,组成为:O_2 21%(体积分数),N_2 79%(体积分数)。

分别查空气、氧、氮的 T-s 图,得到它们在 $T = 298$ K、$p = 1$ atm 条件下的焓值基本相等,即 $b_{空气} = b_{O_2} = b_{N_2} = 144.2$ kcal/m^3。

(1) 计算上述条件下空气、氧、氮的有效能。

由于大气空气本身就是环境的一部分,因此它的有效能为零。

如果设常压空气为理想气体混合物,则理想气体混合物的熵等于各组分熵的总和,其中各个组分的熵值是指它占有整个气体混合物总体积时的熵。

各组分的熵为

$$S_i = c_{pi} \ln \frac{T}{T_0} - R \ln \frac{p_i}{p_0}$$

因此混合气体的总熵为

$$S = \sum_{i=1}^{n} y_i S_i = \sum_{i=1}^{n} y_i \left(c_{pi} \ln \frac{T}{T_0} - R \ln \frac{p_i}{p_0} \right)$$

而分离后各纯组分的熵为

$$S_i' = c_{pi} \ln \frac{T}{T_0} - R \ln \frac{p}{p_0}$$

分离后物系的总熵为

$$S' = \sum_{i=1}^{n} y_i S_i'$$

所以,分离前后物系的总熵变为

$$S - S' = \sum_{i=1}^{n} y_i R \ln \frac{p}{p_i} = \sum_{i=1}^{n} y_i R \ln \frac{1}{y_i}$$

分离过程是总熵减少的过程,是不能自发进行的,只是理论上可以可逆进行,所需的补偿功为最小分离功,即

$$W_{min} = T_0 \sum_{i=1}^{n} y_i R \ln \frac{1}{y_i}$$

此时物系总熵变 $\Delta S = S' - S = 0$,没有任何的内部有效能损失。又因为大气空气的有效能为零,因此各组分的最小分离功全部转化为它们的有效能,并且它们的有效能是

$$b_i = y_i T_0 R \ln \frac{1}{y_i}$$

以上各式中,T_0、p_0 分别为大气的温度(K)和压力;T、p 分别为物系的温度(K)和总压;y_i、p_i 分别为物系中 i 组分的份额和分压;R 为气体常数。

这样,就可以求得 $T = 298$ K、$p = 1$ atm 的纯氧和纯氮的有效能。

$$b_{O_2} = T_0 R \ln \frac{1}{y_{O_2}} = 298 \times 1.987 \ln \frac{1}{0.21} \text{ kcal/kg} = 918.9 \text{ kcal/kg} = 41 \text{ kcal/m}^3$$

$$b_{N_2} = T_0 R \ln \frac{1}{y_{N_2}} = 298 \times 1.987 \ln \frac{1}{0.79} \text{ kcal/kg} = 139 \text{ kcal/kg} = 6.2 \text{ kcal/m}^3$$

在以上计算的基础上可以作出空分过程的能量平衡和有效能平衡图,如图 1-10 所示。

（2）从图 1-10 可以看出下面几点：

①图 1-10(a)表示在没有任何形式的能量加入时,欲将大气空气分离为纯氧和纯氮过程的焓平衡,这并不违反热力学第一定律。

②但从图 1-10(b)的上部看出,此时被分离空气的有效能为零,而分离产品(O_2、N_2)的有效能之和

$$b_{总} = y_{O_2} b_{O_2} + y_{N_2} b_{N_2} = (0.21 \times 41 + 0.79 \times 6.2) \text{kcal/m}^3 = 13.5 \text{ kcal/m}^3$$

取出的有效能之和大于投入的有效能之和,这违反了热力学第二定律,因而这种不消耗分离功的分离过程是根本不能实现的。

③要使空分过程能够进行,至少应使投入的有效能之和等于取出的有效能之和,即被分离的空气至少应具有 $b = 13.5$ kcal/m^3。在 $T = 298$ K 条件下,它对应的压力 p 为

$$p = p_0 e^{\frac{b}{RT}} = 1 \times e^{\frac{18.5 \times 22.4}{1.987 \times 298}} \text{atm} = 1.67 \text{ atm}$$

该空气的有效能是大气空气压缩获得的,所以为 13.5 kcal/m^3。此即为空分过程的最小分离功,如图 1-10(b)的下部所示。

④实际过程都是不可逆过程,以全低压的空分装置为例(图 1-10(c)),进入深冷分离系统的

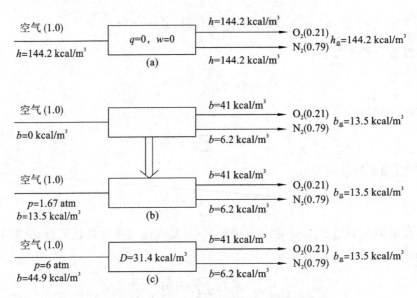

图 1-10 空分过程的能量平衡和有效能平衡

空气压力 $p=6$ atm,温度 $T=298$ K,查空气的 T-s 图得 $h=3225$ kcal/kg,$s=26.6$ kcal/(kg·K),同样有 $p_0=1$ atm、$T_0=298$ K 条件下,大气空气的 $h_0=3232$ kcal/kg,$s_0=30.09$ kcal/(kg·K),则压缩空气的有效能为

$$b=(h-h_0)-T_0(s-s_0)=[(3225-3232)-298(26.6-30.09)]\text{kcal/kg}$$

$$=1003\text{ kcal/kg}=44.9\text{ kcal/m}^3$$

由于分离产品的状态未变,产品带出的总有效能之和 $b_{总}$ 仍为 13.5 kcal/m³,所以过程的有效能损失(实际功损失)为

$$D=\sum B^+-\sum B^-=(44.9-13.5)\text{kcal/m}^3=31.4\text{ kcal/m}^3$$

从本例可以看出有效能衡算与普通能量衡算的区别,它能够确定过程的方向(加入的有效能之和 $\sum B^+>$ 取出的有效能之和 $\sum B^-$)、限度 $\left(\sum B^+=\sum B^-\right)$ 及效率 $\left(\sum B^-/\sum B^+\right)$。

例 1-7 对图 1-11 所示的逆流热交换器,进行热交换过程的有效能衡算。

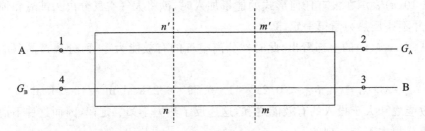

图 1-11 热交换器简图

解 假设设备绝热,且忽略流体阻力及纵向传热。

令任一截面 m-n 上,$T_A>T_B$,则

$$Q=G_A(h_1-h_2)=G_B(h_4-h_2)$$

此时如果研究的是低温热交换,则 B 物流给出的有效能

$$\Delta E_B=G_B(b_3-b_4)$$

A 物流得到的有效能

$$\Delta E_A = G_A(b_2 - b_1)$$

过程的有效能损失

$$D = \Delta E_B - \Delta E_A$$

此即为低温热交换过程总的有效能衡算式。

由于在热交换过程中，物流的有效能变化等于该物流得到的有效能，即

$$\Delta E_B = G_B \int_3^4 \frac{T - T_0}{T} dq$$

及

$$\Delta E_A = G_A \int_3^4 \frac{T - T_0}{T} dq$$

因此，如果任取 $m-n$ 和 $m'-n'$ 间的微元区段，那么在该区段中传递的热量为

$$dq = G_A dh_A = G_B dh_B$$

而 B 物流的有效能减少：

$$dE_B = G_B de_B = G_B dq \frac{T_B - T_0}{T_B}$$

A 物流的有效能增加：

$$dE_A = G_A de_A = G_A dq \frac{T_A - T_0}{T_A}$$

及

$$dE_A = dE_B - dD$$

式中，T_0 为周围介质温度，K；dD 为微元区段内的有效能损失。而 $\dfrac{T - T_0}{T}$ 是热力效率或称为热的做功能力系数，以 K_T 表示，则热的有效能 $E_q = q K_T$。故

$$dE_B = G_B dq K_{T,B}$$
$$dE_A = G_A dq K_{T,A}$$

利用上面两式，可以在 $Q\text{-}K_T$ 图上表示出热交换过程中有效能的传递情况。

如图 1-12(a)所示，环境温度从 293K 到 195K，$Q\text{-}K_T$ 图上横轴表示传热量 Q，纵轴表示 K_T^*，热的有效能变化以面积表示。例如，$dE_B = G_B dq K_{T,B}$ 相当于面积 1—2—4—5；$dE_A = G_A dq K_{T,A}$，相当于面积 1—2—3—6。而它们之差 dD 相当于面积 3—4—5—6。

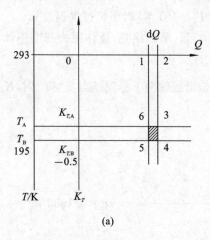
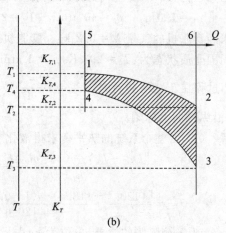

(a) (b)

图 1-12 $Q\text{-}K_T$ 图

如果对整个热交换器作图，则如图 1-12(b)所示，1—2 线为 A 物流的冷却曲线，它与横轴

所包围的面积 1—2—6—5 即为热交换时 A 物流获得的有效能 ΔE_A；而 3—4 线为 B 物流的加热曲线，它与横轴所包围的面积 3—4—5—6 是 B 物流给出的有效能 ΔE_B。上两块面积之差 1—2—3—4（阴影部分）则是热交换器中的有效能损失。

由此可见，结合 Q-K_T 图对热交换过程进行有效能衡算，不仅可以得到整个换热过程中物流有效能传递及损失的总结果，而且可以定量地了解整个过程中有效能传递及损失的变化情况，这对评价各种方式的热交换过程，改进热交换器流程及结构设计是相当有意义的。

例 1-8 计算分析克劳特(Claude)空气液化循环膨胀机热交换器的有效能损失。克劳特循环流程及其 T-s 图如图 1-13 所示。

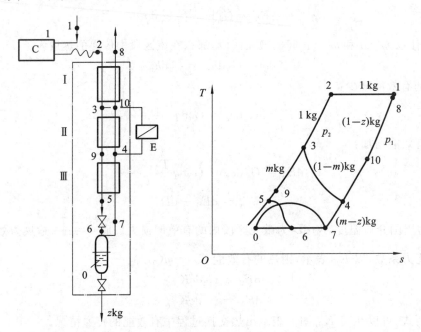

图 1-13 克劳特空气液化循环及其 T-s 图上的表示
C—压缩机；E—膨胀机；Ⅰ、Ⅱ、Ⅲ 分别为第 Ⅰ、Ⅱ、Ⅲ 热交换器

已知条件：以 1 kg 空气为计算对象。

$p_1 = 1$ atm，$p_2 = 40$ atm，$T_2 = 293$ K，$T_3 = 191$ K（膨胀机进气温度）。

未经膨胀机的气量 $M = 0.2$ kg。膨胀机效率 $\eta = 0.7$。系统绝热，流体阻力忽略不计。

周围介质状态为：$T_0 = 293$ K，$p_0 = 1$ atm。

当过程在 $T < T_0$ 进行时，$K_T = \dfrac{T - T_0}{T} < 0$，$K_T$ 值沿纵轴向下标刻。当 $T > T_0$ 时，$K_T > 0$，K_T 值沿纵轴向上标刻。

解 （1）由整个系统的热平衡求得液化空气量 z：

$$z = \frac{\left[(h_2 - h_1) + (1 - m)\Delta h_0 \cdot \eta\right]}{h_1 - h_0}$$

$$= \frac{\left[(120.4 - 118.4) + (1 - 0.2)(96.2 - 66.7) \times 0.7\right]}{120.4 - 22} \text{kg} = 0.1683 \text{ kg}$$

式中，Δh_0 为等熵膨胀的焓差，单位为 kcal/kg。

（2）由空气压缩水冷后（状态 2）系统热平衡，确定冷空气回热后的最终状态 8。

$$h_2 + (1 - m)h_4 = z h_0 + (1 - m)h_3 + (1 - z)h_8$$

$$h_8 = \frac{[h_2 + (1-m)h_4] - [zh_0 + (1-m)h_3]}{1-z}$$

$$= \frac{[118.4 + (1-0.2) \times 71.8] - [0.1683 \times 22 + (1-0.2) \times 90]}{1-0.1683} \text{kcal/kg} = 120.4 \text{ kcal/kg}$$

此时 $h_8 = h_1$，且两点压力相同，即状态 8 回复到状态 1，因而，$T_8 = T_1 = T_2 = 293$ K，整个热交换过程的热端温差等于零（即在本计算中未考虑回热不完全的冷损）。

（3）与步骤（2）相似，分别作三个热交换器系统（Ⅰ＋Ⅱ＋Ⅲ）及第Ⅲ、第Ⅱ热交换器的热平衡，确定点 5、点 9 及点 10 的状态：

点 5：　　$h_5 = 29.4$ kcal/kg，　$T_5 = 91.5$ K

点 9：　　$h_9 = 29.89$ kcal/kg，　$T_9 = 97$ K

点 10：　$h_{10} = 86.26$ kcal/kg，　$T_{10} = 152$ K

（4）计算第Ⅱ热交换器（膨胀机热交换器）中冷、热气流的温度分布并作出 Q-K_T 图。

如图 1-14 所示，任取一截面 x—x，作 A—A 至 x—x 区段的热平衡：

$$G_2(h_{p_{2,A}} - h_{p_{2,x}}) = G_1(h_{p_{1,A}} - h_{p_{1,x}})$$

得　　　　$$h_{p_{2,x}} = h_{p_{2,A}} - \frac{G_1}{G_2}(h_{p_{1,A}} - h_{p_{1,x}})$$

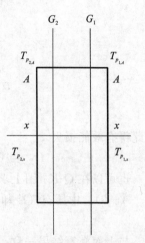

图 1-14　热交换器的截面图

假定一个 $T_{p_{1,x}}$，对应有一个 $h_{p_{1,x}}$，则可利用上式求得同截面上的 $h_{p_{2,x}}$ 并查得对应的 $T_{p_{2,x}}$。如果将热交换器均分为若干区段，就可以逐段地计算出各截面上冷、热气流的温度，如表 1-6 所示。

表 1-6　冷、热气流的温度与做功能力系数

区段编号	1	2	3	4	5	6	7
$K_{T_1} = \dfrac{T_{p_{1,x}} - T_0}{T_{p_{1,x}}}$	-2.18	-1.87	-1.62	-1.40	-1.22	1.06	-0.93
$T_{p_{1,x}}$/K	92	102	112	112	132	142	152
$h_{p_{1,x}}$/(kcal/kg)	71.8	74.21	76.62	79.03	81.44	83.85	86.26
$h_{p_{2,x}}$/(kcal/kg)	29.89	39.91	49.93	59.95	69.97	79.99	90
$T_{p_{2,x}}$/K	97	117	130.5	134	140	160	191
$K_{T_2} = \dfrac{T_{p_{2,x}} - T_0}{T_{p_{2,x}}}$	-2.02	-1.50	-1.24	-1.19	-1.09	-0.83	-0.53

表中 K_{T_1}、K_{T_2} 分别为冷、热气流在各截面上的做功能力系数。

第Ⅱ热交换器的热负荷

$$Q_E = m(h_3 - h_0) = (1-z)(h_{10} - h_4) = 12.03 \text{ kcal}$$

据此，可用表中的数据作出 Q-K_T 图，见图 1-15。

（5）有效能衡算。

进、出第Ⅱ热交换器各气流的有效能值计算结果列于表 1-7。该热交换器的有效能衡算：

$$(1-z)E_4 + mE_3 = (1-z)E_{10} + mE_9 + D_{\text{II}}$$

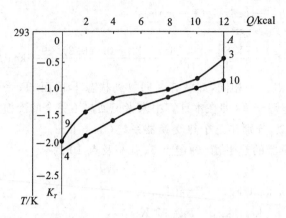

图 1-15 膨胀机热交换器的 Q-K_T 图

由此得有效能损失

$$D_{II} = (1-z)(E_4 - E_{10}) + m(E_3 - E_9) = 3.50 \text{ kcal}$$

也可以在 Q-K_T 图上求得 D_{II}。冷空气回热给出的有效能为 17.3 kcal(相当于面积 4—10—A—0)。中压空气冷却获得的有效能为 13.8 kcal(相当于面积 3—9—0—A)。所以

$$D_{II} = 17.3 \text{ kcal} - 13.8 \text{ kcal} = 3.5 \text{ kcal}$$

与上面衡算结果一致。

表 1-7 进、出第 II 热交换器各气流的有效能

状　态　点	3	4	9	10
$h/(\text{kcal/kg})$	90	71.8	29.89	86.26
$s/[\text{kcal/(kg} \cdot \text{K)}]$	0.522	0.612	0.075	0.7435
$E/(\text{kcal/kg})$	65.07	32.26	147.70	8.19

如果改变条件,可以重复上面的计算,得到新的条件下的有效能损失 D_{II} 及其在 Q-K_T 图上的分布,比较不同的结果,作出适宜条件的选择。例如在其他条件不变时,可以用该法确定适宜的膨胀机进口温度 T_3。当然在确定适宜条件时,还应对第 I、III 热交换器进行分析。

应当指出,这种方法比在深冷计算中常用的 ΔT-T 法要更合理,因为不同温度下相同传热温差 ΔT 引起的有效能损失是不同的。

第 2 章　溶液热力学

2.1　溶液的基本概念

均相混合物一般称为溶液,包括气体混合物和液体混合物。溶液热力学涉及组成对热力学性质的影响,而处理多组分热力学性质的基础仍是热力学第一定律和第二定律。因此,溶液热力学是热力学的一个分支,主要研究溶液的热力学性质、基本定律和溶液的相平衡等。

根据溶液中组分的多少,可将溶液分成二元溶液与多元溶液。如果溶液是由两种化学成分及物理性质不同的纯物质组成,就叫做二元溶液,如氨水溶液。液化天然气及石油气是由三种以上物质(主要为碳氢化合物)组成,属于多元溶液。

为了说明溶液的组成,就需要给出它的成分。溶液成分用如下几种方法表示。

1. 质量分数

对于二元溶液,用 ξ_1 和 ξ_2 分别表示两种组分的质量分数,用 m_1 和 m_2 分别表示它们的质量,则有

$$m_1 + m_2 = m$$

$$\xi_1 = \frac{m_1}{m} = \frac{m_1}{m_1 + m_2}, \quad \xi_2 = \frac{m_2}{m} = \frac{m_2}{m_1 + m_2}$$

$$\xi_1 + \xi_2 = 1$$

由上式可知,对于二元溶液,只要知道其中一种组分的质量分数,就可以确定另一种组分的质量分数。如果用 ξ 表示第二组分的质量分数,则第一组分的质量分数就是 $1-\xi$。对于二元溶液,有

$$1 - \xi = \frac{m_1}{m}, \quad \xi = \frac{m_2}{m} \tag{2-1}$$

当 $\xi = 0$ 时,表示纯第一组分;当 $\xi = 1$ 时,表示纯第二组分。通常用 ξ 表示溶质的质量分数,一般称为浓度。质量分数乘以 100% 即得质量分数的百分数。

2. 摩尔分数

若以 M 表示摩尔质量, $n = \frac{m}{M}$ 表示物质的量, x 表示摩尔分数,则

$$n_1 + n_2 = n$$

$$x_1 = \frac{n_1}{n} = \frac{n_1}{n_1 + n_2}, \quad x_2 = \frac{n_2}{n} = \frac{n_2}{n_1 + n_2}$$

$$x_1 + x_2 = 1$$

对于二元溶液,和质量分数类似,用 x 表示第二组分的摩尔分数,则 $1-x$ 为第一组分的摩尔分数,即

$$1 - x = \frac{n_1}{n}, \quad x = \frac{n_2}{n} \tag{2-2}$$

质量分数和摩尔分数可以相互换算,换算关系为

$$\begin{cases} x = \dfrac{\xi/M_2}{\dfrac{1-\xi}{M_1} + \dfrac{\xi}{M_2}} \\[4mm] \xi = \dfrac{xM_2}{(1-x)M_1 + xM_2} \end{cases} \tag{2-3}$$

对于多元溶液,第 i 组分的质量分数和摩尔分数的换算关系为

$$\begin{cases} x_i = \dfrac{\xi_i/M_i}{\dfrac{\xi_1}{M_1} + \dfrac{\xi_2}{M_2} + \cdots + \dfrac{\xi_n}{M_n}} \\[4mm] \xi_i = \dfrac{x_iM_i}{x_1M_1 + x_2M_2 + \cdots + x_nM_n} \end{cases} \tag{2-4}$$

3. 溶解度

一定温度下,某溶质在一定量溶剂里达到溶解平衡状态时所溶解的量称为该溶质在此溶剂里的溶解度。物质的关系根据溶解性可以分成三类:①完全互溶,如液氧和液氮、水和酒精可以以任意比例溶解,形成均匀溶液;②部分互溶,如在常温下,苯酚和水是部分互溶的两种液体,但当温度高于 68.6 ℃时,它们转化成完全互溶的液体;③完全不互溶,例如,水银和水、水和苯等都是互不溶解的,氟利昂和水实际上也是互不溶解的,只能形成非均匀混合物。

溶解度与物质的性质、温度和压力有关。如 90.7 K 时,乙炔在液氧中的溶解度为 6.76×10^{-6},73.9 K 时为 2.04×10^{-6}。大多数固体物质的溶解度随温度的升高而增大,也有少数固体物质的溶解度受温度的影响不大(如氯化钠),甚至有个别物质的溶解度随温度的升高而减小(如氢氧化钙)。气体的溶解度随温度升高而减小,随压力的提高而增大。

溶质在溶剂中的溶解度还与物质的极性有关。通常物质易溶于与其结构相似的溶剂里,这就是"相似相溶"原理。例如,碘是非极性分子,水是极性溶剂,四氯化碳是非极性溶剂,碘在四氯化碳里的溶解度比在水里大 85 倍。

4. 溶解热

溶解是一个比较复杂的物理化学过程,一般伴随有热效应,可以吸热或放热。当两个组分溶解成溶液时,要保持温度不变,需要吸收或放出的热量称为溶解热或混合热(q_t)。溶解热可以是正的,也可以是负的。如果溶解热是正的,即各组分在混合时是吸热的,那么为维持混合过程温度不变,就需要吸收热量;反之,就需要放出热量。

如果溶解前的压力和温度与溶解后的压力和温度相同,则溶解过程中所需吸收的热量等于溶液的焓减去溶解前各组分的焓之和,即

$$q_t = h - \left[(1-\xi)h_1 + \xi h_2\right] \tag{2-5}$$

式中,h 为溶液的焓;h_1、h_2 分别为组分 1、2 在给定温度下的焓。

如果已知溶解热,则可以直接确定溶液的焓,即

$$h = q_t + \left[(1-\xi)h_1 + \xi h_2\right] \tag{2-6}$$

上式中 q_t 叫做积分溶解热。在恒温下 1 kg 纯组分溶于大量溶液时吸收或放出的热量叫做该组分的微分溶解热。溶解热是温度和浓度的函数。纯组分 1、2 的微分溶解热分别以 q_1、q_2 表示。积分溶解热与微分溶解热有下列关系:

$$q_t = (1-\xi)q_1 + \xi q_2 \tag{2-7}$$

对于气体,在压力不太高时,溶解热很小,可略去不计。对于液体互相溶解而成的溶液,通常可以略去压力的影响,只考虑溶解热与温度的关系。用式(2-6)可求出任意 ξ 时的 h 值。如

果用 h-ξ 图(图2-1),则求解更为方便。当没有溶解热时,有

$$h = (1 - \xi)h_1 + \xi h_2$$

这在图 2-1 中以直线表示。如果以此直线向上或向下截取溶解热 q_t(依 $q_t > 0$ 或 $q_t < 0$ 而定),得到 AB 曲线,即 $h = f(\xi)$ 的曲线。有了这条曲线,就可以求得任意 ξ 时的 h 或 q_t。

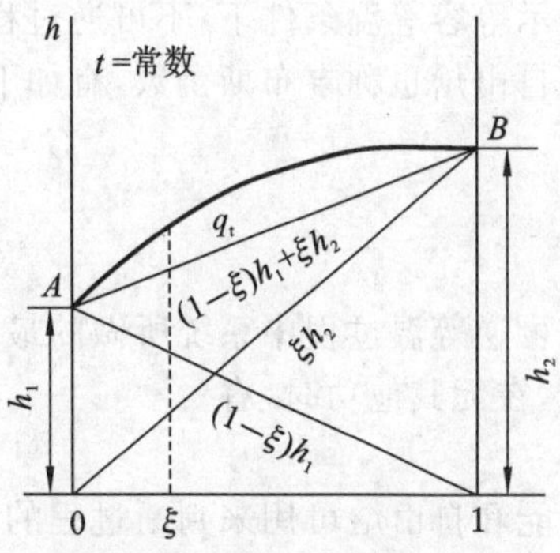

图 2-1　溶液的 h-ξ 图

5. 自由能和自由焓

自由能和自由焓是热力学中的两个重要特性函数,都是系统的状态参数。其中自由能用来分析等容等温过程,自由焓用来分析等压等温过程。

自由能也称亥姆霍兹函数,其定义式为

$$A = U - TS \tag{2-8}$$

当只有容积膨胀功的时候,有

$$dA = dU - TdS - SdT = -pdV - SdT \tag{2-9}$$

下面阐述任意一个热力学系统 A 在温度不变的情况下进行的热力学过程。

设系统 A 的内能和熵的变化为 dU 和 dS,环境 B 的内能和熵的变化为 dU' 和 dS',则由能量守恒定律有

$$dU + dU' = 0 \tag{2-10}$$

而由热力学第二定律有

$$dS + dS' \geqslant 0 \tag{2-11}$$

式中不等号适用于不可逆过程,等号表示可逆过程。

再假设系统 A 对环境 B 做功 dW,并传给环境 B 一定的热量,使其熵增加 dS',则 B 的内能变化为

$$dU' = TdS' + dW \tag{2-12}$$

联立式(2-10)、式(2-11)和式(2-12),则有

$$dU - TdS \leqslant -dW \tag{2-13}$$

又因为系统的温度不变,所以式(2-13)又可写成

$$d(U - TS) \leqslant -dW \tag{2-14a}$$

即

$$dA \leqslant -dW \tag{2-14b}$$

将式(2-14b)用于等温过程,对于不可逆过程积分后,可得到

$$A_1 - A_2 > W \tag{2-15}$$

即系统的自由能的落差大于对外所做的功。对于可逆过程积分后可得

$$A_1 - A_2 = W_{max} \tag{2-16}$$

即在可逆等温过程中系统所做的最大功等于系统自由能的落差。综合式(2-15)和式(2-16)可得

$$A_1 - A_2 \geqslant W$$

如果过程是在等容及等温条件下进行的,且没有其他功,则 $dW = 0$,于是有

$$A_1 - A_2 \geqslant 0$$

即

$$A_2 - A_1 \leqslant 0$$

这表示等容等温条件下,不可逆过程的自由能减小,而可逆过程则自由能不变。

自由焓也称吉布斯函数,有如下关系式:

$$G = H - TS = U + pV - TS \tag{2-17}$$

$$dG = Vdp - SdT \tag{2-18}$$

$$G_1 - G_2 = W_{max} \tag{2-19}$$

即在可逆等温过程中系统所做的最大功等于其自由焓的落差。对于在等温等压条件下进行的过程,在无其他功时,有

$$G_2 - G_1 \leqslant 0$$

自由能和自由焓可用来判断过程的可逆性,有时称为热力学势。通常按照吉布斯-亥姆霍兹方程形式使用,即

$$U = A - T\left(\frac{\partial A}{\partial T}\right)_V \tag{2-20}$$

$$H = G - T\left(\frac{\partial G}{\partial T}\right)_p \tag{2-21}$$

6. 化学势

单位质量物质的自由焓称为化学势,以 g 表示,即

$$g = h - Ts = u + pv - Ts \tag{2-22}$$

在研究相平衡及有化学反应的热力学过程中,都有质量的转移,此时系统的自由能可表示为

$$A = Ma \tag{2-23}$$

而

$$a = u - Ts \tag{2-24}$$

这是单位质量的自由能。对式(2-23)进行微分得

$$dA = adM + Mda \tag{2-25}$$

对于功为膨胀功的系统,有

$$da = du - Tds - sdT = -pdv - sdT \tag{2-26}$$

将式(2-26)代入式(2-25)得

$$dA = adM - pMdv - sMdT$$

又

$$V = Mv, \quad Mdv = dV - vdM$$

则有

$$dA = (a + pv)dM - pdV - sdT$$

将式(2-22)和式(2-24)代入得

$$dA = gdM - pdV - sdT \tag{2-27}$$

将式(2-27)用于等容等温过程($dV = 0, dT = 0$),即可得到如下关系式:

$$\left(\frac{\partial A}{\partial M}\right)_{V,T} = g \tag{2-28}$$

即在 V、T 保持恒定的条件下,化学势等于自由能对质量的偏导数。

用同样的方法可导出在 p、T 保持恒定的条件下,化学势也等于自由焓对质量的偏导数,即

$$\left(\frac{\partial G}{\partial M}\right)_{p,T} = g \tag{2-29}$$

2.2 溶液的基本定律

1. 拉乌尔定律

理想溶液由性质相近的物质构成,其分子间的相互作用力与纯物质分子间的相互作用力

相同,混合成理想溶液时无热效应,也无容积的变化。大部分溶液都不是理想溶液,只有当溶液的浓度很小时才接近理想溶液,而且浓度越小,溶液就越接近理想溶液。无限稀释的任何溶液都可以当作理想溶液。

单组分的液体和它的蒸气处于相平衡时,从液面蒸发的分子数和从气相回到液体的分子数是相等的,这时蒸气的压力就是该液体的饱和蒸气压。但当溶质溶于其中后,液体的表面或多或少地被溶剂合物占据着,溶剂分子逸出液面的可能性就相应地减小,当到达平衡时溶液的蒸气压必然比纯溶剂的饱和蒸气压小。

拉乌尔在总结了前人的工作后,得到了拉乌尔定律:在给定温度下,蒸气混合物中某一组分的分压等于该组分呈纯净状态下的饱和蒸气压力与该组分在溶液中的摩尔分数的乘积。表达式如下:

$$p_i = p_i^\circ x_i' \tag{2-30}$$

式中,x_i' 为溶液第 i 组分的摩尔分数;p_i 为第 i 组分的蒸气压力;p_i° 为第 i 组分的饱和蒸气压力。

对于不挥发溶质的溶液,此时气相中只有溶剂的分子,其压力可表示为

$$p = p^\circ x' \tag{2-31}$$

式中,x' 为溶液中溶剂的摩尔分数。

拉乌尔定律可用来计算溶液的饱和蒸气压力。例如对于二元溶液,其饱和蒸气压力可表示为

$$p = p_1^\circ x_1' + p_2^\circ x_2' = p_1^\circ(1 - x_2') + p_2^\circ x_2' \tag{2-32}$$

上式说明,在一定温度下,按拉乌尔定律计算的溶液的饱和蒸气压力与其液相中的成分呈线性关系,如图 2-2 所示。由图可以看出,溶液蒸气压力的数值是在两种纯组分的压力值之间。当 $x_2' = 0$ 时,$p = p_1^\circ$;当 $x_2' = 1$ 时,$p = p_2^\circ$。

严格地说,拉乌尔定律只适用于理想溶液。苯与甲苯、甲醇与乙醇、正戊烷与正己烷等溶液,在整个温度范围内都符合拉乌尔定律。氧和氮溶液与理想溶液相近,故氧和氮的分压力可按拉乌尔定律近似求得,这在工程计算中有足够的准确度。

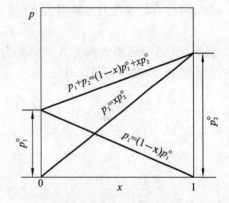

图 2-2 理想溶液的 p-x 图

实际溶液与拉乌尔定律存在偏差。这种偏差有三种情况:①各组分的分压力大于拉乌尔定律的计算值,称正偏差;②各组分的分压力小于拉乌尔定律的计算值,称负偏差;③也有少数溶液,在某一浓度范围内为正偏差,而在另一浓度范围内为负偏差。

如果两个组分的蒸气压力对拉乌尔定律偏差(正或负)不大,则溶液的蒸气压力曲线只是略高于(或略低于)理想溶液的蒸气压力曲线,其值仍介于两个纯组分的蒸气压力值之间,如图2-3(a)所示。氨水溶液属这种情况。如果各组分的蒸气压力与拉乌尔定律偏差相当大,则当为正偏差时,溶液的蒸气压力曲线有最高点,当为负偏差时,溶液的蒸气压力曲线有最低点,如图 2-3(b)及(c)所示。

2. 亨利定律

亨利定律是说明理想溶液中气体溶质分压力与溶液中该气体的摩尔分数的关系的定律。

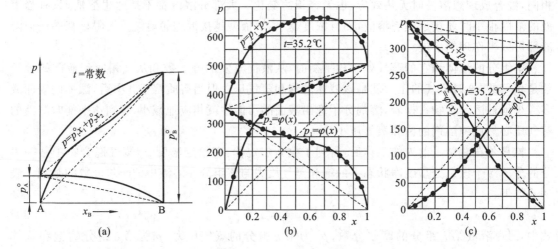

图 2-3　与拉乌尔定律有偏差的溶液的 p-x 图

虚线为理想溶液；实线为实际溶液

在一定温度和平衡状态下，气体溶质的分压力和它在溶液里的摩尔分数成正比，即

$$p = Hx \tag{2-33}$$

式中，p 为气体溶质的分压力；x 为气体溶质的摩尔分数；H 为亨利常数，其值由实验确定。

3. 康诺瓦罗夫定律

康诺瓦罗夫定律说明理想溶液中液相与气相的成分是不同的。

假设两种有挥发性的液体混合成理想溶液，每种液体的蒸气压都符合拉乌尔定律，则有

$$p_A = p_A^\circ x'_A, \quad p_B = p_B^\circ x'_B$$

设 x''_A 和 x''_B 分别为气相里 A 和 B 组分的摩尔分数，理想溶液的气相混合物当作理想气体混合物处理时，由道尔顿定律有

$$x''_A = \frac{p_A}{p} = \frac{p_A^\circ x'_A}{p}$$

$$x''_B = \frac{p_B}{p} = \frac{p_B^\circ x'_B}{p}$$

$$\frac{x''_A}{x''_B} = \frac{p_A^\circ x'_A}{p_B^\circ x'_B} \tag{2-34}$$

如果纯 B 组分的蒸气压比纯 A 组分的大，即 $\dfrac{p_A^\circ}{p_B^\circ}<1$，则

$$\frac{x''_A}{x''_B} < \frac{x'_A}{x'_B} \tag{2-35}$$

上式说明，不同蒸气压的纯液体在给定温度下混合成二元溶液，则气相里两组分的分数和液相里两组分的分数并不相同。较高蒸气压的组分在气相里的分数大于它在液相里的分数，这就是康诺瓦罗夫第一定律。

在二元溶液中，沸点较低的液体有较强的挥发性，因此有较高的蒸气压。因为高蒸气压的液体就是低沸点的液体，所以得到康诺瓦罗夫第一定律的另一说法：对于较低沸点的液体，它在气相里的分数大于它在液相里的分数。

康诺瓦罗夫第一定律是精馏原理的基础。如果溶液中两组分的分数和气相中两组分的分数完全相同，那么两组分就不能用精馏法分离。

但在溶液的蒸气压曲线上有出现极值点的问题。康诺瓦罗夫对此问题进行研究后得到如下结论：如果在二元溶液的相平衡曲线上有极值点存在，那么在极值点上液体与蒸气的组成相同。这就是康诺瓦罗夫第二定律。在相平衡曲线上的极值点称为共沸点，这种组成的溶液称为共沸溶液。共沸溶液的独特性质是沸腾时气相与液相的组成完全相同，可以按单一工质（纯物质）进行分析和计算。

共沸溶液是不可能用精馏法分离成纯组分的，这是因为气相和液相组成相同。要把共沸溶液加以精馏，就必须改变总压力，而改变了总压力，共沸点就会移动。因此，在大气压力下不能分离的共沸溶液，往往在受压或真空状态下能够分离。

4. 吉布斯相律

吉布斯相律说明系统在相平衡时自由度与组分数及相数之间的关系，或者是对于一个有 N_c 组分及 N_p 相的平衡体系，需要知道多少条件才能决定其状态。

每种聚集态内部均匀的部分，热力学上称为相。一个相的内部达到平衡时，其宏观物理性质和化学性质是均匀一致的。相和相之间有物理界面，通过此界面时，宏观的物理性质或化学性质要发生突变。相界面两边各相的物理性质或化学性质互不相同，这是辨别相数目的依据。例如，同一物质的气相和液相组成的体系有分界面，这是两相；不相溶的两种液体（如氟利昂和水）互相接触时存在着明显的分层界面，这也是两相。一个大的冰块，虽然打碎成许多小块，但是它们还是只有一个相。在一般固体体系中，基本上是有多少种物质就可以形成多少相，形成固溶体时为一相是例外。只有以分子大小的尺寸进行混合时，多种物质的体系才能形成一个相。任何不同的气态物质互相混合时都符合这种条件，所以气体混合物（如空气）只有一个相。

当两相接触时，物质要从一相迁移到另一相中去，这个过程称为相变过程。例如，蒸发、冷凝、溶解、凝固、升华、结晶、水合等都属于相变过程。在相变过程中，当宏观上物质迁移停止的时候，就称为相平衡。气体的分离和提纯就是以相平衡为基础的，因此相平衡对生产和科学研究具有重要的意义。研究相平衡既可以利用数学工具，也可以利用相图，其中相图是研究相平衡的重要工具。

组分数是表示平衡时体系各相中可以独立变动的物质数目，或者是在一定温度及压力下体系中可以任意改变其数量的物质数目。

例如，冰、水和水蒸气这三相处于平衡状态时，物质只有一个，就是 H_2O。三相中物质的成分都可用 H_2O 来表示，因此组分数是 1，但相数是 3。

又如 $CaCO_3$、CaO 和 CO_2，这三种物质处于平衡状态，但根据化学平衡式

$$CaCO_3 \Longrightarrow CaO + CO_2$$

三种物质中只有两种能独立变动，第三者的数量与前两者有关，为非独立的，故此体系的组分数是 2。由此看出，组分数并不等于物质数。

对于有化学反应的体系，组分数可按下式计算：

$$N_e = S - R - R' \tag{2-36}$$

式中，S 为化学物质的数目；R 为独立的平衡反应数目；R' 为独立的限制条件（指浓度限制条件、正负电荷数应相等等等限制条件）数目。

系统的自由度是它的可变因素（如压力、温度和浓度）的数目。在一定限度内这些因素可以任意改变，而不减少任何原有的相，也不产生任何新的相。

明确了相、组分数及自由度的概念以后，就可以根据相平衡的条件推导出相律来。要描述一个体系的平衡状态，必须知道体系中每一相的平衡状态；而要知道每一相的平衡状态，就必

须知道每一相中每一组分的平衡状态。按照热力学的要求,每一组分的平衡状态是用温度、压力和摩尔分数这三个变量来描述的。假定平衡体系中包含 N_e 个组分,而这些组分都分布在每一相中,那么每一相中就要有 N_e 个摩尔分数变量。由于每一相中有摩尔分数总和等于1的关系存在,因此只有 (N_e-1) 个摩尔分数是独立变量。也就是说,只要知道 (N_e-1) 个摩尔分数数值,就可以求得剩下的一个未知摩尔分数。如果体系中有 N_p 相存在,则独立的摩尔分数变量应该有 $N_p \times (N_e-1)$ 个。其次,体系处在平衡状态时,各相的压力和温度是均匀一致的(假定相与相之间的表面张力效应可以忽略,相与相之间无刚性壁或绝热壁存在),体系可以用统一的温度 T 和压力 p 来描述。初看起来,要描述整个体系的平衡状态,需要知道 $N_p \times (N_e-1)$ 个摩尔分数和 t、p 两个热力学参数,即 $[N_p \times (N_e-1)+2]$ 个变量。然而由于平衡条件的限制,实际上并不需要这么多的独立变量。因为在一个达到相平衡的体系中,各组分在各相中化学势必须相等,这里一共有 $N_e \times (N_p-1)$ 个化学势等式。因为化学势是 p、T、x_i 的函数,因此,有一个化学势等式就相当于有一个 p、T、x_i 的关系式。这样,原来要描述体系状态所需要的 $[N_p \times (N_e-1)+2]$ 个变量就不是完全独立的,从中减去 $N_e \times (N_p-1)$ 个之后,剩下来的才是独立变量的数目。将描述体系状态所需要的独立变量(也是必不可少的变量)的数目(即自由度)以 N_f 表示,则

$$N_f = N_p \times (N_e-1) + 2 - N_e \times (N_p-1) = N_e - N_p + 2 \qquad (2\text{-}37)$$

式(2-37)就是吉布斯相律的数学表达式。

相律只适用于平衡体系,这是由于推导相律的过程中应用了平衡条件。体系中的每一组分不一定都存在于所有的相中,但这并不影响相律的结果。因为在某一相中少了一个组分时,该相中也少了一个摩尔分数变量,而在平衡条件中也相应地少了一个化学势等式,结果互相抵消。当讨论的平衡体系中不包含气相时,称这种体系为凝聚体系。因压力对这种平衡体系影响不大,可以忽略,此时相律又可写成

$$N_f' = N_e - N_p + 1 \qquad (2\text{-}38)$$

式中,N_f' 称为条件自由度。

例如在盐水溶液中,若有冰或盐的结晶析出,即为两相,$N_f'=1$;若从溶液中同时析出冰晶体和盐(两个固相),就会生成三相,则 $N_f'=0$,这就是共晶点或冰盐点。

2.3 溶液相平衡的条件

在压力及温度不变的情况下,单组分工质(一元物系)物系相平衡的条件是系统的自由焓最小,或者各相的化学势相等,即

$$\Delta G = 0 \quad 或 \quad g_1 = g_2$$

对于由多个组分组成的溶液,溶液相平衡的条件仍然是:在温度和压力不变的情况下,每个组分在各个相中的化学势相等。例如,二元溶液组成的两相体系达到相平衡时,各参数间具有如下关系:

$$T_1 = T_2, \quad p_1 = p_2$$
$$g_1^{(a)} = g_2^{(a)}, \quad g_1^{(b)} = g_2^{(b)}$$

其中1、2表示相,a、b表示组分。

对于由 N_e 个组分组成的有 N_p 个相的多相体系,当处于相平衡时,除各相的温度和压力相互一致外,还需满足如下的条件:

$$\begin{cases} g_1^{(a)} = g_2^{(a)} = \cdots = g_{N_p}^{(a)} \\ g_1^{(b)} = g_2^{(b)} = \cdots = g_{N_p}^{(b)} \\ \cdots\cdots \\ g_1^{(N_e)} = g_2^{(N_e)} = \cdots = g_{N_p}^{(N_e)} \end{cases} \tag{2-39}$$

即每一组分在各相中的化学势相等。

2.4 一元物系的相平衡

1. 物系相平衡的条件

在工程实践中,常常会遇到某种工质的液体与蒸气或液体与固体同时存在的现象。而物系处于相平衡的条件与所保持的外部条件有关。在工程中最常遇到的是同时保持压力 p 及温度 T 不变的情况。现在来讨论这种情况下相平衡的条件。

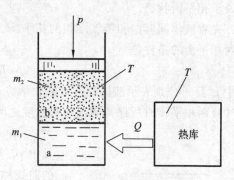

图 2-4 p 和 T 不变时的相平衡

如图 2-4 所示,设一定量的物质处于一个具有可移动边界活塞的气缸中,压力 p 及温度 T 均保持恒值。该物质分为 a、b 两相,其质量分别为 m_1 及 m_2。同时设有一个热容量很大的热库,其温度与该物质的温度 T 相同。由热库向物质传入热量 Q,则两相之间将发生质量交换,各自的变量为 Δm_1 及 Δm_2;同时物质的容积将增大 ΔV,因而对外做功为 $p\Delta V$。并假设在这一过程中物系同环境之间没有热量交换。在热库传出热量 Q 时,其熵增值为 $\Delta S_0 = -Q/T$。用 ΔS 表示物系的熵增。由熵增原理可知

$$\Delta S + \Delta S_0 \geqslant 0 \quad \text{或} \quad \Delta S - \frac{Q}{T} \geqslant 0 \tag{2-40}$$

对于物系来说,因 p 为恒值,由能量守恒定律有

$$Q = \Delta U + p\Delta V = \Delta U + \Delta pV$$

所以

$$\Delta S - \frac{1}{T}(\Delta U + \Delta pV) \geqslant 0 \tag{2-41}$$

同样,因为 T 为恒值,上式可以改写成

$$\Delta U + \Delta pV - \Delta TS \leqslant 0 \tag{2-42}$$

由式(2-17),则上述条件可改写为

$$\Delta G \leqslant 0$$

G 即为吉布斯函数或自由焓。在上述过程中,在达到相平衡之前,两相之间的质量交换还会自发地进行,必然是 $\Delta S + \Delta S_0 > 0$ 或 $\Delta G < 0$。当达到相平衡时,这个过程可以可逆地进行,必然是 $\Delta S + \Delta S_0 = 0$,即 $\Delta G = 0$。故在 p、T 保持恒值的情况下,相平衡的条件是自由焓为最小值。

因为 U、V、S 都是量性参数,具有加和性质,所以自由焓也具有加和性质。图 2-4 所示物系的 G 值可表示为

$$G = m_1 g_1 + m_2 g_2 \tag{2-43}$$

式中，g 按式(2-22)的定义，$g=u+pv-Ts=h-Ts$ 是每千克工质的自由焓或化学势。化学势只是温度和压力的函数，在 p、T 为恒值的情况下 g 亦为恒值。因此当两相之间发生质量交换时，有

$$dG = g_1 dm_1 + g_2 dm_2$$

物系的质量(m_1+m_2)为定值，即

$$dm_1 + dm_2 = 0 \quad 或 \quad dm_1 = -dm_2$$

故

$$dG = g_1 dm_1 - g_2 dm_2 = (g_1 - g_2) dm_1$$

根据相平衡条件 $dG=0$，得

$$g_1 = g_2 \tag{2-44}$$

即是在 p、T 为恒值的条件下，相平衡的条件是各个相的化学势相等。

2. 一元物系的两相平衡

单组分工质可以有气、液、固三个相，其中任意两个相在压力和温度保持恒定的情况下均可处于相平衡状态。

先看液体同其饱和蒸气之间的相平衡。由式(2-44)可知，在保持 p、T 恒定的情况下，气液两相平衡的条件是

$$g'(p,T) = g''(p,T)$$

其中 g' 及 g'' 分别表示液体及蒸气的化学势，它们都是压力 p 和温度 T 的函数。上述关系式说明气液两相平衡时所保持的压力和温度之间存在一定的关系，不能任意选取。因此

$$p = p_{sat}(T)$$

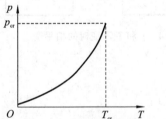

图 2-5　气液相平衡曲线

其中 p_{sat} 是饱和蒸气压力，它只是温度的函数。按上式绘制的曲线称为相平衡曲线，如图 2-5 所示。气液相平衡曲线只能到临界点为止。

在相平衡曲线上任取一点 $a(p,T)$，并在其临近取一点 $b(p+dp, T+dT)$，因两点均表示相平衡状态，故有

$$g' = g'' \quad 及 \quad g' + dg' = g'' + dg''$$

即

$$dg' = dg'' \tag{2-45}$$

由化学势的定义式(2-22)可知

$$dg = du + pdv + vdp - Tds - sdT$$

代入 $Tds=du+pdv$，则得

$$dg = vdp - sdT \tag{2-46}$$

将式(2-46)代入式(2-45)并整理，可得出

$$\frac{p}{T} = \frac{s'' - s'}{v'' - v'} = \frac{r}{T(v'' - v')} \tag{2-47}$$

这就是克拉伯龙-克劳修斯方程，其中 s'、s'' 分别表示液体及蒸气的熵，v'、v'' 分别表示液体及蒸气的比容。

$$r = h'' - h' = T(s'' - s') \tag{2-48}$$

是工质的汽化潜热，其中 h'、h'' 分别表示液态及蒸气的焓。

用克拉伯龙-克劳修斯方程可以导出饱和蒸气压力同温度之间的关系。在式(2-48)中略去焓随 p 的变化，则

$$\frac{dr}{dT} = \frac{d}{dT}(h'' - h') = c_p'' - c_p'$$

所以
$$r = \int_0^T (c_p'' - c_p') \mathrm{d}T + r_0$$

又在式(2-47)中，v' 相对较小，可以略去；v'' 按理想气体状态方程 $v'' = RT/p$ 代入，可得

$$\frac{\mathrm{d}p}{\mathrm{d}T} = \frac{r}{RT^2} p$$

将求得的 r 代入上式，并经整理后可得

$$\frac{\mathrm{d}p}{p} = \frac{r_0 \mathrm{d}T}{RT^2} + \frac{\mathrm{d}T}{RT^2} \int_0^T (c_p'' - c_p') \mathrm{d}T$$

对上式积分，得

$$\ln p = A - \frac{B}{T} + \int_0^T \frac{\mathrm{d}T}{RT^2} \int_0^T (c_p'' - c_p') \mathrm{d}T \tag{2-49}$$

这就是饱和蒸气压力方程的一般形式。在实践中，当温度变化范围不大时，比热可以看作常数，上式可简化为

$$\ln p = A - \frac{B}{T} + C\ln T \tag{2-50}$$

其中 A、B、C 都是常数。

实际应用的蒸气压力方程是由实验数据整理而成的。按实验数据整理成蒸气压力方程的形式很多，其中最常用的有两种形式。一种是在式(2-50)之后增加一个 T 的多项式，即

$$\lg p = A - \frac{B}{T} + C\lg T + DT + ET^2 + FT^3 + \cdots \tag{2-51}$$

另一种形式是从第三项起就改为 T 的多项式，即

$$\lg p = a - \frac{b}{T} + cT + dT^2 + eT^3 + \cdots \tag{2-52}$$

对同一种工质，在不同的温度区间整理出的方程也不一定一样。例如对于 CH_4，在标准沸点以下的蒸气压力方程为

$$\lg p = 7.55073 - \frac{483.22}{T} - 3.0688 \times 10^{-8} T \tag{2-53}$$

其中，p 的单位是 $mmHg(1 \, mmHg = 133.322 \, Pa)$；而在标准沸点以上的蒸气压力方程为

$$\lg p = 9.81125 - \frac{595.546}{T} - 3.48066 \times 10^{-2} T + 1.3388 \times 10^{-4} T^2 - 1.7869 \times 10^{-7} T^8$$

$$\tag{2-54}$$

式中，p 的单位是 kPa。

关于低温工质的蒸气压力方程，可查阅相关文献。

对于气固两相平衡，固体可以直接升华成蒸气，蒸气可以直接凝结成固体，而中间不经过液相。在保持 p、T 恒定的情况下，气固两相平衡的条件是

$$g''(p, T) = g'''(p, T)$$

其中，g''' 是固体的化学势。对于气固两相平衡，也可同气液两相平衡一样分析，并得出相同的结论。因此，固体上方的饱和蒸气压力方程也可表示成式(2-51)或式(2-52)的形式。例如当 CO_2 蒸气同干冰达到相平衡时，在 $-113 \sim -78$ ℃温度范围内，其蒸气压力方程为

$$\lg p = 4.9773 - \frac{1279.1}{T} + 1.75\lg T - 2.076 \times 10^{-3} T \tag{2-55}$$

对于单组分工质的固液平衡，条件式(2-44)仍适用，其压力同温度之间也存在一定的依赖

关系,同时克拉伯龙-克劳修斯方程也是成立的,但不存在蒸气压力方程问题。

3. 一元物系的三相平衡

单组分工质的气、液、固三相(例如水蒸气、水及冰)共存并处于三相平衡状态,平衡条件为
$$g'(p,T) = g''(p,T) = g'''(p,T)$$

上式是包括两个独立变量的两个方程,具有定解,所以单组分工质只能在一种状态下实现三相平衡。这一状态称为三相点,其压力和温度分别称为三相点压力及三相点温度。物质的三相点压力和三相点温度由实验确定,例如:

H_2O:　　　$p_{ir}=4.58$ mmHg$=4.58\times133.322$ Pa$=610.6$ Pa,　　$t_{ir}=0.010$ ℃

CO_2:　　　　　　　$p_{ir}=517.8$ kPa,　$t_{ir}=-56.6$ ℃

N_2:　　　　　　　$p_{ir}=12.56$ kPa,　$t_{ir}=63.15$ K

对于气液平衡及气固平衡,各有一条相平衡曲线;对于液固平衡,也有类似的一条相平衡曲线。三相点就是这三条相平衡曲线的交点。在 p-T 图上绘制的平衡曲线一般称为相图。图 2-6 所示为 H_2O 及 CO_2 的相图。

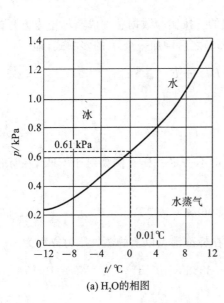

(a) H_2O的相图

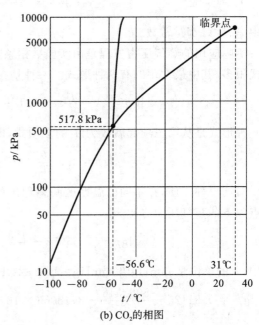

(b) CO_2的相图

图 2-6　H_2O 及 CO_2 的相图

2.5　二元溶液的相平衡

1. 气液相平衡图

1) 压力-浓度图和温度-浓度图

对于二元两相平衡系统,从相律可知系统的自由度为 2,因此只要两个参数就可以确定混合物(系统)的状态。一般选择下列几个组合作为参数,画出相应的相平衡图,即压力(p)-浓度(ξ 或 x)图、温度(T)-浓度(ξ 或 x)图,或焓(h)-浓度(ξ 或 x)图。

从康诺瓦罗夫定律可知,当两个不同的液体 A 和 B 混合成溶液时,气相的成分和液相的成分是不相同的。如作 p-x 图(图 2-7),显然在同一压力 p_1 下,在图上可有两点:一点 b_1' 是液

相成分,另一点 b_1'' 是气相成分。假如液体 B 的纯组分蒸气压高于液体 A 的,根据康诺瓦罗夫定律,B 组分的气相分数应大于液相分数,因而在图 2-7 上 b_1'' 应在 b_1' 的右边。同样,在不同压力下即可得不同的 b'、b'' 点,但始终是 $x_b'' > x_b'$。连接不同的 b' 点所得实线为液相饱和曲线,连接不同的 b'' 点所得虚线为干饱和蒸气线。这两条曲线把图形分为三个区域:实线的左上方是液体区,虚线的右下方是过热蒸气区,两条曲线中间为湿蒸气区。

一般蒸发过程是在等压下进行的,所以用 T-x 图来研究蒸发过程更为方便,这时图上所表示的区域正好反了过来,如图 2-8 所示。

从二元溶液的 T-x 图(图 2-8)可以看出,当浓度为 x_1 时,溶液的沸点是 T_1,既不等于 T_A°,也不等于 T_B°,而是介于两者之间。对于不同的压力,可得不同的曲线,如图 2-9 所示。从该图还可看出,当压力越高时,液相饱和线和干饱和蒸气线之间的距离越窄,即液相与气相的浓度差越小,两组分的分离越不容易。

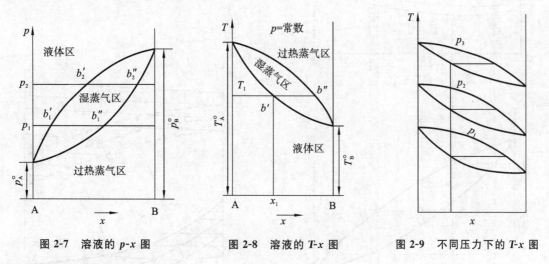

图 2-7　溶液的 p-x 图　　　图 2-8　溶液的 T-x 图　　　图 2-9　不同压力下的 T-x 图

2)焓-浓度图

在工程上当涉及有热量进出的问题时,常应用溶液的焓-浓度(h-x 或 h-ξ)图进行分析和计算。溶液的 h-ξ 图(h-x 图也一样)可以利用 T-ξ 图及纯组分的气相和液相的焓值来绘制。

首先将式(2-6)分别用于液相和气相,代入不同温度时的 q_t、h_1 及 h_2,在 h-ξ 图上可以绘制两组等温线,如图 2-10 所示。

对于过热蒸气,q_t 的数值很小,可以略去不计,故气相区的等温线为一组直线。其次,将溶液的 T-ξ 图画在 h-ξ 图的下方,对于选定的温度 T_A,T_B,T_C,…,从它们的饱和液体状态点和饱和蒸气状态点引竖直线,分别与 h-ξ 图上相应的等温线相交,就得出 h-ξ 图上的饱和液体和饱和蒸气的状态点。将这两组点用光滑曲线连接起来,就得到 h-ξ 图上的饱和液体线和饱和蒸气线。这两条饱和曲线也是将图形分成液体、两相和过热蒸气三个区域,而且将饱和曲线上相同温度的状态点用直线连接起来,会得到两相区内的等温线。

由图 2-10 还可看出 h-ξ 图的特性:①两条饱和曲线并不相交,在横坐标端点处蒸气与液体的焓差分别为两个纯组分的汽化潜热;②两相区内的等温线互不平行,从 $\xi=0$ 起,等温线的斜率首先减小,然后增大(在横坐标的两个端点等温线同纵坐标重合)。图 2-10 是针对某一给定的压力绘制的。

当压力改变时,由于 q_t、h_1 及 h_2 均改变,因而溶液的液相和气相的焓值都将随之而变。

所以在 h-ξ 图上,不同压力下饱和曲线的位置是不同的,压力愈高,则饱和曲线愈向上移;而且,两相区内同一温度的等温线的位置也不相同,如图 2-11 所示。但在液体区,当压力不很高时压力对焓值及溶解热的影响很小,所以不同压力下的等温线可以认为只有一组。

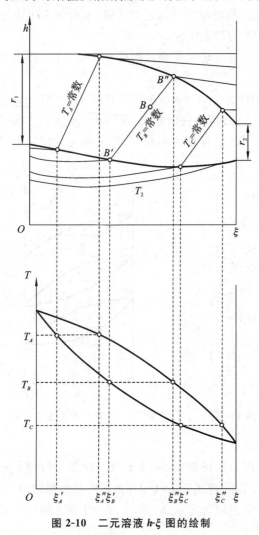

图 2-10 二元溶液 h-ξ 图的绘制

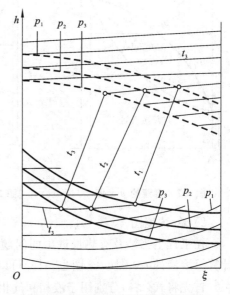

图 2-11 不同压力下溶液的 h-ξ 图

在实用的 h-ξ 图中,为了不使图面模糊不清,两相区及过热蒸气区内的等温线一般不画出,如图 2-12 所示。但画有一组辅助线,利用它可很方便地找出上述两个区域内的等温线。例如对于饱和液体点 1(图 2-12),利用辅助线画 1—3—2,即可得到相应的饱和蒸气点 2,连线1—2 为两相区内的等温线;再在 $\xi=1$ 的纵坐标上找出纯组分在该温度下的状态点,将它与点2 连接,即为过热蒸气区的等温线。

2. 液固相平衡、共晶点

当温度降低到某一值时,二元溶液就会有结晶出现,形成液-固平衡体系。

现以食盐的水溶液作为例子,图 2-13 所示为其 t-ξ 图,图中曲线 BEG 为凝固曲线。浓度为 ξ_A、温度为 t_A(状态点 A)的食盐水溶液,当温度下降到 H 时,出现第一颗冰的晶粒,该点的温度称为该溶液的起始凝固温度。进一步冷却时混合物的状态逐渐变化(沿 BE 线),并生成新的冰晶,这种变化将一直进行到点 E,此点相当于残留的全部溶液将会冻结成均匀的冰盐结晶体,称为冰盐共晶点。冰盐共晶点为最低的冰点,它与一定的盐水浓度相适应,这一浓度称为共晶浓度。平衡曲线 BE 叫做析冰曲线。当浓度为 $\xi_L > \xi_E$ 的食盐水溶液从室温冷却到点 M 时就会析出食盐的晶体,即在点 M 浓度为 ξ_L 的食盐水溶液与食盐($\xi = 1$)处于平衡状态。当进一步冷却时,过程将沿曲线 ME 进行,越来越多的食盐析出,到达点 E 时,溶液也将成为共晶体。表征析盐和溶液浓度减小的 GME 曲线为第二条平衡曲线,称为析盐曲线。在曲线 BEG 以上的范围为液体,在此曲线以下及等温线 $t_B(NEP)$ 以上的范围视浓度而定:当 $\xi < \xi_B$ 时,为液体与冰的共存区;当 $\xi < \xi_B$ 时,为液体与食盐的共存区。低于等温线 t_B 的区域为固溶体。共晶点 E 处三相(液相及两固相——冰及食盐)共存。各种盐水溶液都有这种通性。

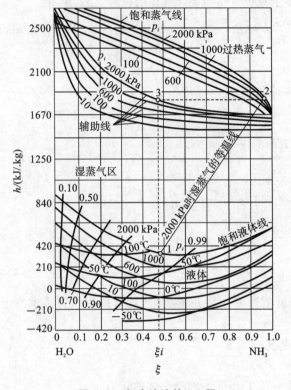

图 2-12　氨水溶液的 h-ξ 图

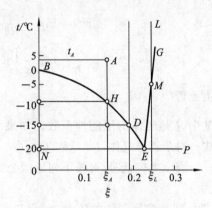

图 2-13　食盐水溶液的 t-ξ 图

2.6　多组分气体的相平衡

解决多组分气体相平衡的问题一般用分析方法,在求解时必须用到逸度和活度的概念。

1. 逸度与活度

1)逸度

为了描述真实气体与实际液体的行为而不使热力学关系复杂化,路易斯主张应用逸度和活度来阐明系统的热力学性质。

对于等温过程,由自由焓的定义式 $\mathrm{d}G = V\mathrm{d}p$ 或 $\Delta G = \int_{p_1}^{p_2} V\mathrm{d}p$,可得理想气体从 p_1 等温压缩到 p_2 时的功为

$$W = \Delta G = mRT\ln\frac{p_2}{p_1}$$

(2-56)

对于实际气体,可用一与压力单位相同的物理量——逸度(或逸压)——来表达上述计算等温压缩功的公式。若以 f 表示逸度,则上式变为

$$\Delta G = mRT \ln \frac{f_2}{f_1} \tag{2-57}$$

由此可以求出

$$\Delta G = mRT \mathrm{d}(\ln f)$$

或者对单位质量的物质有

$$g = RT \ln f + \varphi(T) \tag{2-58}$$

逸度与物质的压力和温度有关。令 a 表示理想气体与实际气体的比容之差,则有

$$v = \frac{RT}{p} - a \tag{2-59}$$

在等温条件下

$$RT \mathrm{d}(\ln f) = v \mathrm{d}p = \left(\frac{RT}{p} - a\right)\mathrm{d}p$$

在 $p=0$ 至 p 区间内积分上式,得

$$RT \ln f = RT \ln p - \int_0^p a \mathrm{d}p$$

或

$$\ln f = \ln p - \frac{1}{RT}\int_0^p \left(\frac{RT}{p} - v\right)\mathrm{d}p = \ln p + \frac{1}{RT}\int_0^p \frac{\xi-1}{\xi} v \mathrm{d}p$$

$$= \ln p + \int_0^p (\xi-1)\frac{\mathrm{d}p}{p}$$

由此得

$$\ln \frac{f}{p} = \int_0^p (\xi-1)\frac{\mathrm{d}p}{p} \tag{2-60}$$

其中,ξ 是气体的压缩性系数。如果已知等温条件下 ξ 与 p 的关系,就可以用积分法求解上式。对于理想气体,$\xi=1$,故 $f=p$。

当压力较低时,可按下列近似公式计算逸度:

$$f = p^2/p_{id} \tag{2-61}$$

式中,p 为实际气体的压力;p_{id} 为与实际气体 v 及 T 相同的理想气体的压力。

与饱和蒸气平衡的液体及固体的逸度按干饱和蒸气的逸度确定,即按式(2-58)或式(2-61)计算。在压力不太高时,非饱和液体的逸度近似等于同温度下饱和液体的逸度,即 $f'_{T,p} \approx f'_{T,p'}$,式中 p' 为饱和蒸气压力。当气体为理想气体时,饱和液体的逸度实际上很接近饱和蒸气压力,即 $f'_{T,p'} \approx p^\circ$。例如,在 25 ℃ 及 100 kPa 条件下水的逸度 $f'=3.063$ kPa;在 25 ℃ 及 1.0×10^4 kPa 条件下水的逸度 $f'=3.296$ kPa。而在 25 ℃ 时水的干饱和蒸气压为 $p^\circ=3.166$ kPa。

若以逸度代替压力,拉乌尔定律与亨利定律可写成以下形式:

拉乌尔定律: $$f_i = f_i^\circ x_i \tag{2-62}$$

亨利定律: $$f = Hx \tag{2-63}$$

式中,f_i 为理想溶液中组分 i 的逸度;f_i° 为在和溶液同一温度、同一压力下的纯组分 i 的逸度;f 为气体溶质的逸度。

式(2-63)适用于非理想气体,在天然气分离中常用到这一公式。

为了衡量真实气体偏离理想气体的程度,常使用逸度系数 φ。它为逸度 f 与压力 p 之比,即

$$\varphi = \frac{f}{p} \qquad\qquad (2\text{-}64)$$

图 2-14 为逸度系数 φ 与对比参数 p_r 及 T_r 的关系曲线,它同压缩性系数 ξ 与 p_r 及 T_r 的关系相类似。图中 $p_r = \dfrac{p}{p_{cr}}$,$T_r = \dfrac{T}{T_{cr}}$,$\varphi = \dfrac{f}{p}$。对于理想气体,$\varphi = 1$。

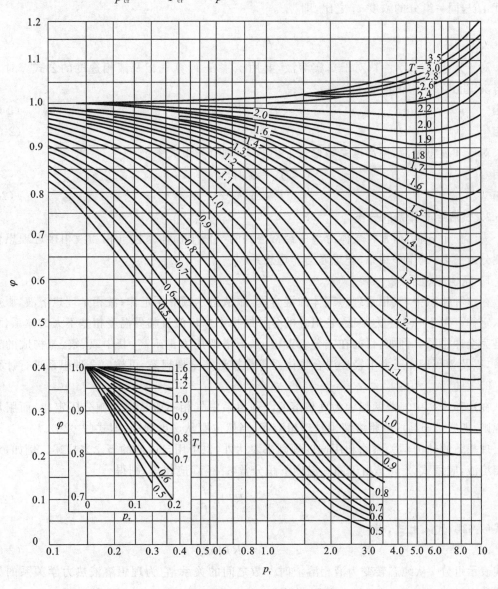

图 2-14 φ 与 T_r 及 p_r 的关系曲线

2) 活度

对于实际溶液,路易斯(Lewis)提出以活度 a 代替浓度 x 来简化热力学理论计算公式。组分 i 的活度为该组分在给定状态下的逸度 f_i 与在同一温度下经过适当选择的标准状态下的同一组分的逸度 f_i° 之比,即

$$a_i = f_{i,T} / f_{i,T}^\circ \qquad\qquad (2\text{-}65)$$

标准状态可以任意选定。对于气体混合物,可以选下列两种情况作标准态:①以 $f_i^\circ = 1$ 作为标准态,此时气体混合物中各组分的活度就是各组分的逸度;对于理想气体混合物来说,各

组分的活度与各组分的分压相等。②以混合气体中各组分在同一温度和压力下的纯态作为标准态,此时理想溶液的各组分的活度就是各组分的摩尔浓度。因此,标准态随这个定义的压力变化而变化。

为了衡量真实溶液偏离理想溶液的程度,常用活度系数 γ_i 来表达。它是溶液中组分 i 的活度 a_i 与同一组分的浓度 x_i 之比,即

$$\gamma_i = \frac{a_i}{x_i} \tag{2-66}$$

对于理想溶液,$\gamma_i=1$;对于真实溶液,要用 γ_i 修正计算气相及液相逸度的公式。对于理想溶液,由式(2-62)可得如下关系:

气相 $$f_i'' = f_i^{\circ''} y_i \tag{2-62a}$$

液相 $$f_i' = f_i^{\circ'} x_i \tag{2-62b}$$

对于非理想溶液,用活度系数修正上列两式,则有如下关系:

气相 $$f_i'' = \gamma_i'' f_i^{\circ''} y_i \tag{2-67}$$

液相 $$f_i' = \gamma_i' f_i^{\circ'} x_i \tag{2-68}$$

2. 气液平衡体系的分类

为了便于分析,通常将气体分离中经常遇到的气液平衡体系按气相和液相接近理想化的程度分成三类:完全理想系、理想系与非理想系。

1) 完全理想系

在这种体系中,气相是理想气体的混合物,服从道尔顿分压定律;液相是理想溶液,服从拉乌尔定律。对于一些压力很低、各组分的分子结构十分相似且临界温度相差不大的体系,可认为是完全理想系。例如,目前在空分装置中上、下塔的压力都不高,其中氧、氩、氮构成的三元体系,以及 200 kPa 压力下轻烃混合物体系等都接近完全理想系,可按完全理想系进行计算。

2) 理想系

在这种体系中气液两相皆为理想溶液。理想系中气相不服从道尔顿分压定律,而服从逸度规则,即式(2-62a);液相溶液也是理想溶液,当然也服从逸度规则,即式(2-62b)。

理想系的热力学关系除利用逸度规则来表达外,也可用自由焓的概念来描述。例如,对于液相溶液,应用式(2-58),由于同一温度下积分常数 $\varphi(T)$ 应相等,则得

$$g_i' - g_i^{\circ'} = RT \ln \frac{f_i'}{f_i^{\circ}} \tag{2-69}$$

将式(2-62b)代入上式,得

$$g_i' - g_i^{\circ'} = RT \ln x_i \tag{2-69a}$$

上式表示组分 i 从纯态转变为液相溶液时参数之间的关系,它为理想溶液热力学关系的另一种表达。

在低温气体分离中,对于压力不高(例如不高于 1.5 MPa)且系统温度比组分的 T_{cr} 低的某些物系,如 $Ar-CH_4$、N_2-Ar、H_2-Ne 等,液相与拉乌尔定律偏差不大,气体可以看作理想溶液,可以当作理想系处理。

3) 非理想系

若在气液两相中任一相为非理想溶液,则该系统为非理想系。在低温气体分离中,许多进行部分冷凝、部分汽化、洗涤、精馏操作等过程的物系都是非理想系。这些物系在高压下气液两相都可能偏离理想系,而在较低压力下偏离主要发生在液相。其原因是:组分沸点与临界温

度相差大,使得在许多物系中某些组分的 T_{cr} 低于物系温度,而不能成为稳定液态。非理想系既不遵守完全理想系的拉乌尔定律,也不遵守理想系的逸度规则。为了使各种物系相平衡的具体规律能在形式上统一起来,对于非理想系常应用对理想溶液浓度进行修正的新参数——活度,其定义见式(2-65)。若将该式应用于液相溶液,得

$$a_i = f'_i / f^{\circ'}_i \tag{2-70}$$

将上式代入式(2-69),得

$$g'_i - g^{\circ'}_i = RT \ln a_i \tag{2-71}$$

比较式(2-69a)及式(2-71)可以看出,当用活度 a_i 代替 x_i 后,非理想溶液的热力学关系与理想溶液在形式上就一致了。

活度概念同样适用于气相非理想溶液。

3. 气液相平衡表示方法

除三元溶液可用三角形相图表示气液相平衡(如对于 O_2-Ar-N_2 混合物的相平衡)外,一般多元溶液的相平衡常用下列三种方法表示:相平衡系数、相对挥发度与相平衡表。

1) 用气液相平衡常数表示

相平衡常数为系统达到相平衡时,某组分在气相里的浓度与在液相中的浓度之比,即

$$K_i = y_i / x_i \tag{2-72}$$

将式(2-67)及式(2-68)代入上式,得

$$K_i = \frac{\gamma'_i f'_i f^{\circ'}_i}{\gamma''_i f''_i f^{\circ''}_i}$$

当气液平衡时,两相的温度、压力及化学势相等,故逸度也相等,即 $f'_i = f''_i$,因此

$$K_i = \frac{\gamma'_i f^{\circ'}_i}{\gamma''_i f^{\circ''}_i} \tag{2-73}$$

此即系统达到相平衡时,相平衡常数的一般表达式,它对任何溶液任一组分都适用。

根据相平衡常数的定义,必然存在如下关系:

$$x_i = \frac{y_i}{K_i}, \quad \sum x_i = \sum \frac{y_i}{K_i} = 1 \tag{2-74}$$

$$y_i = K_i x_i, \quad \sum y_i = \sum K_i x_i = 1 \tag{2-75}$$

式(2-74)也称露点方程,它可用来计算与气相组成对应的饱和温度。若已知多组分气体各组分的 y_i 值,假设一温度 T 值,算出或查出各组分的 K_i 值,再算出各组分的 x_i 值,如果 $\sum x_i \approx 1$,则假设的温度即为露点 T_d。式(2-75)也称泡点方程,应用类似求露点的方法可以求出多元溶液的泡点 T_b。

在低温技术中,相平衡常数常应用于气体的液化和分离中的蒸发、冷凝(顺流冷凝与逆流冷凝)、节流和精馏等平衡过程的计算。

2) 用相对挥发度表示

处于气液相平衡的多组分系统中,组分 i 对另一基准组分 j 的相对挥发度 α_i 的定义为两组分相平衡常数 K_i 及 K_j 之比,即

$$\alpha_i = \frac{K_i}{K_j} = \frac{y_i / x_i}{y_j / x_j} \tag{2-76}$$

故 $$y_i / y_j = \alpha_i x_i / x_j \tag{2-77}$$

一般以重组分作为基准组分,即 $K_j = K_h$。

上式说明,气液相平衡时,组分 i 和 j 的气相浓度比为液相浓度比的 α_i 倍。α_i 的大小就意味着多组分体系分离的可能性及难易程度:α_i 愈大,分离愈容易;$\alpha_i = 1$,则表明气液两相浓度相同,不可能进行分离。

相对挥发度的概念是很有用的。因为相平衡常数 K_i 随温度显著地变化,在同一精馏塔内,各层塔板上的温度不同,因而 K_i 值也随逐块塔板而变化。由于 α_i 随温度变化的幅度比 K_i 小,特别是对于符合或接近拉乌尔定律的理想溶液,α_i 随温度变化很小,因此可以在同一塔内用同一组分的 $\overline{\alpha_i}$ 值进行计算。

根据相对挥发度概念,对于多元溶液可导出如下关系:

$$\begin{cases} y_i = \dfrac{\alpha_i x_i}{\sum \alpha_i x_i} \\[3mm] x_i = \dfrac{y_i / \alpha_i}{\sum y_i / \alpha_i} \end{cases} \tag{2-78}$$

对于二元溶液,为

$$\begin{cases} y_i = \dfrac{\alpha_{12} x_1}{1 + (\alpha_{12} - 1) x_1} \\[3mm] x_i = \dfrac{y_1}{\alpha_{12} + (1 - \alpha_{12}) y_1} \end{cases} \tag{2-79}$$

应用上述关系式可进行气相及液相成分的换算。

相对挥发度一般由实验测定,但对于完全理想系也可以直接计算。

3) 用相平衡表表示

对于某些多组分气体,可以通过实验测定气液相平衡关系,列表求解。但当多组分气体中某组分的浓度变化很大时(如天然气,其 CH_4 含量可高达 90%,也可低至 11%),很难列表求解。

4. 气液相平衡计算

1) 完全理想系

根据完全理想系的定义,气相为理想气体的混合物,服从道尔顿分压定律,即 $y_i = \dfrac{p_i''}{p}$;液相为理想溶液,服从拉乌尔定律,即 $p_i' = p_i^\circ x_i$。由于气液相平衡,$p_i'' = p_i'$,故

$$p y_i = p_i^\circ x_i$$

由上式得相平衡常数计算式:

$$K_i = \frac{y_i}{x_i} = \frac{p_i^\circ}{p} \tag{2-80}$$

式中,p_i° 为纯组分 i 的饱和蒸气压,它是温度的函数,因此完全理想系的相平衡常数仅为温度和压力的函数。

完全理想系的相对挥发度按下式计算:

$$\alpha_i = \frac{K_i}{K_j} = \frac{p_i^\circ / p}{p_j^\circ / p} = \frac{p_i^\circ}{p_j^\circ} \tag{2-81}$$

式中,p_i° 及 p_j° 为温度的函数,故 α_i 仅为温度的函数。

2) 理想系

理想系中气相为理想气体混合物,遵守逸度规则,液相为理想溶液,也遵守逸度规则,故可利用式(2-62a)及式(2-62b)求解。气液平衡时,$f_i' = f_i''$,故

$$f_i^\circ{}' x_i = f_i^\circ{}'' y_i \tag{2-82}$$

相平衡常数为

$$K_i = \frac{y_i}{x_i} = \frac{f_i^{\circ\prime}}{f_i^{\circ\prime\prime}} \tag{2-83}$$

相对挥发度为

$$\alpha_i = \frac{K_i}{K_j} = \frac{f_i^{\circ\prime} f_j^{\circ}}{f_i^{\circ\prime\prime} f_j^{\circ\prime}} \tag{2-84}$$

3) 非理想系

有些多组分气体(如烃类混合物),其中某些组分的临界温度比系统温度低。例如,从含氦天然气中提氦时,氦在其他组分中溶解;焦炉气、合成氨尾气部分冷凝时,氢在其他组分中溶解;从空气中提取氖、氦时,在浓缩过程中氖、氦在氮等其他组分中溶解等,都属于这一类物系。

非理想系可能有三种情况:气相为理想气体的混合物,液相为非理想溶液,混合气体在低压下(100 kPa 左右)精馏时属于这种情况;气相为理想气体的混合物,液相为非理想溶液,混合气体在中压下(1.5~2 MPa)精馏时属于这种情况;气液两相为非理想气体混合物与非理想溶液。非理想系的气液平衡计算或用活度系数概念,或用普遍化的亨利定律。

在进行相平衡计算时,必须首先求出纯气体与纯液体的逸度。纯气体的逸度可按图 2-14 求解,一般叫做两参数法;也可利用临界压缩性因子 ξ_{cr}(作为第三个变量)求解,前面有介绍,也可参考化学工程热力学相关教材。

纯液体逸度的计算和压力有关,可分为两种情况:

(1) 纯液体的压力正好等于给定温度下的饱和蒸气压 p_r°。在这种情况下,液体是给定温度下的饱和液体,或者说,它与其蒸气处于气液相平衡状态。因此,同一组分在气液两相中的逸度应相等,即 $f_i' = f_i''$。对于单组分系统,可写成

$$f_{T,p^\circ}^{\circ\prime\prime} = f_{T,p^\circ}^{\circ\prime} = p^\circ \varphi_s \tag{2-85}$$

式中,$f_{T,p^\circ}^{\circ\prime\prime}$、$f_{T,p^\circ}^{\circ\prime}$ 分别为单组分系统平衡条件下气相逸度和液相逸度;φ_s 为系统温度 T 及饱和压力 p° 下的气相逸度系数。

如果气相为理想气体,则 $\varphi_s = 1$,代入上式,得

$$f_{T,p^\circ}^{\circ\prime\prime} = f_{T,p^\circ}^{\circ\prime} = p^\circ \tag{2-85a}$$

即当给定压力为该组分在给定温度下的饱和蒸气压时,其纯液体逸度即为相同条件下的该组分的气体逸度,可按计算纯气体逸度的方法进行计算。如果气相可看作理想气体,则纯液体逸度即为在给定温度下的饱和蒸气压。

(2) 给定压力不等于给定温度下的饱和蒸气压 p°。在这种情况下,液体与其上方气相不处于相平衡状态,此时计算该条件下纯液体的逸度应分两步进行:①按上述方法计算温度为 T、压力为 p° 的饱和液体逸度 $f_{T,p^\circ}^{\circ\prime}$;②考虑压力对液体逸度的影响,即将①中求出 $f_{T,p^\circ}^{\circ\prime}$ 的压力 p° 等温地变至所给定的压力 p,求出 $f_{T,p}^{\circ\prime}$。

由式 $dG = mRTd(\ln f)$ 及 $dG' = V'dp$ 得

$$d(\ln f^{\circ\prime}) = \frac{v'}{RT}dp'$$

在压力区间 $p^\circ \sim p$ 对上式积分得

$$\ln \frac{f_{T,p}^{\circ\prime}}{f_{T,p^\circ}^{\circ\prime}} = \int_{p^\circ}^{p} \frac{v'}{RT}dp$$

由式(2-85)有 $f_{T,p^\circ}^{\circ\prime} = p^\circ \varphi_s$,代入上式,整理后得

$$f_{T,p}^{\circ\prime} = p^{\circ}\varphi_s\exp\left(\int_{p^{\circ}}^{p}\frac{v'}{RT}\mathrm{d}p\right) \tag{2-86}$$

在一般情况下，等温时压力对液体体积的影响不大，v' 可取平均值，则上式可简化为

$$f_{T,p}^{\circ\prime} = p^{\circ}\varphi_s\exp\left[\frac{v'}{RT}(p-p^{\circ})\right] \tag{2-86a}$$

而如果计算要求不高，忽略压力对液体逸度的影响，则

$$f_{T,p}^{\circ\prime} \approx f_{T,p^{\circ}}^{\circ\prime} = p^{\circ}\varphi_s \tag{2-86b}$$

当气相可作为理想气体时，$\varphi_s=1$，则

$$f_{T,p}^{\prime} \approx p^{\circ} \tag{2-86c}$$

非理想系气液相平衡计算有下述三种情况：

(1) 气液两相为非理想气体混合物与非理想溶液，当相平衡时，$f_i' = f_i''$，由式(2-67)及式(2-68)得

$$\gamma_i''f_i^{\circ\prime\prime}y_i = \gamma_i'f_i^{\circ\prime}x_i \tag{2-87}$$

相平衡常数可按式(2-72)计算，即

$$K_i = \frac{y_i}{x_i} = \frac{\gamma_i'f_i^{\circ\prime}}{\gamma_i''f_i^{\circ\prime\prime}} \tag{2-88}$$

相对挥发度为

$$\alpha_i = \frac{K_i}{K_j} = \frac{\gamma_i'\gamma_j''}{\gamma_i''\gamma_j'}\cdot\frac{f_i^{\circ\prime}f_j^{\circ\prime\prime}}{f_i^{\circ\prime\prime}f_j^{\circ\prime}} \tag{2-89}$$

(2) 当气相按理想气体混合物处理时，$\gamma_i''=1$，而 $f_i^{\circ\prime\prime} = p\varphi_i''$，将此式及式(2-86)代入式(2-87)，得

$$p\varphi_i''y_i = \gamma_i'x_ip^{\circ}\varphi_s\exp\left(\int_{p^{\circ}}^{p}\frac{v'}{RT}\mathrm{d}p\right) \tag{2-90}$$

式(2-90)是气相为理想气体混合物的非理想系的气液平衡的基本关系式。对这类系统，相平衡常数为

$$K_i = \frac{y_i}{x_i} = \gamma_i'\frac{f_i^{\circ\prime}}{f_i^{\circ\prime\prime}} \tag{2-91}$$

相对挥发度为

$$\alpha_i = \frac{K_i}{K_j} = \frac{\gamma_i'f_i^{\circ\prime}f_j^{\circ\prime\prime}}{\gamma_j'f_i^{\circ\prime\prime}f_j^{\circ\prime}} \tag{2-92}$$

(3) 对于气相为理想气体的混合物系统，$\varphi_i''=1$，$f_i^{\circ\prime\prime} = p$；当忽略压力对组分 i 液体逸度的影响时，如前所述，有 $f_i^{\circ\prime\prime} = p_i^{\circ}$，则

$$K_i = \frac{y_i}{x_i} = \gamma_i'\frac{p_i^{\circ}}{p} \tag{2-93}$$

相对挥发度为

$$\alpha_i = \frac{K_i}{K_j} = \frac{\gamma_i'p_i^{\circ}}{\gamma_j'p_j^{\circ}} \tag{2-94}$$

在非理想系中，由于液相活度系数 γ_i' 与液相浓度有关，因此 K_i 与 α_i 为压力、温度及浓度的函数。表2-1中将各种条件下气液相平衡关系分成三种系统、五个类型。

表 2-1　各种条件下的气液相平衡关系

系　　统	完全理想系	理想系	非理想系		
类型	I	II	III	IV	V
压力范围	常压	中压、高压	低压	中压	高压
气相 条件	理想气体的混合物	理想溶液	理想气体的混合物	理想溶液	非理想溶液
逸度系数 $\varphi_i = f_i''/p$	1	$\neq 1$	1	$\neq 1$	$\neq 1$
逸度 f_i''	$f_i''=p_i''=py_i$	$f_i°=f_i''y_i$	$f_i''=p_i''=py_i$	$f_i''=f_i°''y_i$	$f_i''=\gamma_i''=f_i°''y_i$
活度系数 γ_i''	1	1	1	1	$\neq 1$
液相 条件	理想溶液	理想溶液	非理想溶液	非理想溶液	非理想溶液
饱和压力下逸度系数 $\varphi_{s,i}=f_i°'/p°$	1*	$\neq 1$	1*	$\neq 1$	$\neq 1$
逸度 f_i'	$f_i'=p_i'=p°x_i$	$f_i'=f_i°'x_i$	$f_i'=\gamma_i'p_i°x_i$	$f_i'=\gamma_i'f_i°'x_i$	$f_i'=\gamma_i'f_i°'x_i$
活度系数 γ_i'	$=1$	$=1$	$\neq 1$	$\neq 1$	$\neq 1$
气液相平衡常数 $K_i=y_i/x_i$	$\dfrac{p_i°}{p}$	$\dfrac{f_i°'}{f_i°''}$	$\gamma_i'\dfrac{p_i°}{p}$	$\gamma_i'\dfrac{f_i°'}{f_i°''}$	$\dfrac{\gamma_i'}{\gamma_i''}\dfrac{f_i°'}{f_i°''}$
相对挥发度 $\alpha_{ij}=K_i/K_j$	$\dfrac{p_i°}{p_j°}$	$\dfrac{f_i°'}{f_i°''}\dfrac{f_j°''}{f_j°'}$	$\dfrac{\gamma_i'}{\gamma_j'}\dfrac{p_i°}{p_j°}$	$\dfrac{\gamma_i'}{\gamma_j'}\dfrac{f_i°'}{f_i°''}\dfrac{f_j°''}{f_j°'}$	$\dfrac{\gamma_i'}{\gamma_j'}\dfrac{\gamma_i''}{\gamma_j''}\dfrac{f_i°'}{f_i°''}\dfrac{f_j°''}{f_j°'}$

* 忽略压力对液体逸度的影响。

例 2-1　测得乙烷-乙烯精馏塔某层塔板上的温度为 257 K，塔的操作压力为 2.127×10^3 kPa，假设塔板上气液达到平衡，试求该层塔板上气相与液相浓度。

解　乙烯、乙烷的临界参数及饱和蒸气压可由物性数据库查得：

乙烯的临界参数 $T_{cr}=282.4$ K，　$p_{cr}=5.037\times10^3$ kPa

乙烷的临界参数 $T_{cr}=305.4$ K，　$p_{cr}=4.870\times10^3$ kPa

乙烯与乙烷的饱和蒸气压力方程（$p°$ 以 mmHg 计）：

$$\lg p°_{C_2H_4}=7.2058-\frac{768.26}{T+282.43}$$

$$\lg p°_{C_2H_6}=7.5536-\frac{1030.6}{T+312}$$

（1）求 257 K 时的乙烯及乙烷的饱和蒸气压。

$$\lg p°_{C_2H_4}=7.2058-\frac{768.26}{T+282.43}=4.3223$$

$$p°_{C_2H_4}=21000 \text{ mmHg}=2.798\times10^3 \text{ kPa}$$

$$\lg p°_{C_2H_6}=7.5536-\frac{1030.6}{T+312}=4.0718$$

$$p°_{C_2H_6}=11800 \text{ mmHg}=1.573\times10^3 \text{ kPa}$$

（2）求 $f_i°''$。

乙烯
$$T_r = \frac{257}{282.4} = 0.91, \qquad p_r = \frac{2.127 \times 10^3}{5.037 \times 10^3} = 0.422$$

由图 2-11 得 $\varphi = 0.80$,故

$$f_{C_2H_4}^{\circ''} = 0.80 \times 2.127 \times 10^3 \text{ kPa} = 1.701 \times 10^3 \text{ kPa}$$

乙烷
$$T_r = \frac{257}{305.4} = 0.84, \qquad p_r = \frac{2.127 \times 10^3}{4.870 \times 10^3} = 0.436$$

查图 2-11 得 $\varphi = 0.75$,故

$$f_{C_2H_6}^{\circ''} = 0.75 \times 2.127 \times 10^3 \text{ kPa} = 1.595 \times 10^3 \text{ kPa}$$

(3) 求 $f_i^{\circ'}$、p_i°。

乙烯
$$T_r = \frac{257}{282.4} = 0.91, \qquad p_r = \frac{2.798 \times 10^3}{5.037 \times 10^3} = 0.555$$

查图 2-11 得 $\varphi = 0.75$,故

$$f_{C_2H_4, p^\circ}^{\circ'} = 0.75 \times 2.798 \times 10^3 \text{ kPa} = 2.098 \times 10^3 \text{ kPa}$$

乙烷
$$T_r = \frac{257}{305.4} = 0.84, \qquad p_r = \frac{1.573 \times 10^3}{4.870 \times 10^3} = 0.322$$

查图 2-11 得 $\varphi = 0.81$,故

$$f_{C_2H_6, p^\circ}^{\circ'} = 0.81 \times 1.573 \times 10^3 \text{ kPa} = 1.274 \times 10^3 \text{ kPa}$$

(4) 求 x_i 及 y_i。

因为
$$y_{C_2H_4} = \frac{f_{C_2H_4}^{\circ'}}{f_{C_2H_4}^{\circ''}} x_{C_2H_4}, \qquad y_{C_2H_6} = \frac{f_{C_2H_6}^{\circ'}}{f_{C_2H_6}^{\circ''}} x_{C_2H_6}$$

所以
$$y_{C_2H_4} + y_{C_2H_6} = \frac{f_{C_2H_4}^{\circ'}}{f_{C_2H_4}^{\circ''}} x_{C_2H_4} + \frac{f_{C_2H_6}^{\circ'}}{f_{C_2H_6}^{\circ''}} (1 - x_{C_2H_4}) = 1$$

$$\frac{2.098 \times 10^3}{1.701 \times 10^3} x_{C_2H_4} + \frac{1.274 \times 10^3}{1.595 \times 10^3} (1 - x_{C_2H_4}) = 1$$

$$1.233 x_{C_2H_4} + 0.798 (1 - x_{C_2H_4}) = 1$$

$$x_{C_2H_4} = \frac{1 - 0.798}{1.233 - 0.798} = \frac{0.202}{0.435} = 0.464$$

$$x_{C_2H_6} = 1 - 0.464 = 0.536$$

$$y_{C_2H_4} = \frac{f_{C_2H_4}^{\circ'}}{f_{C_2H_4}^{\circ''}} x_{C_2H_4} = \frac{2.098 \times 10^3}{1.701 \times 10^3} \times 0.464 = 0.572$$

$$y_{C_2H_6} = 1 - 0.572 = 0.428$$

2.7 溶液的基本热力学过程

最常见的热力学过程有混合、蒸发与冷凝、节流、吸收等。利用 $h\text{-}\xi$ 图或 $h\text{-}x$ 图研究溶液的热力学过程很方便。

1. 混合

图 2-15 混合过程示意图

设有同样组分、不同成分的两种二元溶液混合,如图 2-15 所示,第一种溶液质量为 m_1 (kg),其状态参数为 t_1、h_1、ξ_1;第二种溶液质量为 m_2(kg),其状态参数为 t_2、h_2、ξ_2,在相同压力

下混合成质量为 $m(\mathrm{kg})$ 的溶液，其状态参数为 t、h、ξ。

根据质量守恒定律可写出

$$m_1 + m_2 = m$$

对于第二组分，根据质量守恒定律可写出

$$\xi_1 m_1 + \xi_2 m_2 = \xi m$$

将 $m_2 = m - m_1$ 代入上式，并整理得到

$$\frac{m_1}{m} = \frac{\xi_2 - \xi}{\xi_2 - \xi_1} \tag{2-95}$$

以同样方法代入 $m_1 = m - m_2$，可得

$$\frac{m_2}{m} = \frac{\xi - \xi_1}{\xi_2 - \xi_1} \tag{2-96}$$

故

$$\frac{m_1}{m_2} = \frac{\xi_2 - \xi}{\xi - \xi_1} \tag{2-97}$$

当系统处于绝热、不做外功的条件下，根据热力学第一定律可以写出混合过程的能量平衡式，即

$$m_1 h_1 + m_2 h_2 = mh$$

将式（2-95）和式（2-96）代入上式，并整理可得

$$h = \frac{\xi_2 - \xi}{\xi_2 - \xi_1} h_1 + \frac{\xi - \xi_1}{\xi_2 - \xi_1} h_2$$

也可改写成

$$h = h_1 + \frac{\xi - \xi_1}{\xi_2 - \xi_1}(h_2 - h_1) \tag{2-98}$$

式（2-98）是 $h\text{-}\xi$ 图上通过点 1 及点 2 的直线方程。因此，绝热混合点（混合溶液状态）在 $h\text{-}\xi$ 图上的位置将处在两个初态点的连线上，这条直线称为混合过程线，如图 2-16 所示。因此根据式（2-95）、式（2-96）或式（2-97）求得混合溶液的 ξ 后，即可在混合直线上确定混合点 M。

从图 2-16 可看出三角形 $1MN$ 和三角形 $M2L$ 相似，因此

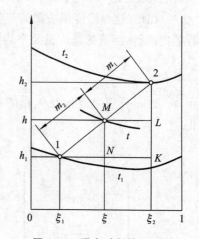

图 2-16 混合过程的 $h\text{-}\xi$ 图

$$\frac{\overline{1M}}{\overline{M2}} = \frac{\overline{1N}}{\overline{ML}} = \frac{\xi - \xi_1}{\xi_2 - \xi} = \frac{m_2}{m_1}$$

亦即点 M 与两个起始状态点的距离与混合前两溶液的质量成反比。

综上所述，在绝热情况下两种组分相同、成分不同的溶液混合后的状态点在 $h\text{-}\xi$ 图上总是位于通过混合前二种溶液状态点的混合直线上，混合点所割线段长度与混合前溶液的质量成反比。这就是混合规则。在 $h\text{-}x$ 图上也可得出同样的结论。

根据混合规则，可以利用 $h\text{-}\xi$ 图或 $h\text{-}x$ 图很快地确定出混合状态点 M，从而读出混合后溶液的状态参数。

如果在混合过程中有热量的吸收或放出，则能量平衡式为

$$h = h_2 + \frac{\xi - \xi_1}{\xi_2 - \xi_1}(h_2 - h_1) + q \tag{2-99}$$

式中，q 为吸收或放出的热量。

根据式(2-98)，上式可写成

$$h = h_M + q \tag{2-100}$$

式中，h_M 是在混合直线上点 M 的焓值。因此，当与外界有热交换时，混合后的溶液状态可以分两步来确定：先对应于绝热混合过程利用混合规则求得点 M，再在等 ξ 线上从点 M 加上 q 大小的线段（向上或向下由 q 的符号决定），如图 2-17 上点 M' 即为有热交换时混合点的状态。

在得出混合规则的结论时没有对混合前和混合后的溶液状态和性质作任何假设，因此混合规则对于所有溶液状态都是正确的，其中可以包括混合前及混合后的不同聚集态。

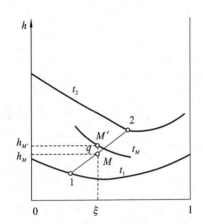

图 2-17　有热交换的混合过程

2. 蒸发与冷凝

首先研究溶液在等压下的蒸发过程。图 2-18 是溶液在一定压力下蒸发过程的示意图，图 2-18(a)表示浓度为 ξ_1 的溶液处于过冷状态（相应于图 2-19 的点 1）。当外界输入热量以后，溶液的温度就逐渐升高，直至消除过冷度时（在图 2-19 上即相当于饱和点 2），即开始产生蒸气。最初产生的蒸气在图中用点 $2''$ 表示，其浓度 ξ_2 与溶液在这一瞬间的液相浓度相对应。当继续加热时（如到点 3），蒸气量就不断增加（图 2-18(b)），同时液相中组分 B 的浓度逐渐下降（图 2-19 点 $3'$），而与这一浓度相平衡的蒸气浓度（点 $3''$）也就逐渐下降。但是由于蒸发过程是在密闭容器内进行，溶液的总质量及平均浓度是不变的，因此有

$$m' + m'' = m$$
$$m'\xi' + m''\xi'' = m\xi$$

式中，m' 及 m'' 分别为液相及气相的质量。按照分析溶液的混合过程的方法，根据上述两式可得

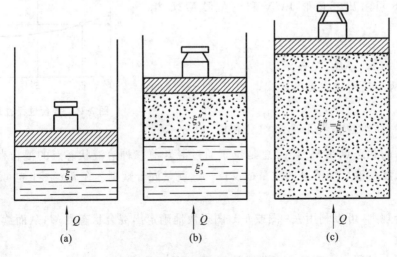

图 2-18　连续蒸发过程示意图

$$\frac{m''}{m'} = \frac{\xi - \xi'}{\xi'' - \xi} \qquad\qquad (2\text{-}101)$$

即处于两相平衡的二元溶液,其气相质量与液相质量之比等于浓度差$(\xi'' - \xi)$与$(\xi - \xi')$之反比。在$h\text{-}x$图上,用同样方法可以证明:气相的物质的量与液相的物质的量之比等于浓度差$(x'' - x)$与$(x - x')$之反比。这一关系称为杠杆规则。利用杠杆规则,可以很方便地按$h\text{-}\xi$图或$h\text{-}x$图来确定溶液汽化的数量。

当温度继续上升,最后全部变为蒸气(图 2-19 点 4),这时蒸气的浓度就是开始时溶液的浓度ξ_1,而与这个蒸气浓度相平衡的是最后一滴溶液,其浓度为ξ_4'。此后再加热时即进入过热区,成为过热蒸气(图 2-19 点 5)。

溶液蒸气的凝结过程也可用$h\text{-}\xi$图或$h\text{-}x$图表示,它与上面所述的溶液蒸发过程相类似,但方向相反(从点 5 到点 1)。

从以上的分析可以看出,二元溶液气液相变过程的主要特性如下:

(1) 对于某一成分的溶液,在一定压力下,开始冷凝或开始蒸发与冷凝结束或蒸发结束时的温度是不同的。这一点与纯组分不同,一定压力下纯组分在蒸发或冷凝过程中的温度是不变的。

(2) 在冷凝或蒸发过程中,气相和液相的成分是连续变化的。

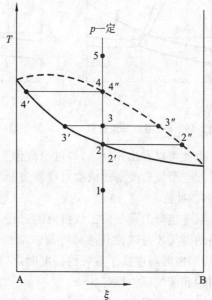

图 2-19　溶液蒸发过程 $T\text{-}\xi$ 图

3. 节流

当溶液从状态 1 节流到状态 2 时,其焓值与平均成分均不变,即
$$h_1 = h_2, \qquad \xi_1 = \xi_2$$
因此,节流前后的两个状态在$h\text{-}\xi$图上是用坐标为$h_2 = h_1$及$\xi_2 = \xi_1$的同一点表示,但它们的压力不同,始态的压力为p_1,终态的压力为p_2。在利用$h\text{-}\xi$图研究溶液节流过程时,必须画出压力为p_1及p_2时的饱和蒸气线及饱和液体线,以及湿蒸气区的等温线。从图 2-20 可看出,初态 1 在等温线t_1上,处于液体区;而终态 2 在等温线t_2上,处于湿蒸气区,而且$t_2 < t_1$。

节流过程是不可逆过程,经节流后溶液的熵增大,因此有有效能的损失。可以利用溶液的$S\text{-}\xi$图求出节流过程的熵增ΔS_{1-2},如图 2-21 所示。

在空分设备中,液空(液态空气)从下塔节流到上塔,部分液空汽化,汽化率的数值可以利用氧-氮系统的$h\text{-}\xi$图(图 2-22)求出。图中,p_1为下塔压力,p_2为上塔压力;初态 1 为饱和液体,节流后终态 2 位于湿蒸气区,液空变成气液混合物。根据混合规则,通过点 2 的等温线 3—4 即为气液的混合直线;按杠杆规则,饱和液体从p_1节流到p_2的汽化率α为
$$\alpha = \frac{m''}{m} = \frac{\overline{1-3}}{\overline{3-4}}$$

若不是饱和液体而是过冷液体,如图中的点 5,节流后是处在等温线 6—7 上,故汽化率
$$\alpha_{\text{s,c}} = \frac{m''}{m} = \frac{\overline{5-6}}{\overline{6-7}}$$

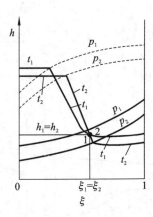

图 2-20 h-ξ 图示节流过程

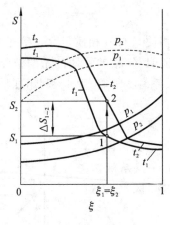

图 2-21 S-ξ 图示节流过程

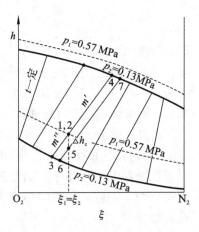

图 2-22 氧-氮系统的 h-ξ 图

由此可以看出 $\alpha_{s,c} < \alpha$，即过冷液体节流后汽化率将减小，从点 2 到点 5，焓损失为 Δh_c。这就是液空节流前要通过液空过冷器过冷的原因。

4. 吸收

某一组分的蒸气溶于该溶液的过程，通常叫做吸收。当液体的温度低于蒸气的温度时，纯物质的蒸气才可以被其液体冷凝。混合式换热器就是按此原理工作的。但溶液和纯物质不同，当溶液的温度高于蒸气的温度时，也可以实现吸收过程，只要被吸收的蒸气的压力高于溶液的饱和蒸气压力即可。

最简单的吸收过程可以作为混合过程来研究（图 2-23）。设有状态为 ξ_D、t_D、h_D 的被吸收蒸气 D(kg) 与状态为 ξ_1、t_1、h_1 的液体 m_1(kg) 混合，蒸气被吸收（或冷凝）于液体中，从吸收器排出参数为 ξ_2、t_2、h_2 的液体 m_2(kg)。

在给定压力下的 h-ξ 图（图 2-24）上分别以点 1 及点 d 表示液体和被吸收的蒸气。因为在吸收器中蒸气和液体互相混合，混合状态可以根据混合规则在混合直线上求出。吸收过程的任务为将蒸气吸收于液体中，生成溶液的状态必须在液体区，此液体的极限状态为饱和液体。因此，如图 2-24 所示，直线 1—d 与饱和液体线的交点 2 即为所能达到的极限状态。

以上所讲的吸收过程没有考虑热交换，因此决定吸收效果的量主要为每吸收 1 kg 蒸气需要液体的量，即 $g = m_1/D$。根据混合规则，液体量与被吸收蒸气量和混合直线上相应线段的长度成反比，即

$$g = \frac{m_1}{D} = \frac{\overline{2d}}{\overline{12}} = \frac{\xi_D - \xi_2}{\xi_2 - \xi_1}$$

从图中可看出，g 比 1 大得多，这说明在无热交换的情况下每吸收 1 kg 蒸气需要较多的液体。所以在这种情况下只有过冷液体才具有吸收能力。

由图 2-25，如果在吸收时放出热量，则可以大大减少吸收时液体的耗量。此时蒸气与液体这样混合，在适量的相对液体量（$g = m_1/D$）的情况下，由于排热而可能使产生的混合物为饱和液体。

图 2-26 所示为在 h-ξ 图上表示的具有放热的吸收过程。点 M 表示在放热开始前在吸收器截面 A—A 处液体（点 1）与蒸气（点 d）混合时生成的溶液状态，它处于湿蒸气区，使液体的耗量减小。为了使从吸收器排出的溶液为液态，必须进行放热过程 M—2，使溶液达到状态 2。在极限情况下，点 2 落在与环境介质温度相等的等温线 t_2 上；而如果混合过程与冷却过程在

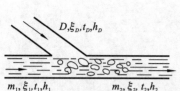

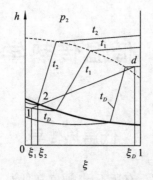

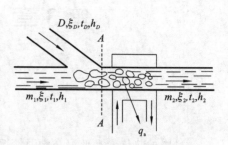

图 2-23　吸收过程示意图　　**图 2-24　h-ξ 图上吸收过程**　　**图 2-25　有放热的吸收过程**

同一设备中同时进行,点 2 还必须落在饱和液体线上。

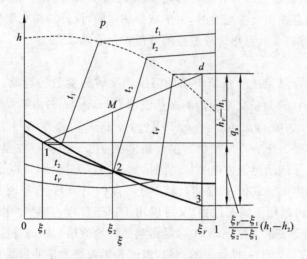

图 2-26　在 h-ξ 图上具有放热的吸收过程

在过程 M—2 中每吸收 1 kg 蒸气,溶液排给环境介质的热量为

$$q_a = \frac{\varphi_a}{D}$$

根据物料平衡和能量平衡式可求出 q_a:

$$q_a = h_D - h_1 + \frac{\xi_D - \xi_1}{\xi_2 - \xi_1}(h_1 - h_2) \tag{2-102}$$

利用 h-ξ 图可以求出 q_a;在 h-ξ 图上 q_a 为从点 d 到 $\xi_D =$ 定值的等浓度线与经过点 1、点 2 的直线的交点 3 的纵坐标,如图 2-26 所示。

如果给出溶液被冷却后的温度 t_2,则在 h-ξ 图上可确定点 2。由点 2 画竖直线与 1—d 连线相交,即得点 M。然后即可确定溶液的单位耗量 g,并按式(2-102)计算吸收热 q_a。

第3章　低温传热学基础

3.1　低温热传导

材料的热传导在低温与常温情况下有所不同,通常在低温下材料具有变热导率和变比热容,并且在低温下形成的深冷沉积物常常具有各向异性的热导率,这就要求对低温下的传热学进行基础分析,以解决低温热传导计算与常温设计实践的异同问题。另外,在深冷剂储存罐或管道与周围环境之间存在很大的温差时,为了减少热渗漏,设计结构支架和管道时需要采用特殊的热绝缘方法,这都需要低温热传导过程的分析作为基础。

1. 稳态热传导

传热是在能够进行热交换的系统中借助温度梯度转移能量的现象。对于各向同性的材料,通过一个面积为 $A(x)$ 的正交平面的瞬态热流率 $Q_x(x,y,z,\theta)$ 由下式给出:

$$Q_x(x,y,z,\theta) = -k(T)A(x)[\partial T(x,y,z,\theta)/\partial x] \tag{3-1}$$

通常瞬态热流率是一个有方向的物理量。如果在 y 和 z 方向存在温度梯度,那么在这两个方向就有热流。负号表示热流方向是从高温区域指向低温区域,可以根据任意选定的坐标系方向来确定传热的方向。式(3-1)描述材料中任一点 (x,y,z) 在任一时刻 θ 沿 x 方向的热流率。因而,式(3-1)既可以用于瞬态过程,又可以用于稳态过程,且热导率 $k(T)$ 可以随温度变化,面积 $A(x)$ 也可以是变量。热导率 $k(T)$ 是影响热传导的最重要的物性,它的数值取决于物质的组分、压力和温度。对于一种给定的物质,温度是影响热导率的最重要的变量。计算低温下材料热导率值的理论研究还很不够,通常是从热物性表查得此物性的数值,或者通过实验直接测定以满足特殊的需要。

为了描述各向同性材料中的温度分布,而不是描述瞬态热流率,通常用一维傅里叶方程取代式(3-1),即

$$\partial T/\partial \theta = \partial^2 T/\partial x^2 \tag{3-2}$$

对于稳态过程,有

$$\partial T/\partial \theta = 0$$

1) 一维热传导

一维热流的主要应用是通过垂直于热流方向的平行等温面的热传导。对于一维稳态热传导,热力学第一定律要求热流为常数,并且与坐标系的其他二维无关。

所以,式(3-1)可以写成

$$Q\int_{x_1}^{x_2} \frac{\mathrm{d}x}{A(x)} = -\int_{T_1}^{T_2} k(T)\mathrm{d}T \tag{3-3}$$

如果定义一个平均热导率 k_m,则式(3-3)的右边就可以进行积分,得

$$\int_{T_1}^{T_2} k(T)\mathrm{d}T = k_m(T_2 - T_1) \tag{3-4}$$

把式(3-4)代入式(3-3),求解得

$$Q = -k_m(T_2 - T_1) \bigg/ \int_{x_1}^{x_2} \frac{\mathrm{d}x}{A(x)} \qquad (3\text{-}5)$$

式中,材料的热导率可以随温度变化,几何形状也不限于简单的情况。一旦明确边界温度和几何形状,就可以用式(3-5)计算材料内的稳态热传导的传热率。

在低温下的一维传热中有实际意义的几何形状是长空心圆柱体(圆管)和空心球体(杜瓦容器)。如果空心圆柱体的内表面温度 T_i 为常数,外表面温度 T_o 也为常数,则根据式(3-5),热传导传热率

$$Q = -2\pi L k_m(T_o - T_i)/\ln(r_o/r_i) \qquad (3\text{-}6)$$

式中,L 是圆柱体的长度;r_i 和 r_o 分别是空心圆柱体的内、外半径。经适当的几何代换之后,将式(3-3)从内半径 r_i 及其相应的温度 T_i 到任意的半径 r 及其相应的温度 T 进行积分,即可求得空心圆柱体壁面中的温度分布:

$$T(r) = (T_i - k_m)(T_i - T_o)[\ln(r/r_i)]/[k'_m \ln(r_o/r_i)] \qquad (3\text{-}7)$$

式中 k'_m 定义为

$$k'_m[T(r) - T_i] = \int_{T_1}^{T(r)} k(T) \mathrm{d}T$$

在所有几何构型中,空心球体的体积与外表面积之比最大,所以在需要将热损失维持在最低水平的深冷领域中,它的应用很广。如果球壳内、外表面的温度是均匀的,并且是常数,那么通过球壳的热传导也是一维稳态问题。

对于这种情况,如果两个表面之间的壳体材料是均匀的,则热传导传热率

$$Q = -4\pi r_i r_o k_m(T_o - T_i)/(r_o - r_i) \qquad (3\text{-}8)$$

低温一维热传导比较重要的应用之一,是在热交换器设计中采用扩展表面,即肋片,以保证传热量最大,而总的热损失最小。扩展表面的横向温度梯度一般很小,在其任一横截面上的温度都相等,可按一维稳态热传导处理。

为了确定肋片中的温度分布和这个扩展表面所传递的热量,需要研究肋片中一个小单元的热平衡。例如,考察图 3-1 所示的细杆形肋片,讨论由传导和对流引起的综合传热过程。

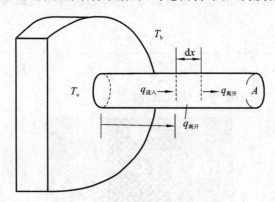

图 3-1　通过扩展表面的热传导

在稳态条件下,在 x 处由于传导进入肋片单元的热流率,必须等于在 $x + \mathrm{d}x$ 处离开该肋片单元通过传导流出的热流率加上由 x 和 $x + \mathrm{d}x$ 之间的表面对流所带走的热流率。这个热平衡的数学表达式可以写成

$$-k_m A \mathrm{d}T/\mathrm{d}x = [-k_m A \mathrm{d}T/\mathrm{d}x + \mathrm{d}(-k_m A \mathrm{d}T/\mathrm{d}x)/\mathrm{d}x] + hP\mathrm{d}x(T - T_b) \qquad (3\text{-}9)$$

式中,h 是对流传热系数;P 是细杆形肋片的周长,$P\mathrm{d}x$ 表示在 x 和 $x + \mathrm{d}x$ 之间与周围流体相接触的表面面积。式(3-9)可以简化为

$$\mathrm{d}^2 T/\mathrm{d}x^2 = m^2(T - T_\mathrm{b}) \tag{3-10}$$

式中，$m^2 = hP/(k_\mathrm{m}A)$。由式(3-10)可得出沿肋片的温度分布

$$T - T_\mathrm{b} = (T_\mathrm{s} - T_\mathrm{b}) \times \frac{\mathrm{ch}[m(L-x)] + (h_L/mk_\mathrm{m})\mathrm{sh}[m(L-x)]}{\mathrm{ch}(mL) + (h_L/mk_\mathrm{m})\mathrm{sh}(mL)} \tag{3-11}$$

和肋片散失的热流率

$$Q = (PhAk_\mathrm{m})^{\frac{1}{2}}(T_\mathrm{s} - T_\mathrm{b}) \frac{\mathrm{sh}(mL) + (h_L/mk_\mathrm{m})\mathrm{ch}(mL)}{\mathrm{ch}(mL) + (h_L/mk_\mathrm{m})\mathrm{sh}(mL)} \tag{3-12}$$

其中，T_s 为肋片端部温度。

在低温热传导应用中，常用的扩展表面形状是多种多样的。在斯科特、巴伦著的教科书和美国《深冷工程进展》各卷发表的一些论文中，对一些肋片作了比较详细的讨论。

2）通过组合结构的热传导

式(3-5)表明，通过固体的一维热传导也可以依据温度势 $(T_2 - T_1)$ 和热流阻力 $R_k = (1/k_\mathrm{m})\int_{x_1}^{x_2}\mathrm{d}x/A(x)$ 来表示，即

$$Q = -(T_2 - T_1)/R_k \tag{3-13}$$

组合结构由厚度和热导率都各不相同的几种材料组成，它们以连续的一层贴一层的方式排列。通过这种组合结构稳态热传导的热流，可以用类似于计算串联电阻电路中电流的方法来计算。

设定 $T_{x_{n+1}} > T_{x_1}$，则有

$$Q = -\frac{T_{x_{n+1}} - T_{x_1}}{k_{m_1}^{-1}\int_{x_1}^{x_2}[\mathrm{d}x/A(x)] + k_{m_2}^{-1}\int_{x_2}^{x_3}[\mathrm{d}x/A(x)] + \cdots + k_{m_n}^{-1}\int_{x_n}^{x_{n+1}}[\mathrm{d}x/A(x)]} \tag{3-14}$$

$$Q = -(T_{x_{n+1}} - T_{x_1})\Big/ \sum_{i=1}^{n+1} R_{k_i} \tag{3-15}$$

如果组合结构中不同材料的边界温度原来不知道，就需要用试凑法，根据下式确定每个 k_m 的适当数值：

$$Q = -\frac{T_{x_2} - T_{x_1}}{k_{m_1}^{-1}\int_{x_1}^{x_2}[\mathrm{d}x/A(x)]} = -\frac{T_{x_3} - T_{x_2}}{k_{m_2}^{-1}\int_{x_2}^{x_3}[\mathrm{d}x/A(x)]} = \cdots = -\frac{T_{x_{n+1}} - T_{x_n}}{k_{m_n}^{-1}\int_{x_n}^{x_{n+1}}[\mathrm{d}x/A(x)]} \tag{3-16}$$

式(3-14)、式(3-15)和式(3-16)中的符号如图 3-2 所示。

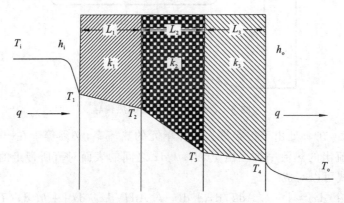

图 3-2　通过组合系统(两个外壁暴露在流体中)的一维热流的温度分布

在许多低温热传导场合，组合结构(金属壁与热绝缘的组合)的两个外表面是与具有不同

温度的流体相接触的。在这种情况下，在组合材料的外表面和流体之间还会发生对流传热。这种横向通过一个表面的热交换可以依据对流传热系数 h 和接触表面的面积 A 表示为

$$Q = hA(T_{流体} - T_{表面}) \tag{3-17}$$

式(3-17)还表明：流体与固体之间的对流传热可以用温度势和热阻 $R_h = 1/(hA)$ 来表示。把对流热阻加到式(3-15)中，就导出适用于横向通过将冷、热两种流体分隔开的组合结构的通用热流方程：

$$Q = \frac{T_{热流体} - T_{冷流体}}{R_{h,热流体} + \sum_{i=1}^{n+1} R_{k_1} + R_{h,冷流体}} \tag{3-18}$$

对于几何形状为圆柱和球形的情况，可以写出类似的关系式。

3) 二维和三维热传导

到目前为止，在所考虑的热传导问题中，温度和热流都可以作为单个变量的因数来处理，许多实际问题均属于这一类。但是，当系统的边界不规则或沿边界的温度分布不均匀的时候，一维处理就可能不再令人满意。此时就要讨论二维或三维系统的问题。

在二维和三维系统中的热传导可以用解析法、图解法、模拟法以及数值法来处理。对于平板、圆柱体、球体、平行六面体等普通的几何形状，已经就各种不同边界条件从数学上求得了精确解。

假设固体的比热容和密度与温度无关，并具有内热源 $\dot{q}$，则有下列关系式：

$$\frac{\partial}{\partial x}\left(\frac{k\partial T}{\partial x}\right) + \frac{\partial}{\partial y}\left(\frac{k\partial T}{\partial y}\right) + \frac{\partial}{\partial z}\left(\frac{k\partial T}{\partial z}\right) + \dot{q}(x,y,z) = c_p\rho\frac{\partial T}{\partial \theta} \tag{3-19}$$

再假设热导率是常数，则式(3-19)可以写成

$$\frac{\partial^2 T}{\partial x^2} + \frac{\partial^2 T}{\partial y^2} + \frac{\partial^2 T}{\partial z^2} + \dot{q}/k = \frac{1}{\alpha}\frac{\partial T}{\partial \theta} \tag{3-20}$$

式中，α 是热扩散率，等于 $k/(c_p\rho)$。如果热传导区域内没有内热源，那么这个方程就简化为傅里叶方程，即

$$\frac{\partial^2 T}{\partial x^2} + \frac{\partial^2 T}{\partial y^2} + \frac{\partial^2 T}{\partial z^2} = \frac{1}{\alpha}\frac{\partial T}{\partial \theta} \tag{3-21}$$

有些热传导问题用柱面坐标系或球面坐标系处理更为方便。柱面坐标系和球面坐标系的傅里叶方程分别为

$$\frac{\partial^2 T}{\partial r^2} + \frac{1}{r}\frac{\partial T}{\partial r} + \frac{1}{r^2}\frac{\partial^2 T}{\partial \theta^2} + \frac{\partial^2 T}{\partial z^2} = \frac{1}{\alpha}\frac{\partial T}{\partial \theta} \tag{3-22}$$

$$\frac{1}{r}\frac{\partial^2(rT)}{\partial r^2} + \frac{1}{r^2\sin\varphi}\frac{\partial}{\partial \varphi}\left(\sin\varphi\frac{\partial T}{\partial \varphi}\right) + \frac{1}{r^2\sin^2\varphi}\frac{\partial^2 T}{\partial \varphi^2} = \frac{1}{\alpha}\frac{\partial T}{\partial \theta} \tag{3-23}$$

在稳态条件下，无内热源物体中的温度分布必须满足拉普拉斯方程

$$\partial^2 T/\partial x^2 + \partial^2 T/\partial y^2 + \partial^2 T/\partial z^2 = 0 \tag{3-24}$$

热传导问题的解析解除了必须满足上述合适的热传导方程之外，还必须满足该问题的实际情况所规定的边界条件。求傅里叶方程精确解的经典方法是分离变量法。

因为许多二维和三维热传导问题涉及复杂的几何形状、可变热导率以及随空间变化的边界条件，所以最好用不太严格的近似方法求解。只要画出温度场，就可以用图解法求得二维稳态热传导方程的近似解。图解法对于具有等温边界的系统是相当简单的，而且对于热流以对流或辐射的方式自温度已知的热源（或温度已知的吸热阱）通过温度未知的边界的情况，它也

可以应用。图解的目的是作出由等温线相应的热流线所组成的网络。热流线类似于流体流场中的流线，即它们与任意一点热流的方向相切。因此，在垂直于热流线的方向没有热流，从而在任何两条热流线之间的热流量为常数。

等温边界之间的热流率可以直接由网络求得，其方法是把与每个热流管（网络通道）有关的热流加起来。于是

$$Q = (n/m)k(T_h - T_c) \tag{3-25}$$

式中，n 是网络中热流管的数目；m 是每条热流管中从热等温边界的温度 T_h 到冷等温边界的温度 T_c 的曲线方格的数目。

有许多热传导问题不能用解析法求解，而在热系统中进行实验求解又昂贵或费时。对于这类问题，往往可以在模拟系统中用实验方法求解，然后再转化为热工问题的解。把在任何一个系统中用实验方法得到的结果应用于类似的系统，是实验-模拟方法的基础。热流问题可以用好几种实验-模拟方法求解，这些方法是：使用穆尔流体绘图器的流体模拟、薄膜模拟（也适用于具有内热源的温度场）以及类似场模拟绘图器的各种电模拟。

热传导问题常用的数值方法是有限差分法。它是把一个连续的区域细分成有限个离散的单元，再用能量守恒定律描述每个单元的温度与其相邻单元温度之间的关系，由此推导出各单元的差分方程。

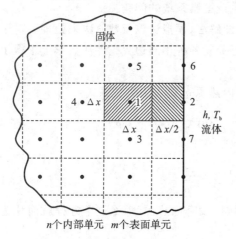

图 3-3 所示为这种离散单元网络的一个实例。它是有一表面暴露于流体中的二维固体，固体内部被分成 n 个边长为 Δx 的正方形单元，该单元的温度以其中心温度即节点温度来表示；还有 m 个表面单元，其大小是 $\Delta x \cdot \Delta x/2$，由此给出均匀间隔的表面节点。把以差分形式表示的热力学第一定律应用于某个内部节点，比如说点 1，并且假定通过固体的是稳态热传导，固体的物性为常数，则有

图 3-3 一面暴露于流体中的二维固体的有限差分网络

n 个内部单元 m 个表面单元

$$T_2 + T_3 + T_4 + T_5 - 4T_1 = 0 \tag{3-26}$$

表面节点，比如点 2，为具有整体温度 T_b 和对流传热系数 h 的流体所润湿。对这个节点，应用同样的方法得到

$$T_1 + T_6/2 + T_7/2 + (h\Delta x/k)T_b - (2 + h\Delta x/k)T_2 = 0 \tag{3-27}$$

对于每个内部节点和表面节点，都可写出类似的方程，结果得到具有 $(m+n)$ 个未知数的 $(m+n)$ 个线性代数方程。联立方程，求解此方程组有好几种方法，包括代数消元法、行列式法、张弛法、迭代法以及编程计算法。最后一种方法大概最令人满意，因为它速度快，使用方便，且精度高。现在对于多数计算都有编好的子程序，可供求解由大量方程联立组成的方程组。为减少求解这些方程组所花费的时间，这些方程的右边通常不约简到零，而是约简到某个能提供满意解的十分接近零的残数。

4）具有可变热导率的热传导

低温下许多材料的热导率随温度变化显著，因此对于某些深冷应用来说，常物性假设和由此导得的相应解不能令人满意。在热物性随温度变化的各向同性材料中，稳态热传导问题的

微分方程为

$$\frac{\partial}{\partial x}\left(\frac{k\partial T}{\partial x}\right)+\frac{\partial}{\partial y}\left(\frac{k\partial T}{\partial y}\right)+\frac{\partial}{\partial z}\left(\frac{k\partial T}{\partial z}\right)=0 \tag{3-28}$$

这种形式的方程是难以求解的,为此提出了包含一个新变量的简单变换,这个变量定义为

$$E=\int_{T_R}^{T}k(T)\mathrm{d}T \tag{3-29}$$

式中,T_R 是一个任意的参考温度。把这个变量代入方程(3-28),得到经典的拉普拉斯方程:

$$\partial^2 E/\partial x^2 + \partial^2 E/\partial y^2 + \partial^2 E/\partial z^2 = 0 \tag{3-30}$$

这类解也可以用模拟法和数值法求得。求解可变热导率问题与前面研究的常物性问题的主要区别在于,使用函数 E 而不是使用温度本身来确定温度分布。例如,不是如前面对于常热导率情况所做的那样来确定图 3-3 中每个有限单元中心处的温度,而是应用热力学第一定律给出内部节点的温度分布,其形式为

$$E_2 + E_3 + E_4 + E_5 - 4E_1 = 0 \tag{3-31}$$

对于表面节点则为

$$E_1 + E_6/2 + E_7/2 + (h\Delta x/k_b)E_b - (2 + h\Delta x/k_2)E_2 = 0 \tag{3-32}$$

式中
$$E_b=\int_{T_R}^{T_b}k(T)\mathrm{d}T,\quad k_b=E_b/(T_b-T_R),\quad k_2=E_2/(T_2-T_R) \tag{3-33}$$

在方程(3-32)中引进 k_2 变量会使方程组的求解复杂化,然而在对流传热系数很大的情况下,由于 T_2 几乎等于 T_b,因而作一次近似,用 k_b 代替 k_2,此时求解的复杂程度可以减至最小。于是,在由 $(m+n)$ 个方程组成的方程组中,未知数是由式(3-29)所定义的变量 E。如果热导率和温度之间的关系能用数学函数描述,变量 E 就可以用温度来替换。然而在大多数情况下,必须对热导率-温度函数关系进行数值积分,才能求得作为温度函数的 E。

热流密度网络中任意两个内部节点之间的热流,等于二维区域的厚度与这两个内部节点的 E 值之差的乘积。与此相似,任意两个表面节点之间的热流等于二维区域的厚度与这两个表面节点的 E 值之差的乘积的一半。

2. 非稳态热传导

求解非稳态热传导问题,由于增加了一个独立的时间变量,因此一般比求解稳态热传导问题更为困难。在非稳态热传导问题中,温度是传导区域中位置的函数,而且这个温度分布还随时间变化。如果这种温度变化是周期性的,该过程就叫做周期性过程;如果温度变化是非周期性的,该过程就叫做瞬态过程。

求解这类问题一般包括提出边界条件(它常常是随时间变化的)和选择最简单、适用的微分方程。另外,在分析瞬态过程时,还必须给定整个传导区域中的初始温度分布。这就成为确定这个温度分布如何随时间变化的问题。

微分方程的选择取决于热传导的具体情况。如果传导区域是各向同性的,并且具有均匀的热导率,则采用方程(3-20);如果传导区域内没有内热源,则采用傅里叶方程(3-21);对于柱面坐标和球面坐标,分别采用方程(3-22)和方程(3-23)。对于许多常温下标准形状固体中的非稳态热传导过程,已经用解析法求解了这些方程,推导出来的关系式不仅对于常温热传导过程的工程设计有用,而且对于低温传导过程的工程设计也有用。大型深冷剂储存杜瓦球的降温和升温就是这类低温过程的一个重要实例。

傅里叶方程的解析解一般包含几个无因次量。通常用来描述瞬态温度分布的两个重要的无因次参量是傅里叶数 $(k/\rho c_p)\theta/L^2$ 和 Bi 数 hL/k。在这些量中,L 是所研究系统的某一特征

长度,θ 是时间,c_p 是定压比热容。现将一个采用这两个无因次参量的解画在图 3-4 上。在决定球的表面温度和中心线温度之间的关系时,这个解是有用的。

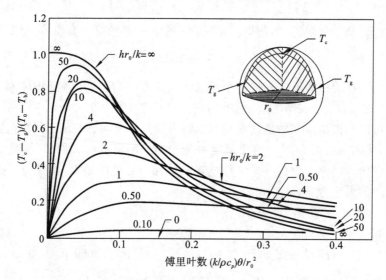

图 3-4　球内瞬态温度分布

　　然而在大多数实际情况中,需要求解热物性随温度变化的形状复杂的物体的低温非稳态热传导问题。在这类情况中,式(3-19)可以用引入函数 E[由式(3-29)所定义]的办法进行修正,结果为

$$\alpha(T)(\partial^2 E/\partial x^2 + \partial^2 E/\partial y^2 + \partial^2 E/\partial z^2) + \alpha(T)Q^m(x,y,z,\theta) = \partial E/\partial\theta \qquad (3-34)$$

式中,$\alpha(T)$ 是可变热扩散率,定义为 $k(T)/(\rho(T)c_p(T))$,是温度的函数,方程(3-34)仍是非线性的,因为 $\alpha(T)$ 和 E 都是温度的函数。

　　在某些低温情况下,$\alpha(T)$ 随温度的变化比 $k(T)$ 和 $c_p(T)$ 随温度的变化都小得多。对于这种情况,$\alpha(T)$ 可以用恒定的热扩散率 α^* 来近似。如果又没有内热源,则方程(3-34)就简化为经典的线性扩散方程:

$$\alpha^*(\partial^2 E/\partial x^2 + \partial^2 E/\partial y^2 + \partial^2 E/\partial z^2) = \partial E/\partial\theta \qquad (3-35)$$

　　当 $\alpha(T)$ 随温度变化十分大,不能视为常数时,就必须用数值法求解非稳态热传导方程(3-35)。在计算机上作数值计算最方便的形式是用显式写出方程。这就建立了前进型解法,避免了用隐式写出方程时的迭代计算过程。

　　这里介绍的推论运用于图 3-3 所示的二维区域,但不适用于固体具有变物性的情况。这种情况的数值解也可以从一组代数方程求得,对图 3-3 上每个内部单元和表面单元以差分形式写出热力学第一定律,就可以推导出这组代数方程。然而,所得到的方程是这样的:在时间间隔 $\Delta\theta$ 终了时,每个网络节点的函数 E 要由该时间间隔开始时已经存在的函数 E 来计算。于是,其后各时间间隔的函数 E 都要利用前一时间间隔求得的结果来计算。例如,内部节点 1 在第 $(n+1)$ 个时间间隔的函数 E 值,可以根据邻近网络节点在第 n 个时间间隔的函数 E 值来计算,即

$$[E_2^{(n)} + E_3^{(n)} + E_4^{(n)} + E_5^{(n)} + (M_1-4)E_1^{(n)}]/M_1 = E_1^{(n+1)} \qquad (3-36)$$

式中　　　　　　　　　　$M_1 = (\Delta x)^2/(\alpha(T_1) \cdot \Delta\theta) \qquad (3-37)$

上标 (n) 和 $(n+1)$ 分别表示第 n 和第 $n+1$ 个时间间隔。因为 $\alpha(T_1)$ 将随 T_1 变化,而 T_1 又将

随时间变化,所以每开始一组新的计算时,都必须修正 M_1 的值。类似地,表面节点 2 在第 $n+1$ 个时间间隔的函数 E_2 值由下式求得:

$$\left\{ E_1^{(n)} + \frac{1}{2}E_6^{(n)} + \frac{1}{2}E_7^{(n)} + N_2 E_b^{(n)} + [M_2/2 - (2+N_2)]E_2^{(n)} \right\} \bigg/ (M_2/2) = E_2^{(n+1)} \tag{3-38}$$

式中
$$M_2 = (\Delta x)^2/(\alpha(T_2) \cdot \Delta\theta) \tag{3-39}$$

$$E_b^n = \int_{T_R}^{T_b} K(T)\mathrm{d}T \tag{3-40}$$

$$N_2 = h \cdot \Delta x/k_2^* \tag{3-41}$$

其中
$$k_2^* = [1/(T_b - T_2^n)]\int_{T_2^n}^{T_b} k(T)\mathrm{d}T \tag{3-42}$$

同样,$\alpha(T_2)$ 将随 T_2 变化,而 T_2 又将随时间变化。于是,每开始一组新的计算时,必须修正 M_2 的值。然而,对于网格尺寸为常数的情况,为了保证数值计算的稳定性,必须满足条件:
$$M_2 \geqslant (2N_2 + 4) \quad \text{和} \quad M_1 \geqslant M_2$$

因此,M_1、M_2、M_3 等每次修正后的数值都必须满足这个稳定性准则。如果必须改变这些参量值,最好改变时间间隔的长度而不改变网格尺寸。由于对时间间隔长度的这一限制,也许需要大量的计算时间才能完成计算。

在非稳态数值解中同样会碰到离散误差和舍入误差,其方式与稳态数值解中的相类似。由于数值求解包含大量的计算,因此在计算机上进行数值计算是优先选用的求解方法。

当改变问题的参量和变量时,确定其计算量是重要的。例如,在图 3-3 所研究的二维热传导问题中,对于给定的网格尺寸,总的运算次数和求解花费的总时间与 $M/(\Delta x)^4$ 成正比。因此,如将网格尺寸减半,则运算次数增加到原来的 16 倍。在采用现有的高速计算机的情况下,这一点也可能成为一个限制因素。

3. 热传导的应用问题

热传导原理最显著和最重要的应用涉及热绝缘的生产工艺。深冷热绝缘一般分成五大类,即高真空热绝缘、多层热绝缘、粉末热绝缘、泡沫热绝缘和特殊热绝缘。最后一类包括软木板、轻木和蜂窝状热绝缘等材料。

一台设备热效率的高低,必须根据流入其储存液体的总热量来评定。因此,在处于不同温度的深冷设备各部件中装设的机械支撑,实际上也是热绝缘问题的一个组成部分。这个问题归结为寻找既具有符合要求的结构特性,又具有低热导率的材料。在受压构件中,有时可不用实心结构而用层状结构来满足这个要求。层状结构内的热传导是各薄层界面之间接触热阻的函数。最后,由于加热器、热电偶等连接导线选择不当,也会发生向深冷系统的热渗漏,因此不能忽视这方面的考虑。

不管深冷系统是降温还是升温,都会发生非稳态传热。在大型系统中,不仅希望知道经冷却达到热平衡态所需时间的长短,而且希望知道在降温过程中需要消耗的液体数量。当瞬变过程期间会发生大的热应力时,显然需要知道在降温和升温期间整个深冷系统的温度分布随时间的变化。由于这些系统的投资一般相当可观,因此,降温和升温的方法要绝对保证既不损坏系统,也不危及操作人员的安全。

3.2　近临界区域对流传热

就遵守力学定律和热力学定律这一特性来说,深冷流体的性状大体上像"经典"流体一样

（一个重要的例外是氦Ⅱ），因此根据因次分析对普通液体和气体求得的大量对流解析公式、比例模化定律和实验关系式，也可用于深冷剂。但是，深冷系统常常在接近热力学临界的状态下运行，而在该处流体物性随温度和压力的变化都十分强烈。因此，本节讨论处于近临界状态下的流体的传热，并介绍用于低温下单相强迫对流和自然对流的计算公式。

低温流体的存在形式可以是气体、两相流体、低温液体或近临界态液体。这些流体状态表示在图 3-5 上，它是任何一种流体的温度-比熵图，图上的所有状态都将述及，但主要讨论的是区域Ⅳ。

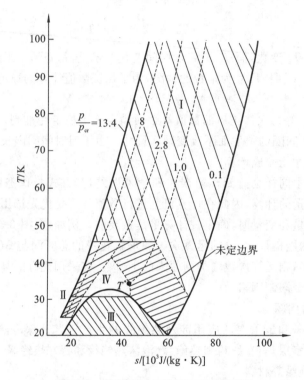

图 3-5　传热区域与进口工况的关系
区域Ⅰ—气态；区域Ⅱ—液态；区域Ⅲ—两相混合物；区域Ⅳ—近临界态

把近临界区域Ⅳ同它相邻各区域分开的边界很难确定，其主要原因是：①对于大多数流体，现有的数据不足；②过渡不是突然的，从而难以划定明确的边界；③近临界区域的影响将扩大到相邻各区，这取决于流体达到给定状态点的途径（过程）。还有一个原因特别难以捉摸。气体可以在临界压力下预冷到转置临界温度 T^* 甚至更低，当把它放入加热管做实验时，按照一般设想，它的性状将与加热管中预冷到相同状态点的气体（即类似于区域Ⅰ）一样，但是实验结果完全不同。近临界区域传热中的一个问题是：流体到达给定状态点的途径（即流体以前的历程）是通过什么方式影响到最后结果的？

尽管如此，按热力学状态来划分传热区域还是方便、有效的，一般也是合理的。对于氢，如图 3-5 所示，近临界区域的压力边界是 $0.8 < p/p_{cr} < 3$。最低的温度边界对应于 $p/p_{cr} = 0.8$ 的 T_{sat}，上面的温度边界在转置临界温度 T^* 附近。对其他流体还研究得不够广泛，不足以确定它们的边界，或者说无法验证氢边界的普适性。在缺乏数据时，氢边界或许可以取作其他气体的一个合理的近似。

在这里需要对边界作一点说明，确定这些边界的意思是指：超出这些边界，临界点的影响就可以忽略不计,常规的变物性关系式就可以应用。但这并不意味着对区域Ⅳ中的每一种情况都不能使用常规的方法。在区域Ⅳ中,参量的某些组合将遵循常规的方法,但是一般来说,该区域将要求专门分析近临界态特有的传热现象。

在讨论临界点附近的传热过程以前,先讨论一下近临界态的流体物性。在所有的传热关系式中,流体物性与传热之间的联系都是十分密切的。

1. 近临界态流体物性

1) 临界点的热力学

在近临界区,流体的物性中比热容的畸变最突出,对传热的影响最显著。图 3-6 表示出临界点附近导热系数、动力学黏度、定压比热容和密度的激烈变化,这必然影响流体的流动和能量传输。

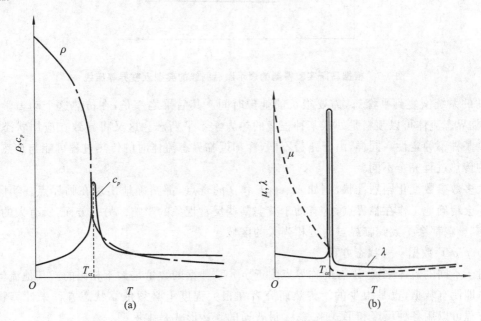

图 3-6　近临界态仲氢的典型热力学性质和典型热传输性质

近临界态流体具有的不同平常的传热特性,归根结底是流体接近其临界点时异常的物性(图 3-6)产生的影响,表现在两个方面:一是热传输性质本身的变化;二是这些变化引起流动结构的改变。因此,为了使每一个分析合理,需要很好地了解各个热物性。

范德华方程是

$$p = [\rho RT/(1-b\rho)] - a\rho^2 \tag{3-43}$$

式中,a 是引力常数;b 是斥力常数。该方程是经典方法的代表,尤其是在临界点,范德华方程得出一个无穷大的定压比热容和一个无穷大的热膨胀系数,即$[-\partial(\ln\rho)/\partial T]_p$,这使临界态流体成为有吸引力的传热介质,但范德华模型在临界区域有严重的不足。这是因为传热的主要问题与临界点的不平衡态现象有关。研究人员发现,沿着等压线先加热后冷却,就可以获得临界点附近的密度滞后回线,其典型形式如图 3-7 所示。

这条滞后回线是很稳定的,甚至在搅动条件下也可以复现。另一种滞后现象的实例可以在光散射中观测到。在临界点附近严重的密度涨落会引起光散射,它将使流体通过临界点时变得不透明。这种不透明现象就是通常所说的"临界乳光"。它的生成与流体通过临界点是加热还是冷却有关,在这两种情况下是完全不同的。这些实验证明:在临界点附近,为了使受到

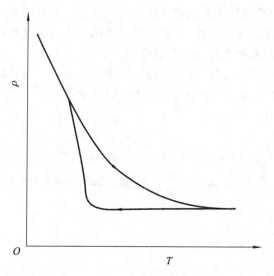

图 3-7　根据马斯实验得到的表示滞后回线的典型近临界等压线

热扰动的系统恢复到平衡态,需要很长的弛豫时间。其后果之一是:在传热这个动力学条件下,近临界态流体可以预料是处于某种程度的热力学不平衡态。这又将导致在应用状态方程时产生某种不确定性。同样,由于路径不同,冷却近临界态流体时的传热过程可能与加热同样流体的传热过程完全不同。

大多数参数变化剧烈性状,例如 c_p、c_V、k 和 β 的奇点,都精确地出现在临界点。实际上,流体不会精确地工作在临界点,这有助于减弱某些反常现象的影响。另一方面,所有大的物性变化,其影响都会扩大到临界点附近相当大的区域。

2) p-ρ-T 数据——状态方程

对于不同的流体来说,现有的临界点附近 p-ρ-T 数据的数量是大不相同的。其他流体(例如氦),即使有数据,也是很少的。传热研究者在很大程度上必须依靠状态方程来计算物性。状态方程可以用各种尺度和形式来表达,最普通的表达形式是维里型:

$$p = A(T)\rho + B(T)\rho^2 + C(T)\rho^3 + D(T)\rho^4 + \cdots \tag{3-44}$$

奥伯特和赫希菲尔德等列表给出了各种方程和各种流体的维里系数,然而在决定这些系数时,他们没有注意考虑临界态的特点。对于深冷流体,普遍地使用斯特罗布里奇状态方程:

$$\begin{aligned}
p = {} & RT\rho + (Rn_1 T + n_2 + n_3/T + n_4/T^2 + n_5/T^4)\rho^2 \\
& + [Rn_6 T + n_7 + (n_9/T^2 + n_{10}/T^3 + n_{11}/T^4)\mathrm{e}^{-n_{16}\rho^2}]\rho^3 \\
& + n_8 T\rho^4 + [(n_{12}/T^2 + n_{13}/T^3 + n_{14}/T^4)\mathrm{e}^{-n_{16}\rho^2}]\rho^5 + n_{15}\rho^6
\end{aligned} \tag{3-45}$$

在决定其他物性时,利用这些方程或任何曲线拟合方程的主要困难就显露出来了。例如在决定定压比热容 c_p 时,就必须求导数,而在临界点附近,这个导数往往达不到满意的准确度。

3) 热传输性质

关于 p-ρ-T 数据的大多数看法也适用于热传输性质的数据。在这个方面,对比较常用的流体也已作了较好的研究。

在给定的温度和压力下,同在大气条件下的数值相比,黏度和热导率的超过值只是密度的函数,即

$$k(\rho, T) - k_0(\rho \to 0, T) = f_1(\rho) \tag{3-46}$$
$$\nu(\rho, T) - \nu_0(\rho \to 0, T) = f_2(\rho) \tag{3-47}$$

当然,这要求精确知道 ρ 随 p 和 T 的变化。尽管如此,它们仍不失为黏度和热导率的十分简单的表达式,且借助于对应态定律还可以把它简化成一般形式。这一表达式除了对于量子液体(例如氢和氦)可能正确以外,仍然只是对于远离临界点的液体才正确。

黏度只存在很弱的反常值,可以不予考虑。导热系数与黏度不同,它在临界点的变化很剧烈,图 3-8 给出了 CO_2 的导热系数的变化,其中 λ_f 表示常态导热系数。

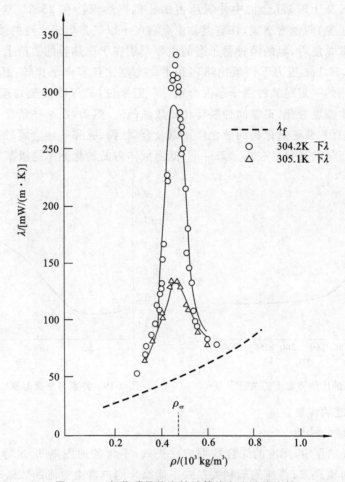

图 3-8 二氧化碳导热率的计算值和实验值比较

反常值的计算方法仍然处在发展阶段。布罗考建议把近临界态流体作为离解的聚合物来处理,在这个情况下有效热导率由两部分组成,即 $k = k_f + k_r$,式中,k_r 表示由离解群扩散所作出的贡献,而 k_f 是正常的热导率,由式(3-46)来表示。布罗考的理论分析结果是

$$k_r = \rho D (D_{1n}/D) c_{pr}$$

式中,D 是自扩散系数;D_{1n} 是假想的聚合物的双元扩散系数;c_{pr} 是超过低压下数值的剩余定压比热容。为了计算 c_{pr} 和 D_{1n}/D,布罗考的理论要求有精确的状态方程。

4)量子性

在讨论对应态方程时,已经涉及量子液氢和量子液氦。在临界点附近,氢的量子特性提高了,而氦的量子特性却没有提高。事实上,氢的量子特性在火箭和化学火箭发动机这类应用中

具有很重要的作用。

早期的研究就注意到:氢的比热容似乎不是单值的。分子光谱研究观测到:由于构成氢分子的两个原子核的"自旋",氢分子具有不同的量态。在第一种情况下,两个原子的自旋力方向相反(反平行自旋),分子的纯自旋是零,这是仲氢;在第二种情况下,两个原子的自旋方向相同(平行自旋),这就是正氢。

在低温范围内(20～250 K)构成的平衡态氢中,仲氢和正氢各自所占的比例变化很大。图 3-9 所示为在上述温度范围内仲氢所占的比例。

温度在 260 K 以上时,混合物中仲氢所占的比例仍然保持在 25%。这个平衡态混合物(25%仲氢、75%正氢)叫做常态氢,在室温和更高温度下以气态形式出现的就是这种平衡态混合物。从工程计算角度看,氢的两种量子态的主要差别在于比热容的数值上。

图 3-10 把 0.07 bar 压力下仲氢比热容和平衡态氢比热容作了比较,其差别是十分明显的。在工程中应用的一定是某种量子态混合物。一般来说,把深冷液氢处理成仲氢可以保证长期储存而不发生温度变化(正氢向仲氢转化是放热的)。然而,在某些条件下,仲氢可以吸热转化成正氢。核辐照、顺磁氧化物的催化作用以及金属(钨、镍和其他金属)的化学吸附作用都可以加速仲氢向正氢的转化。在正常条件下,低温液体内的转化速率是极其缓慢的。

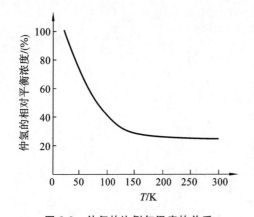

图 3-9 仲氢的比例与温度的关系

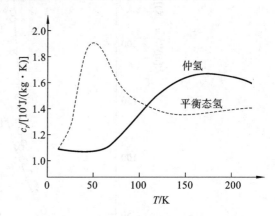

图 3-10 仲氢与平衡态氢比热容之比较

2. 近临界区域的传热

1) 近临界区域的特性

在图 3-5 的区域Ⅳ中,标准的综合数据方法失效:平常的迪图斯-贝尔特方程不能描述近临界区域的强迫对流现象;普通的瑞利关系式不能综合池内自由对流的数据;标准的沸腾方程呈现出不连续性;振荡是常见现象。采用标准方法存在过分简化的危险,其原因在于与普通气体的情况不同,此时传热系数随温度的变化既强烈又复杂,如图 3-11 所示。

早期实验发现:在临界点附近作自由对流和自然对流时,传热系数急剧增加。另一方面,在 T 区域中,液氧和液氮作强迫对流时传热系数急剧减到最小值。此后,许多研究者发现轴向壁温分布曲线有类似的"峰值",也有些研究者发现传热系数出现最大值。

首先,希茨曼和山形等证明:传热系数随整体比焓的变化曲线在临界比焓附近具有最小值,并且还报道说在这一区域存在压力振荡。其次,在所有报道得到传热系数最大值的实验中,壁面温度与流体整体温度之差都比报道得到传热系数最小值的那些实验中的值小得多。

因此,徐(Hsu)把上面两个结果定性地想象为两个沸腾区。当温差比较小时,其过程可以比拟为泡核沸腾,即传热极好的区域,从而传热系数的值最大。

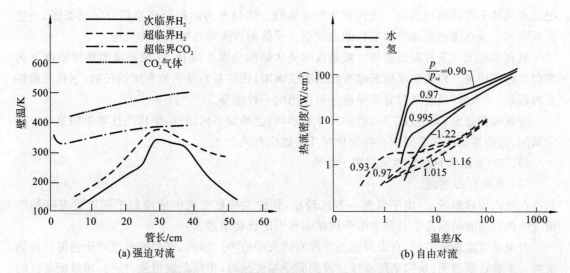

(a) 强迫对流　　　　　　　　　　　(b) 自由对流

图 3-11　次临界和超临界的传热性状之比较

当温差比较大时,其过程可以比拟为膜态沸腾,即传热不佳的区域,从而传热系数的值最小(见图 3-12)。小温差(即低热流密度)的数据呈现明显的最大值,而大温差($q=8.4$ W/cm^2)的数据表明传热系数为最小值。

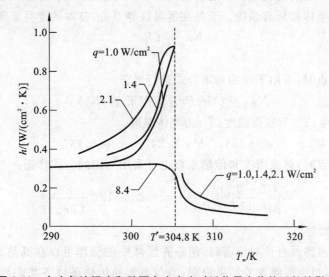

图 3-12　自由气流温度和壁面自由密度对近临界态传热系数的影响

二氧化碳数据:$\dfrac{p}{p_{cr}}=1.025$,流动速度 $v_\infty=0.45$ m/s

伍德和卡恩指出:当壁温变化时,h 在临界点附近具有最大值。华莱士和格里菲斯发现:当壁温高于临界点温度 T^* 而流体整体温度低于 T^* 时,传热系数强烈地随热流密度而变化。

压力振荡是这种工况的固有现象,并且往往可以有很大的振幅。在这种情况下,压降很大,并且主要由动量变化所引起。如果传热过程逐渐远离近临界态,则摩擦损失的作用越来越重要。

在次临界态和近临界态之间,传热、压降、壁温分布和压力振荡等都明显相似。氢的两相流动和超临界流动的振荡声是相似的,不过超临界的振荡声不像是"噪声"。一些研究者常常把这种流体看作赝两相流体。支持赝两相流体的一些最有力的论据来自热力学状态图、一些直观研究以及热流密度随壁温变化的曲线图。受热的液滴容易被误认为气泡。

氟利昂从大气条件向近临界区域过渡时流体结构会发生变化,在膜态沸腾热流密度下的类似性特别明显。热流密度随温差变化的曲线表明:传热系数是热流密度的函数,它是沸腾特有的现象。"沸腾"模型是对异常壁温分布作出的一种解释。

应该强调指出:几何效应(通道的尺寸和形状)会增加不确定性,使传热性状更加复杂。毫无疑问,近临界态传热数据中有些变化与几何效应有关。

2) 自由对流和自然对流系统中的传热

(1) 池内自由对流。

在池内传热情况下,由于温差一般比较小,物性大幅度变化的效应似乎起着更直接的作用。池内获得的结果几乎总是表明传热在临界点附近会增强。

与强迫对流系统不同,自由对流系统没有约束的边界。因此,有利的物性变化会促使传热增强。实验数据表明:从完全层流区过渡到完全湍流区时,传热急剧增强;然而,通过振荡区的过渡好像是平滑的。研究人员指出这种情况多半是因为数据取平均值,并且猜想金属丝的温度波动与层流-湍流振荡相一致。

大多数的自由对流分析都使用相当普通的无因次组。在某些情况下对它们作些修正,主要考虑了边界区域中的物性变化。普遍认为离临界点和转置临界点稍微远一点后,传统的关系式将适用于所有流体和所有系统。于是在远离临界点处,基本的麦克亚斯方程应该有效:

$$Nu_f = CRe^n \tag{3-48}$$

式中,C 为系数。

比较接近临界点时,采用下面的基本公式进行修正:

$$Nu_x = CGr_x^a Pr_x^b [T_a/(T_w - T_\infty)]^c \tag{3-49}$$

式中,T_a 为平均温度;T_w 为壁面温度;T_∞ 为流体温度。

推荐的常数值为 $a = 1/3, \quad b = 0.247, \quad c = 0.137$

非常接近临界点时,热流密度和传热系数也可采用下面的公式修正:

$$\frac{q_1[(T - T_{cr})/T_{cr}]^{\frac{1}{2}}}{\rho_{cr} k_w (\partial T/\partial \rho)_p} = 3.25 \times 10^{-9} \frac{Re_w}{(Pr_w)^{\frac{1}{2}}} \tag{3-50}$$

(2) 回路内自然对流。

使用自然对流回路或自然对流塔时,超临界区域中的流体可以在高热流密度下工作。如同池内的情况一样,对流回路实验结果表明:当与类似的传热条件下非临界态流体作比较时,临界点附近的传热总是增强。综合近临界态数据,基本回路传热方程为

$$Nu = 16Re^2 PrGr^{-1} \frac{l_T}{L} \frac{d}{y} (层流) \tag{3-51}$$

$$Nu = 0.079Re^{11/4} PrGr^{-1} \frac{l_T}{L} \frac{d}{y} (湍流) \tag{3-52}$$

由于几何形状变化没有影响,对于近临界区域,采用以下形式:

$$NuGr_f/Pr = 0.00982Re^{11/4} \tag{3-53}$$

3) 强迫对流系统中的传热

近临界态强迫对流的实验工作可以分成两大类:第一类是常规的加热管实验,它已经很成功地用于确定气体的 Nu 关系式;第二类实验研究传热过程的一两个细节,以便解释近临界态

传热的机理。

（1）近临界态强迫对流传热的一般特征。

进行在电加热管中流动的近临界态氢的传热实验,普遍得到下列观测结果:实验段垂直放置,流动是从下向上的湍流。实验段是均匀加热的(热流密度恒定)。沿管子的壁温分布曲线呈弓形,与用两相氢时观测到的相似。图 3-13 把近临界态氢和气态氢的壁温分布作了比较。次临界实验(539 号)与超临界实验(700 号)的结果十分相似。与此相反,气态氢实验(1059 号)的壁温却是单调增加的,这种情况是所有恒热流密度、气态、湍流传热数据的特征。也可以用传热系数作为纵坐标改画曲线图,此时 h 曲线将是壁温曲线的镜像。观测到最大壁温(最小 h)的轴向位置将随热流密度、质量流率和进口比焓而变化。然而,发生最大值的轴向位置似乎在整体温度达到转置临界温度点附近。还观测到在管中测得的传热系数,比按膜温计算物性后用强迫对流关系式算得的传热系数高。

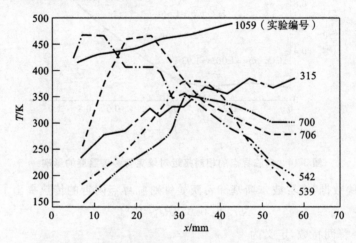

图 3-13　临界态氢和气态氢的表面温度沿轴向的分布

(管子内径为 8.5 mm)

在这些加热管实验中观测到流体的振荡现象,在建立运行工况过程中往往很难避免。观测到消除不稳定工况最有效的方法不是控制流率,而是改变热流密度。还观测到不稳定性的频带很宽,从 0.5 Hz 到几千赫兹。产生这些不稳定性的运行工况是不能测算的,频率高低也不能测算,不过高频似乎对应于辐射模型。实验参数如表 3-1 所示。

表 3-1　图 3-13 的实验参数

流 体 状 态	实 验 编 号	质量流率 $\dot{W}/(\text{kg/s})$	输入热量 Q/kW	压力 p/bar	进口温度 T_{in}/K
超临界态	706	0.0730	35.6	50.5	26.7
次临界态	542	0.0695	24.1	5.6	22.6
超临界态	700	0.0758	37.2	19.6	25.9
次临界态	539	0.0505	14.4	9.8	23.0
气态	315	0.0130	14.6	14.4	64.0
气态	1059	0.0135	14.5	43.5	291

早期用一般的形式来综合实验数据的工作中，主要注意力集中于对参考温度进行修正：

$$Nu_x = CRe_x^a Pr_x^b (T_w/T_b)^c \qquad (3\text{-}54)$$

式中，x 表示流体物性按参考温度 $T_x = T_b + x(T_w - T_b)$ 计算，x 是无因次温度（常常叫做埃克特参量）的函数：

$$x = f(T^* - T_b)/(T_w - T_b) \qquad (3\text{-}55)$$

式中，T^* 为临界点温度；T_b 为流体温度；T_w 为壁面温度。

布林格和史密斯以及施努尔已经把这个函数画成曲线，如图 3-14 所示。然而这些曲线依据的数据十分有限，并不能归纳其他数据，也没有什么理论分析可以用来测算函数的形式。

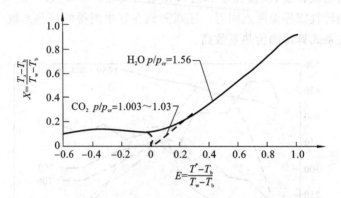

图 3-14 向临界点的相对接近对埃克特参考温度的影响

利用水的实验数据，密罗波尔斯基和希茨曼针对临界点附近的传热提出了另一个关系式：

$$Nu_b = 0.023 Re_b^{0.8} Pr_{\min}^{0.4} \qquad (3\text{-}56)$$

式中，$Pr_{\min}$ 是最小普朗特数，定义为

$$Pr_{\min} = \begin{cases} Pr_b, & \text{当 } Pr_b \leqslant Pr_w \text{ 时} \\ Pr_w, & \text{当 } Pr_w < Pr_b \text{ 时} \end{cases}$$

关系式既包括传热系数最大值，也包括最小值。但是在此以后，希茨曼用水做实验时也发现了温度"峰值"。针对临界点的另一个关系式具有下列形式：

$$Nu = Nu_b \left(\frac{\mu_w}{\mu_b}\right)^a \left(\frac{k_w}{k_b}\right)^b \left(\frac{\rho_w}{\rho_b}\right)^c \left(\frac{\bar{c}_p}{c_{pr}}\right)^d \qquad (3\text{-}57)$$

式中，Nu_b 是由迪图斯-贝尔特方程算得的值，其中

$$\bar{c}_p = (H_w - H_b)/(T_w - T_b)$$

关键的特征量似乎是积分平均比热容。不仅比热容采用积分平均值，而且所有热物性都用积分平均法来计算，于是热物性表示成

$$\phi = [1/(T_w - T_b)] \int_{T_b}^{T_w} \phi(t) \mathrm{d}t \qquad (3\text{-}58)$$

式中，$\phi(t)$ 是流体的任何一个热物性。这种做法倾向把近临界态热物性的急剧变化弄平滑。

微分方程中涡团扩散率的表达式是根据混合长度模型求得的，混合长度对黏滞阻尼参量 A^+ 很敏感。赫斯没有对这个参量作出完整的微分分析，但建立了 A^+ 与运动黏度比 ν_w/ν_b 的关系，并且提出了如下通用关系式：

$$Nu_f = 0.0208 Re_f^{0.8} Pr_f^{0.4} [1 + 0.0146(\nu_w/\nu_b)] \qquad (3\text{-}59)$$

如果整体温度超过转置临界温度,那么这个强迫对流关系式用于近临界态氢是十分合适的。

两相传热结果与近临界态传热结果存在某些类似性,这些类似性推动了近临界区域赝沸腾模型的进展。用于沸腾传热结果的关系式都已用于近临界区域。假设重密度是熔化液体的密度,而轻密度是理想气体的密度。重密度组分和轻密度组分的适当混合,就构成了观测到的临界点附近整体密度的变化。赝含气量是混合物中轻组分的质量份额,即

$$1/\rho_{\rm b} = x_2/\rho_{\rm pg,b} + (1-x_2)/\rho_{\rm melt} \tag{3-60}$$

式中,$\rho_{\rm b}$ 为混合密度;$\rho_{\rm pg,b}$ 为轻组分密度;$\rho_{\rm melt}$ 为熔化液体的密度;x_2 为轻密度组分的分数。

(3)近临界态流体的渗透模型。

传热系数的增强(与按膜温计算物性的关系式比较)可以根据渗透模型加以解释。此时除了常规的按膜温计算物性的强迫对流传热系数外,再加上一项来表示这个增强部分。平均传热系数可以写成

$$h_{\rm av} = C_1 h_{\rm f} + C_2 h_{\rm P} \tag{3-61}$$

式中,$h_{\rm P}$ 为渗透机理所引起的传热系数;$h_{\rm f}$ 为流体膜传热系数;C_1、C_2 为比例系数。渗透机理是假设流体团从边界层外缘周期性地向壁面迁移,破坏了边界层底层,在壁面处以瞬态方式获得热能。流体团与壁面短暂接触之后,便返回到边界层外缘,消散其热能,如图 3-15 所示。

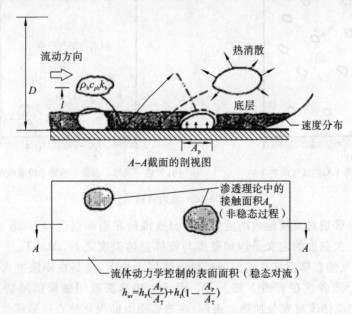

图 3-15　同时发生的流体动力学机理和渗透机理的概念图

此时式(3-61)被修正为

$$h_{\rm av} = (A_{\rm P}/A_{\rm T})h_{\rm P} + (1 - A_{\rm P}/A_{\rm T})h_{\rm f} \tag{3-62}$$

式中,$A_{\rm P}$ 是渗透起作用的平均表面面积;$A_{\rm T}$ 是总表面面积。渗透传热系数

$$h_{\rm P} = (2/\pi)(\rho_{\rm b}c_{p{\rm b}}k_{\rm b}/\tau_{接触})^{1/2} \tag{3-63}$$

这个 $h_{\rm P}$ 表达式是由瞬态热传导方程加上合适的边界条件推导出来的。膜传热系数 $h_{\rm f}$ 根据一般的 Nu、Re、Pr 关系式计算。

3.3 两相现象及相变传热

1. 两相流动的基本概念

1) 沸腾类型

沸腾是由于传热或压力变化使液相转变成气相形成蒸气的过程。沸腾类型很多,最常见的是泡核沸腾和膜态沸腾,又分为自然对流沸腾(也叫池内沸腾)和强迫对流沸腾。根据沸腾发生在饱和工况还是欠热工况,还可进一步细分。

泡核沸腾是指浸没在液体中的加热表面上汽化中心处以气泡形式形成蒸气的过程。若沸腾发生在大的池内或容器内,且其中所有流体的运动都由自然对流和气泡浮升的对流引起,则这个过程叫做自然对流沸腾或池内沸腾。在池内沸腾情况下,液体的整体温度常等于或者稍高于与系统压力相应的饱和温度,这种沸腾归于饱和池内沸腾一类。

在加热表面上形成的气泡,当通过这种稍微过热的流体上升时不断长大,最后在液体的自由表面处逸出(图 3-16(a)),就在池内产生纯蒸气,因而常使用"产生纯蒸气的池内沸腾"来代替"饱和沸腾"。

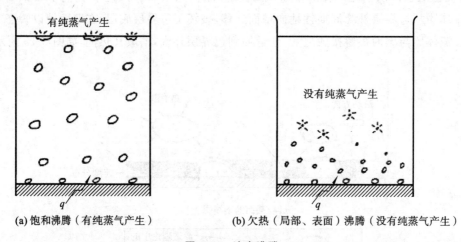

(a) 饱和沸腾(有纯蒸气产生)　　(b) 欠热(局部、表面)沸腾(没有纯蒸气产生)

图 3-16　池内沸腾

如果可以不靠强迫对流使池内的流体整体温度维持在饱和温度以下,那么这个系统将发生欠热池内沸腾。欠热度的定义是饱和温度与流体整体温度之差,即 $\Delta T_{sub} = T_{sat} - T_{bulk}$。在这种沸腾类型中,气泡在靠近加热表面的过热液体层内长大,但是在膨胀进入欠热环境以后,很快在靠近表面处或者就在表面上破灭了。因此欠热沸腾也叫做局部沸腾或表面沸腾(图3-16(b))。当迫使流体流过充分加热的表面,在热表面上的汽化核心处形成气泡时,就发生了强迫对流泡核沸腾。在这些条件下很容易发生欠热沸腾,因为流体核心被低温的液体连续不断地替换,其情况如图3-17(a)所示。当流动流体的整体温度等于或者稍高于饱和温度时,就发生"强迫对流饱和沸腾"即"整体沸腾"(图3-17(b))。

膜态沸腾是可能碰到的另一种沸腾类型,它在自然对流系统和强迫对流系统内都可能发生。这种沸腾机理的特征是形成一片气膜把液体同加热表面隔开。热能通过高热阻的气膜传给液体。大量的蒸气跃离波形的液-气界面,或者在饱和液池内上升,或者在欠热液池内破灭(图3-18)。在管内强迫对流膜态沸腾情况下,液体在管子中央的核心内流动,环状气膜把此

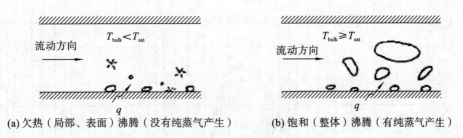

（a）欠热（局部、表面）沸腾（没有纯蒸气产生）　　　（b）饱和（整体）沸腾（有纯蒸气产生）

图 3-17　强迫对流沸腾

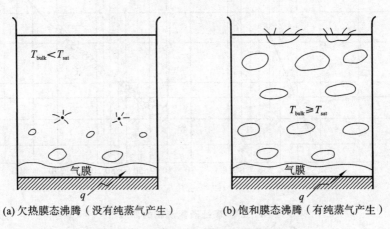

（a）欠热膜态沸腾（没有纯蒸气产生）　　　（b）饱和膜态沸腾（有纯蒸气产生）

图 3-18　膜态沸腾（蒸气膜覆盖加热表面）

核心与管壁隔开。

2）沸腾工况

在以热流密度为纵坐标，加热壁面温度与流体饱和温度之差（即 $\Delta T_{sat} = T_w - T_{sat}$）为横坐标的图上，不同工况对应于不同类型的沸腾。例如图 3-19 是氮作池内沸腾时热流密度随 ΔT_{sat} 的典型变化曲线。曲线最左边的部分描述对流传热工况，过热液体向自由液面上升，在那里蒸发，它的循环引起了这种对流。随着壁温的增加，在表面上少数汽化中心处开始形成蒸气泡。如果这些气泡在到达液面之前就冷凝，就对应于欠热沸腾工况。在自然对流工况下，热流密度曲线的斜率比较小，随着第一批气泡的出现，热流密度曲线逐渐变陡，表明沸腾起始。壁温的进一步增高导致形成更多的气泡，它们上升到自由界面，把蒸气输送到外界。这样很快就到达了充分饱和沸腾工况，同时观测到壁温只要稍有增高，热流密度就迅速增加。传热率的这种显著增加与气泡的长大和液体的搅动有关。

热流密度在某一数值下达到最高值，该值与泡核沸腾向膜态沸腾的过渡有关。这个过渡可以有两种方式，视加热方法而定。当加热热流密度保持恒定时，向膜态沸腾的过渡几乎是瞬时的。为了使穿过突然形成的热阻很大的气膜的传热率保持恒定，要求温差 ΔT_{sat} 立刻跃变到一个大的数值。图 3-19 表明，这个温差为 500～1000 K。对于饱和温度不高的深冷剂，加热表面一般不会因这个突然出现的温度上升而熔化。然而，在对温度敏感的电子元件中，其内部物理性能很可能遭到破坏。因此，在大多数情况下应该避免出现最高热流密度。

如果热流密度由蒸气冷凝或者由高温流体对流产生，则从泡核沸腾向膜态沸腾的过渡将平缓地发生。因为这个过程是自调节的，所以加热表面的一部分发生膜态沸腾，而另一部分发生泡核沸腾。发生膜态沸腾和泡核沸腾的面积是不固定的，随着壁温增高，被气膜覆盖的表面

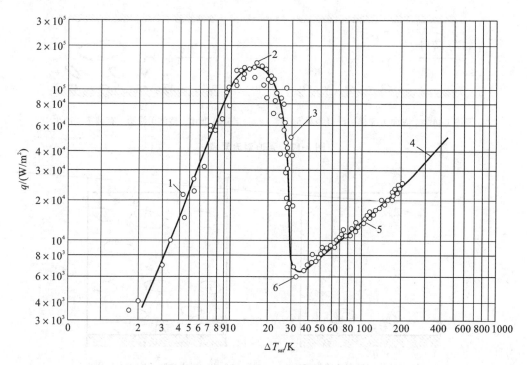

图 3-19 表征液氮沸腾的曲线
1—泡核沸腾；2—最高热流密度；3—过渡沸腾；
4—布朗利(Bromley)的数据；5—膜态沸腾；6—最低热流密度

积逐渐变大,直到在热流密度曲线的最低值下达到充分的膜态沸腾为止。在这种部分膜态沸腾的过渡工况下,热流密度随壁温的增高而减小。

沸腾曲线上最后的工况是充展膜态沸腾区域。在该区热流密度随温差 ΔT_{sat} 增大而增加,但比较缓慢,这表明其传热机理明显不如泡核沸腾有效。因此对于普通流体,实际上很少应用膜态沸腾;而当为深冷流体时,由于它们的饱和温度低,往往可能发生膜态沸腾。并且热流密度受控表面的池内沸腾曲线呈现滞后效应。从膜态沸腾返回泡核沸腾并不沿着从泡核沸腾向膜态沸腾过渡的同一路线,而是从最低点突然返回。

3）强迫对流沸腾

强迫对流沸腾曲线类似于池内沸腾曲线,然而,由于流速、欠热度和不同的气-液流型等影响,确定各种沸腾工况更加困难。

（1）欠热沸腾。

对流体出口含气量很低的强迫对流欠热沸腾,实验测得的曲线如图 3-20 所示。

曲线的开始部分对应于纯强迫对抗。曲线的陡峭上升对应于泡核沸腾的起始阶段。从曲线上能看出:泡核沸腾对于欠热度或流体速度(v)都是不太敏感的,不过沸腾起始点强烈地随液体整体温度而变化。然而,当用 ΔT_{sat} 作自变量来作图时,强迫对流沸腾数据就落在一条曲线周围,这表明泡核沸腾传热的驱动温度势是 ΔT_{sat} 而不是 $T_w - T_{bulk}$。观测到很高的速度对沸腾曲线只有很小的影响,而在中等速度下,其影响是微乎其微的。

虽然泡核沸腾机理对速度和欠热度不敏感,可是临界热流密度不是这样。图 3-20 表明:临界热流密度随速度和欠热度的增大而显著增高。在强迫对流时,向膜态沸腾的过渡可以遵循在池内沸腾中观测到的机理,也可以因流型发生变化而使过渡采取完全不同的方式。然而,

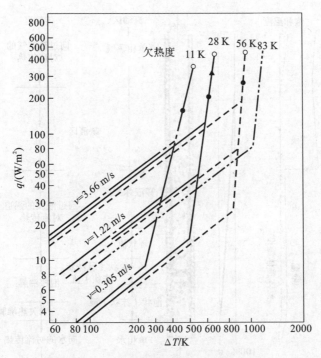

图 3-20　表征强迫对流欠热沸腾的曲线

在欠热度大的流动情况下,在发生烧毁以前,一般存在的都是泡核沸腾工况,而在过渡之后,将发生这样一种流型:液体在管子中央的核心内流动,蒸气在沿管壁的环状薄膜内流动。

(2)饱和沸腾。

图 3-21 所示为在饱和工况下沸腾的各种传热机理。

考察流入壁面具有恒定热流密度的管内的欠热液体。开始时,流体整体温度低于饱和温度,发生的是单相强迫对流。流体向上流动时,不断被加热,当贴近壁面的液体变得足够过热以致形成气泡时,终于开始了欠热沸腾。流体继续沿管向上流动,流体整体温度达到饱和温度,开始发生强烈的沸腾,大量气泡离开壁面随同流体一起流动。由于气泡合并,不久以后泡状流型就变成被饱和液体包围的弹丸形蒸气团状流型。此时在壁面仍然发生泡核沸腾,气泡继续供给气团,一直到蒸气流率变得很高,致使所有液体在壁上形成一层环状薄膜,而夹带液滴的蒸气在管道中央流动。气泡继续在液膜内长大,直到含气量进一步增大,导致起泡作用受抑制,形成新的传热机理。此时传热是通过薄液膜以对流或传导方式进行的,在液-气界面上还存在着蒸发作用。这种传热方式也产生高的传热系数,并且 ΔT_{sat} 几乎保持不变。

在液体蒸发和蒸气夹带的作用下,壁面上的液膜愈来愈薄,最后液膜破裂成被一些涸斑隔开的细流。传热系数急剧下降,壁温猛烈上升。管壁可能过热,甚至可能大面积毁坏,引起"烧毁",传热和流体流动的这类工况叫做干涸,此时热流密度为临界热流密度或峰值热流密度。"干涸"最为可取,因为这种烧毁机理已经用实验方法很好地确定了。它完全不同于在欠热泡核沸腾时所发生的机理。在欠热泡核沸腾时,烧毁的机理被认为是流体动力学不稳定性现象。这两种机理之间的重要区别在于欠热烧毁发生十分迅速,并且常常伴随着破坏性的温度上升;反之,纯含气量烧毁发生比较缓慢,并且壁温往往不超过容许的极限温度。

在干涸的情况下,流型变成蒸气内夹带液滴流动的情况,它叫做雾状流动区或者缺液流动区。壁温在由于干涸而突然偏高之后,开始稍微下降一些。这是液滴蒸发的结果,也是产生的

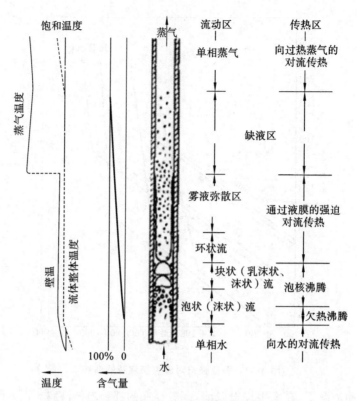

饱和温度

蒸气温度

流体整体温度

壁温

温度

含气量

100%　0

蒸气

水

流动区

单相蒸气

雾液弥散区

环状流

块状（乳沫状、沫状）流

泡状（沫状）流

单相水

传热区

向过热蒸气的对流传热

缺液区

通过液膜的强迫对流传热

泡核沸腾

欠热沸腾

向水的对流传热

图 3-21　强迫对流饱和沸腾的流型和流动工况

较高蒸气速度提高了传热系数的结果。最后，所有液体都化成蒸气,形成向过热蒸气的单相对流传热工况。

从泡核沸腾向强迫对流蒸发的传热过渡点是很值得注意的。后一种机理具有对流的性质，它与流体速度或质量流密度有关,可是泡核沸腾几乎与速度无关。如果两相传热系数为 h_{TP},而在同样尺寸的管道中以相同的质量流密度流动的单相液体的传热系数为 h_{LO},以 h_{TP}/h_{LO} 为纵坐标,以下列参量为横坐标画曲线:

$$1/x_{tt} = [x/(1-x)]^{0.9}(\rho_l/\rho_v)^{0.5}(\mu_l/\mu_v)^{0.1} \tag{3-64}$$

曲线开始对流率敏感的点被定为过渡点。如图 3-22 所示,参数条件见表 3-2。实验段为内管加热的环形流道;加热器外径 9.5 mm,长 737 mm;外管内径 22 mm;压力 1.7 bar。

表 3-2　参数条件

符　　号	质量流密度/[kg/(m² · s)]	热流密度/(10⁵ W/m²)
○	136	3.94
●	136	1.96
▽	272	3.94
△	272	1.94

4）两相流动的特征

在强迫流动饱和沸腾的情况下,会发生多种流型:从带有蒸气泡的连续液体介质流动开始,直到夹带液滴的连续蒸气介质流动为止。这些流型或根据传热机理的基本差别(唯象描述)来区分,或根据两个相的特征空间分布(可视描述)来区分。可视描述并不总是使流型刚好

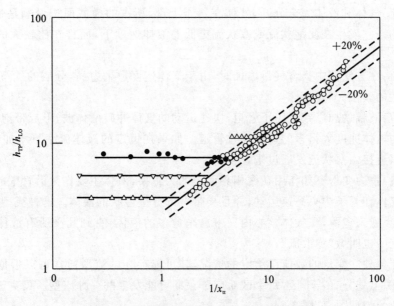

图 3-22　从泡核沸腾向强迫对流蒸发的过渡

与动量、热量、质量的基本传递机理的变化相联系，反过来也是这样。此外，从一种流型向下一种流型过渡的区域常常是不稳定的，从而难以精确确定各种流型的范围。

能够影响流型开始变化的因素是：①通道进口条件；②通道的尺寸、几何形状和倾斜度；③流率；④流体物性；⑤流体的两个相被引入通道的方法。

（1）水平管内的流型。

斯科特对水平管内一些公认的流型作出了下列描述（图 3-23）。

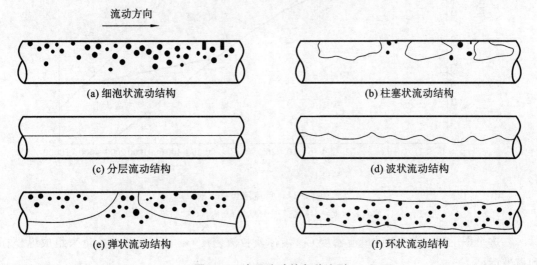

图 3-23　水平流动的各种流型

①泡状流：离散的气泡沿着管子的上壁运动，速度与液体的大致相同。在液体速度高时，气泡可以弥散在整个液体中，此种流型常常也叫做"沫状流"。

②塞状流：当气流速度增高时，气泡往往合并成气塞。这种气塞可以占据较小管道横截面的大部分。

③分层流：气体和液体完全分开，气体在管子上部，所占的横截面积份额是恒定的，液-气界面是平稳的。它发生在比泡状流或塞状流更低的液体速度下，而且在比较大的管中更容易发生。

④波状流：在分层流中当含气量增加时，由于气体速度愈来愈高，分层的气-液界面上产生幅度愈来愈大的波浪。

⑤块状流：波幅增加以致封闭了管道，快速运动的气体冲破液体波，形成带泡沫的液体块，它们以比平均液体速度大得多的速度通过管道。如果在恒定的液体流率下增加气体流率，则块状流也可以直接由塞状流发展过来。

⑥环状流：重力变得不如作用在两相界面上的力重要，液体主要作为沿管壁的一层薄膜被夹带向前。气体在管子中央高速运动，并且夹带一部分呈雾状的液体。这种流型也叫做"膜状流"。环状薄膜愈来愈薄，在气体核心内夹带愈来愈多的液体，直到几乎所有液体都被气体夹带为止。该流型也叫做"弥散流"。

对于系统各独立变量的数值已给定的情况，其可能存在的流型通常可以根据流型图加以预测，在这类图上划分有若干区，每个区对应于预期可能发生的一种流型。贝克流型图是最著名的水下流动的流型图，见图 3-24。

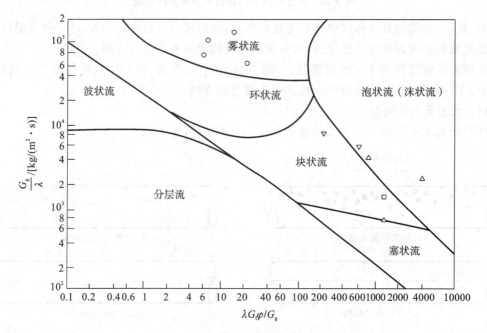

图 3-24　贝克流型图
氟利昂 12 的实验数据：▽块状流；○环状流；△泡状（沫状）流；□塞状流

在这个图上，根据气体质量流密度 G_g、液体质量流密度 G_1 和下面两个参量来组成纵坐标和横坐标：

$$\lambda = \left[(\rho_g / \rho_A)(\rho_1 / \rho_w) \right]^{0.5} \tag{3-65}$$

$$\varphi = (\sigma_w / \sigma_1) \left[(\mu_1 / \mu_w)(\rho_w / \rho_1)^2 \right]^{1/3} \tag{3-66}$$

这些参量是经验修正系数，它们在原则上可以把贝克流型图推广应用于空气-水以外的流体混合物。虽然贝克流型图为确定流型提供了定性的指导，但是要全面地描述这个至少与 12 个变量有关的现象，这种二维曲线图是远远不够的。在这些变量中，最值得注意的是进口条件和管子直径,特别是直径小于 2.5 cm 的管子更是如此。

(2) 垂直管内的流型。

典型的垂直管内的流型表示在图 3-25 上。斯科特对垂直管内的各种流型作了极好的描述。

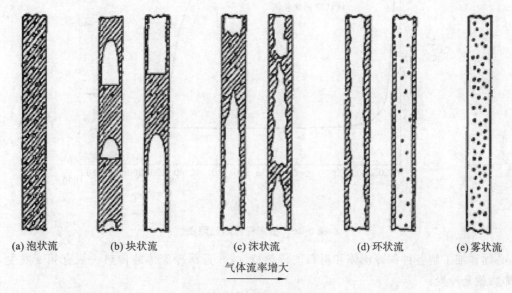

(a) 泡状流　　　(b) 块状流　　　(c) 沫状流　　　(d) 环状流　　　(e) 雾状流

气体流率增大 →

图 3-25　垂直管内的流型

①泡状流:气体以大大小小的一个一个气泡的形式弥散在向上流动的液体内。当气体的流率增大时,气泡的数量和尺寸也稳定增加。

②块状(塞状)流:气泡合并形成比较大的弹丸形气块,其头部呈抛物线形。当气体流率增大时,这些气块的长度和直径都增大,向上的速度也增高。这些气块被夹杂有气泡的液塞隔开。当气块沿管子运动时,它上面的液体通过围绕气块的环状薄液膜向下流动,一直流入正好在气块下面的充满气泡的液塞内。

③沫状流:当液体通过气块的反向流动接近停止时,气块变得不稳定,好像是与液体融合成一种无形态的湍流混合物,它具有粗乳浊液的一般性质。这种结构的原理在于气泡连续不断地破灭和再形成的过程。

④环状(上升膜状)流:气体以高速在管的中心部分运动,液体在管壁上形成一层环状薄膜。开始时这层液膜可能相当厚,表面呈长波形,在这个长波上还叠加有微细的波动。当气体流率增大时,薄膜变得愈来愈薄,在中央气体核心内以液滴形式被夹带的液体数量也就不断增加。

⑤雾状(全弥散)流:在很高的气体流率下,气体夹带的液体数量不断增加,直到表面看来所有液体都变为雾被夹带向上运动为止。虽然在管壁上可能还存在很薄的液膜,但是它们在这个状态下的存在是不明显的。

图 3-26 为垂直管内的流型图,图中 Q_g 为气相体积流量(m^3/s),Q_1 为液相体积流量(m^3/s),u_m 为气液混合物的线速度(m/s),d_i 为内径。它是针对直径为 2～2.5 cm 的管内的空气-水混合物提出来的。然而,其坐标表示为一些无因次参量,因而在理论上这个图也适用于深冷剂。

2. 深冷表面上的气-液冷凝

在深冷温度下工作的任何装置中,主要的一项投资是传热设备。要使这个设备设计得最

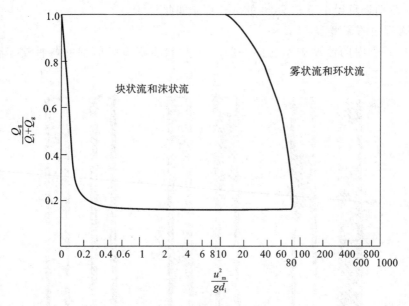

图 3-26　垂直管内的流型图

佳,必须详细了解各种深冷流体和材料的传热特性,并且深冷流体的传热一般有相变发生,不是沸腾就是冷凝。

由于普通沸腾液体的传热阻力一般要比冷凝流体大,因此,当沸腾膜成为传热问题中几个串联热阻之一时,它往往是起主导作用的一个热阻。反之,冷凝流体对传热的阻力一般相当小,因此在串联情况下它不是起主导作用的热阻。与普通液体相反,当应用在深冷流体时,研究表明不一定是这种情况。对于氮来说,沸腾热阻和冷凝热阻大体上相等,而氢的沸腾热阻比冷凝热阻还小。遗憾的是,深冷流体冷凝的实验数据很少,而且现有的研究结果中有些还互相矛盾。例如,用氮和氧做的研究结果与冷凝理论符合得相当好,而用氢和氖做的研究结果,在同样的温差范围内,就与理论值有很大差别。

蒸气在冷表面上冷凝可以有两种方式:膜状或滴状。纯蒸气在干净和光滑的垂直表面上冷凝一般是膜状冷凝。在某些情况下,如果表面上有杂质或助凝剂,就可能发生滴状冷凝。这类冷凝通常只有在低热流密度下才能维持,不过由它得到的传热系数比膜状冷凝的高一个数量级。当发生膜状冷凝时,传热表面被一层连续的冷凝液膜覆盖,此时一般都假定冷凝液膜形成了冷凝侧的最大热阻。但是,在特殊情况下,例如使用液体热导率很高的液态金属时,主要热阻就在液-气界面上,而不是在冷凝液膜本身了。

因为在冷凝过程中流体的两个相,即蒸气和冷凝液同时存在,所以蒸气在较冷表面上的冷凝是一个复杂的传热过程。垂直壁面上的冷凝过程如图 3-27 所示。由于蒸气冷凝和冷凝液向下流动,在气-液界面附近形成一个小的压力梯度,它推动蒸气向冷凝表面运动。气相中有一些分子撞向液体表面后被反射回来,而另一些分子则穿过它,并放出它们的冷凝热。释放出的这一热量通过冷凝液层传导给壁面,然后通过壁面再传导给另一侧的冷却剂。沿着冷凝液和壁面温度逐步降低,保证把热量传给冷却剂。同时,冷凝液在重力作用下从表面流走。

关于纯蒸气在垂直表面上的层流膜状冷凝,最早的十分成功的理论研究归功于 Nusselt。在他经典理论推导中,包括质量平衡、动量平衡和能量平衡等方程的解,Nusselt 在推导时假设:①冷凝液的性状像稳态下的牛顿流体一样;②蒸气不包含不凝杂质,并且是饱和的;③沿

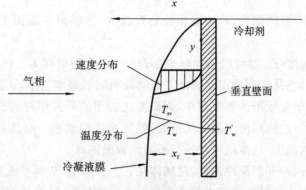

图 3-27　垂直壁面上的冷凝

冷凝表面向下的冷凝液流是层流;④冷凝表面是等温的;⑤冷凝液膜的所有物性在整个膜中是常数;⑥与通过液膜的传导传热相比,冷凝液膜中的对流传热可以忽略不计;⑦蒸气阻力和浮力对冷凝液膜运动的影响可以忽略不计;⑧由冷凝液的欠热度引起的传热可以忽略不计;⑨冷凝表面的曲率对冷凝液膜内速度分布的影响可以忽略不计。

3. 深冷表面上的气-固冷凝

当一个气体分子与固体表面碰撞或相互作用时,它可能发生三种情况:①弹性反射;②非弹性反射,在这种情况下,能量交换用能量供应系数来表征;③损失足够能量,使得它停留在表面上,至少停留一个短时间。粘在表面上的分子可能由于冷凝或化学吸附机理而长时间停留在那里,可能解除吸附或重新汽化,也可能沿表面扩散,或者在某些情况下进入基底材料。在深冷剂冷却的表面上的结霜过程几乎包括所有这些机理。

因为工程用深冷表面的详细物理性质并不清楚,相互作用也极为复杂,所以充其量也只能构思一幅引起冷凝的气体-表面相互作用的理想化定性图像。

图 3-28 为气体-表面相互作用的示意图。为简化起见,图中只标出了与表面相垂直的作用力。气相的自由分子在 a 点具有某个能量,当它接近表面时,受到一个引力。如果在相互作用时该分子把它的一部分能量给予表面,它就可能没有足够的能量逃出势阱。一旦在某个能级下陷入势阱,比方说 b 点,则分子可能经受一个弛豫过程,与固体达到热平衡态。如果固体表面被冷却,则此过程使分子滞留在势阱底部附近(c 点)。

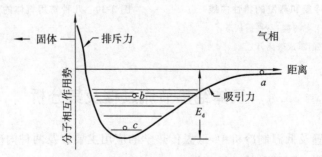

图 3-28　气体-表面相互作用的示意图

无论何种情况,只要分子陷入势阱,它就一直被俘获在那里,直到它从表面或其他入射分子那里取得足够能量逃脱为止。弗伦凯尔根据统计分析推导出:平均来说,被吸附的分子滞留在表面上的时间

$$t_r = t_c e^{E_d/(kT_s)} \tag{3-67}$$

式中,E_d 是逃离表面所需的能量;k 是玻耳兹曼常数;t_c 是吸附在表面上的分子的特征振动时间。

显然,降低表面温度 T_s,就可以增加分子在表面上的滞留时间 t_r。在此情况下,被吸附的分子滞留在势阱底部,它从表面取得足够能量以解除吸附的概率很小,这就是结霜的基础。在表面上冷凝了的分子解除吸附的概率很小,而以固化的霜的形式留在表面上。当表面温度下降到比蒸气在该压力下的饱和温度还低几度时,就发生这种现象。而且只要霜表面保持所要求的温度,或者低于该温度,气体就可以连续不断地被吸附。

深冷抽气是把表面冷却到深冷温度,使气体在它上面冻结,从而形成真空的过程。这种抽真空的方法很有效,因为如果真空室内部全都衬上深冷抽气板,则系统的抽气速度非常快。

此外,由于抽吸表面都处在已经抽空的空间之内,与被抽吸的气体直接接触,没有连向真空泵的管子,由该管子引起的压力损失也就没有了。深冷抽气泵的效率主要取决于深冷表面的温度。希尔德和布朗指出:如果表面温度比饱和蒸气压曲线规定的温度低 4~5 K,气体就会在该表面上冷凝(见图 3-29)。图 3-30 所示为若干常用作深冷抽吸的气体的饱和蒸气压曲线,这些曲线给出了深冷抽气系统所要求的表面温度值。

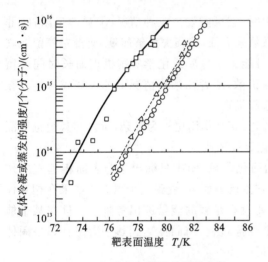

图 3-29　CO_2 冷凝和蒸发的特性曲线

□在裸表面上开始冷凝;△平衡状态;

○蒸发强度(成束离开)

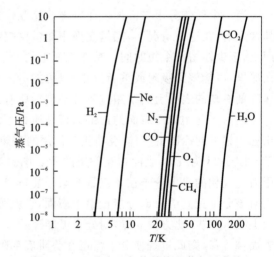

图 3-30　几种常用气体的饱和蒸气压曲线

3.4　气体绝热节流过程及其分析

在气体液化装置及低温制冷机中,低温传热学的应用主要涉及两种内冷方法,即压缩气体绝热节流及等熵膨胀。下面对其进行分析。

1. 实际气体的节流

1)节流过程的热力学特征

当气体在管(器)中遇到缩口和调节阀门(例如气体液化装置中的节流阀,如图 3-31 所示)时,由于局部阻力,其压力显著下降,这种现象叫做节流。工程上由于气体经过阀门的流速大,时间短,来不及与外界进行热交换,可近似地作为绝热过程来处理,称为绝热节流。节流时存在摩擦阻力损耗,所以它是一个不可逆过程。节流后熵必定增加,将引起有效能损失。根据稳定流动能量方程,气体在绝热节流时,节流前后的熵值不变,这是节流过程的主要特征。

由于理想气体的熵值只是温度的函数,因此理想气体节流前后的温度不变。而实际气体的熵值是温度和压力的函数,所以实际气体节流前后的温度一般会发生变化,这一现象称为焦耳-汤姆逊效应(简称焦-汤效应)。

2) 微分节流效应与积分节流效应

气体节流时温度的变化与压力的降低成比例,可表示为

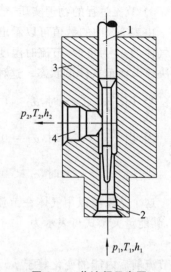

图 3-31 节流阀示意图
1—阀芯;2,4—高、低压腔;3—阀体

$$\mathrm{d}T = \frac{\alpha_h}{\mathrm{d}p} \quad \text{或} \quad \alpha_h = \left(\frac{\partial T}{\partial p}\right)_h \tag{3-68}$$

α_h 为微分节流效应,即气体在节流时单位压降所产生的温度变化。一些气体在常温常压下的微分节流效应列于表 3-3 中。

表 3-3 几种气体在 273 K 及 98 kPa 时微分节流效应 α_h

气 体 名 称	α_h		气 体 名 称	α_h	
	$/(10^{-3}\ \mathrm{K/kPa})$	$/(\text{℃}/\mathrm{atm})$		$/(10^{-3}\ \mathrm{K/kPa})$	$/(\text{℃}/\mathrm{atm})$
空气	+2.75	+0.27	二氧化碳	+13.26	+1.30
氧	+3.16	+0.31	氢	+3.06	+0.03
氮	+2.65	+0.26	氦	+6.08	+0.0596

当压降(Δp)为一定数值时,节流所产生的温度变化叫做积分节流效应,可按下式计算:

$$\Delta T_h = T_2 - T_1 = \int_{p_1}^{p_2} \alpha_h \mathrm{d}p = \alpha_{hm}(p_2 - p_1) \tag{3-69}$$

积分节流效应即节流过程中所产生的总温差,只要知道 α_h 与压力 p 的函数关系,或者知道在某一压力范围内的平均值 α_{hm},即可按式(3-69)计算积分节流效应。

由热力学知

$$\alpha_h = \left(\frac{\partial T}{\partial p}\right)_h = \frac{1}{c_p}\left[T\left(\frac{\partial v}{\partial T}\right)_p - v\right] \tag{3-70}$$

只要按气体状态方程求出 $\left(\dfrac{\partial v}{\partial T}\right)_p$,代入上式即可得出 α_h 的表达式。例如对理想气体,$\left(\dfrac{\partial v}{\partial T}\right)_p = \dfrac{v}{T}$,则 $\alpha_h = 0$。

α_h 的表达式也可通过实验来建立。例如对于空气和氧,在 $p < 1.5 \times 10^4$ kPa 时,得到的经验公式如下:

$$\alpha_h = (a_0 - b_0 p)\left(\frac{273}{T}\right)^2 \tag{3-71}$$

式中,a_0 和 b_0 为实验常数,其值如下:

空气 $\qquad\qquad a_0 = 2.73 \times 10^{-3}, \quad b_0 = 8.95 \times 10^{-8}$

氧 $\qquad\qquad a_0 = 3.19 \times 10^{-3}, \quad b_0 = 8.84 \times 10^{-8}$

3）节流过程的物理实质

由表 3-3 中的数值可以看出：在常温常压下，有些气体的 α_h 为正值，节流时温度降低；有些气体的 α_h 为负值，节流时温度反而升高。α_h 是正值还是负值并不取决于气体的种类，而是取决于节流前气体的状态。这种情况由式（3-70）可以分析出来。

当 $T\left(\dfrac{\partial v}{\partial T}\right)_p > v$ 时，$\alpha_h > 0$，节流时温度降低；

当 $T\left(\dfrac{\partial v}{\partial T}\right)_p = v$ 时，$\alpha_h = 0$，节流时温度不变；

当 $T\left(\dfrac{\partial v}{\partial T}\right)_p < v$ 时，$\alpha_h < 0$，节流时温度升高。

这个结果可以用气体在节流过程中的能量转化关系来解释。因节流前后气体的焓值不变，其能量关系式可表示为

$$\mathrm{d}u = -\,\mathrm{d}(pv)$$

即节流前后内能的变化等于 pv 值的落差。气体的内能包括内动能（即分子运动动能）和内位能两部分，而内动能的大小只与气体的温度有关。因此，气体节流后温度是降低、升高还是不变，取决于节流后气体的内动能是减少、增大还是不变。内动能的变化只有在分析了内位能与 pv 的变化关系后才能确定。

用 u_k 表示气体的内动能，u_p 表示气体的内位能，则上式可以改写成

$$\mathrm{d}u = \mathrm{d}u_\mathrm{k} + \mathrm{d}u_\mathrm{p} = -\,\mathrm{d}(pv)$$

即
$$\mathrm{d}u_\mathrm{k} = -\,\mathrm{d}u_\mathrm{p} - \mathrm{d}(pv) \tag{3-72}$$

气体节流时压力降低，比容增大，其内位能总是增大的，即 $\mathrm{d}u_\mathrm{p} > 0$。但 pv 值变化无常，可能变大、不变或者减小（依节流时气体的状态参数而定），即 $\mathrm{d}(pv)$ 可能大于、等于或小于零。分析式（3-72）可知，当 $\mathrm{d}(pv) \geqslant 0$ 时，$\mathrm{d}u_\mathrm{k} < 0$，气体节流时温度降低。当 $\mathrm{d}(pv) < 0$ 时，如果 $\mathrm{d}(pv)$ 的绝对值小于 $\mathrm{d}u_\mathrm{p}$，仍然是节流时气体温度降低；如果 $\mathrm{d}(pv)$ 的绝对值大于 $\mathrm{d}u_\mathrm{p}$，则气体节流时温度反而升高。

由式（3-72）还可以看出，当 $\mathrm{d}u_\mathrm{p} = -\mathrm{d}(pv)$ 时，即当内位能增量正好等于 pv 值的落差时，$\mathrm{d}u_\mathrm{k} = 0$，则气体的内动能保持不变，节流时其温度也将保持不变。这时的温度称为转化温度。

2. 转化温度与转化曲线

由以上分析可知，气体节流有转化温度存在，转化温度的计算公式和变化关系可通过范德华方程加以分析。

根据范德华方程求得 $\left(\dfrac{\partial v}{\partial T}\right)_p$，代入式（3-70）整理后得

$$\alpha_h = \left(\frac{\partial T}{\partial p}\right)_h = \frac{1}{c_p} \times \frac{2a\left(1 - \dfrac{b}{v}\right)^2 - RbT}{RT - 2\dfrac{a}{v}\left(1 - \dfrac{b}{v}\right)^2} \tag{3-73}$$

当 $\alpha_h = \left(\dfrac{\partial T}{\partial p}\right)_h = 0$ 时，节流前后温度不变（$\mathrm{d}T = 0$），这时气体的温度即为转化温度（T_{inv}），因此令式（3-73）最右边分式的分子等于零，可得

$$2a\left(1 - \frac{b}{v}\right)^2 - RbT_{\mathrm{inv}} = 0$$

即
$$T_{\mathrm{inv}} = \frac{2a}{Rb}\left(1 - \frac{b}{v}\right)^2 \tag{3-74}$$

将式(3-74)与范德华方程 $p = \dfrac{RT}{v-b} - \dfrac{a}{v^2}$ 联解,消去 v 得

$$\left(\frac{b^2 p}{a} + \frac{3Rb T_{inv}}{2a} + 1 \right)^2 - \frac{8Rb T_{inv}}{a} = 0$$

将此式展开,是一个 T_{inv} 的二次方程,求解可得

$$T_{inv} = \frac{2a}{9Rb}\left(2 \pm \sqrt{1 - \frac{3b^2}{a}p} \right)^2 \tag{3-75}$$

式(3-75)表示转化温度与压力的函数关系,它在 $T\text{-}p$ 图上为连续曲线,称为转化曲线。

通过式(3-75),可以对转化温度的特性作如下分析:

(1)当 $1 - \dfrac{3b^2}{a}p < 0$,即 $p > \dfrac{a}{3b^2}$ 时,上式没有实数根,即不存在转化温度。如果以范德华方程中的常数 $a = \dfrac{2TR^2 T_{cr}^2}{64 p_{cr}}$ 及 $b = \dfrac{RT_{cr}}{8 p_{cr}}$ 代入,可得 $p > 9 p_{cr}$。在这种情况下节流后不可能产生冷效应。

(2)当 $1 - \dfrac{3b^2}{a}p = 0$,即 $p = 9 p_{cr}$ 时,只有一个转化温度,这个压力即为产生冷效应的最大压力,称为最大转化压力,如图 3-33 所示。

(3)当 $1 - \dfrac{3b^2}{a}p > 0$,即 $p < 9 p_{cr}$ 时,对应于每一个压力均有两个转换温度,分别称为上转化温度(T_{inv}')和下转化温度(T_{inv}'')(随压力升高而升高)。

图 3-32 所示为氮的转化曲线,虚线是按式(3-75)计算的,实线是用实验方法得到的,两者的差别是由于范德华方程在定量上不够准确而引起的。

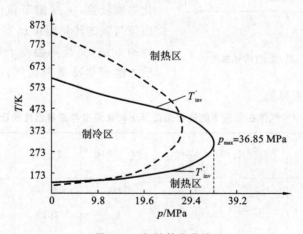

图 3-32　氮的转化曲线

由图 3-32 及以上的分析可知,当 $p \leqslant 9 p_{cr}$ 时有:①在转化曲线上,$\alpha_h = 0$;②在转化曲线外,$\alpha_h < 0$,节流后产生热效应;③在转化曲线以内,即当 $T_{inv}' > T > T_{inv}''$ 时,$\alpha_h > 0$,节流后产生冷效应。转化曲线将 $T\text{-}p$ 图分成了制冷区和制热区两个区域。因此在选择气体参数时,节流前的压力不得超过最大转化压力,节流前的温度必须在上、下转化温度之间。式(3-75)也可用对比参数表示,即

$$T_{r,inv} = \frac{2a}{9Rb T_{cr}}\left(2 \pm \sqrt{1 - \frac{3b^2}{a}p_r p_{cr}} \right)^2$$

再将临界温度和临界压力

$$T_{cr} = \frac{8a}{27Rb}, \qquad p_{cr} = \frac{a}{27b^2}$$

用范德华常数代入,经整理后,即可得到对比转化温度

$$T_{r,inv} = \frac{3}{4}\left(2 \pm \sqrt{1 - \frac{1}{9}p_r}\right)^2 \tag{3-76}$$

分析式(3-76)不难得出,最大对比转化压力 $p_{r,max} = 9$。

当节流前气体的压力较低时,式(3-76)中 p_r 一项可以忽略,于是得到两个转化温度的数值,即

$$T'_{r,inv} = \frac{27}{4} = 6.75, \qquad T''_{r,inv} = \frac{3}{4} = 0.75$$

前者即为习惯上所说的转化温度。

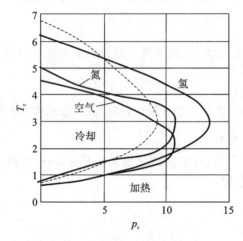

图 3-33　空气、氮、氢的转化曲线

图 3-33 所示为以对比参数 T_r、p_r 为坐标的空气、氮及氢的转化曲线,其中虚线是按式(3-76)计算的。

式(3-75)说明,气体的临界温度低时,其转化温度也低。表 3-4 列出十几种气体在低压下的上转化温度与临界温度的比值。表 3-4 的比值与按式(3-76)计算的结果($T_{r,inv} = 6.75$)是有差别的,这是由范德华方程不够准确引起的。大多数气体(如空气、氧、氮、一氧化碳等),转化温度较高,从室温节流时总是产生冷效应。而氢与氦的转化温度比室温低得多,必须用预冷的方法,使其降温到上转化温度以下,节流后才能产生冷效应。所以转化曲线的研究对气体制冷及液化是很重要的。

表 3-4　气体在低压下的转化温度及上转化温度与临界温度的比值

气　体	T'_{inv}/K	T''_{inv}/K	$\dfrac{T'_{inv}}{T_{cr}}$	气　体	T'_{inv}/K	T''_{inv}/K	$\dfrac{T'_{inv}}{T_{cr}}$
空气	650	132.55	4.90	^{4}He	约 46	5.199	8.85
氧	771	154.77	4.98	氖	1079	209.40	5.15
氮	604	126.25	4.78	氪	1476	289.75	5.10
氩	765	150.86	5.07	一氧化碳	644	132.92	4.85
氖	230	44.40	5.18	二氧化碳	1275	304.3	4.19
氢	204	32.98	6.19	甲烷	953	190.7	5.00
^{3}He	约 39	3.35	11.64	重氢	209~220	38.3	5.46~5.75

3. 积分节流效应的计算及等温节流效应

积分节流效应即节流过程前后的温差,可以按照式(3-69)计算。只要将式(3-71)或式(3-

73)代入式(3-69),即可积分求解。式(3-73)比较复杂,而且未必准确,因此常按式(3-71)计算。式(3-71)中的压力和温度均为瞬时值,代入式(3-69)后需按解微分方程的方法来求解,因而比较困难。

在简便的计算中,特别是当膨胀压力范围不太大时,可按式(3-71)求出平均微分节流效应 α_{hm},再乘以节流过程的压力差,即可求得积分节流效应:

$$\Delta T_h = \alpha_{hm} \cdot \Delta p$$

积分节流效应还可用 $T\text{-}s$ 图或 $h\text{-}T$ 图求解,解法如图 3-34 所示。从节流前的状态点 1(p_1,T_1)画等焓线,与节流后压力 p_2 的等压线交于点 2,则这两点之间的温差($T_1 - T_2$)即为要求的积分节流效应。用图解法比较简便,但精确度较差,特别是在低压区。用 $T\text{-}s$ 图时因等焓线与等温线接近平行,误差会更大。因此,在低压区最好用计算法。

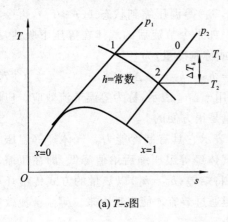

(a) $T\text{-}s$图

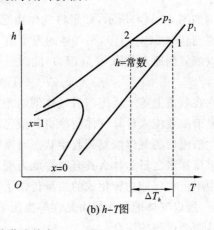

(b) $h\text{-}T$图

图 3-34　用图解法确定积分节流效应

例 3-1　空气由 $p_1 = 5000$ kPa、$T_1 = 300$ K 节流到 $p_2 = 100$ kPa,试求其温降。

解　按经验公式(3-71)进行计算。由式(3-68)及式(3-71)可得

$$dT = (a_0 - b_0 p)\left(\frac{273}{T}\right)^2 dp$$

$$T^2 dT = 273^2 (a_0 - b_0 p) dp$$

经积分整理后可得

$$\Delta T_h = \sqrt[3]{T_1^3 - 273^2 \times \left[3a_0(p_1 - p_2) - \frac{3}{2}b_0(p_1^2 - p_2^2)\right]} - T_1$$

将给定条件及 a_0、b_0 的数值代入,即可求得

$$\Delta T_h = \left[\sqrt[3]{27 \times 10^6 - 74.5 \times 10^3 \times (8.19 \times 4.9 - 0.1343 \times 25)} - 300\right] \text{K}$$

$$= (289.5 - 300)\text{K} = -10.5 \text{ K}$$

还可以用简便的方法,即按 α_{hm} 计算。开始节流时:

$$\alpha_h = (a_0 - b_0 p_1)\left(\frac{273}{T_1}\right)^2$$

$$= (2.73 \times 10^{-3} - 0.0895 \times 10^{-6} \times 5000) \times \left(\frac{273}{300}\right)^2 \text{K/kPa}$$

$$= 1.89 \times 10^{-3} \text{ K/kPa}$$

估计温降为 10 K,则 T_2 为 290 K,因此在节流结束时:

$$\alpha_{h_2} = (a_0 - b_0 p_2)\left(\frac{273}{T_2}\right)^2$$

$$= (2.73 \times 10^{-3} - 0.0895 \times 10^{-6} \times 5000) \times \left(\frac{273}{290}\right)^2 \text{ K/kPa}$$

$$= 2.41 \times 10^{-3} \text{ K/kPa}$$

故　　$\alpha_{hm} = \frac{1}{2}(\alpha_{h_1} - \alpha_{h_2}) = \frac{1}{2} \times (1.89 + 2.41) \times 10^{-3} \text{ K/kPa} = 2.15 \times 10^{-3} \text{ K/kPa}$

$$\Delta T_h = \alpha_{hm}(p_2 - p_1) = 2.15 \times 10^{-3} \times (100 - 500) \text{K} = -10.54 \text{ K}$$

可见用这两种方法计算的结果是一样的。不过，用后一种方法时要在计算之前对 T_2 作出估计。当计算的结果与估计值相差较大时，需要另行估计，直到估计值与计算结果基本相等为止。

如图 3-34(a)所示，如果将气体由起始状态 $0(p_2, T_1)$ 等温压缩到状态 $1(p_1, T_1)$，再令其节流到状态 $2(p_2, T_2)$，则气体的温度由 T_1 降到 T_2。如果令节流后的气体在等压下吸热，则可以恢复到原来状态 $0(p_2, T_1)$，此时所吸收的热量（或称制冷量）为

$$q_{0h} = c_p(T_1 - T_2) = h_0 - h_2 = h_0 - h_1 = -\Delta h_T \tag{3-77}$$

即它在数值上等于压缩前后气体的焓差，这一焓差常用 $-\Delta h_T$ 表示，称为等温节流效应。应用等温节流效应来计算气体制冷机和液化装置的制冷量是很方便的。

节流后的气体恢复到起始状态时能吸收热量，这表示它具有制冷能力。气体经等温压缩和节流膨胀之后为什么具有制冷能力呢？这是因为气体经等温压缩后焓值降低，即在压缩过程中不但将压缩功转化成的热量传给了环境介质，也将焓差 $(h_0 - h_1)$ 以热量的方式传给环境介质，所以气体的制冷能力是在等温压缩时获得的，但通过节流才能表现出来。等温节流效应是这两个过程的综合。

空气、氧、氮及甲烷的实验数据表明：当提高节流前压力时，Δh_T 值增加；当节流前温度降到 $150 \sim 200$ K 时，Δh_T 值可增加数倍。气体混合物的 Δh_T 值为各组分的 Δh_T 值之和。

4. 节流过程的有效能分析

在节流过程中，无热交换，$Q = 0$，不做外功，$W = 0$。设工质进口有效能为 E_{x1}，出口有效能为 E_{x2}，则有效能的平衡式为

$$E_{x1} = E_{x2} + D$$

即　　　　　　　　　　　　$$D = E_{x1} - E_{x2}$$

或　　　　　　　　　　　　$$d = e_{x1} - e_{x2}$$

而　　　　　　　　　　$$e_{x1} = (h_1 - h_0) - T_0(s_1 - s_0)$$

$$e_{x2} = (h_2 - h_0) - T_0(s_2 - s_0)$$

$$h_1 = h_2$$

代入上式得　　　　　　$$d = T_0(s_2 - s_1) = T_0 \Delta S_{str} \tag{3-78}$$

式中，ΔS_{str} 为过程不可逆性引起的熵增；D 为有效能损失。

由式(3-78)可看出，在节流过程中工质有效能减少的数值全部损失了。在节流过程中，当 $\alpha_h > 0$ 时，节流后的温度降低。此时，由于压力差引起的有效能减少 Δe_p 即为消耗的有效能，而由于温度差引起的有效能增加 Δe_T 即为收益的有效能，故有效能效率为

$$\eta_e = \frac{\Delta e_T}{\Delta e_p} \tag{3-79}$$

由 $e\text{-}h$ 图可以看出，温度愈接近临界温度，η_e 值愈大。

3.5 气体等熵膨胀过程及其分析

1. 气体等熵膨胀制冷过程

气体的等熵膨胀通常用膨胀机来实现。气体等熵膨胀时，压力的微小变化所引起的温度变化称为微分等熵效应，以 α_s 表示，即

$$\alpha_s = \left(\frac{\partial T}{\partial p}\right)_s \tag{3-80}$$

再根据焓的特性式

$$dh = c_p dT - \left[T\left(\frac{\partial v}{\partial T}\right)_p - v\right]dp$$

可以导出

$$dq = dh - v dp = c_p dT - T\left(\frac{\partial v}{\partial T}\right)_p dp$$

$$ds = \frac{dq}{T} = c_p \frac{dT}{T} - \left(\frac{\partial v}{\partial T}\right)_p dp$$

对于等熵过程，$ds=0$，可求得

$$\alpha_s = \left(\frac{\partial T}{\partial p}\right)_s = \frac{1}{c_p} \times T\left(\frac{\partial v}{\partial T}\right)_p \tag{3-81}$$

由上式可知，对于气体，总是有 $\left(\frac{\partial v}{\partial T}\right)_p > 0$，$\alpha_s$ 为正值。因此，气体等熵膨胀时温度总是降低的，产生冷效应。气体温度降低是因为在膨胀过程中有外功输出，膨胀后气体的内位能增大，这都要消耗一定量的能量，这些能量需要用内动能来补偿。

对于理想气体，由状态方程可得

$$\left(\frac{\partial v}{\partial T}\right)_p = \frac{R}{p}$$

$$\alpha_s = \frac{R}{c_p} \frac{T}{p}$$

代入式(3-80)中，经积分后可得膨胀前后温度的关系

$$\frac{T_2}{T_1} = \left(\frac{p_2}{p_1}\right)^{\frac{k-1}{k}} \tag{3-82}$$

由此可求得膨胀过程的温差

$$\Delta T_s = T_2 - T_1 = T_1\left[\left(\frac{p_2}{p_1}\right)^{\frac{k-1}{k}} - 1\right] \tag{3-83}$$

对于实际气体，膨胀过程的温差通常用热力学图去查，最方便的是用 $T\text{-}s$ 图，如图 3-35 所示。

同样，如果令膨胀后的气体复热到等温压缩前的状态 $0(T_1, p_2)$，则制取的冷量（即吸热量）为

$$q_{0s} = h_0 - h_2 = (h_0 - h_1) + (h_1 - h_2) = -\Delta h_T + w_e \tag{3-84}$$

即制冷量为等温节流效应与膨胀功 w_e 之和。因此气体在等温压缩过程中获得的制冷能力——等温节流效应，不论经过节流或是等熵膨胀，一旦温度降低就能表现出来。

另外，分析式(3-83)可以看出，等熵膨胀过程的温差不但随着膨胀压力比 p_1/p_2 的增大而

增大,而且在 p_1 及 p_2 给定的情况下,还随初温 T_1 的提高而增大。因此,为了增大等熵膨胀的温降和单位制冷量,可以采用提高初温和增大膨胀比的办法。

2. 膨胀机内气体膨胀过程的有效能分析

当气体在膨胀机内膨胀时,由于摩擦、跑冷等原因,膨胀过程成为不可逆过程,产生有效能损失。如图 3-36 所示,取膨胀机为热力学系统,工质进入膨胀机的状态为 $1(e_{x1},h_1)$,离开膨胀机的状态为 $2(e_{x2},h_2)$;膨胀机输出的功为 w_e。由于冷损进入系统的热量的有效能为 e_q,由于不可逆引起的有效能损失为 d。根据系统的有效能平衡可得

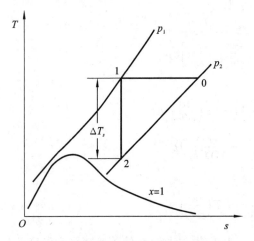

图 3-35　等熵膨胀过程的温差　　　　图 3-36　膨胀过程的热力学系统图

$$d = (e_{x1} + e_q) - (e_{x2} + w_e) = (e_{x1} - e_{x2}) + (e_q - w_e) \tag{3-85}$$

当为绝热膨胀时,$e_q = 0$,则

$$d = (e_{x1} - e_{x2}) - w_e \tag{3-85a}$$

而

$$w_e = h_1 - h_2$$

$$e_{x1} = (h_1 - h_0) - T_0(s_1 - s_0)$$

$$e_{x2} = (h_2 - h_0) - T_0(s_2 - s_0)$$

代入式(3-85a),得

$$d = T_0(s_2 - s_1) = T_0 \cdot \Delta s_{str} \tag{3-86}$$

当气体通过膨胀机膨胀时,压力降低而引起的有效能减少 Δe_p 为消耗的有效能,而收益的有效能为温度降低引起的有效能增加 Δe_T 与膨胀功 w_e 之和,则其有效能效率为

$$\eta_e = \frac{\Delta e_T + w_e}{\Delta e_p} \tag{3-87}$$

膨胀机效率有时用绝热效率表示,它是实际焓降与理想焓降之比,即

$$\eta_e = \frac{\Delta h_{pr}}{\Delta h_{id}} \tag{3-88}$$

3. 节流与等熵膨胀的比较

比较式(3-81)与式(3-70)可得

$$\alpha_s - \alpha_h = \frac{v}{c_p} \tag{3-89}$$

因为 v 始终为正值,故 $\alpha_s > \alpha_h$,即气体的微分等熵效应总是大于微分节流效应。因而对于同样的初参数和膨胀压力范围,等熵膨胀的温降比节流膨胀的要大得多,如图 3-37 中的 ΔT_s

及 ΔT_h。

同样，比较式(3-84)及式(3-76)可知，当初参数及膨胀压力范围相同时，有

$$q_{0s} - q_{0h} = w_e$$

即等熵膨胀过程的制冷量比节流膨胀过程的大，其差值即等于膨胀机的功。两个过程的单位制冷量在图 3-37 中分别用面积 $03ac$ 及面积 $02bc$ 表示。

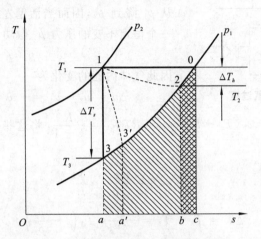

图 3-37　节流及等熵膨胀温降及制冷量

因此，对于气体的绝热膨胀，从温度效应及制冷量来看，等熵膨胀比节流膨胀要有效得多。除此之外，等熵膨胀还可以回收膨胀功，因而可提高循环的经济性。

以上仅是对两个过程从理论方面进行的比较，在实用方面还有如下一些因素要考虑：①节流过程用节流阀，结构比较简单，也便于调节，等熵膨胀则需要膨胀机，结构复杂，且活塞式膨胀机还有带油的问题；②在膨胀机中不可能实现等熵膨胀过程，因而实际上能得到的温度效应及制冷量比理论值要小，如图 3-37 中的 $1—3'$ 所示，这就使等熵膨胀过程的优点有所减色；③节流阀可以在气液两相区内工作，即节流阀出口允许有很大的带液量，但两相膨胀机的带液量还是要求小；④初温越低，节流与等熵膨胀的差别越小，应用节流较有利。因此，节流和等熵膨胀这两个过程在低温装置中都有应用，它们的选择需要依具体条件而定。

3.6　绝热放气过程及其分析

绝热放气过程，假定放气缓慢，热力学系统在每一瞬间都处于平衡状态，即认为是准静态过程。由此推导出

$$T_2 = T_1 \left(\frac{p_2}{p_1} \right)^{\frac{k-1}{k}}$$

$$m_2 = m_1 \left(\frac{p_2}{p_1} \right)^{\frac{1}{k}}$$

这与做外功的等熵膨胀无异。但实际上前者是不可逆过程，而后者是可逆过程。对于绝热放气过程，可作如下分析：如图 3-38 所示，设有一个容器，内充高压气体，状态参数为 p_1、T_1。设有一活塞将气体分成两部分，右侧部分在放气过程中全部放出，左侧部分在放气结束后将占据整个容器，且压力降低到 p_2，温度降低到 T_2。如果放气过程进行得很慢，活塞左侧的气体始终处于平衡状态，将按等熵过程膨胀，初、终两态的压力和温度将符合上式所表示的关系。在

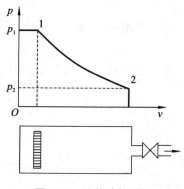

图 3-38　绝热放气过程

这种情况下，活塞左侧气体所做的功是按其本身的压力计算，因而所做的外功最大，温降也最大。

但是，这样的理想状态实际上是不可能达到的，它只是理论上可以设想的极限情况。现在再来考察另一种极限情况，设想在阀门打开后活塞右侧的气体立即从 p_1 降到 p_2，因而当活塞左侧的气体膨胀时只针对一个恒定不变的压力 p_2 做功，1 kg 气体所做的功为

$$w = p_2(v_2 - v_1)$$

因此气体内能的变化为

$$\Delta u = u_2 - u_1 = -w = -p_2(v_2 - v_1) \tag{3-90}$$

若为理想气体，$u_2 - u_1 = c_V(T_2 - T_1)$，$pv = RT$，$c_V = \dfrac{R}{k-1}$，将这些关系式代入上式，并化简后得

$$\frac{T_2}{T_1} = \frac{k-1}{k}\frac{p_2}{p_1} + \frac{1}{k} \tag{3-91}$$

及

$$\Delta T = T_2 - T_1 = -\frac{k-1}{k}T_1\left(1 - \frac{p_2}{p_1}\right) \tag{3-92}$$

将 $u_1 = h_1 - p_1v_1$，$u_2 = h_2 - p_2v_2$ 代入式(3-90)，得气体的焓降

$$-\Delta h = h_1 - h_2 = p_1v_1\left(1 - \frac{p_2}{p_1}\right) = RT_1\left(1 - \frac{p_2}{p_1}\right) \tag{3-93}$$

设放气前容器内的气量为 $m_1 = \dfrac{p_1V}{RT_1}$，放气后容器内残存的气量为 $m_2 = \dfrac{p_2V}{RT_2}$，则可求得

$$\frac{m_2}{m_1} = \frac{p_2}{p_1}\frac{T_1}{T_2} = \frac{p_2}{p_1}\frac{1}{\dfrac{k-1}{k}\dfrac{p_2}{p_1} + \dfrac{1}{k}} = \frac{1}{1 + \dfrac{1}{k}\left(\dfrac{p_1}{p_2} - 1\right)} \tag{3-94}$$

及

$$\Delta m = m_1 - m_2 = \frac{p_1V}{RT_1} - \frac{p_2V}{RT_2}$$

将式(3-91)代入上式，化简后得

$$\Delta m = \frac{V}{kRT_2}(p_1 - p_2) \tag{3-95}$$

在这一极限情况下活塞左侧气体所做的功为最小值，因而按式(3-92)计算的温差必然是最小温差。

上述两种情况下温度与压力的变化关系(以工质氮为例)如图 3-39 所示。实际的放气过程总是介于上述两种极限情况之间，因而它的温度比也将在图 3-39 中两条曲线之间。过程进行得越慢，越接近等熵膨胀过程。通过上述两种极限情况的分析，可以得出下列两点结论：①气体的绝热指数 k 越大，温度比 T_2/T_1(当 p_2/p_1 一定时)就越小，因此用单原子气体可以得到比较大的温降；②随着放气压力比 p_2/p_1 的增大，温度比 T_2/T_1 减小得愈来愈缓慢，因此从经济性考虑，单级放气压力比不宜过大，一般为 3～5。

例 3-2　设空气的初温 $T_1 = 300$ K，初压 $p_1 = 2 \times 10^4$ kPa，终压 $p_2 = 5 \times 10^2$ kPa，求在下列三种情况下空气的温降：

（1）节流膨胀；

（2）在膨胀机内的等熵膨胀；

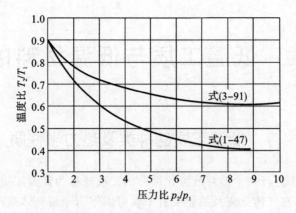

图 3-39　放气过程中温度与压力关系

（3）绝热放气。

解　（1）查空气的 T-s 图，当节流膨胀时空气的温降为 33 K，即终温为 267 K（−6 ℃）。

（2）查空气的 T-s 图，当空气在膨胀机内等熵膨胀时，其温降为 200 K，即膨胀机的排气温度为 100 K（−173 ℃）。若膨胀机的绝热效率为 $\eta_s = 0.7$，则实际温降为 140 K，排气温度为 $T_2 = 160$ K（−113 ℃）。

（3）利用式（3-92）可以求出空气绝热放气时的最小温降，即

$$-\Delta T = \frac{k-1}{k} T_1 \left(1 - \frac{p_2}{p_1}\right) = \frac{1.4-1}{1.4} \times 300 \left(1 - \frac{5 \times 10^2}{2 \times 10^4}\right) \text{K} = 83.5 \text{ K}$$

即空气的终温为 216.5 K（−56.5 ℃）。

从此例可看出，在相同条件下气体绝热放气的温降比节流膨胀的温降大得多，但比在膨胀机内等熵膨胀的温降要小。无论气体最初参数取何值，绝热放气和在膨胀机内等熵膨胀一样，总是使气体温度降低，而节流膨胀就不一样，仅当气体初温低于上转化温度时才可以降温。

按绝热放气原理工作的制冷机虽然热效率不高，降温效果不如膨胀机，但由于具有结构简单、运转可靠等优点，已得到实际应用。

第4章　低温工质与低温材料的性质

4.1　低温工质的种类及热力学性质

在低温技术中用于进行制冷循环或液化循环的工质通称为低温工质。它们在封闭式制冷系统中用作制冷工质,在气体分离及液化装置中既可以作为原料气体或产品气体,也可以起制冷工质的作用。低温工质液化后可以作为低温制冷剂。

凡标准沸点低于 120 K(美国认为是 150 K)的单质或化合物以及它们的混合物原则上均可用作低温工质。低温技术中最常用的低温工质有空气、氧、氮、氖、氦、氢、甲烷等。表 4-1 列举了常用低温工质的基本热物理性质。

表 4-1　常用低温工质的基本热物理性质

项　　目	相对分子质量	气体常数	沸点	熔点	临界温度	临界压力	三相点温度	三相点压力	固体密度	饱和液体密度	饱和蒸气密度	密度(标况)	汽化热	熔化热
符号	M	R	T_b	T_m	T_{cr}	p_{cr}	T_{tr}	p_{tr}	ρ_s	ρ_l	ρ_v	ρ_0	r_v	r_m
单位		kJ/(kg·K)	K	K	K	MPa	K	kPa	kg/m³	kg/m³	kg/m³	kg/m³	kJ/kg	kJ/kg
甲烷(CH_4)	16.04	0.518341	111.7	90.7	191.06	4.64	90.66	11.6676	500	424.5	1.8	0.7167	509.54	58.6
氧(O_2)	32.00	0.259818	90.188	54.4	154.78	5.107	54.361	0.152	1400	1142	4.8	1.4289	212.76	13.95
氩(Ar)	39.944	0.208146	87.29	83.85	150.72	4.864	83.81	68.92	1624	1400	5.7	1.785	163.02	29.55
空气	28.966	0.2870033	78.9		132.55	3.769				873	4.48	1.2928	205.5	
氮(N_2)	28.016	0.296766	77.36	63.2	126.26	3.398	63.15	12.5357	947	808	4.61	1.2506	199	25.8
氖(Ne)	20.183	0.41194	27.108	24.6	44.45	2.721	24.56	43.3075	1400	1204	4.8	0.9004	85.7	16.62
氢(H_2)(n 指正常氢,e 指平衡氢)	2.016	4.1241	20.39(n) 20.28(e)	13.96	33.24(n) 32.9(e)	1.297(n) 1.287(e)	13.95(n) 13.81(e)	7.2006(n) 7.0406(e)	86.7	70.8	1.34	0.0899	447	58.7
氦(^{4}He)	4.003	2.076989	4.224		5.2014	0.2275			190	125	15.5	0.1785	20.8	5.7
氦(^{3}He)	3.016	2.7800	3.191		3.324	0.1165			143	60	22	0.1345	8.5	
氪(Kr)	83.80	0.099215	119.8	115.95	209.4	5.51	115.76	73.6	2900	2413	8.95	3.745	107.5	19.55
氙(Xe)	131.30	0.063322	165.05	161.35	289.75	5.88	161.37	81.6	3540	3057		5.85	96.2	17.62

低温工质在常温、低温下均为气态。因为具有低的临界温度,所以较难液化。当压力不很高(和常压相比)时,低温工质所处的状态离两相区仍较远,比容仍较大,因而可近似当作理想气体。

低温技术研究和应用中最常用到的液态低温工质(如液氧、液氮、液氢、液氖等)的性质也将着重讨论。

4.2 氢 的 性 质

1. 氢的构成及热物理性质

氢有三种同位素:相对原子质量为 1 的氕(符号 H);相对原子质量为 2 的氘(符号 D);相对原子质量为 3 的氚(符号 T)。氕(通常称氢)和氘(亦称重氢)是稳定的同位素,氚则是一种放射性同位素,半衰期为 12.26 年。氚放出 β 射线后转变成 ^{3}He。氚是极稀有的,在 10^{18} 个氢原子中只含有 0.4~67 个氚原子,所以自然氢中绝大部分是氕(H)和氘(D),它们的含量比约为 6400:1。由于氢的来源不同,比值会略有变化。无论是哪种方法获得的氢,其中氕的含量高达 99.984%,氘含量的范围为 0.013%~0.016%。事实上,因为氢是双原子气体,所以绝大多数的氘原子都是和氕原子结合在一起形成 HD。分子状态的氘(D_2)在自然氢中几乎不存在。因此,普通的氢实际上是 H_2 和 HD 的混合物,HD 在混合物里的含量在 0.026%~0.032%。

在通常状况下,氢是无色无味的气体,极难溶解于水。氢是所有气体中最轻的,标准状态下的密度为 0.0899 kg/m^3,只有空气密度的 1/14.38。在所有的气体中,氢的比热容最大,导热率最高,黏度最低。氢分子以超过任何其他分子的速度运动,因此氢具有最高的扩散能力。它能穿过极小的空隙,甚至能透过一些金属,如钯(Pd)从 240 ℃开始便可被氢渗透。

氢的转化温度比室温低得多,其最高转化温度约为 204 K,因此,必须把氢预冷到该温度以下再节流膨胀,才能产生冷效应。

氢气也是一种易燃易爆的物质。氢气在氧气或空气中燃烧时产生几乎无色的火焰,且传播速度很快,达 2.7 m/s;着火能很低,为 0.2 MJ。在大气压力及 293 K 时,氢气与空气混合物的燃烧浓度范围是 4%~75%(体积分数);当混合物中氢气的浓度为 18%~65%时特别容易引起爆炸。因此进行液氢操作时需特别小心,而且对液氢纯度须进行严格的检测与控制。

氢不仅在低温技术中可以用作工质,或者液化之后作为低温冷却剂,而且是比较理想的清洁能源。在火箭技术中氢被用作推进剂,氘可以满足核动力的需要。当前各国正在进行氢同位素的可控核聚变研究以解决能源问题。

2. 氢的正-仲态转化

由双原子构成的氢分子(H_2)内,两个氢原子核自旋方向不同,存在着正、仲两种状态。正氢(o-H_2)的原子核自旋方向相同,仲氢(p-H_2)的原子核自旋方向相反。正、仲态的平衡组成与温度有关。表 4-2 列出了不同温度下平衡状态的氢(称为平衡氢,用符号 e-H_2 表示)中仲氢的浓度。

表 4-2 不同温度下平衡氢中仲氢的浓度

温度/K	20	30	40	80	100	150	273	300
平衡氢中仲氢的浓度(体积分数)/(%)	99.82	96.98	88.61	48.329	38.51	28.54	25.13	25.00

在常温下,平衡氢是 75%正氢和 25%仲氢的混合物,称为正常氢,用符号 n-H_2 表示。高于常温时,正-仲态的平衡组成不变;低于常温时,正-仲态的平衡组成将发生变化。温度降低,仲氢所占的比例增加。如在液氢的标准沸点时,氢的平衡组成为 0.20%正氢和 99.80%仲氢,

实际应用中则可按全部为仲氢处理。

在一定条件下,正氢可以转变为仲氢,这就是通常所说的正-仲态转化。在气态时,正-仲态转化只能在有催化剂的情况下发生;液态氢则在没有催化剂的情况下也会自发地发生正-仲态转化,但转化速率很缓慢。比如液化的正常氢最初具有原来的气态氢的组成,但是仲氢所占的比例 $x_{p\text{-}H_2}$ 将随时间增加而增大,可按下式近似计算:

$$x_{p\text{-}H_2} \approx (0.25 + 0.00855\tau)/(1 + 0.00855\tau) \tag{4-1}$$

式中,τ 为时间(h)。若时间为 100 h,$x_{p\text{-}H_2}$ 将增大到 59.5%。

氢的正-仲态转化是一个放热反应,转化过程中放出的热量和转化时的温度有关。不同温度下正-仲氢的转化热见表 4-3。由表 4-3 知,氢的正-仲态转化热随温度升高而迅速减小。在低温($T < 60$ K)时,转化热实际上几乎保持恒定,约等于 1417 kJ/kmol。转化热的数据来源不同时会有所差别。

表 4-3　氢正-仲态转化时的转化热

温度/K	转化热/(kJ/kmol)	温度/K	转化热/(kJ/kmol)
10	1417.85	60	1417.53
20	1417.86	80.3	1382.33
20.39	1417.85	100	1295.56
30	1417.85	150	867.38
40	1417.79	200	440.45
50	1417.06	300	74.148

正常氢转化成相同温度下的平衡氢所释放的热量见表 4-4。由表 4-4 可见,液态正常氢转化时放出的热量超过汽化潜热(447 kJ/kg),所以在一个理想的绝热容器中进行正-仲态转化期间,储存的液态正常氢也会发生汽化。在起始的 24 h 内约 18% 的液氢要蒸发损失掉,100 h 后损失将超过 40%。为了减少液氢在储存中的蒸发损失,通常是在液氢生产过程中采用固态催化剂来加速正-仲态转化反应。最常用的固态催化剂有活性炭、金属氧化物、氢氧化铁、镍、铬或锰等。催化转化过程一般在几个不同的温度级进行,如 65~80 K、20 K 等。

表 4-4　正常氢转化成平衡氢时的转化热

温度/K	转化热/(kJ/kg)	温度/K	转化热/(kJ/kg)
15	527	100	88.3
20.39	525	125	37.5
30	506	150	15.1
50	364	175	5.7
60	285	200	2.06
70	216	250	0.23
75	185		

如果使液态仲氢蒸发或对其加热,即使温度超过 300 K,它仍将长时间地保持仲氢态。欲使仲氢重新回到平衡组成,在存在催化剂(镍、钨、铂等)的情况下,需要加热到 1000 K。在标准状态下,正常氢的沸点是 20.39 K,凝固点是 13.95 K,平衡氢的沸点是 20.38 K,凝固点是

13.81 K。平衡氢的蒸气压由相关图表查得。

3. 液态氢的性质

由于氢是以正、仲两种状态共存,故氢的性质要视其混合比而定。正氢和仲氢的许多物理性质有所不同,尤其是密度、汽化热、熔化热、液态的导热率及音速。不过这些差别较小,在工程计算中可以忽略不计。但在 80～250 K 温度区间内,仲氢的比热容及导热率分别超过正氢将近 20%。如用蒸气压来决定温度,对平衡氢和正常氢而言,前者比后者要高 0.1 K。因此精确测定时,必须首先确定它的组分。在低温下由于分子间核自旋的相互作用,即使没有催化剂,其组分也要缓慢地发生变化(每小时约 20%),故必须加以注意。

当氢用泵减压降温时,在三相点简单固化。固态氢是无色透明体,其晶格构造,当正氢的浓度高时为六方密排型(HCP 结构),当正氢的浓度低时则为面心立方型(FCC 结

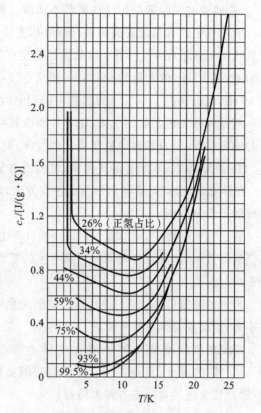

图 4-1　固态氢的比热容

构)。固态氢的比热容如图 4-1 所示,在低温时有锋利的尖峰存在,当正氢浓度降低时,这个峰值向低温侧移动,当浓度为 60% 以下时,则已无法观测。这个峰值是由六方密排型向面心立方型转移时,伴随着结构变化而发生的。

在使用氢时应当注意,当氧或空气进入氢中,则此混合物一遇火就发生爆炸。纯氢并不会爆炸,燃爆与混合物组分的上、下限有关。例如,在长管中燃爆时,其上限与管的长度有关,而下限约为 20% 的氢。一般地讲,其上限为 99% 的氢。但若有氩气等惰性气体存在,其燃爆的幅度就较为狭小。在使用液态氢时,房间内应具有较好的通风条件,并将暂不使用的液态氢置于其他地方。室内的电气设备均应采用防爆结构。

4. 液态氘

氢的同位素有氘(重氢)、氚。这两种同位素虽然不大会作为制冷剂使用,但为便于参考,将其性质略述几点。通常重氢(D_2)虽然含有 66.67% 的正氢,其沸点为 23.57 K,凝固点为 18.72 K。氚的沸点为 24.92 K,凝固点为 20.27 K。

4.3　氦的性质

1. 氦的一般性质

氦(He)由相对原子质量为 4.003 的 ^{4}He 和相对原子质量为 3.016 的 ^{3}He 两种稳定同位

素组成,这两种同位素的化学性质都不活泼。氦在空气中的含量只有 5.24×10^{-6}。

天然气中的含氦量要高得多,国外(如美国)有的天然气中氦的最高含量可达 8%,但多数天然气的氦含量在 1% 以下。目前世界氦生产量的 94% 是从天然气中提取的。从天然气分离出的氦,其中 ^{3}He 的含量约占 $1/10^7$;而从空气中分离提取的氦,其中 ^{3}He 的含量比天然气中约大 10 倍,但也只占 $1/10^6$。因此,通常讲到氦时,主要是指 ^{4}He。

氦是一种无色无味的气体,化学性质极其稳定,一般情况下不与任何元素化合。氦具有很低的临界温度,是自然界中最难液化的气体;氦的转化温度也很低,^{4}He 的最高转化温度约 46 K,^{3}He 约为 39 K;在所有的气体中,氦的沸点最低,^{4}He 的标准沸点是 4.224 K,^{3}He 是 3.191 K。在具有高比热容、高导热率及低密度方面,氦气仅次于氢气,加之它不活泼,所以氦是一种极好的低温制冷剂。

在已知的气体中,唯有氦气(^{3}He 和 ^{4}He)在压力低于 2500 kPa、温度降低到接近绝对零度时仍保持液态,这种异常现象同它具有大的零点能有关。例如,^{4}He 的零点能超过其蒸发热的 2 倍。

普通的液氦(^{4}He)是一种容易流动的无色液体,表面张力极小,它的折射率(1.02)和气体差不多,因此液氦面不易看见。

液氦的汽化潜热比其他液化气体小得多,在标准大气压下,^{4}He 的汽化潜热为 20.8 kJ/kg,^{3}He 为 8.5 kJ/kg,因此,仅仅利用液氦汽化的冷量很不经济。另外,由于液氦极易汽化,因此需要绝热良好的容器来储存。

氦的两种同位素的相平衡特性是不相同的,它们的相图如图 4-2 和图 4-3 所示。图上各特性点列于表 4-5 中。两图中的虚线(即 $\beta=0$ 的线)将体积膨胀温度系数 β 分隔成正值($\beta>0$)和负值($\beta<0$)两个区域。在 $\beta>0$ 的区域,液氦加热时体积膨胀;在 $\beta<0$ 的区域,液氦加热时体积收缩。

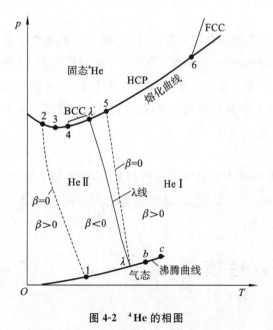

图 4-2 ^{4}He 的相图

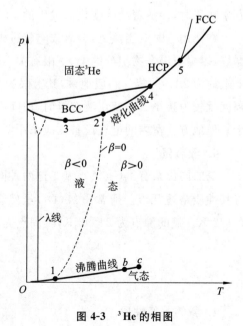

图 4-3 ^{3}He 的相图

表 4-5 ^{4}He 和 ^{3}He 相图上的特性点

^{4}He 的特性点	温度/K	压力/MPa	^{3}He 的特性点	温度/K	压力/MPa
c(临界点)	5.2014	0.2275	c(临界点)	3.324	0.1165
λ(下 λ 点)	2.172	5.036	λ 线	约 0.003	
λ'(上 λ 点)	1.763	3.0134	b(标准沸点)	3.191	0.101325
b(标准沸点)	4.224	0.101325	1($\beta=0$)	0.502	2.736×10^{-5}
1($\beta=0$)	1.14	7.093×10^{-5}	2($\beta=0$)	1.26	4.7623
2($\beta=0$)	0.59	2.5331	3($p=p_{\min}$)	0.32	2.9303
3($p=p_{\min}$)	0.775	2.5291	4(液态 ^{3}He、BCC 与 HCP 平衡状态)	3.138	13.7234
4(HeⅡ、BCC 与 HCP 平衡状态)	1.463	2.6273	5(液态 ^{3}He、FCC 与 HCP 平衡状态)	17.78	162.93
5($\beta=0$)	1.8	3.1309			
6(HeⅠ、FCC 与 HCP 平衡状态)	14.9	106.3912			

由图 4-2 可见，^{4}He 相图在形式上与已知的任何其他物质在许多方面都不相同。首先，温度降到接近绝对零度，液态 ^{4}He 在其本身的蒸气压力下也不凝固。^{4}He 没有升华平衡曲线，其固态和气态之间隔着很宽的液态区，这意味着在任何情况下固态和气态都不可能共处于平衡状态，所以 ^{4}He 没有三种聚集态共存的三相点。另一独特的特性是 ^{4}He 存在两个性质显著不同的液相：液氦Ⅰ（HeⅠ）和液氦Ⅱ（HeⅡ）。将两个液相分开的过渡曲线称为 λ 线。在 λ 线右边，氦是像任何液体一样的正常状态（有黏性），称为 HeⅠ；在 λ 线左边，氦是一种性质独特的具有超流动性的液体，称为 HeⅡ。λ 线与沸腾曲线的交点称为 λ 点，其温度为 2.172 K，压力为 5036 kPa。当压力增大时，λ 点向温度降低的方向移动，形成 λ 线。λ 线与熔化曲线相交于 λ' 点，该点温度为 1.763 K，压力为 3013.4 kPa。这样，^{4}He 相图的液化区被 λ 线分成 HeⅠ 和 HeⅡ 两个区域。从 HeⅠ 变化到 HeⅡ 称为 λ 转变（或 λ 相变）。λ 点和 λ 相变的名称一样，来源于 ^{4}He 饱和液化的比热容曲线（见图 4-2）像希腊字母"λ"的形状。

在 λ 点温度下呈现的两种液相间的转变是一种高阶相变。转变时没有潜热的放出或吸收，容积和熵值没有变化。在 λ 点附近密度曲线具有平稳的峰值，无急剧的变化，见图 4-4，但伴有液氦（HeⅡ）比热容的突变，见图 4-5。

HeⅡ 具有其他液体所没有的特性，即超流性。HeⅡ 可看作具有正常黏度的正常流体和黏度为零的超流体的混合物。正常流体与超流体的比例取决于温度，如图 4-6 所示。

图中 ρ_n 是正常流体的密度，ρ_s 是超流体的密度，ρ 是 HeⅡ 的密度。在 λ 点上，全部流体都是正常态的，$\rho_n/\rho=1$；而在 0 K 时，全部流体都是超流体，$\rho_s/\rho=1$。超流体实际上没有黏度，所以 HeⅡ 的总黏度随温度降低而减小。超流体可以无阻碍地通过极细的狭缝和小孔，并在和任何固体表面接触时形成一层薄膜（其厚度约为 2×10^{-5} mm），此液膜能够相当快地蠕动到整个固体表面。HeⅡ 的这种蠕动薄膜现象造成用抽真空方法难以使液氦（^{4}He）达到很低的压力，负压汽化 ^{4}He 所能获得的温度极限不低于 0.5 K。此外，HeⅡ 还具有喷泉效应（或称热-机械效应）、传递热波（即第二声波）以及在 HeⅡ 和固体表面间存在着额外的界面热阻（卡皮查热阻）等异常特性。

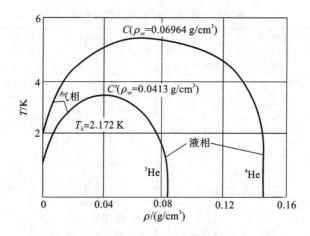

图 4-4 沿两相区边界曲线 ^{4}He 与 ^{3}He 密度变化

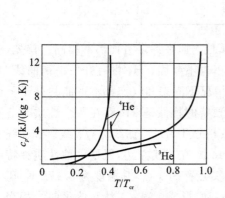

图 4-5 ^{4}He、^{3}He 液体比热容与 T/T_{cr} 关系

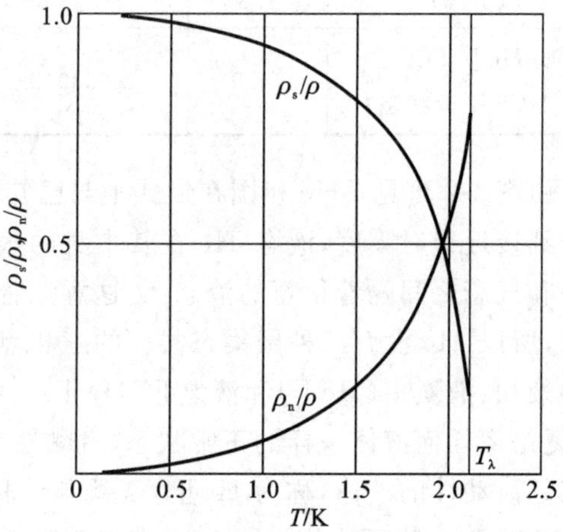

图 4-6 HeⅡ 正常流体与超流体密度比值与温度关系

氦凝固时变成一种无色、透明的柔软结晶,这时液相和固相之间几乎看不到分界面。无论固态 ^{4}He 或固态 ^{3}He,都存在三种结晶异形体:细密排列六角形(HCP)结晶、面心立方(FCC)结晶与体心立方(BCC)结晶。在通常条件下,固态 ^{4}He 具有 HCP 晶格结构,但在高温高压下就变成 FCC 晶格结构。而在一个很狭窄的温度、压力范围内则具有 BCC 晶体结构。

由图 4-3 可见,^{3}He 的相图与 ^{4}He 的相图基本上相似。^{3}He 的液相可一直延伸到绝对零度,压力低于 $2.93×10^3$ kPa 时,无论怎样冷却 ^{3}He 都不会凝固;^{3}He 也不存在三相点,但现已发现 ^{3}He 在大约 0.003 K 时存在 λ 相变。^{3}He 的熔化曲线具有反常的特性,当温度低于 0.32 K 时,^{3}He 的固-液相平衡系统的温度随压力增加而降低,其熔化曲线的斜率变为负值。熔化曲线的这一特异形状,构成 ^{3}He 绝热凝固制冷的基础。同 ^{4}He 相比,^{3}He 沸点低、蒸气压高,在 0.003 K 以上的温度下不显示超流动性,因此在同样的条件下减压,^{3}He 液体能获得更低温度(约 0.2 K)。固态 ^{3}He 在通常情况下为 BCC 晶格结构,在压力较高时为 HCP 晶格结构,进一步增高压力和温度则变成 FCC 晶格结构。其主要物性数据见表 4-6。

表 4-6 ^{3}He 和 ^{4}He 的主要物性数据

项 目	^{4}He	^{3}He
相对分子质量	4.003	3.016
气体常数/[kJ/(kg·K)]	2.077	2.7800
标准沸点/K	4.224	3.191
标准沸点的汽化潜热/(kJ/kg)	20.8	8.5
标准状况密度/(kg/m³)	0.1785	0.1345
临界温度/K	5.2014	3.324
临界压力/kPa	227.5	116.5
临界密度/(kg/m³)	69	41
转化温度/K	46	约 39

由表 4-6 可看出，^{3}He 和 ^{4}He 的主要物性数据相差较大，因而两者性质是相去甚远的。与 ^{4}He 相比较，^{3}He 具有更低的标准沸点和临界温度。

2. 氦的气液相变

氦是最难液化的气体，直到 1908 年卡墨林·昂奈斯才在荷兰莱顿大学的实验室中第一次得到液氦。氦分子间的作用力（也称范德华力）比其他物质要小，因而氦比其他物质更难液化和固化。在所有的物质中，氦的液化温度是最低的，而且只有预冷到很低的温度（达到转化温度以下）才有可能通过压缩和节流的方法使之液化。与其他物质一样，氦的气液相变属一阶相变，因而服从克拉伯龙-克劳修斯方程。由实验建立的气液相变时氦的饱和蒸气压力方程如下（压力的单位是 kPa）：

He

$$\lg p = 1.322 - \frac{3.018}{T} + 2.484\lg T - 0.00297T^4 \quad (T<2.19\ \text{K})$$

$$\lg p = 2.7979 - \frac{4.7921}{T} + 0.00783T + 0.017601T^2 \quad (2.19\ \text{K} \leqslant T < 4.22\ \text{K})$$

$$\lg p = 3.854 - \frac{7.978}{T} - \frac{0.13628}{T^2} + \frac{4.3634}{T^3} \quad (4.22\ \text{K} \leqslant T < T_{cr}) \tag{4-2}$$

^{4}He

$$\lg p = I - \frac{A}{B} + B\ln T + \frac{1}{2}CT^2 - D\left(\frac{\alpha\beta}{\beta^2+1} - \frac{1}{T}\right)\arctan(\alpha T - \beta) \tag{4-3}$$

其中　　　　$I = 3.7451, \quad A = 6.399, \quad B = 2.541, \quad C = 0.00612, \quad D = 0.5197$

$$\alpha = 7, \quad \beta = 14.14$$

^{3}He

$$\ln p = 6.2616 - \frac{2.52608}{T} - \ln T - 0.20046T + 0.08183T^2 - 0.0085T^3 \quad (0.45\ \text{K} \leqslant T < 1\ \text{K})$$

$$\lg p = 1.04082 - \frac{0.97796}{T} + 2.5\lg T + 0.000302T^3 \quad (1\ \text{K} \leqslant T < 3.35\ \text{K}) \tag{4-4}$$

在某些温度下氦的饱和蒸气压力（kPa）见表 4-7。

表 4-7 氦的饱和蒸气压力

T/K	^{4}He 的饱和蒸气压力/kPa	^{3}He 的饱和蒸气压力/kPa
0.2		1.613×10^{-6}
0.3		2.502×10^{-4}
0.4		3.748×10^{-8}
0.5	2.178×10^{-6}	2.122×10^{-2}
1.0	1.600×10^{-2}	1.179
1.5	0.4798	6.776
2.0	3.169	20.146
3.0	24.274	82.379
4.0	82.197	

由表 4-7 可知,在同一温度下 ^{3}He 的饱和蒸气压力比 ^{4}He 高得多,而且温度越低,这种情况越明显。例如,在 2 K 时 ^{3}He 的饱和蒸气压力约为 ^{4}He 饱和蒸气压力的 6.3 倍,而在 1 K 时约为 73.7 倍,0.5 K 时则近乎 10000 倍。因此,当用抽气方法制冷时,用 ^{3}He 作为工质比用 ^{4}He 更有效;当保持同一温度时,用 ^{3}He 只需达到较低的真空度,而用 ^{4}He 则需保持较高的真空度;当保持同样的压力(或真空度)时,用 ^{3}He 可以得到更低的温度。

4.4 材料的低温机械性能

了解材料在任何系统中的性质和表现对于一个工程设计人员来说是很重要的。在某些情况(如弹性系数的测量)下,把在室温下观察到的物性推广到低温领域中去,用这种方法能得到可接受的精度。但是,有许多重要的性质只有在低温时才表现出来,这些性质包括比热容的消失、超导和碳钢的塑-脆性转变等。这些性质不能通过室温时的性质推出。

1. 屈服强度和极限强度

许多材料在拉伸实验中,当应力增加时,其应变增大。但当应力增加到某一定值时,应变会随应力增加而急剧上升。该特定应力值被定义为材料的屈服强度(σ_y)。对另一些材料,在应变-应力曲线中不存在该特定应力,这时屈服强度被定义为:在拉伸实验中使材料发生永久变形 0.2%(有时是 0.1%)所需的应力。

材料的极限强度(σ_u)定义为:在拉伸实验中加在材料上的最大的标称应力值。图 4-7 和图 4-8 给出了一些材料的屈服强度和极限强度随温度变化的情况。许多工程材料都是合金,即由几种不同尺寸原子的合金材料加入基体材料中而构成,如碳加入铁中形成碳钢。如果合金元素的原子小于基体材料的原子,那么较小的原子会迁移到金属中的位错区域。小原子在该区域的出现具有"钉扎效应",会使位错更难移动。当应力大到足以使许多原子的位错离开其本身所在氛围时,屈服现象才发生。正是由于材料内许多的位错移动,材料才表现出塑性变形或屈服。

当温度降低时,材料中原子的振动减弱。由于原子热扰动减弱,因此需要更大的力才能将位错从合金中撕开。由以上原因可推知,当温度下降时,合金材料的屈服强度增加。这一结论已被证明对大部分材料均适合。

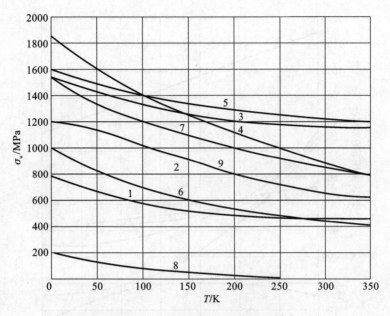

图 4-7　几种工程材料的极限强度

1—2024-T4 铝；2—铍青铜；3—K 蒙乃尔合金；4—钛；

5—304 不锈钢；6—C1020 碳钢；7—9 镍钢；8—特氟隆；9—Invar-36 合金

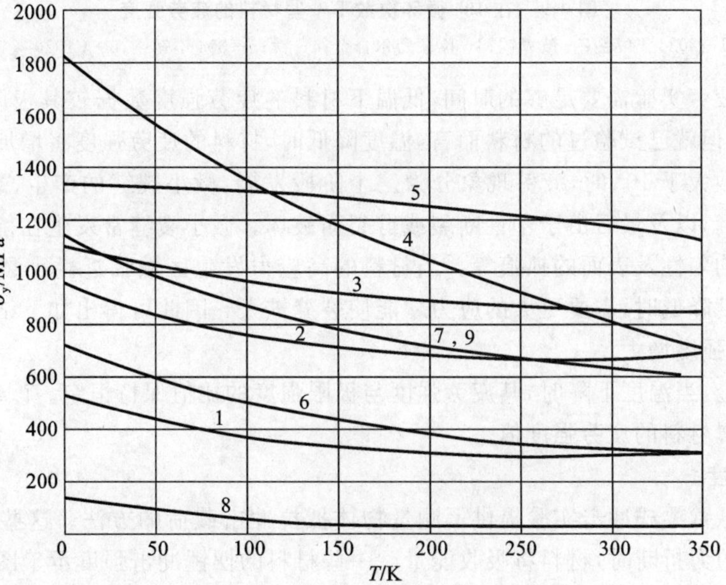

图 4-8　几种工程材料的屈服强度

1—2024-T4 铝；2—铍青铜；3—K 蒙乃尔合金；4—钛；

5—304 不锈钢；6—C1020 碳钢；7—9 镍钢；8—特氟隆；9—Invar-36 合金

2. 疲劳强度

　　有许多方法可表征材料对应力的承受情况随时间的变化，但常用的方法还是简单的弯曲实验。在某一给定的次数下，材料发生破损所需的应力称为疲劳强度（σ_f）。某些材料（如碳钢、铝-镁合金），当所加应力小于某一值时，就永远不会发生疲劳现象，这一特定值称为持久极限（σ_0）。在 10^6 循环次数下，一些材料的疲劳强度随温度的变化情况见图 4-9。

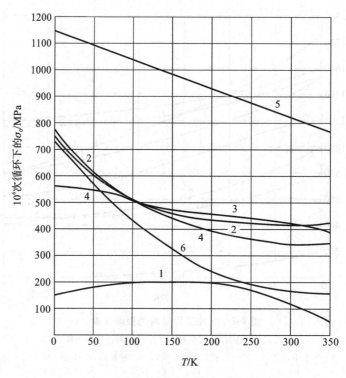

图 4-9 在 10^6 循环次数下一些材料的疲劳强度

1—2024-T4 铝；2—铍青铜；3—K 蒙乃尔合金；4—钛；5—304 不锈钢；6—C1020 碳钢

由于完成疲劳实验需要足够的时间,低温下材料的疲劳强度数据较其极限强度和屈服强度数据少一些,但就已试验过的材料而言,温度降低时,材料的疲劳强度将增加。

当弯曲次数大于 10^6 时,疲劳现象分为三个阶段发展:微小裂缝的产生、裂缝的扩大以至于形成临界裂缝,以及最后由于塑性断裂或劈裂而破坏。微小裂缝常发生在待测物的表面,如由于成型的不均匀性及表面的抓痕等。当材料的高应力发生区域临近微小裂缝处时,裂缝就开始扩大。温度降低时,需要更大的应力才能使裂缝扩大。因此可得出如下结论:当温度降低时,材料的疲劳强度增大。

对于铝合金,当温度下降时,其疲劳强度与极限强度的比值保持恒定。该事实可用来估计低温下有色金属材料的疲劳强度值。

3. 冲击强度

摆锤式和悬臂梁式冲击实验提供了测量物体抵抗冲击载荷的方法。这些实验表明:当材料被突然加上的力折断时,材料将吸收能量。一些材料的摆锤冲击强度示于图 4-10 中。

一些材料会发生塑-脆性转变,如碳钢,当从室温降至 78 K 时,它的冲击强度将急剧下降。抗冲击性的表现好坏大部分取决于材料的晶体结构。面心立方晶格材料具有许多滑移面,因此它比体心立方晶格材料更易形成塑性变形。并且,在面心立方结构中,材料填隙杂质原子将只与位错的边缘作用并阻止滑移,但在体心立方结构中,边界和螺旋位错将起到"钉扎"作用。具有面心立方晶格和六方晶格的金属在冲击实验中将由于塑性永久变形而断裂(因而在断裂前会吸收大量的能量),并且当温度下降时,会保持这种抗冲击能力;具有体心立方晶格的金属,在达到一定温度时,由于劈裂而发生折断(因而它只吸收了少量的能量),因此这些材料在低温时会变得很脆。许多塑料和橡胶材料在被冷到某一转变温度以下时,也会变脆,只有聚四

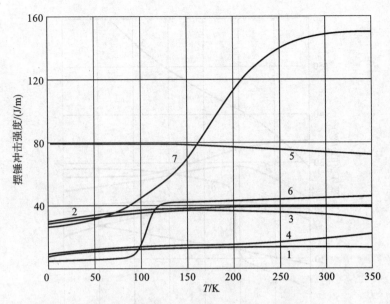

图 4-10　低温下一些材料的摆锤冲击强度

1—2024-T4 铝;2—铍青铜;3—K 蒙乃尔合金;
4—钛;5—304 不锈钢;6—C1020 碳钢;7—9 镍钢

氟乙烯和聚三氟氯化乙烯聚合体例外。

4. 硬度和延展性

材料延展性可用试件在简单拉伸实验中被拉断时的伸长率或截面积减小率来表示。

脆性材料和塑性材料的分界是 5% 的伸长率或 0.05 cm/cm 的应变。伸长率超过该值的是塑性材料,小于该值的是脆性材料。图 4-11 所示为一些材料的延展性与温度的关系,图中 δ 为伸长率。

对低温下的无塑-脆性转变现象的材料来说,延展性随温度下降而上升。碳钢有低温塑-脆性转变,转变时伸长率(δ)从 25%~30% 降至 2%~3%。显然,在延展性重要的场合,这些材料不应在低温下使用。

金属材料的硬度可用标准硬度实验压头在材料表面的刻痕来测量。常用硬度实验压头包括 Brinell 球印压头、Vickers 钻石压头和 Rockwell 加载压头。总之,这些方法测得的金属硬度与材料极限强度成正比,因此硬度随温度的降低而增大。

5. 弹性模量

常用的弹性模量有三种:①杨氏模量 E,即等温时在弹性限度内拉伸应力的变化量与拉伸应变的变化量的比值;②剪切模量 G,即等温时在弹性限度内剪切应力的变化量与剪切应变的变化量之比值;③体模量 B,即等温时压力变化量与体积变化量的比值。如果材料各向同性,这三个模量可用泊松比 ν 联系起来,ν 是所加应力垂直方向上的应变与所加应力平行方向上的应变之比,即

$$B = \frac{E}{3(1 - 2\nu)} \tag{4-5}$$

$$G = \frac{E}{2(1 + \nu)} \tag{4-6}$$

图 4-12 给出了一些材料的杨氏模量随温度变化的情况。温度下降时,由于原子和分子振

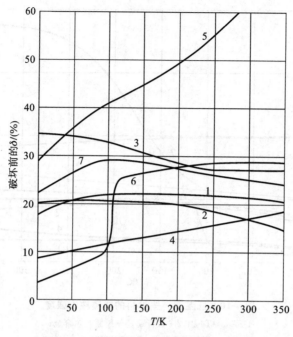

图 4-11　一些材料的延展性与温度的关系

1—2024-T4 铝；2—铍青铜；3—K 蒙乃尔合金；

4—钛；5—304 不锈钢；6—C1020 碳钢；7—9 镍钢

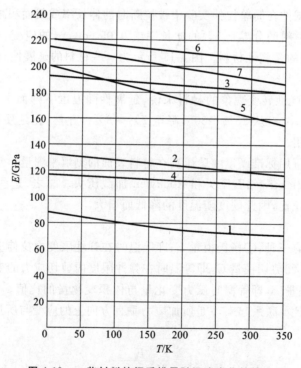

图 4-12　一些材料的杨氏模量随温度变化的情况

1—2024-T4 铝；2—铍青铜；3—K 蒙乃尔合金；

4—钛；5—304 不锈钢；6—C1020 碳钢；7—9 镍钢

动的干扰降低,因此原子和分子间作用力增大。由于弹性作用是原子和分子间作用力的体现,因此当温度下降时,弹性模量增大。另外,实验发现,各向同性材料的泊松比在低温范围内当温度变化时没有明显的变化,因此,前面三种模量与温度的关系是相同的。

4.5 材料的低温热性能

1. 热导率

材料热导率(κ_t)等于单位面积的传热速率除以传热方向上的温度梯度。图 4-13 所示为几种固体材料在低温下的热导率。

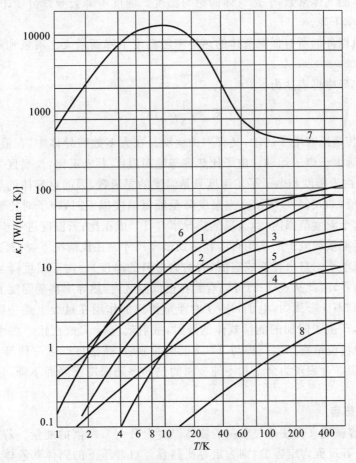

图 4-13　几种固体材料在低温下的热导率
1—2024-T4 铝;2—铍青铜;3—K 蒙乃尔合金;4—钛;
5—304 不锈钢;6—C1020 碳钢;7—纯铜;8—特氟隆

要理解低温下材料热导率随温度的变化关系,就必须知道材料的能量传递机理。材料热传导有三种基本的机理:①电子运动,如金属导体;②晶格振动,即声子运动,如所有固体;③分子运动,如有机物固体和各种气体。在液体中最基本的导热机理是分子振动能量的传递,而在气体中,导热主要是平动能量的传递(对单原子气体)以及平动和转动能量的传递(对双原子气体)。

运用气体分子运动论,可以得到材料热导率的理论表达式:

$$\kappa_t = \frac{1}{8}(9\gamma - 5)\rho c_V \overline{v}\lambda \tag{4-7}$$

式中：$\gamma = c_p/c_V$，为比热容比；ρ 为材料密度；c_V 为定容比热容；$\overline{v}$ 为粒子平均速度；λ 为粒子运动平均自由程。

所有气体的热导率均随温度下降而减小，因为气体的 ρ 和 λ 之积为常数，c_V 为 T 的弱函数，因此如式（4-7）所示，各种气体热导率与分子平均速度 $\overline{v}$ 的变化方式相同。由气体分子运动论，可得

$$\overline{v} = \sqrt{\frac{8RT}{\pi}} \tag{4-8}$$

式中：R 是该气体的气体常数；T 是气体的绝对温度。温度下降会导致分子平均速度下降，最终导致气体热导率下降。

除液氢、液氦以外的所有低温液体的热导率随温度下降而增大。液氢和液氦在低温范围内则相反。

对于固体，热导率可表达为

$$\kappa_t = \frac{1}{3}\rho c_V \overline{v}\lambda \tag{4-9}$$

金属中能量传递既有电子运动，又有声子运动。在大多数纯导体中，在液氮温度以上，电子运动所占能量远大于声子运动。电子比热容与绝对温度 T 成正比，该温区上电子平均自由程与 T 成反比。由于密度和电子平均速度只是温度的弱函数，因而电导体的热导率在液氮温度以上几乎是定值，如式（4-9）所示。当温度降至液氮温度以下时，声子对比热容的贡献变得越来越明显，在这个温度范围内，纯金属的热导率与 T^{-2} 成正比；若温度进一步降低，热导率将达到最大值，直至能量载流子的平均自由程达到试样尺寸。在该情况下，材料边界对载流子运动产生束缚，载流子平均自由程变成定值（大约为材料的厚度）。由于温度降至绝对零度附近时，比热容将降为零，因此从式（4-9）可以看到在极低温区内，热导率将随温度下降而下降。

在无序合金和不纯金属内，电子和声子对能量传递的作用在量级上是一样的。由于不纯金属原子的存在，产生了附加的能量载体的散射，散射效应与 T 成正比。在比 Debye 温度低得多的温区内，材料位错将产生一种与 T^2 成正比的散射，晶格将产生一种与 T^3 成正比的散射。所有这些效应综合表现为合金和不纯金属的热导率随温度下降而下降，合金中不会有最大值现象。

2. 固体的比热容

物体的比热容被定义为使单位质量的物体温度上升 1 ℃所需的能量。若过程为定压的，则为定压比热容；若过程为定容的，则为定容比热容。对常压下的固体和液体，两种比热容值相差很小，而对于气体却有很大差别。比热容随温度的变化暗示着物质微观上不同的能量模式。

比热容是物理性质，运用统计学和量子理论就可以较为精确地计算。对固体比热容随温度的变化，Debye 模型给出了令人满意的解释。在该模型中，Debye 假设固体是一个连续介质。由 Debye 理论可得出单原子晶体的比热容表达式：

$$c_V = \frac{9RT^3}{\theta_D^3}\int_0^{\frac{\theta_D}{T}} \frac{x^4 e^x dx}{(e^x - 1)^2} = 3R\left(\frac{T}{\theta_D}\right)^3 D\left(\frac{T}{\theta_D}\right) \tag{4-10}$$

式中：θ_D 是 Debye 特征温度，是材料的一个特性；$D\left(\dfrac{T}{\theta_D}\right)$ 是 Debye 函数。θ_D 的理论表达式为

$$\theta_D = \frac{h v_a}{k} \left(\frac{3N}{4\pi V} \right)^{\frac{1}{3}} \tag{4-11}$$

式中：h 是普朗克常数；v_a 是固体内的声速；k 是玻耳兹曼常数；N/V 是单位体积固体的原子数。实际上，Debye 温度可通过选择使理论比热容曲线和实验比热容曲线尽可能吻合的温度值来确定。

高温（$T > 3\theta_D$）时，由式（4-10）得出的比热容接近定值 $3R$，这就是所谓的 Dulong-Petit 值。低温（$T < \theta_D/12$）时，Debye 函数值接近常数 $D(0) = 4\pi^4/5$，因此，$T < \theta_D/12$ 时的比热容可表达为

$$c_V = \frac{12\pi^4 R T^3}{5\theta_D^3} = \frac{233.78 R T^3}{\theta_D^3} \tag{4-12}$$

由式（4-12）可见，温度很低时固体的晶格比热容与绝对温度的三次方成正比。

常见材料比热容与 Debye 函数的关系曲线可以查到，有关文献较多。其中 Debye 特征温度见表 4-8。

表 4-8　Debye 特征温度

元　素	θ_D/K	元　素	θ_D/K	元　素	θ_D/K
Li	430	Sn	165	Ni	375
Na	160	Pb	86	Pd	275
Be	980	Sb	140	Pt	225
K	100	Bi	110	Cu	310
Mg	320	Ne	63	Ag	220
Ca	230	Ar	85	Au	180
Sr	170	Ta	245	Zn	240
Al	390	Cr	440	Cd	165
C(金刚石)	1850	Mo	375	Hg	95
C(石墨)	1500	Fe(α)	430	Ga	125
Si	625	Fe(γ)	320	Ti	350
Ge	290	Co	385	Zr	280

3. 液体和气体的比热容

总的来说，低温液体和固体晶体一样，比热容随温度下降而降低。低压下比热容（c_p）也随温度下降而下降。在临界压力附近的高压下，所有低温液体的比热容曲线均有峰值。由热力学可知，纯物质的比热容关系如下：

$$c_p - c_V = T \left(\frac{\partial V}{\partial T} \right)_p \left(\frac{\partial p}{\partial T} \right)_V \tag{4-13}$$

在临界点附近，热膨胀系数

$$\beta = \frac{1}{V} \left(\frac{\partial V}{\partial T} \right)_p$$

变得很大，因此，在临界点附近 c_p 有一个剧增。

液氦的比热容有其特殊性，在 2.17 K 时有一个很陡的波峰。液氦的特性与其他液体有很大的不同，因此需要展开讨论。

在压力远低于临界压力时,气体可视为理想气体,其比热容与压力无关。根据经典能量均分原理,比热容可表示为

$$c_V = \frac{1}{2}Rf \tag{4-14}$$

式中,f 是材料组成分子的自由度。对于单原子气体,最重要的是分子动能,它有三个自由度,由式(4-14),单原子气体(如氖和氩)在理想状态下比热容 $c_V = 3R/2$。对于双原子气体,其他能量模式也有可能存在,例如,氮气一类的双原子"刚性哑铃"气体,就有三个平移自由度和两个旋转自由度。一般只考虑两个旋转自由度,绕组成分子的两原子中心连线的转动惯量比绕与之垂直的轴的转动惯量要小得多。由式(4-14),理想双原子刚性气体的比热容 $c_V = 5R/2$,这在室温下对于大多数双原子气体是正确的。由于双原子气体分子并非全是刚性的,因此还要考虑振动能量模式的存在,在原子间作用力的影响下,两个原子相对于平衡位置振动,这时就多了两个由振动产生的自由度,因此经典理论认为这些分子的比热容 $c_V = 7R/2$。

实际情况下,旋转和振动能量已量子化,因此温度极低时它们不能被激发。图 4-14 给出了氢气比热容随温度变化的情况。极低温度下,只有位移能量,比热容 $c_V = 3R/2$,这和单原子气体一样。要决定旋转能量是否被激活,可将气体温度与特征旋转温度 θ_r 相比较:

$$\theta_r = \frac{h^2}{8\pi^2 Ik} \tag{4-15}$$

式中:h 是普朗克常数;I 是垂直于分子间轴线的转动惯量;k 是玻耳兹曼常数。如果温度 T 小于 $\theta_r/3$,则旋转能量没有被激活;如果温度 T 大于 $3\theta_r$,则旋转能量被完全激活。大多数双原子气体液化温度大于 $3\theta_r$,但 H_2、D_2 和 HD 例外。由于 I 较小,因此 θ_r 比它们的液化温度要高一些。30 K 以下时氢气比热容为 $3R/2$,255 K 以上时则升为 $7R/2$。

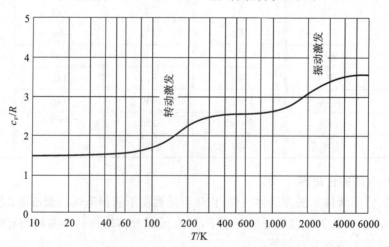

图 4-14 氢气的比热容随温度的变化

双原子气体的振动能量也被量子化,在温度高于特征振动温度 θ_v 时被激活:

$$\theta_v = \frac{hf_v}{k} \tag{4-16}$$

式中,f_v 是分子振动频率。气体的特征振动温度 θ_v 远高出低温区域(氢气的特征振动温度 θ_v 为 6100 K),因此气体在低温时振动能量不被激发。

4. 热膨胀系数

材料的体膨胀系数(β)定义为压力不变、温度变化 1 K 时体积的相对变化。线膨胀系数

(α_t)定义为压力恒定下温度变化 1 K 时物体在某方向上的相对变化。对各向同性材料，$\beta=3\alpha_t$。图 4-15 给出了几种材料的线膨胀系数与温度的关系。

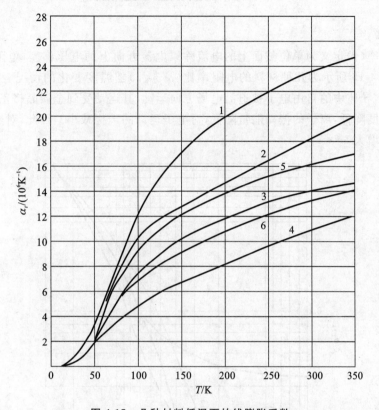

图 4-15　几种材料低温下的线膨胀系数

1—2024-T4 铝；2—铍青铜；3—K 蒙乃尔合金；4—钛；5—304 不锈钢；6—C1020 碳钢

α_t 随温度的变化可用分子间作用力来解释。分子间的势能曲线是不对称的，因此当分子得到较多能量时，它与周围分子的平均距离就变大，即材料膨胀。当材料能量或温度升高时，原子平均间距的增长率将随温度的上升而增大，因此热膨胀系数随温度升高而增大。

由于比热容和热膨胀系数都和分子间能量有关，两者之间存在一定关系。对晶态固体，Grüneisen(译为格林乃森)关系式可明确表达该定量关系，即

$$\beta = \frac{\gamma_G c_V \rho}{B} \tag{4-17}$$

式中，ρ 是材料密度；B 是体模量；γ_G 是 Grüneisen 常数，其一阶基本上与温度无关。

表 4-9 给出了几种固体材料的 Grüneisen 常数。

表 4-9　一些固体材料的 Grüneisen 常数

材　料	γ_G	材　料	γ_G	材　料	γ_G
Al	2.17	Fe	1.60	Pt	2.54
Cu	1.96	Pb	2.73	Ag	2.40
Au	2.40	Ni	1.88	Ta	1.75

固体的体模量 B 对温度的依赖性不强，因此固体的热膨胀系数与 Debye 比热容随温度变化的情况相同，这一结论已在实验中证实。

4.6 材料的低温电磁性能

1. 电导率

材料电导率(γ)定义为单位截面上的电流除以电流方向上的电压梯度,电阻率(ρ)是电导率的倒数。图 4-16 所示为几种材料的电阻率比($\rho/\rho_{273\,\mathrm{K}}$)随温度变化的情况。将外部电场加在电导体上时,导体中的自由电子被迫沿电场方向运动,其运动受到金属晶格正离子和杂质原子的阻挡。温度降低,离子的振动能量降低,对电子运动的干扰减小。因此,对金属导体,温度降低时电导率增大。

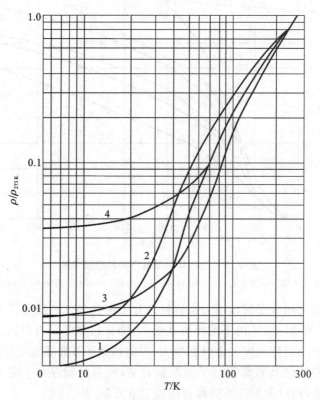

图 4-16 几种材料的电阻率比 $\rho/\rho_{273\,\mathrm{K}}$ 随温度的变化
1—铜;2—银;3—铁;4—铝

最早的电阻理论之一由 Drude 提出,他认为自由电子是一团"电子气"。他得出电导率的表达式:

$$\gamma = \frac{(N/V)e^2\lambda}{m_e\overline{v}} \tag{4-18}$$

式中:N/V 是单位体积内自由电子数;e 是电子电量;λ 是电子平均自由程;m_e 是电子质量;$\overline{v}$ 是电子平均速度。式(4-18)给出了金属电导率大小的正确数量级。再假设 N/V 与单位体积内价电子数相当,λ 与原子间隔相当,电子平均动能由经典理论 $\frac{1}{2}m_e\overline{v}^2 = \frac{3}{2}kT$ 给出。然而,为了由式(4-18)得出电导率与温度的正确关系,必须假定电子平均自由程与 $T^{1/2}$ 成反比。

用量子理论和能带原理来预测电导率的结果与式(4-18)并无不同。然而,它确实可以预测电子速度与平均自由程的正确关系。根据量子理论,式(4-18)中的 $\bar{v}$ 就是靠近金属的所谓费米表面的电子的平均速度,常温下,此速度实际上为常数,即

$$\bar{v} \approx v_f = \frac{h}{2\pi m_e}\left(\frac{3\pi^2 N}{V}\right)^{\frac{1}{3}} \tag{4-19}$$

温度高于 Debye 温度(θ_D)时,电子和声子的相互作用使电子的散射上升,该散射与晶格处振动离子平均振幅的平方成正比。$T > \theta_D$ 时的电子平均自由程为

$$\lambda = \frac{3}{2\pi \frac{N_i}{V}}\left(\frac{h}{2\pi m_e v_f r_i X}\right)^2 \tag{4-20}$$

式中,N_i/V 是单位体积离子数;r_i 是离子半径;X 是离子振动的平均振幅。当温度高于 θ_D 时,离子为自由振荡体。离子平均振幅的平方可表示为

$$X^2 = \frac{E}{4\pi^2 f^2 m_i} = \frac{3kT}{4\pi^2 f^2 m_i} \tag{4-21}$$

式中,$E(E = 3kT)$ 是振动离子的能量;f 是离子的振动频率;m_i 是离子质量。温度大于 θ_D 时,可运用爱因斯坦孤立简谐振子模型,其振动频率为

$$f = \frac{k\theta_E}{h} \tag{4-22}$$

这里 θ_E 是爱因斯坦特征温度。将式(4-21)和式(4-22)代入式(4-20),可得到 $T > \theta_D$ 时的电子平均自由程,即

$$\lambda = \frac{m_i k \theta_E^2}{2\pi (N_i/V)(m_e v_i r_i)^2 T} \tag{4-23}$$

当温度远低于 θ_D 时,声子与电子的相互作用对电子散射的影响远小于结构缺陷(如不纯原子、晶格、组织断面等)对电子散射的影响。这种散射实际上与温度无关,因为平均自由程已是定值。在这种情况下,就可以把电阻率写成两部分之和的形式:①由于声子-电子相互作用而产生的与温度有关的部分 ρ_T;②由于电子-组织缺陷相互作用而产生的定值残余电阻率 ρ_0。

$$\rho = \frac{1}{\gamma} = \rho_T + \rho_0 \tag{4-24}$$

Bloch 得到了 $T < \theta_D/12$ 时温度电阻关系的理论表达式,此时 ρ_T 与 T^5 成正比,即

$$\frac{\rho_T}{\rho_{T=\theta_D}} = \frac{T^5}{\theta_D^5}\int_0^{\theta_D/T} \frac{4.22 x^5 \mathrm{d}x}{(e^x - 1)(1 - e^{-x})} \tag{4-25}$$

当温度比 θ_D 低得多时,可认为式(4-25)中积分上限为无穷大,积分值趋于 525。

对于金属导体,温度高于 θ_D 时,导电的机理与导热相同。因此,这两个参数是有联系的。Wiedemann-Franz 关系式表达了这种联系:

$$\frac{\kappa_t}{\gamma T} = \frac{\pi^2 k^2}{3 e^2} = 2.44 \times 10^{-8} \ \mathrm{W \cdot \Omega/K^2} \tag{4-26}$$

半导体除了电子导电外,还有另外一种机理——空穴导电。对很纯的半导体(本征半导体),电子在自由运动之前必须获得一定的能量(束缚能 ε_g)来解除束缚,其在电导率上的结果是与 $e^{-\varepsilon_g/(kT)}$ 成正比。温度足够高时,不纯成分的影响可以忽略。在低温范围内,不纯成分的影响将变得很明显,电导率随温度变化相当复杂。$1 \sim 10$ K 内,温度稍有下降,电导率就下降很多,利用这种特点可制作灵敏的半导体电阻低温温度计。

2. 超导电性

某些材料只有在极低温度下才具有超导电性,即电阻降为零并具有完全抗磁性。在没有

磁场时，许多元素、合金和混合物变成超导体需要有一明确定义的温度，也就是零磁场的超导转变温度 T_0。增大材料周围的磁场会破坏超导电性，把破坏超导电性所需的磁场强度称为临界磁场强度（H_c）。对第一类超导体，有一确定的临界磁场强度，此时超导现象突然消失。对第二类超导体，有一较低的磁场强度 H_{c1}，此时超导转变开始；还有一较高的磁场强度 H_{c2}，此时超导转变结束。表 4-10 给出了几种材料在绝对零度时的临界磁场强度 H_0 和转变温度。值得注意的是，尽管有些纯元素不是超导体，但由其组成的合金是超导体。

表 4-10　超导体的转变特性

材　料	T_0/K	H_0/T	材　料	T_0/K	H_0/T
Al	1.19	1.0102	Hg(l)	4.15	0.0415
Ca	0.55	0.00288	Ta	4.48	0.0805
Ge	1.09	0.0055	Ti	0.39	0.0100
In	3.4	0.0285	Zn	0.85	0.0053
Pb	7.19	0.0803	Zr	0.55	0.0047

将长柱导线形的第一类超导体置于磁场中并与磁场方向平行，临界磁场强度是温度的函数。它与绝对温度的关系大致如下：

$$H_c = H_0 \left[1 - \left(\frac{T}{T_0} \right)^2 \right] \tag{4-27}$$

尽管与上式只是近似符合，但在许多场合已经足够精确了。

无论是第一类还是第二类超导体，在不破坏超导电性的前提下流经材料的电流有一个上限值。第一类材料遵循 Silsbee 假定，即当电流流经超导体而在材料表面产生的磁场强度等于或大于临界磁场强度时，超导电性将被破坏。相对于临界磁场强度的电流称为临界电流。直径为 d 的长导线，电流 I 在导线表面产生的磁场 $H = \dfrac{I}{\pi d}$，因此临界电流是

$$I_c = \pi H_c d \tag{4-28}$$

式中，H_c 的单位是 A/m。第二类超导体的临界电流关系相当复杂，须由实验确定。

超导现象是 1911 年 Kamerlingh Onnes 在研究水银导线的电阻时发现的。此后，这种新的物质状态成为一些理论和实验物理学家研究的对象，以确定超导体的性质并解释其机理。由于早期认为常导态下材料内的磁场在材料变为超导体时是固定不变的，因此早期进行的热力学理论尝试并不成功。

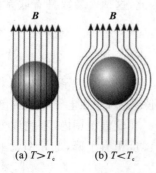

图 4-17　Meissner 效应

Gorter 于 1933 年将可逆热力学用于超导现象，得出的结论和实验测量结果相吻合。由于许多研究者认为超导转变是热力学不可逆的，其结论引起了较大的争论。同一年，Meissner 和 Ochsenfeld 的实验澄清了一切。他们在磁场中把单晶锡冷却至超导态，发现当超导转变后，磁场已从材料的内部被驱赶出去，如图 4-17 所示。该实验表明第一类的圆柱形超导体内部的磁通量密度总是零，无论转变前材料内部的磁通量密度有多大。超导电性不仅是零电阻现象，而且具有完全抗磁性——Meissner 效应。Meissner 效应奠定了无摩擦轴承和超导电机的基础。

在 Meissner 效应被发现后不久，出现了两个"超导体唯象理论"。Gorter 和 Casimir 提出了两流体模型，即电流中有两种类型的电子起作用——正常的不凝聚电子和超导的凝聚电子。这种模型用于预测超导体的热力学性质是比较成功的。Fritz 和 Heinz London 于 1935 年提出了电磁理论，它与经典麦克斯韦方程相结合，预测了许多超导体的电磁性质。London 的计算结果表明，磁场实际上渗入超导体表面很小的距离（数量级为 0.1 μm），这段距离称为穿透深度。该结果也预言超薄超导体比厚超导体有更高的临界磁场强度。Kropschot 和 Arp 于 1961 年提出利用超导薄膜的性质可建成强磁场、薄膜型超导磁体。

London 和 Gorter-Casimir 的理论虽然能预测超导体的多种性质，但这些理论没有说明超导现象的原因。直到 1950 年，才有人提出可以接受的超导基本理论。Frolish 和 Bardeen 提出了超导体内电子相互作用的机理，他们的成果于 1957 年由 Bardeen、Cooper 和 Schrieffer 发展成 BCS 理论。Bardeen、Cooper 和 Schrieffer 将量子理论用于一种特殊的由电子-晶格相互作用而产生的电子对中。这个过程可以想象为：第一个电子通过晶格时引起正离子的轻微移位，使得正屏蔽电荷稍大于电子电荷（局部正电荷有余），于是第二个电子被吸引至正电荷区域。超导体内所有的电子对存在相关性，要脱离电子对需要一定的能量，也就是所谓的超导体能隙。当温度在临界值以上时，就具备了足够的能量解除该种电子对，材料就变为正常态。

Ginzburg 和 Landau 于 1950 年提出了一种唯象理论来解释第一类超导体和第二类超导体的不同，它采用一个与材料表面能有关的参数 ψ。那些 $\psi < 1/\sqrt{2}$ 的材料具有正的表面能，是第一类超导体；相反，那些 $\psi > 1/\sqrt{2}$ 的材料具有负的表面能，是第二类超导体。超导理论经过 Ginzburg、Landau、Abrikosov 和 Gorkov 四位俄国人的发展，现在已被称为 GLAG 理论。在此理论的基础上，可建立 ψ 与上、下临界磁场强度的关系：

$$H_{c1} = \frac{H_c(0.081 + \ln\psi)}{\psi\sqrt{2}} \tag{4-29}$$

$$H_{c2} = \sqrt{2}\psi H_c \tag{4-30}$$

从实用观点看，式(4-30)表明，有较大 ψ 值的材料具有较大的上临界磁场强度 H_{c2}。

对那些相对磁导率近似为 1 的材料，磁感应强度 B 和磁化强度 M 有以下关系：

$$B = \mu_0(H + M) \tag{4-31}$$

对第一类超导体，磁感应强度为零，因此 $H = -M$。对第二类超导体，在磁场强度小于下临界磁场强度 H_{c1} 时，也具有相似的性质，而当磁场增强时磁场开始穿过材料，此时材料的状态示于图 4-18。

当材料从正常态转变为超导态时，有几种性质会发生突变或缓变。这些性质包括：

（1）比热容。当材料变为超导态时，比热容突然增大。

（2）热电效应。当材料变为超导态时，所有的热电效应均消失，超导热电偶将无法工作。

（3）热导率。在有磁场的条件下，当纯金属材料变为超导态时，热导率会突然下降，但有些合金表现相反；无磁场时，热导率没有不连续的变化，然而热导率温度曲线的斜率会有很大的变化。

（4）电阻。对第一类超导体，电阻会突然降为零。但对第二类超导体，转变有时会跨越 1 K 左右的温度范围。

（5）磁穿透率。对第一类超导体，磁穿透率会突然下降为零。但对第二类超导体，当磁场强度大于下临界磁场强度时，并不完全符合 Meissner 效应。

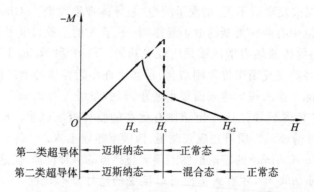

图 4-18　第一类和第二类超导体磁化强度随作用磁场强度的变化关系
－ － － 第一类超导体；—— 第二类超导体

　　人们做了大量的实验来研究超导合金和混合物，以便制造出一种能在强磁场下并且温度接近液氢温度（20 K）时仍能保持超导电性的材料。用于超导磁体的常用材料主要有铌钛的体心立方合金和 β-钨型的混合物，例如 Nb_3Sn。

　　体心立方合金被用在强度达 10 T 的磁体中，铜合金则能达到 12 T。为获得热和磁的稳定性，超导磁场中用的铌钛导线常包以高热导率的铜。尽管铌钛混合物的超导性能在某些方面比铌钛合金优越，但它是非常脆的材料，需要特殊的制造加工方法。

　　1986 年 7 月，《瑞士物理学报》上发表了一篇题为"可能的高温超导体——镧钡铜氧化物"的论文，论文的作者是 IBM 公司苏黎世研究室的米勒和贝德诺茨博士。所报道的氧化物在温度为 35 K 时电阻下降，到十几度时电阻转变为零。这一划时代的发现当时并未得到重视，直到 1986 年 12 月，中、日、美科学家们证实了该发现，并把临界温度作了进一步提高，才在全球范围引发了高温超导热，很快将临界温度提高到 90 K（液氮温度 77 K）以上。目前已发展多种类型的氧化物高温超导材料，并逐渐应用在微波器件、测量器械上。

第5章 气体液化循环

5.1 概　述

在制冷循环中,制冷工质进行的是封闭循环过程,而对液化循环来说,所有低温工质的临界温度远比环境温度低,要使这些气体液化,需要把气态物质的温度降低到其临界温度以下,因此必须应用人工制冷的方法。气态低温工质在循环过程中既起制冷剂的作用,本身又被液化,部分或全部地作为液态产品从低温装置中输出,以应用于需要保持低温的过程,如在低温实验中作为制冷剂,或用来进行气体分离过程,如液空分离为氧、氮等。

气体液化循环由一系列必要的热力学过程组成,其作用在于使气态工质冷却到所需的低温,并补偿系统的冷损,以获得液化气体。这不同于以制取冷量为目的的制冷循环。显然,气体液化循环是一个开式循环过程。

气体液化循环的种类较多,且随不同气体而有所不同。

1. 气体液化的理论最小功

任何气体液化循环都是利用低温工质进行循环的状态变化过程,通过它的作用使气体在低温下液化时放出的热量转移到环境介质中去。根据热力学第二定律,这是一个熵减少的过程,是不能自发进行的。要使这一非自发过程成为可能,必须消耗一定的能量,如机械能或热能。

气体液化的理论循环是指由可逆过程组成的循环,在循环的各过程中不存在任何不可逆损失。采用理论循环使气体液化所需消耗的功最小,称为气体液化的理论最小功。

可设想不同的方法进行气体液化的理论循环。如图 5-1 所示,设液化的气体从与环境介质相同的初始状态 p_1、T_1(点 1)转变成相同压力下的液体状态 p_1、T_0(点 0)。理论循环可按下述方式进行:先将气体在压缩机中等温压缩到所需的高压 p_2,即从点 1 沿 1—2 线到达点 2 (p_2、T_1)所示状态;然后,在膨胀机中等熵膨胀到初压 p_1,并做外功,即从点 2 沿 2—0 线到达点 0(p_1、T_0)所示状态而全部液化。此后,液体在需要低温的过程中吸热汽化并复热到初始状态,如图 5-1 中的 0—3—1 过程,使气体恢复原状。

循环所消耗的功等于压缩功与膨胀功的差值。因为压缩和膨胀过程都是可逆的,所以 1—2 压缩过程消耗的功最小,2—0 膨胀过程所做的功最大。因此,气体液化过程所需消耗的功最小,即为理论最小功:

$$w_{\min} = w_{c0} - w_e$$

将等温压缩功 w_{c0} 及绝热膨胀功 w_e 的表达式代入上式可得

$$w_{\min} = T_1(s_1 - s_0) - (h_1 - h_0) \tag{5-1}$$

还可在压力不变($p_1 = $ 定值)的条件下使气体液化,如图 5-2 所示。首先,在 p_1 压力下将气体从 T_1(点 1)冷却到 T_3(点 3),即放热温度是初温 T_1,这个冷却过程可以利用无穷多个逆卡诺循环来实现,其吸热温度在气体液化的初温 T_1 至终温 T_3 范围内变化。

在图 5-2 中,为了使气体的某个中间状态(点 a)的温度降低 dT,可以利用微元逆卡诺循环

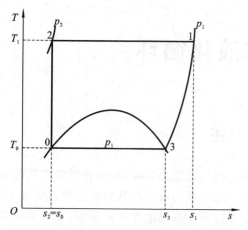

图 5-1　气体液化理论循环的 T-s 图

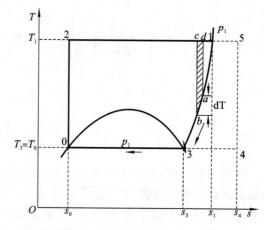

图 5-2　气体液化过程的 T-s 图

$abcd$ 来实现。微元循环从被液化气体吸取的热量(即制冷量)为

$$\mathrm{d}q_0 = c_p \mathrm{d}T$$

消耗的功为

$$\mathrm{d}w = \mathrm{d}q_0 \frac{T_1 - T}{T} = c_p \left(\frac{T_1}{T} - 1\right)\mathrm{d}T$$

将气体从 T_1 冷却到 T_3 所耗的总功

$$w_{1-3} = \int_{T_3}^{T_1} c_p \left(\frac{T_1}{T} - 1\right)\mathrm{d}T = T_1(s_1 - s_3) - (h_1 - h_3) \tag{5-2}$$

随后,为了使冷至饱和温度 T_3($T_3 = T_0$)的气体(点 3)全部液化(点 0),需取出气体的冷凝潜热 γ,这利用在恒温热源 T 与冷源 T_0 之间进行的逆卡诺循环来实现。则循环消耗的功为

$$w_{3-0} = \gamma \left(\frac{T_1 - T_0}{T_0}\right) = \gamma \left(\frac{T_1}{T_0} - 1\right) = T_1(s_3 - s_0) - (h_3 - h_0) \tag{5-3}$$

因此在 p_1 压力下将气体液化所需的理论最小功应等于冷却过程 1—3 和冷凝过程 3—0 消耗的功之和。

$$w_{\min} = w_{1-3} + w_{3-0} = T_1(s_1 - s_3) - (h_1 - h_3) + T_1(s_3 - s_0) - (h_3 - h_0)$$
$$= T_1(s_1 - s_0) - (h_1 - h_0)$$

显然,上述方程与式(5-1)是相同的。在图 5-1 及图 5-2 中理论最小功用面积 1—2—0—3—1 表示。

式(5-1)表明,气体液化的理论最小功仅与气体的性质及初、终状态有关。对不同气体,液化所需的理论最小功不同。表 5-1 列出了一些气体液化 1 kg 和 1 L 所需的理论最小功的数值。

表 5-1　一些气体液化的理论最小功

气　　体	$(h_1 - h_0)$ /(kJ/kg)	理论最小功 $w_{\min}$			$\dfrac{w_{\min}}{w_c}$
		/(kJ/kg)	/(kW·h/kg)	/(kW·h/L)	
空气	427.7	741.7	0.206	0.18	0.62
氧	407.1	638.4	0.177	0.201	0.672
氮	433.1	769.6	0.213	0.172	0.616

气　　体	(h_1-h_0) /(kJ/kg)	理论最小功 $w_{\min}$			$\dfrac{w_{\min}}{w_c}$
		/(kJ/kg)	/(kW·h/kg)	/(kW·h/L)	
氩	273.6	478.5	0.132	0.184	
氢	3980	11900	3.31	0.235	0.218
氦	1562	6850	1.9	0.237	0.0625
氖	371.2	1331	0.37	0.445	0.357
甲烷	915	1110	0.307	0.13	0.715

注:空气、氧、氮与氩的初态参数为 $p_1=10^5$ Pa,$T_1=303$ K;氢、氦、氖、甲烷的初态参数为 $p_1=101.3$ kPa,$T_1=303$ K。

若采用工作于 T_0 和 T_1 之间的逆卡诺循环将状态 1 的气体液化(图 5-2),那么将在 T_0 温度下从气体中取出全部热量 $q_0=h_1-h_0$。由于气体的放热过程 1—3 同逆卡诺循环的吸热过程 3—4 之间存在一定的温差,将引起热交换过程的不可逆损失,因此使气体液化的逆卡诺循环 5—2—0—4—5 是具有温差的不可逆循环,其所耗的功将大于理论最小功。该逆卡诺循环所消耗的功为

$$w_c = (T_1-T_0)(s_4-s_0)$$

在图 5-2 上,w_c 可用面积 5—2—0—4—5 表示。

逆卡诺循环所耗的功与理论最小功之差为

$$w_c - w_{\min} = (T_1-T_0)(s_4-s_0) - T_1(s_1-s_0) + (h_1-h_0)$$

由于

$$T_0(s_4-s_0) = q_0 = h_1-h_0$$

可得

$$w_c - w_{\min} = T_1(s_4-s_1) = T_1 \cdot \Delta s \tag{5-4}$$

式中,Δs 为不可逆损失引起的系统的熵增;T_1 是环境介质的温度。$T_1\Delta s$ 表示由于逆卡诺循环的不可逆性所多消耗的附加功。这一结论称为斯托多拉原理。斯托多拉原理在低温技术中广泛地应用于循环能量损失的分析,它不仅对具有外部不可逆的循环是正确的,对于具有内部不可逆的循环同样也是正确的,亦即任何不可逆过程所引起的系统的熵增将导致循环多消耗附加功,且附加功 Δw 可按式(5-4)计算。

表 5-1 还给出了气体液化的理论最小功 $w_{\min}$ 与逆卡诺循环所耗的功 w_c 的比值。从表 5-1 可看出,气体的标准沸点越低,则这个比值越小。

从以上分析知,为使气体液化,必须设想循环完全由可逆过程组成,所消耗的功才为理论最小功。实际上,由于组成液化循环的各过程总存在不可逆性,如节流、存在温差时的热交换、散向周围介质的冷损等,因此任何一种理论循环都是不可能实现的。实际采用的气体液化循环所耗的功总是显著地大于理论最小功。然而,理论循环在作为实际液化循环不可逆程度的比较标准和确定最小功耗的理论极限值方面有其理论价值。

2. 气体液化循环的性能指标

在比较或分析气体液化循环时,除理论最小功和附加功之外,某些表示实际循环经济性的系数也经常采用,如单位能耗 w_0、制冷系数 ε、循环效率 η_{cy}、有效能效率 η_e 等。

单位能耗 w_0(kJ/kg)表示获得 1 kg 液化气体需要消耗的功,即

$$w_0 = \frac{w}{Z} \tag{5-5}$$

式中：w 为加工 1 kg 气体循环所耗的功（kJ/kg（加工气体））；Z 为液化系数，表示加工 1 kg 气体所获得的液体量。

制冷系数为液化气体复热时的单位制冷量 q_0 与所消耗单位功 w 之比，即

$$\varepsilon = \frac{q_0}{w} \tag{5-6}$$

每加工 1 kg 气体得到的液化气体量为 Z kg，故单位制冷量 q_0（kJ/kg（加工气体））可表示为

$$q_0 = Z(h_1 - h_0) \tag{5-7}$$

制冷系数为

$$\varepsilon = \frac{Z(h_1 - h_0)}{w} \tag{5-8}$$

循环效率（或称热力学完善度）η_{cy} 表示实际循环的效率同理论循环效率之比。低温技术中广泛应用循环效率来度量实际循环的不可逆性和作为评价有关损失的方法。循环效率定义为实际循环的制冷系数（ε_{pr}）与理论循环的制冷系数（ε_{th}）之比，即

$$\eta_{cy} = \frac{\varepsilon_{pr}}{\varepsilon_{th}} \tag{5-9}$$

显然，η_{cy} 总是小于 1。η_{cy} 值越接近 1，说明实际循环的不可逆性越小，经济性越好。

循环效率还有不同的表示方式。由于相比较的实际循环与理论循环的制冷量必须相等，因此式（5-9）可写成

$$\eta_{cy} = (q_0/w_{pr})/(q_0/w_{min}) = \frac{w_{min}}{w_{pr}} \tag{5-10}$$

即循环效率也可表示为理论循环所需的最小功与实际循环所消耗的功之比。

5.2 空气、氧和氮的节流液化循环

空气、氧、氮的热力学性质相近，它们的液化循环类型相似。目前，只有在少数特殊的场合才事先制备或储存气态的氧、氮供液化使用，绝大多数情况下液氧、液氮都是来源于空气液化分离设备，即先使空气液化，再根据氧、氮沸点不同将其进行精馏分离，然后从分馏塔中分别得到液氧和液氮。

空气、氧和氮的液化循环有四种基本类型：节流液化循环、带膨胀机的液化循环、利用气体制冷机的液化循环及复叠式液化循环。前两种液化循环在目前应用最为普遍。本节从热力学的观点对这两种循环进行分析。

节流液化循环是低温技术中最常用的循环之一。节流循环的装置结构简单，运转可靠，这在一定程度上抵消了节流膨胀过程不可逆损失大带来的缺点。

1. 一次节流液化循环

一次节流液化循环是最早在工业上采用的气体液化循环。1895 年德国林德和英国汉普逊分别独立地提出了一次节流液化循环，因此文献上常称之为简单林德-汉普逊循环。

一次节流液化循环的流程图及 T-s 图如图 5-3 所示。下面先讨论没有外部不可逆损失的理论循环，然后推广到实际循环。

1）理论循环

如图 5-3 所示，常温 T、常压 p_1 下的空气（点 $1'$），经压缩机 I 压缩至高压 p_2，并经中间冷

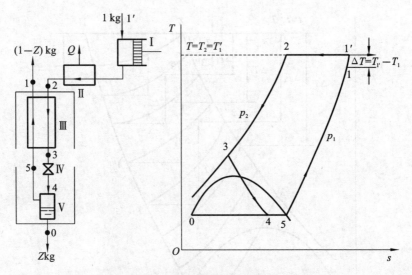

图 5-3   一次节流液化循环流程及 *T-s* 图

却器Ⅱ等压冷却至常温 T(点 2)。上述过程可近似地认为压缩与冷却两过程同时进行,是一个等温压缩过程,在 *T-s* 图上简单地用等温线 1′—2 表示。此后,高压空气在换热器Ⅲ内被节流后的返流空气(点 5)冷却至温度 T_3(点 3),这是一个等压冷却过程,在 *T-s* 图上用等压线 2—3 表示。然后高压空气经节流阀Ⅳ节流膨胀至常压 p_1(点 4),温度降低到 p_1 压力下的饱和温度,同时有部分空气液化。在 *T-s* 图上节流过程用等焓线 3—4 表示。节流后产生的液体空气(点 0)自气液分离器Ⅴ导出作为产品;未液化的空气(点 5)从气液分离器引出,返回、流经换热器Ⅲ,以冷却节流前的高压空气,在理想情况下自身被加热到常温 T(点 1′),其复热过程在 *T-s* 图上用等压线 5—1′表示。至此完成了一个空气液化循环。

如前所述,必须将高压空气预冷到一定的低温,节流后才能产生液体。因此,循环开始时需要有一个逐渐冷却的过程,或称启动过程。图 5-4 示出一次节流液化循环逐渐冷却过程的 *T-s* 图。

空气由状态 1′等温压缩到状态 2,2—4′为第一次节流膨胀,结果使空气的温度降低 Δt_1。节流后的冷空气返流入换热器以冷却高压空气,而自身复热至初始状态 1′。高压空气被冷却到状态 3′($T_{3'}$),其温降为 $\Delta t_1'$。第二次节流膨胀从点 3′沿 3′—4″等焓线进行,节流后达到更低的温度 $T_{4''}$。此时低压空气的温降为($\Delta t_1' + \Delta t_2$),当它经过换热器复热到初态 1′时,可使新进入的高压空气被冷却到更低的温度 $T_{3''}$(状态 3″),其温降为 $\Delta t_2'$。接着是从点 3″沿 3″—4‴进行的节流膨胀等。这种逐渐冷却过程继续进行,直到高压空气冷却到某一温度 T_3(状态 3),其节流后的状态进入湿蒸气区域;若此时两股空气流的换热已达到稳定工况,则启动过程结束,空气液化装置开始进入稳定运转状态。

此时可以讨论一次节流理论循环的液化气量。设压缩 1 kg 空气时产生 Z kg 的液体空气(Z 为液化系数或液化率),则相应返流空气量为($1-Z$)kg。取换热器Ⅲ、节流阀Ⅳ与气液分离器Ⅴ为研究的热力学系统,根据系统的热量平衡式

$$1 \times h_2 = Z h_0 + (1-Z) h_{1'} \tag{5-11}$$

可得

$$Z = \frac{h_{1'} - h_2}{h_{1'} - h_0} \tag{5-12}$$

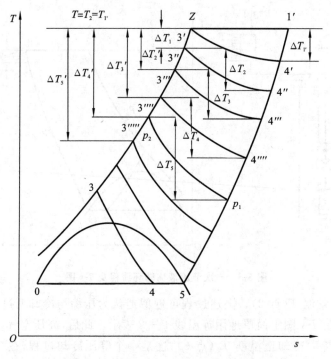

图 5-4　一次节流液化循环冷却过程 T-s 图

因为 $h_{1'}-h_2$ 是温度为 T 的高压空气由 p_2 节流到 p_1 时的等温节流效应 $-\Delta h_T$，所以

$$Z = \frac{-\Delta h_T}{h_{1'}-h_0} \tag{5-13}$$

循环的单位制冷量即 Z kg 液空回复到初态温度 T_1' 时吸收的热量为

$$q_0 = Z(h_{1'}-h_0) = h_{1'}-h_2 = -\Delta h_T \tag{5-14}$$

式(5-14)表明，一次节流循环的理论制冷量在数值上等于高压空气的等温节流效应。

由式(5-13)可见，当 $-\Delta h_T$ 为最大值时，Z 最大。在温度一定时，$-\Delta h_T$ 是压力 p 的函数，所以欲使 $-\Delta h_T$ 为最大值，则需

$$\left[\frac{\partial(\Delta h_T)}{\partial p}\right]_T = 0 \tag{5-15}$$

Δh_T 可用热力学微分关系式表示。因为

$$dh = c_p dT - \left[T\left(\frac{\partial v}{\partial T}\right)_p - v\right]dp$$

对于等温过程，有

$$dh_T = c_p dT - \left[T\left(\frac{\partial v}{\partial T}\right)_p - v\right]dp$$

积分后得

$$\Delta h_T = \int_{p_1}^{p_2}\left[T\left(\frac{\partial v}{\partial T}\right)_p - v\right]dp \tag{5-16}$$

因此，式(5-15)成立的条件是

$$T\left(\frac{\partial v}{\partial T}\right)_p - v = 0 \tag{5-17}$$

上式是转化曲线方程，即微分节流效应 α_h 应等于零。由此可见，对应于 $-\Delta h_T$ 及 Z 最大

值的气体压力必通过等温线 T 和转化曲线的交点。对于空气,若 $T=303$ K,$p_1=98$ kPa,则 $p_2 \approx 43 \times 10^3$ kPa 时 Z 最大。实际采用的压力 p_2 为 $(20 \sim 22) \times 10^3$ kPa,因为压力过高使设备费用增加,同时装置制冷量增加比较小。

2) 实际循环

实际的一次节流液化循环同理论循环相比存在许多不可逆损失,主要有:①压缩机中工作过程的不可逆损失;②换热器中不完全热交换的损失,即返流气体只能复热到 T_1(见图 5-3);③环境介质传热给低温设备引起的冷量损失,也称跑冷损失。这些损失的存在,使循环的液化系数减小,效率降低。下面在考虑这些损失的条件下进行循环的分析和计算。

设不完全热交换损失为 q_2(kJ/kg(加工空气)),它由温差 $\Delta T = T_{1'} - T_1$ 确定(如图 5-3)。通常假定返流空气在 $T_{1'}$ 与 T_1 之间的比热容是定值,则 $q_2 = (1 - Z_{pr}) c_{p_1} (T_{1'} - T_1)$。设跑冷损失为 q_3,其值与装置的容量、绝热情况及环境温度有关。至于压缩机的不可逆损失,一般由压缩机的效率予以考虑。

仍取图 5-3 中点画线包围的部分为热力学系统,加工空气量为 1 kg,有下列热平衡方程:

$$h_2 + q_3 = h_0 Z_{pr} + (1 - Z_{pr}) h_1$$

而

$$h_1 = h_{1'} - c_{p_1} (T_{1'} - T_1) = h_{1'} - \frac{q_2}{1 - Z_{pr}}$$

由此可得实际液化系数

$$Z_{pr} = \frac{h_{1'} - h_2 - (q_2 + q_3)}{h_{1'} - h_0} = \frac{-\Delta h_T - \sum q}{h_{1'} - h_0} \quad \text{(kg/kg(加工空气))} \tag{5-18}$$

循环的实际单位制冷量

$$q_{0,pr} = Z_{pr} h_{1'} - h_0 = -\Delta h_T - \sum q \quad \text{(kJ/kg(加工空气))} \tag{5-19}$$

从式(5-18)、式(5-19)可见,实际循环的液化系数及制冷量的大小取决于 $-\Delta h_T$ 同 $\sum q$ 的差值;若实际循环的等温节流效应 $-\Delta h_T$ 不能补偿全部的冷损 $\sum q$,则不可能获得液化气体。

若压缩机的等温效率用 η_T 表示,则对 1 kg 气体的实际压缩功为

$$w_{pr} = \frac{w_T}{\eta_T} = \frac{R_T \ln \dfrac{p_2}{p_1}}{\eta_T} \quad \text{(kJ/kg(加工空气))} \tag{5-20}$$

实际单位能耗

$$w_{0,pr} = \frac{w_{pr}}{Z_{pr}} = \frac{(h_{1'} - h_0) RT \ln \dfrac{p_2}{p_1}}{\eta_T \left(-\Delta h_T - \sum q \right)} \quad \text{(kJ/kg(液空))} \tag{5-21}$$

循环实际制冷系数

$$\varepsilon_{pr} = \frac{q_{0,pr}}{w_{pr}} = \frac{\eta_T \left(-\Delta h_T - \sum q \right)}{RT \ln \dfrac{p_2}{p_1}} \tag{5-22}$$

循环效率

$$\eta_{cy} = \frac{\varepsilon_{pr}}{\varepsilon_{ih}}$$

式中,理论液化循环的制冷系数(按图 5-3 所示状态)为

$$\varepsilon_{ih} = \frac{q_0}{w_{min}} = \frac{h_{1'} - h_0}{T(s_{1'} - s_0) - (h_{1'} - h_0)} \tag{5-23}$$

所以

$$\eta_{cy} = \varepsilon_{pr} \frac{T(s_{1'} - s_0) - (h_{1'} - h_0)}{h_{1'} - h_0} \tag{5-24}$$

实际循环的性能指标与循环的主要参数如高压(p_2)、初压(p_1)、换热器热端温度(T)有密切关系,讨论如下。

(1) 高压 p_2 对循环性能的影响。

若初压及进换热器的高压空气的温度不变,则高压的变化直接影响循环的性能指标。图 5-5 示出当 $T=303$ K,$p_1=98$ kPa,$\sum q = 11.5$ kJ/kg 时,对不同高压 p_2 的计算结果。

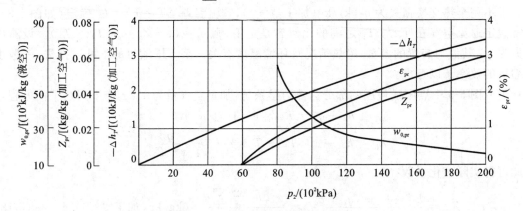

图 5-5　一次节流液化循环的特性

由图 5-5 可见:① 随 p_2 的增高,$-\Delta h_T$、Z_{pr} 及 ε_{pr} 均增大,显而易见,η_{cy} 也增加;② 单位能耗 $w_{0,pr}$ 随 p_2 的增高而不断减小;③ 只有当高压达到一定值时,才能获得液化气体。如图 5-5 所示,只有当 p_2 超过 6000 kPa 时,液空的积累才有可能。

(2) 初压 p_1 对循环性能的影响。

当 p_2 及 T 给定时,初压 p_1 的变化将使 q_0、ε 等性能指标随之变化。表 5-2 列出空气在 $p_2 = 19.6 \times 10^3$ kPa,$T=293$ K 及不同 p_1 时一次节流液化循环的特性,其中 $\varepsilon = \dfrac{-\Delta h_T}{w_T}$ 代表一次节流理论循环的理论制冷系数。由表 5-2 可以看出:随着 p_1 增加,$-\Delta h_T$ 减少的幅度不如功耗减少的幅度大,故 ε 显著增大。相应地循环效率 η_{cy} 增加,单位能耗降低。由此看来,提高初压 p_1 能够改善循环的经济性。

表 5-2　不同初压 p_1 时一次节流液化循环的 ε($T=293$ K,$p_2 = 19.6 \times 10^3$ kPa)

p_2/kPa	98	4.9×10^3	9.8×10^3
$-\Delta h_T$/(kJ/kg)	37.5	26.9	15.9
w_T/(kJ/kg)	446.5	116.6	58.3
$\varepsilon = \dfrac{-\Delta h_T}{w_T}$	0.0842	0.231	0.273

$T=288$ K 时空气 ε-p_1-p_2 关系更详细的分析数据如图 5-6 所示。由图 5-6 可见,对应于每个 p_1 值,有一个相应的最大理论制冷系数 ε_{max} 及 p_2 值,ε_{max} 点的轨迹如图中点画线的右段。此外,当 p_2 一定时,p_1 越高则 ε 越大,因此最佳的 p_1 值应尽可能高甚至接近 p_2,这样 ε 也将达到最佳值。因此,适当地提高 p_1 以减少循环压力范围,可以提高理论制冷系数。

3）换热器热端温度 T 和$-\Delta h_T$ 的关系

降低高压空气进换热器的温度 T 对增加等温节流效应$-\Delta h_T$ 有明显的作用。图 5-7 所示为 $p_1=1\times10^2$ kPa、$p_2=200\times10^2$ kPa 时 T 与$-\Delta h_T$ 的关系。

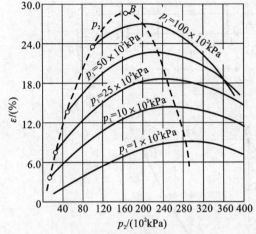

图 5-6　节流循环 ε-p_1-p_2 关系

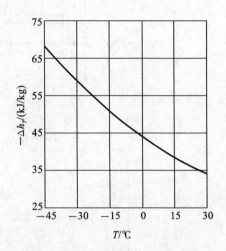

图 5-7　换热器热端温度 T 与$-\Delta h_T$ 关系

综上所述,可得下列结论:对于一次节流液化循环,为改善循环的性能指标,可提高 p_2,一般 $p_2=(20\sim22)\times10^3$ kPa;可在保证所需循环制冷量及液化温度的条件下,适当提高初压 p_1,从而减小节流的压力范围;可采取措施降低高压空气进换热器时的温度,以提高液化系数。

2. 有预冷的一次节流液化循环

根据上述结论可知,降低换热器热端高压空气的温度可以提高循环的经济性。为此除利用节流后的低压返流空气外,还可采用外部冷源预冷,以降低进换热器的高压空气的温度。对于空气节流液化循环,一般采用氨或氟利昂制冷机组进行预冷,可使进换热器的高压空气温度降至$-50\sim-40$ ℃。采用这一措施组成的节流循环称为有预冷的节流液化循环。

图 5-8 绘出了有预冷的一次节流液化循环的系统图及 T-s 图。

设加工 1 kg 空气时生产 Z_{pr} kg 液空,制冷蒸发器供给的冷量为 q_{0c}。将装置分成 $ABCD$ 与 $CDEF$ 两个热力学系统,其跑冷损失分别为 q_3^{I} 与 q_3^{II};换热器 I 和 II 的不完全热交换损失为 q_2^{I} 和 q_2^{II},则有

$$q_2^{\mathrm{I}} = (1-Z_{pr})(h_{1'}-h_1)$$
$$q_2^{\mathrm{II}} = (1-Z_{pr})(h_{8'}-h_8)$$

由 $ABCD$ 系统的能量平衡得

$$h_2 + (1-Z_{pr})h_8 + q_3^{\mathrm{I}} = h_4 + (1-Z_{pr})h_1 + q_{0c} \tag{5-25}$$

将 q_2^{I} 式代入上式可得

$$(1-Z_{pr})h_8 - h_4 = (1-Z_{pr})h_{1'} - q_2^{\mathrm{I}} + q_{0c} - h_2 - q_3^{\mathrm{I}} \tag{5-26}$$

由 $CDEF$ 系统的能量平衡得

$$(1-Z_{pr})h_8 + Z_{pr}h_0 = h_4 + q_3^{\mathrm{II}} \tag{5-27}$$

联解式(5-26)、式(5-27),求得循环的实际液化系数

$$Z_{pr} = \frac{(h_{1'}-h_0) + q_{0c} - (q_2^{\mathrm{I}} + q_3^{\mathrm{I}} + q_3^{\mathrm{II}})}{h_{1'}-h_0} = \frac{-\Delta h_T + q_{0c} - (q_2^{\mathrm{I}} + q_3)}{h_{1'}-h_0} \quad (\mathrm{kg/kg(加工空气)})$$

$$\tag{5-28}$$

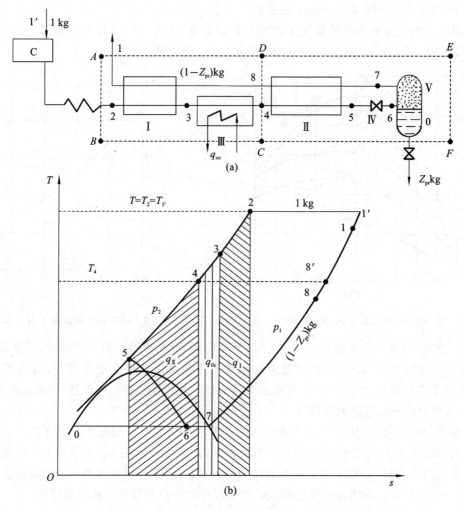

图 5-8 有预冷的一次节流液化循环流程图与 T-s 图

C—压缩机；Ⅰ—预换热器；Ⅱ—主换热器；Ⅲ—制冷设备的蒸发器；Ⅳ—节流阀；Ⅴ—气液分离器

式中，$q_3^Ⅰ + q_3^Ⅱ = q_3$ 为整个系统的跑冷损失。

循环的实际单位制冷量

$$q_{0,pr} = Z_{pr}(h_{1'} - h_0) = -\Delta h_T + q_{0c} - (q_2^Ⅰ + q_3) \quad (kJ/kg(加工空气)) \quad (5-29)$$

将 $q_2^Ⅱ$ 式代入式(5-27)，可得循环实际液化系数的另一表达形式：

$$Z_{pr} = \frac{(h_{8'} - h_4) - (q_2^Ⅱ + q_3^Ⅱ)}{h_{8'} - h_0} = \frac{-\Delta h_{T_4} - (q_2^Ⅱ + q_3^Ⅱ)}{h_{8'} - h_0} \quad (kg/kg(加工空气)) \quad (5-30)$$

其中 $-\Delta h_{T_4}$ 是在 T_4 温度下空气从 p_2 到 p_1 的等温节流效应。

将式(5-29)、式(5-30)与式(5-19)、式(5-18)比较可知：在 p_1、p_2 与 T 相同的情况下，有预冷的一次节流液化循环的实际制冷量及液化系数比没有预冷的一次节流液化循环大，制冷量增大的值即为预冷设备输入的冷量 q_{0c}；液化系数的增大是由于在较低温度(T_4)下等温节流效应增加了，即 $-\Delta h_{T_4} > -\Delta h_T$，同时分母的 $h_{8'} - h_0 < h_{1'} - h_0$，而冷损同样比较小。由此可见，$q_{0c}$ 作为一种附加冷量，借助主换热器及节流阀转化到更低的温度水平，增加了循环的制冷量和液化系数。而 q_{0c} 是在较高的温度($-50 \sim -40\ ℃$)下产生的冷量，它所需的能耗比在液化温度下产生相同冷量的能耗要小得多，因此采用预冷提高了循环的经济性。

制冷设备供给的冷量可以将 q_2^{II} 式代入式(5-26)求得,即

$$q_{0c} = (h_{8'} - h_4) - (h_{1'} - h_2) + Z_{pr}(h_{1'} - h_{8'}) + (q_2^{I} - q_2^{II}) + q_3^{I} \tag{5-31}$$

$$= (-\Delta h_{T_4}) - (-\Delta h_T) + Z_{pr}(h_{1'} - h_{8'}) + (q_2^{I} - q_2^{II}) + q_3^{I}$$

有预冷的一次节流液化循环的能耗为空气压缩机能耗 $w_{A,pr}$ 和制冷机能耗 $w_{R,pr}$ 之和,即

$$w_{pr} = w_{A,pr} + w_{R,pr} \quad (kJ/kg(加工空气)) \tag{5-32}$$

式中 $w_{A,pr}$ 由式(5-21)给出,$w_{R,pr}$ 可从下式求得:

$$w_{R,pr} = \frac{q_{0c}}{q_{0,per}} \tag{5-33}$$

式中,$q_{0,per}$ 为单位功耗获得的预冷冷量(kJ/kJ),即制冷循环的制冷系数。按文献推荐:以氨为工质的制冷机,预冷温度 $T_4 = 288$ K 时,$q_{0,per} = 1.165$ kJ/kJ。因此产生 1 kg 液空的单位能耗为

$$w_{0,pr} = (w_{A,pr} + w_{R,pr})/Z_{pr} = \frac{RT \ln \frac{p_2}{p_1}}{\eta_T Z_{pr}} + \frac{q_{0c}}{q_{0,per} Z_{pr}} \quad (kJ/kg(液空)) \tag{5-34}$$

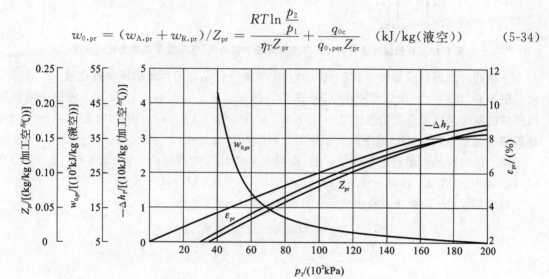

图 5-9　有预冷的一次节流液化循环特性

图 5-9 示出当 $T = 303$ K、$p_1 = 98$ kPa、$\sum q = 11.5$ kJ/kg(加工空气)、预冷温度为 288 K、$\eta_T = 0.59$ 时,不同高压下有预冷的一次节流液化循环的特性曲线。比较图 5-5 和图 5-9 可以看出,在相同情况下,采用预冷后循环的实际液化系数 Z_{pr}、制冷系数 ε_{pr} 提高了,单位能耗 $w_{0,pr}$ 降低了,相应循环效率 η_{cy} 增加了。

采用预冷之所以获得较高的循环效率,主要是减少了换热器内高、低压空气的温差,使传热过程的不可逆性减少,从而提高了循环的效率。图 5-10 所示为有预冷和没有预冷时一次节流液化循环换热器中高、低压空气的温差变化示意图。图中纵坐标代表换热器任一截面上两股气流传递的热量,横坐标代表气流的温度。根据热平衡方程可作出换热器各截面传递的热量与温度的关系曲线。图中 7—1 线为低压空气吸收的热量与温度的关系曲线,2—5′线为没有预冷时高压空气放出的热量与温度的关系曲线。2—5′线与 7—1 线之间与横坐标平行的线段即为某截面上高、低压空气的温差。在有预冷时,高压空气在预换热器中冷却到 T_3 后进入制冷设备的蒸发器,温度进一步降至 T_4。4—5 线与 7—8 线之间与横坐标平行的线段,即为主换热器中高、低压空气的温差。显然,其温差减小了,从而减少了不可逆损失。与此同时,还降低了高压空气节流前的温度,即 $T_5 < T_{5'}$,因而使液化系数增加。

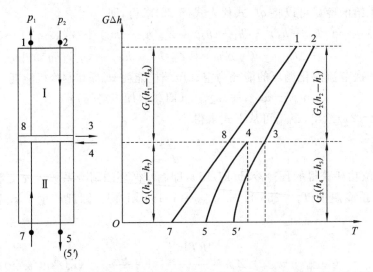

图 5-10　有预冷与没有预冷时节流循环换热器中高、低压空气温差变化示意图

下面通过例题对没有预冷和有预冷的一次节流液化循环的性能指标进行比较。

例 5-1　求空气一次节流液化循环(图 5-3)的 Z_{pr}、$q_{0,pr}$、$w_{0,pr}$、ε_{pr}、η_{cy} 及 η_e。假设压缩机等温压缩的温度为环境介质的温度 $T = T_{1'} = 303$ K，$p_1 = 100$ kPa，$p_2 = 20 \times 10^3$ kPa，$\eta_T = 0.6$；换热器热端温差 $\Delta T_h = 5$ K，跑冷损失 $q_3 = 6.5$ kJ/kg(加工空气)。

解　按物性热力图查空气的 T-s 图，得到有关特性点的参数值：$h_{1'} = 303$ kJ/kg，$h_2 = 270$ kJ/kg，$h_0 = -127$ kJ/kg，$s_{1'} = 6.87$ kJ/(kg·K)，$s_0 = 2.98$ kJ/(kg·K)。

(1) 实际循环的液化系数由式(5-18)求得，即

$$Z_{pr} = \frac{h_{1'} - h_2 - (q_2 + q_3)}{h_{1'} - h_0}$$

其中

$$q_2 = (1 - Z_{pr})c_{p_1} \cdot \Delta T_h = (1 - Z_{pr}) \times 1.007 \times 5 \text{ kJ/kg(加工空气)}$$
$$= 5.035(1 - Z_{pr}) \text{ kJ/kg(加工空气)}$$

(式中 c_{p_1} 为空气的定压比热容，查得 $c_{p_1} = 1.007$ kJ/(kg·K)。)

代入有关数据，得

$$Z_{pr} = \frac{(303 - 270) - 5.035(1 - Z_{pr}) - 6.5}{303 + 127}$$

解得

$$Z_{pr} = 0.0505 \text{ kg/kg(加工空气)}$$

(2) 实际循环的单位制冷量

$$q_{0,pr} = Z_{pr}(h_{1'} - h_0) = 0.0505 \times (303 + 127) \text{kJ/kg(加工空气)} = 21.7 \text{ kJ/kg(加工空气)}$$

(3) 求实际单位能耗。

实际单位压缩功

$$w_{pr} = \frac{RT\ln\dfrac{p_2}{p_1}}{\eta_T} = \frac{0.287 \times 303\ln\dfrac{20 \times 10^8}{100}}{0.6}\text{kJ/kg(加工空气)} = 768 \text{ kJ/kg(加工空气)}$$

实际单位能耗由式(5-21)求得，即

$$w_{0,pr} = \frac{w_{pr}}{Z_{pr}} = \frac{768}{0.0505}\text{kJ/kg(液空)} = 15208 \text{ kJ/kg(液空)}$$

(4) 实际循环的制冷系数由式(5-22)求得，即

$$\varepsilon_{pr} = \frac{q_{0,pr}}{w_{pr}} = \frac{21.7}{768} = 0.02826$$

(5) 循环效率由式(5-24)求得，即

$$\eta_{cy} = 0.02826 \times \frac{303 \times (6.87 - 2.98) - (303 + 127)}{303 + 127} = 0.0492$$

例 5-2 确定有预冷的一次节流空气液化循环(图 5-8)的 Z_{pr}、$q_{0,pr}$、$w_{0,pr}$、ε_{pr}、η_{cy} 及 η_e。氨预冷温度 $T_4 = 288$ K，$\Delta T_I = T_{1'} - T_1 = 10$ K，$\Delta T_{II} = T_{8'} - T_8 = 5$ K，$q_3^I = 3$ kJ/kg(加工空气)，$q_3^{II} = 3.5$ kJ/kg(加工空气)，其他参数与例 5-1 相同。

解 由空气热力图查空气 $T\text{-}s$ 图得：$h_{8'} = 230$ kJ/kg，$h_4 = 165$ kJ/kg。

(1) 实际循环的液化系数可按式(5-30)求得，其中

$$q_2^{II} = (1 - Z_{pr})c_{p_1}\Delta T_{II} = (1 - Z_{pr}) \times 1.007 \times 5 \text{ kg/kg(加工空气)}$$
$$= 5.035(1 - Z_{pr}) \text{kg/kg(加工空气)}$$

故

$$Z_{pr} = \frac{(230 - 165) - 5.035(1 - Z_{pr}) - 3.5}{230 + 127}$$

解得

$$Z_{pr} = 0.16 \text{ kg/kg(加工空气)}$$

从而

$$q_2^{II} = 4.23 \text{ kg/kg(加工空气)}$$

(2) 实际循环的制冷量按式(5-29)求得，即

$$q_{0,pr} = Z_{pr}(h_{1'} - h_0) = 0.16 \times (303 + 127) \text{kg/kg(加工空气)} = 68.8 \text{ kJ/kg(加工空气)}$$

(3) 实际单位能耗

$$w_{0,pr} = \frac{w_{A,pr} + w_{R,pr}}{Z_{pr}}$$

式中，压缩机实际功耗 $w_{A,pr}$ 与例 5-1 相同，即

$$w_{A,pr} = 768 \text{ kJ/kg(加工空气)}$$

氨制冷机的单位功耗

$$w_{R,pr} = \frac{q_{0c}}{q_{0,per}}$$

氨制冷机提供的冷量 q_{0c} 由式(5-31)求得，其中

$$q_2^I = (1 - Z_{pr})c_{p_1} \cdot \Delta T_I = (1 - 0.16) \times 1.007 \times 10 \text{ kg/kg(加工空气)}$$
$$= 8.46 \text{ kg/kg(加工空气)}$$

故

$$q_{0c} = [(230 - 165) - (303 - 270) + 0.16 \times (303 - 230) + (8.46 - 4.23) + 3] \text{kg/kg(加工空气)}$$
$$= 50.91 \text{ kJ/kg(加工空气)}$$

对于氨制冷机，当预冷温度为 288 K 时，推荐 $q_{0,pr} = 1.165$ kJ/kJ，所以

$$w_{R,pr} = \frac{50.91}{1.165} \text{kJ/kg(加工空气)} = 43.7 \text{ kJ/kg(加工空气)}$$

则生产 1 kg 液空的单位能耗

$$w_{0,pr} = \frac{768 + 43.7}{0.16} \text{kJ/kg(液空)} = 5073 \text{ kJ/kg(液空)}$$

(4) 实际制冷系数

$$\varepsilon_{pr} = \frac{68.8}{768 + 43.7} = 0.08476$$

(5) 循环效率按式(5-24)可求得,即

$$\eta_{cy} = 0.1476$$

显然其经济性比无预冷的循环提高很多。

3. 二次节流液化循环

在讨论一次节流液化循环时曾得出结论,适当提高循环的低压可以提高循环的制冷系数。为此,在循环中使高压空气节流到某一中间压力(p_i)后,分成两部分:一部分回收其冷量后再回到高压压缩机(这部分气体称为循环气体),这就提高了高压压缩机的进气压力,减少了功耗;另一部分从中压再次节流到低压并获得液体。这种具有部分循环气体的液化循环称为二次节流液化循环。

图 5-11 为二次节流液化循环系统图及 T-s 图。经低压压缩机 K_1 将 D_2 kg 空气从 p_1 等温压缩到中间压力 p_i,在点 $2'$ 它同 D_1 kg 的循环空气合并,共(D_1+D_2)kg,然后进入高压压缩机 K_2,被等温压缩到 p_2(点 3),经换热器冷却到 T_4(点 4),再节流到中压 p_i(点 5)并流入容器 R_1。在容器 R_1 中,全部空气分成 D_1 和 D_2 两部分(相应为点 6 和点 7):压力为 p_i 的 D_1 kg 冷空气返流通过换热器,复热后(点 2)进高压压缩机;另一部分 D_2 kg 则再次节流至低压 p_1 并流入容器 R_2(点 8),这时获得 Z_{pr} kg 低压液空,剩余的(D_2-Z_{pr})kg 低压冷空气(点 9)返流经换热器后复热到 T_1(点 1)。若 $p_i < p_{cr}$,第一次节流膨胀即可在容器 R_1 中获得气液混合物,如图 5-11 中 T-s 图表示的过程。在此情况下,第二次节流的是 D_2 kg 中压液空。若 $p_i > p_{cr}$,则 p_i 等压线将在边界曲线上面,因此第一次节流不可能产生液空。进行第二次节流的是 D_2 kg 中压冷空气。

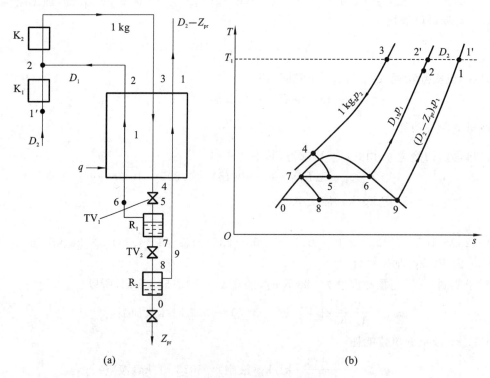

(a)   (b)

图 5-11 二次节流液化循环系统图与 T-s 图

二次节流液化循环的特性可用同样的方法进行分析和计算,此处从略。

给定高压时,二次节流循环的单位能耗随 D_2 及 p_i 而变。图 5-12 示出当 $p_1 = 98$ kPa,p_2

$=19.6\times10^3$ kPa，$\sum q=9.7$ kJ/kg 时二次节流空气液化循环的 $w_{0,\mathrm{pr}}$ 与 D_2 及 p_i 的关系。图中实线表示没有预冷的情况。从图 5-12 可见，最佳的中间压力为 $(3\sim5)\times10^3$ kPa；D_2 值减小，则能耗降低，在 $D_2=0.2$ kg/kg 时接近允许的最小值，否则得不到液空。

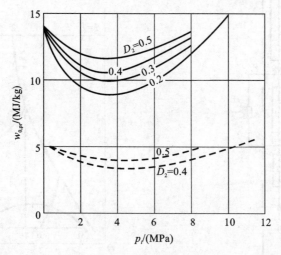

图 5-12　二次节流空气液化循环单位能耗与 D_2、p_i 的关系

二次节流液化循环也可采用外部冷源进行中间预冷，以改善循环的热力性能。图 5-12 中的虚线表示有预冷的二次节流液化循环的 $w_{0,\mathrm{pr}}$ 与 D_2、p_i 的关系曲线，预冷温度为 233 K。

二次节流液化循环流程较复杂，设备较多，故应用上受到一定的限制。一般用于制取液态产品的小型设备，也可用于分离其他混合气体的装置。

5.3　带膨胀机的空气液化循环

在绝热条件下，压缩气体进入膨胀机膨胀并对外做功，可获得大的温降及冷量。因此采用气体输出外功绝热膨胀的循环，目前在气体液化和分离设备中的应用更为广泛。

1. 克劳特液化循环

1）工作过程及性能指标的计算

1902 年法国的克劳特首先实现了带有活塞式膨胀机的空气液化循环，其流程图及 $T\text{-}s$ 图如图 5-13 所示。

1 kg 温度 T_1、压力 p_1（点 $1'$）的空气，经压缩机 C 等温压缩到 p_2（点 2），并经换热器 Ⅰ 冷却至 T_3（点 3），然后分成两部分：一部分 V_e kg 的空气进入膨胀机 E 膨胀到 p_1（点 4），温度降低并做外功，而膨胀后的气体与返流气汇合流入换热器 Ⅱ、Ⅰ 以预冷高压空气；另一部分 V_{th}（$V_{\mathrm{th}}=1-V_e$）kg 的空气经换热器 Ⅱ、Ⅲ 冷至温度 T_5（点 5）后，经节流阀节流到 p_1（点 6），获得 Z_{pr} kg 液体，其余（$V_{\mathrm{th}}-Z_{\mathrm{pr}}$）kg 饱和蒸气返流经各换热器冷却高压空气。

设系统的跑冷损失为 q_3，不完全热交换损失为 q_2。由图中 $ABCD$ 热力学系统的热平衡方程得

$$h_2+V_eh_4+q_3=Z_{\mathrm{pr}}h_0+V_eh_3+(1-Z_{\mathrm{pr}})h_1$$

因为

$$q_2=(1-Z_{\mathrm{pr}})(h_{1'}-h_1)$$

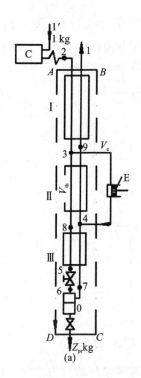
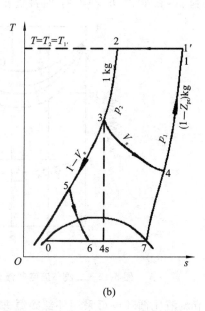

图 5-13 克劳特液化循环流程图及 *T-s* 图

所以

$$h_2 + V_e h_4 + q_3 = Z_{pr} h_0 + V_e h_3 + (1 - Z_{pr}) h_{1'} - q_2$$

从而可求得实际液化系数

$$Z_{pr} = \frac{(h_{1'} - h_2) + V_e(h_3 - h_4) - (q_2 + q_3)}{h_{1'} - h_0}$$

$$= \frac{-\Delta h_{T_2} + V_e(h_3 - h_4) - \sum q}{h_{1'} - h_0} \quad (\text{kg/kg(加工空气)})$$

$$(5\text{-}35)$$

循环的单位制冷量

$$q_{0,pr} = Z_{pr}(h_{1'} - h_0) = -\Delta h_{T_2} + V_e(h_3 - h_4) - \sum q \quad (\text{kJ/kg(加工空气)}) \quad (5\text{-}36)$$

在理想情况下,气体在膨胀机中的膨胀过程是等熵过程,如图中 3—4s 线;实际上由于气体在膨胀机中流动时存在多种能量损失,外界热量也不可避免地要传入,因此膨胀机的实际膨胀过程是有熵增的过程,如图 5-13 中的 3—4 线所示。

衡量气体在膨胀机中实际膨胀过程偏离等熵膨胀过程的尺度,称为膨胀机的绝热效率（η_s）,它可用膨胀机中膨胀气体实际焓降与等熵膨胀焓降之比来表示,即

$$\eta_s = \frac{h_3 - h_4}{h_3 - h_{4s}} = \frac{h_3 - h_4}{\Delta h_s} \quad (5\text{-}37)$$

因此式(5-35)、式(5-36)亦可写为

$$Z_{pr} = \frac{-\Delta h_{T_2} + V_e \Delta h_s \eta_s - \sum q}{h_{1'} - h_0} \quad (\text{kg/kg(加工空气)}) \quad (5\text{-}38)$$

$$q_{0,pr} = -\Delta h_{T_2} + V_e \Delta h_s \eta_s - \sum q \quad (\text{kJ/kg(加工空气)}) \quad (5\text{-}39)$$

将式(5-38)、式(5-39)与式(5-18)、式(5-19)比较可以看出,克劳特液化循环比一次节流液化循环的实际液化系数和单位制冷量大。在克劳特液化循环中,制冷量主要由膨胀机产生,其次是等温节流效应。

克劳特液化循环消耗的功应为压缩机消耗的功与膨胀机回收功之差,即

$$w_{pr} = \frac{R_T}{\eta_T} \ln \frac{p_2}{p_1} - V_e h_s \eta_s \eta_m \quad (\text{kJ/kg(加工空气)}) \tag{5-40}$$

式中,η_m 为膨胀机的机械效率。

由式(5-38)及式(5-40)即可求出制取液空所需的单位能耗。

分析以上各式可知,高压 p_2、进入膨胀机的气量 V_e 以及进膨胀机的高压空气温度 T_3 不仅影响循环的性能指标 Z_{pr}、$q_{0,pr}$、w_{pr} 等,还将影响系统中换热器的工况。下面分别进行讨论。

2)循环性能指标与主要参数的关系

当 p_2 与 T_3 不变时,增大膨胀量 V_e,膨胀机产生的冷量随之增大,循环制冷量及液化系数相应增加。但 V_e 过分增大,去节流阀的气量太少,会导致冷量过剩,使换热器 Ⅱ 偏离正常工况。

当 V_e 与 T_3 一定时,提高高压 p_2,等温节流效应和膨胀机的单位制冷量均增大,液化系数增加。但过分提高 p_2,会造成冷量过剩,且冷损增大,并因冷量被浪费掉而使能耗增大。

当 p_2 与 V_e 一定时,提高膨胀前温度 T_3,膨胀机的焓降即单位制冷量会增大,膨胀后气体的温度 T_4 也同时提高。而节流部分的高压空气出换热器 Ⅱ 的温度(T_3)和 T_4 有关,若 T_3 太高,通过膨胀机产生的较多冷量不能全部传给高压空气,会导致冷损增大,甚至使换热器 Ⅱ 不能正常工作。

在上述讨论中,都假定两个参数不变,而分析另外一个参数对循环性能的影响。但是在实际过程中,三个参数之间是相互制约的关系,因此在确定循环系数时几个因素要同时加以考虑,这样才能得到最佳值。

图 5-14 示出制取 1 kg 液空时 p_2、V_{th} 及 $w_{0,pr}$ 的关系曲线。曲线是在换热器 Ⅰ、Ⅱ 热端温差为 10 K,跑冷损失 $q_3 = 8.37$ kJ/kg(加工空气),压缩机等温效率 $\eta_T = 0.6$,膨胀机绝热效率 $\eta_s = 0.7$,膨胀机机械效率 $\eta_m = 0.7$,膨胀后压力 $p_1 = 98$ kPa 的情况下作出的。由图 5-14 可以看出,在克劳特空气液化循环中,p_2 较高和节流量 V_{th} 值较小时单位能耗较低。

图 5-15 示出克劳特空气液化循环中最佳的膨胀前温度 T_3 及节流量 V_{th} 与高压 p_2 的关系曲线。其作图条件与图 5-14 相同。

3)克劳特液化循环中换热器的温度工况

选择克劳特液化循环参数时,不仅从循环的能量平衡考虑,还需要满足换热器正常换热工况的要求。正常换热工况是指在换热器任一截面上热气体与冷气体之间的温差必须为正值,且温差分布比较合理,最小温差不低于某一定值(通常为 3~5 K)。冷、热气体间的最小温差可能发生在各换热器的不同截面上,这取决于循环的流程和气体的热力学性质。

换热器温度工况可用热量-温度图($G\Delta h\text{-}T$ 图)表示。该图可以反映出气流沿换热器不同截面的温度变化,也可以表示各截面上冷、热气流之间的温差。

现在讨论影响换热器温度工况的因素。图 5-16 表示克劳特液化循环的换热器 Ⅱ。p_2 压力的正流空气量为 V_{th} kg,进、出口温度分别为 T_3、T_8,在换热器某一段正流空气的平均比热

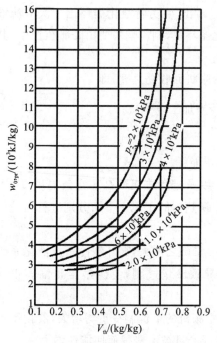

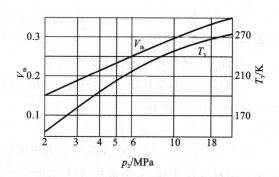

图 5-14 克劳特空气液化循环的
p_2、V_{th} 与 $w_{0,pr}$ 关系曲线

图 5-15 最佳膨胀机进气温度 T_3 和节流量
V_{th} 与高压 p_2 关系曲线

容为 c_{p2}；p_1 压力的返流空气量为 $(1-Z)$kg，进、出口温度分别为 T_4、T_9，某一段返流空气的平均比热容为 c_{p1}。若不考虑跑冷损失，在换热器任一截面 b—b 一侧的热平衡方程为

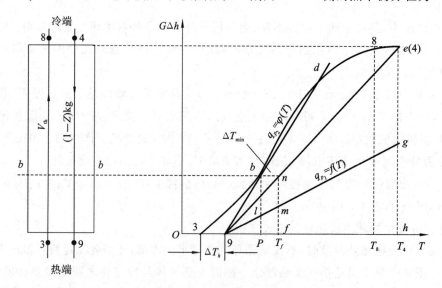

图 5-16 换热器 $G\Delta h$-T 图

$$V_{th}(T_3 - T_{bp_2})c_{p_2} = (1-Z)(T_9 - T_{bp_1})c_{p_1} \qquad (5-41)$$

式中，T_{bp_1}、T_{bp_2} 分别是 b—b 截面上正流与返流空气的温度。

令

$$\beta = \frac{1-Z}{V_{th}}, \quad r_c = \frac{c_{p_1}}{c_{p_2}}$$

式(5-41)可转换为

$$T_3 - T_{bp_2} = \beta r_c(T_9 - T_{bp_1})$$

因而

$$T_{bp_2} - T_{bp_1} = T_3 - \beta r_c(T_9 - T_{bp_1}) - T_{bp_1} \tag{5-42}$$
$$= (T_3 - T_9) + (1 - \beta r_c)(T_9 - T_{bp_1})$$

从式(5-42)可以看出,换热器任一截面的温差$(T_{bp_2} - T_{bp_1})$与热端温差$(T_3 - T_9)$(若从冷端列热平衡方程,则与冷端温差$(T_8 - T_4)$)、气流流量比β及气流平均比热比r_c有关,亦即和循环参数的选择有关。对于克劳特液化循环,由于部分加工空气(V_e)进膨胀机,因而在气体分流后的换热器Ⅱ中,正流空气量减少,返流空气与正流空气流量比β值较大,可能出现正流空气过冷的情况,使冷、热气流之间的温差减小。若循环参数选择不当,在$G\Delta h\text{-}T$图上就会出现某个局部温差小于设计所允许的最小温差,甚至是"零温差"或"负温差"的现象。"负温差"在实际换热器中是不存在的,这只是表明换热器的温度工况被破坏,已经不能正常地进行工作。因此在进行克劳特液化循环参数选择时,必须校核换热器的温度工况。

换热器中流量比的选择,实际上就是克劳特液化循环膨胀量的选择,是有一定范围的。下面讨论换热器中流量比与气流间温差的关系。

如图 5-16 所示,在 $G\Delta h\text{-}T$ 图上,以换热器热端的焓值为基准,作出各为 1 kg 的低压气体和高压气体换热量随温度而变的曲线 $q_{p_1} = f(T)$ 和 $q_{p_2} = \varphi(T)$。因为低压气体的比热容几乎不随温度而变,所以 $q_{p_1} = f(T)$ 接近一条直线;高压气体的比热容随温度变化,故 $q_{p_2} = \varphi(T)$ 是一条曲线。图中 3、8、9 等点状态与图 5-13 上的位置相对应。T_3 与 T_9 间的距离为换热器热端温差 ΔT_h。由点 9 作 $q_{p_2} = \varphi(T)$ 曲线的切线 9—d,切点为 b。自点 b 作横坐标的垂线 bP,与 $q_{p_1} = f(T)$ 线交于点 l。线段 $\overline{bP}$ 表示 1 kg 高压气体从 T_3 冷却到 T_b 所放出的热量,线段 $\overline{lP}$ 则表示在 b—b 截面出现零温差时从 T_b 加热到 T_9 所吸收的热量。不计换热器跑冷损失时,由 b—b 截面至热端一段的热平衡方程为

$$V_{th}\,\overline{bP} = (1 - Z)\,\overline{lP}$$

因此

$$\beta = \frac{1 - Z}{V_{th}} \doteq \frac{\overline{bP}}{\overline{lP}}$$

设计换热器时,通常规定局部温差不低于允许的最小温差 ΔT_{min}。为此,由切点 b 向右作平行于横坐标的线段,取 $\overline{bn} = \Delta T_{min}$,得点 n;从点 n 引垂线 nf,则从换热器 b—b 截面至热端间的高压气体放出的热量为 $V_{th}\overline{nf}$,低压气体吸收的热量为 $(1 - Z)\overline{mf}$。不计冷损时,则

$$V_{th}\,\overline{nf} = (1 - Z)\,\overline{mf}$$

所以

$$\beta = \frac{\overline{nf}}{\overline{mf}}$$

连接点 9 与点 n,其延长线与过 $q_{p_2} = \varphi(T)$ 曲线上点 8 的水平线相交于 e,点 e 温度即为 T_4。直线 9—e 就表示换热器中保证最小温差为 ΔT_{min} 时的低压气体的 $q_{p_1} = f(T)$ 线。9—e 线与 $q_{p_2} = \varphi(T)$ 曲线之间的水平线段即为换热器各截面的温差。

例如,$\overline{9n}$ 的延长线与 $q_{p_2} = \varphi(T)$ 曲线的交点 e 在点 8 的左边,如图 5-17 所示。这时 $T_e > T_8$,即在冷端出现负温差。由此可见,换热器的最小温差在冷端。在这种情况下求取 β 值,需由点 8 向右作平行于横坐标的线段,取 $\overline{84} = \Delta T_{min}$,得点 4;过点 4 作垂线与 $q_{p_1} = f(T)$ 直线交于点 g,则 $\beta = \overline{44'}/\overline{g4'}$。此时换热器各截面的温差为 q—4 线与 $q_{p_2} = \varphi(T)$ 曲线间水平线的距

离。

用上述方法在 $G\Delta h\text{-}T$ 图上解得 β 值,则

$$Z_{pr} = 1 - \beta V_{th} = 1 - \beta(1 - V_e) \tag{5-43}$$

将上式代入式(5-38),经整理可得

$$V_e = \frac{\beta(h_{1'} - h_0) - (h_2 - h_0) - \sum q}{\beta(h_{1'} - h_0) - \Delta h_s \eta_s} \quad (\text{kg/kg(加工空气)}) \tag{5-44}$$

将求出的 V_e 再代入式(5-43),得到 Z_{pr}。

或者,将 $V_{th} = \dfrac{1-Z}{\beta}$ 代入式(5-38),即可得

$$Z_{pr} = \frac{\beta(h_{1'} - h_0) + (\beta - 1)\Delta h_s \eta_s - \beta \sum q}{\beta(h_{1'} - h_0) - \Delta h_s \eta_s} \tag{5-45}$$

然后由 β 值求出 Z_{pr},再求 V_e。

应指出,实际计算克劳特液化循环还要复杂一些,因为需要先确定最佳的膨胀前温度。为此需要将液化系数 Z_{pr} 和单位能耗 $w_{0,pr}$ 与不同膨胀前温度的关系画成特性曲线,根据这个曲线可以确定最佳膨胀前温度。

为了从式(5-38)和式(5-43)确定 Z_{pr} 及 V_{th},需由 $G\Delta h\text{-}T$ 图求出 β 值,而采用克劳特液化循环的空气液化装置一般不设置第Ⅲ换热器。其 $G\Delta h\text{-}T$ 图如图5-18所示。$q_{p_1} = f(T)$ 为 1 kg 低压空气线,$q_{p_2} = \varphi(T)$ 为 1 kg 高压空气线。点 a 表示膨胀前空气状态,且已知温度 T_a。假设出换热器Ⅱ的低压返流空气温度为 T_b(点 b),则在换热器Ⅱ中 1 kg 返流空气传出的冷量是 $q_0 = \overline{cd}$。为了使高压空气冷却到接近返流空气的温度(通常取温差 5 K),必须使低压返流空气量与高压空气量的比值等于 $\dfrac{\overline{de}}{\overline{cd}}$,即 $\beta = \dfrac{\overline{de}}{\overline{cd}}$ 或 $\beta = \dfrac{1 - Z_{pr}}{V_{th}}$。求出 β 值后,就可从式(5-44)及式(5-43)算出 V_{th}(或 V_e)和 Z_{pr} 值。

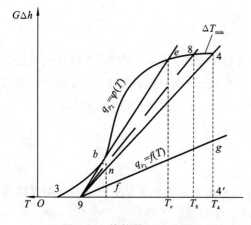

图5-17 换热器 $G\Delta h\text{-}T$ 图

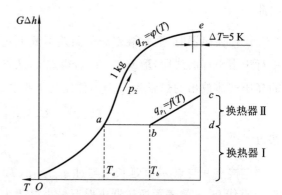

图5-18 确定克劳特液化循环的节流空气量

由于返流空气离开换热器Ⅱ的温度 T_b 未知,因此不得不先假定返流空气量等于全部空气量来进行上述初步计算。这样求出的 V_{th} 和 Z_{pr} 是第一次近似值。知道 Z_{pr} 后,就能比较准确地确定 $q_{p_1} = f(T)$ 直线的位置,重新求得 V_{th} 和 Z_{pr} 值,所得的值已有足够的准确度,不必进行第二次校正,详见例5-3。

克劳特空气液化循环应用于中、小型空分装置，一般压力范围为$(1.5\sim4.0)\times10^3$ kPa，采用活塞式或透平膨胀机，如国产 KFS-300 型、KFS-860 型、KFZ-1800 型空分装置等。

带有预冷的克劳特液化循环可使制冷量增大，单位能耗降低。由于冷量充足，可以获得更多液态产品，一般用于生产液氧、液氮的装置。

例 5-3 试计算克劳特空气液化循环的实际液化系数及单位能耗，已知条件如下：高压 p_2 = 6000 kPa；膨胀后的空气为干饱和蒸气，压力 p' = 600 kPa；低压 p_1 = 100 kPa；环境温度 T = 303 K，换热器Ⅰ热端温差 ΔT_h = 5 K；膨胀机绝热效率 η_s = 0.65，机械效率 η_m = 0.8；压缩机等温效率 η_T = 0.6；跑冷和不完全热交换损失之和 $\sum q$ = 11.5 kJ/kg（加工空气）。

解 首先确定膨胀前空气的温度(T_3)。为此，在空气的 h-s 图上（如图 5-19 所示），从 p' = 600 kPa 的等压线与干饱和蒸气线的交点 4 引水平线，任意截取线段 $\overline{4b}$，过点 b 作 $\overline{4b}$ 的垂线，取线段使其符合 $\overline{bd}/\overline{bc} = \dfrac{\eta_s}{1-\eta_s} = \dfrac{0.65}{0.35}$ 的关系。4—d 线与 p_2 = 6000 kPa 的等压线交于点 3，点 3 即为膨胀前的状态。由图求得膨胀前空气温度 T_3 = 183 K。

先在 $G\Delta h$-T 图上作 p_2 为 6000 kPa、1 kg 空气的 $q_{p_2} = \varphi(T)$ 曲线和 p_1 为 100 kPa、1 kg 空气的 $q_{p_1} = f(T)$ 直线，如图 5-20 所示。$q_{p_1} = f(T)$ 线的冷端温度为返流压力下空气的饱和温度，等于 81.8 K。

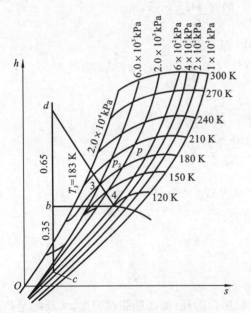

图 5-19　由膨胀后干饱和蒸气确定膨胀前温度

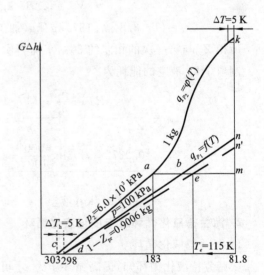

图 5-20　确定带膨胀中压循环节流空气量

再按照保证高压空气与返流低压气体之间进行正常换热的条件确定通过换热器的节流量 V_{th}。为此从 T_3 = 183 K 的点 a 作水平线 am，显然线段比 $\overline{mn}/\overline{mk} = \dfrac{V_{th}}{1-Z_{pr}}$。从图 5-20 求得

$\overline{mn}/\overline{mk}$ = 0.263，即 $1-Z_{pr} = \dfrac{V_{th}}{0.263}$，$Z_{pr} = 1 - 0.38V_{th}$。

从工质热力图（来源很多）查空气的 T-s 图，求出膨胀机的实际焓降，有

$$\eta_s\Delta h_s = h_3 - h_4 = 54.5 \text{ kJ/kg}$$

$T = 303$ K 时的等温节流效应

$$-\Delta h_T = h_{1'} - h_2 = 12 \text{ kJ/kg}$$

按式(5-38)可得

$$1 - 3.8V_{th} = \frac{12 + (1 - V_{th}) \times 54.5 - 11.5}{303 + 127}$$

其中，液空焓值 $h_0 = -127$ kJ/kg。

由此得 $\qquad V_{th} = 0.237$ kg/kg(加工空气)

则 $\qquad Z_{pr} = (1 - 3.8 \times 0.237)$ kg/kg(加工空气) $= 0.0994$ kg/kg(加工空气)

因为对于 1 kg 的高压空气来说，实际的低压返流量为 $1 - Z_{pr} = (1 - 0.0994)$ kg $= 0.9006$ kg，此低压返流线应该位于以 1 kg 低压气体为基准的原始线 $q_{p_1} = f(T)$ 的下面，所以对上面所求得的 Z_{pr} 值必须进行修正。为此，在图 5-20 上另作 $1 - Z_{pr} = 0.9006$ kg 的 $q_{p_1} = f(T)$ 直线，即 ed。点 e 温度 $T_e = 115$ K；从点 e 作 en_1 平行于 bn，修正后的流量比为

$$\beta = \frac{1 - Z_{pr}}{V_{th}} = \frac{\overline{km}}{\overline{n_1 m}} \approx 4.8$$

$$Z_{pr} = 1 - 4.8V_{th}$$

将以上数值代入式(5-38)，得

$$1 - 4.8V_{th} = \frac{12 + (1 - V_{th}) \times 54.5 - 11.5}{303 + 127}$$

$$V_{th} = 0.187 \text{ kg/kg(加工空气)}$$

$$Z_{pr} = (1 - 3.8 \times 0.187) \text{kg/kg(加工空气)} = 0.1024 \text{ kg/kg(加工空气)}$$

所得 Z_{pr} 与第一次的相差约 3%，不需再次修正。

制取 1 kg 液空的能耗为

$$w_{0,pr} = \frac{w_{pr}}{Z_{pr}} = \frac{RT\ln\dfrac{p_2}{p_1} - (1 - V_{th})\Delta h_s \eta_s \eta_m}{\eta_T Z_{pr}}$$

$$= \frac{0.2872 \times 303\ln\dfrac{6000}{100} - (1 - 0.187) \times 54.5 \times 0.8}{0.6 \times 0.1024} \text{kJ/kg(液空)}$$

$$= 5222 \text{ kJ/kg(液空)}$$

2. 海兰德液化循环及卡皮查液化循环

1）海兰德液化循环

从克劳特液化循环知，提高循环压力 p_2 可降低单位能耗；提高膨胀前温度，可增加绝热焓降和绝热效率。因此，德国海兰德于 1906 年提出了带高压膨胀机的气体液化循环（即海兰德液化循环），实质上它是克劳特液化循环的一种特殊情况，如图 5-21 所示。

在海兰德液化循环中，空气被压缩至 $(1.6 \sim 2.0) \times 10^4$ kPa 的较高压力，且一部分高压空气 (V_e) 不经预冷而直接进入膨胀机；另一部分 $(V_{th} = 1 - V_e)$ 进入换热器Ⅰ、Ⅱ冷却后节流产生液体。

海兰德液化循环的液化系数 Z_{pr}、单位制冷量 $q_{0,pr}$ 和功耗的计算公式与克劳特液化循环相似，见式(5-38)、式(5-39)、式(5-40)。

确定海兰德液化循环最佳参数的方法和克劳特液化循环类似，所不同的是海兰德液化循

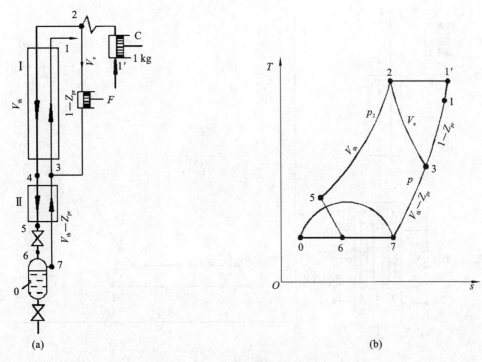

图 5-21　海兰德液化循环流程及 *T-s* 图

环进膨胀机空气的温度是室温，已经确定，故只需对高压 p_2 和膨胀量 V_e 进行热平衡和换热器温差校核计算，即可确定最佳参数。

为了增加循环的液化系数，并使单位能耗降低，也可采用预冷，使进膨胀机的气体温度降低。如液化空气时，预冷至 2～4 ℃为宜。

海兰德液化循环通常用于生产液态产品的小型装置，如国产 11-800 型、11-80 型空分装置。

2）卡皮查液化循环

1937 年苏联的卡皮查实现了带有高效率透平膨胀机的低压液化循环，即卡皮查液化循环。其流程图及 *T-s* 图如图 5-22 所示。

空气在透平压缩机中等温压缩到 500～600 kPa，经换热器 R 冷却到 T_3（点 3）后分为两部分，大部分空气进透平膨胀机 TE 膨胀到 100 kPa，温度降到 T_4（点 4），而后进入冷凝器 C 的管内并输出冷量，使由膨胀机前引入冷凝器管间的小部分压力为 500～600 kPa 的空气液化（点 5）。冷凝液经节流阀 TV 节流至 100 kPa，节流后产生的液体作为产品放出，其余的饱和蒸气同膨胀机出来的冷空气混合，经冷凝器和换热器 R 回收冷量后排出。

卡皮查液化循环亦是克劳特液化循环的一种特殊情况。它采用的压力较低，其等温节流效应与膨胀机绝热焓降均较小，循环的液化系数不可能超过 5.8%。卡皮查低压循环之所以能实现，是因为采用了绝热效率高的透平膨胀机，通常 η_s 可达 0.80～0.82，以及采用了效率高的蓄冷器（或可逆式换热器）进行换热并同时清除空气中的水分和二氧化碳。

卡皮查液化循环的液化系数、单位制冷量和功耗的计算式与克劳特液化循环相似，参见式（5-38）、式（5-39）及式（5-40）。

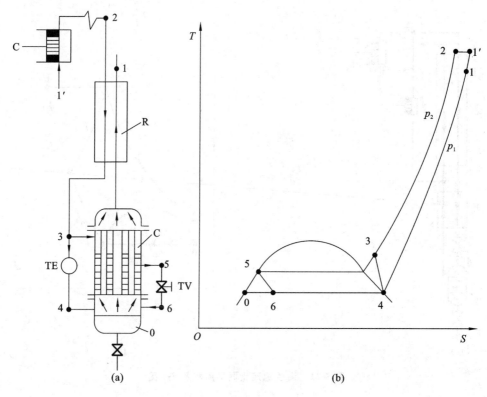

图 5-22　卡皮查液化循环流程与 *T-s* 图

　　卡皮查低压循环流程简单,由于采用透平机械,单位能耗小,金属耗量及初始投资降低,操作简便,广泛用于大、中型空分装置。

3. 空气、氧和氮主要液化循环的比较

　　除上面介绍的几种主要循环外,空气、氧和氮液化循环还有其他形式。属于节流液化循环的有双压节流循环、采用喷射器的节流循环等,带膨胀机的液化循环还有气体两级膨胀循环、利用返流气膨胀的循环、膨胀机并联循环。此外,还有微型制冷节流液化循环及气体制冷机制冷的液化循环等。

　　比较液化循环时,不仅要研究和比较其液化系数、单位能耗等性能指标,而且要比较它们的实用性,如设备的复杂程度、运转可靠性、金属材料消耗量、初投资、在变工况下制取气态或液态产品的可能性等。这里仅讨论循环特性的比较。

　　图 5-23 示出几种主要液化循环用于制取液空时的循环特性。作图时取 $\eta_T = 0.59$,$\eta_s = 0.65$;在膨胀机中膨胀至 600 kPa。

　　由图 5-23 可看出,从制冷量及单位能耗来看,带膨胀机的循环比节流循环经济;采用预冷的循环比无预冷的好。具有预冷和膨胀机的综合循环较佳,它能耗低,制冷量大。在压缩机及膨胀机的效率相同时,各循环的经济性随压力的升高而增加。

　　需要指出,卡皮查低压液化循环由于采用高效率的透平机械及杂质气体自清除原理,使流程简化,单位能耗降低,已在大、中型空气液化分离设备中广泛应用。而采用气体制冷机制冷的液化循环,因其结构紧凑、操作方便、启动快、效率高,主要用于小型液化设备上。

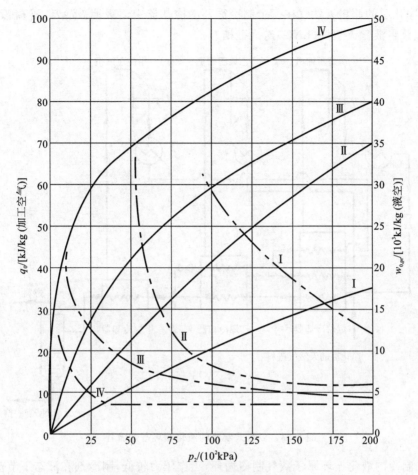

图 5-23　主要液化循环特性的比较

Ⅰ为一次节流循环；Ⅱ为具有预冷的一次节流循环；Ⅲ为带膨胀机的循环；Ⅳ为带预冷和膨胀机的综合循环

——为单位制冷量 q_0；－－－为单位能耗 $w_{0,pr}$

5.4　天然气液化循环

通常天然气中甲烷的含量在 80％以上，经预处理后，甲烷的相对含量会更高，因此天然气的性质与甲烷接近。以甲烷为主的天然气液化后的体积只有原来的 1/625 左右，因此，液化天然气是大量储存和远距离输送天然气的一种经济有效的方法。

天然气的液化技术始于 1914 年，直到 1940 年才在美国建成世界上第一座工业规模的天然气液化装置。从 20 世纪 60 年代开始，天然气液化工业发展迅速。目前天然气液化循环主要有三种类型：复叠式制冷的液化循环、用混合制冷剂制冷的液化循环和带膨胀机的液化循环。

1. 复叠式制冷的液化循环

这是一种常规的循环，它由若干个在不同低温下操作的蒸气制冷循环复叠而成。对于天然气的液化，一般是由丙烷、乙烯和甲烷为制冷剂的三个制冷循环复叠而成，来提供天然气液化所需的冷量，它们的制冷温度分别为 －45 ℃、－100 ℃及 －160 ℃。该循环的基本流程如图

5-24 所示,净化后的原料天然气在三个制冷循环的冷却器中逐级地被冷却、冷凝液化并过冷,最后用低温泵将液化天然气(LNG)送入贮槽。

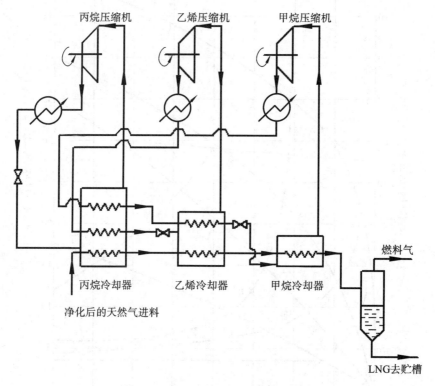

图 5-24　复叠式制冷的液化循环基本流程

复叠式制冷的液化循环属于蒸气制冷循环,工作压力较低,制冷剂在液态下节流不可逆性小,实际单位能耗 $w_{0,pr}$ 约为 0.32 kW/m³(原料气),是目前热效率最高的天然气液化循环。此外,制冷循环与天然气液化系统各自独立,相互影响小,操作稳定。但由于该循环机组多,流程系统复杂,对制冷剂纯度要求严格,否则将引起温度工况变化,且不适用于含氮量较多的天然气(需要更低的液化温度),因此从 1970 年起这种循环在天然气液化装置上已很少应用。

2. 用混合制冷剂制冷的液化循环

用混合制冷剂制冷的液化循环是 20 世纪 60 年代末期由复叠式制冷的液化循环演变而来的,它采用一种多组分混合物作为制冷剂,代替复叠式制冷的液化循环中的多种纯组分制冷剂。混合制冷剂一般是 $C_1 \sim C_5$ 的碳氢化合物和氮等五种以上组分的混合物,其组成根据原料气的组成和压力而定。混合制冷剂的大致组成列于表 5-3。工作时利用多组分混合物的重组分先冷凝,轻组分后冷凝的特性,将它们依次冷凝、节流、蒸发,得到不同温度级的冷量,使天然气中对应的组分冷凝并最终全部液化。根据混合制冷剂是否与原料天然气相混合,分为闭式和开式两类循环。

表 5-3　天然气液化及分离技术中所使用的混合制冷剂的大致组成

组　　分	氮	甲烷	乙烷	丙烷	丁烷	戊烷
体积分数/(%)	0~3	20~32	34~44	12~20	8~16	3~8

闭式循环流程如图 5-25 所示。

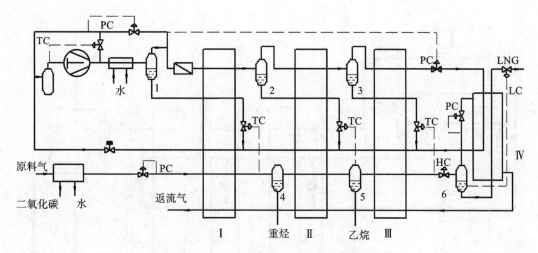

图 5-25 闭式混合制冷剂液化循环流程
TC—温度控制;PC—压力控制;LC—液面控制;HC—手动控制

制冷剂循环与天然气液化过程分开,自成一个独立的制冷系统。被压缩机压缩的混合制冷剂,经水冷却后使重烃液化,在分离器 1 中进行气液分离。液体在换热器Ⅰ中过冷后,经节流并与返流的制冷剂混合,在换热器Ⅰ中冷却原料气和其他流体;气体在换热器Ⅰ中继续冷却并部分液化后进入分离器 2。经气液分离后进入下一级换热器Ⅱ,重复上述过程。最后,在分离器 3 中的气体主要是低沸点组分氮和甲烷,它经节流并在换热器Ⅳ中使液化天然气过冷,然后经各换热器复热返回压缩机。原料天然气经冷却除去水分和二氧化碳后,依次进入换热器Ⅰ、Ⅱ、Ⅲ,被逐级冷却。换热器间有气液分离器,将冷凝的液体分出。在换热器Ⅲ中,原料气冷凝后经节流进入分离器 6。液化天然气经换热器Ⅳ过冷后输出;节流后的蒸气依次经换热器Ⅳ至Ⅰ复热后流出装置。

开式循环的特点是混合制冷剂与原料气混合在一起,其流程如图 5-26 所示。原料天然气经冷却并除去水分和二氧化碳后与混合制冷剂混合,依次流过各级换热器及气液分离器。在天然气逐步冷凝的同时,也把所需的制冷剂组分逐一冷凝分离出来,然后又按沸点的高低将这些冷凝组分逐级蒸发汇集到一起构成一个制冷循环。开式循环运行中利用各段的分凝液可及时地补充循环制冷剂,免去供启动、停机时存放混合制冷剂用的贮罐。但其启动时间较长,且操作较困难,因此是一种尚待完善的循环。

跟复叠式制冷的液化循环相比,用混合制冷剂制冷的液化循环具有流程简单、机组少、初投资少、对制冷剂纯度要求不高等特点,其缺点是能耗比复叠式高 20% 左右;对混合制冷剂各组分的配比要求严格,流程计算较困难,必须提供各组分可靠的平衡数据和物性参数。

为了降低能耗,出现了一些改进型用混合制冷剂制冷的液化循环。目前应用最多的是采用丙烷、乙烷或氨作前级预冷的混合制冷剂循环 C_3-MRC 液化工艺,将天然气预冷到 223~238 K 后,再用混合制冷剂冷却。这时混合制冷剂只需氮、甲烷、乙烷和丙烷四种组分,因而显著地缩小了混合制冷剂的沸点范围,使制冷剂的冷却负荷大大减小。同时,在预冷阶段又保持了单组分制冷剂复叠式循环的优点,提高了热力学效率。

需要指出,混合制冷剂的各组分一般是部分甚至全部地由天然气原料来提供或补充。因此,当天然气含甲烷较多且其他制冷剂组分的供应又不太方便时,不宜选用此类循环。除在天

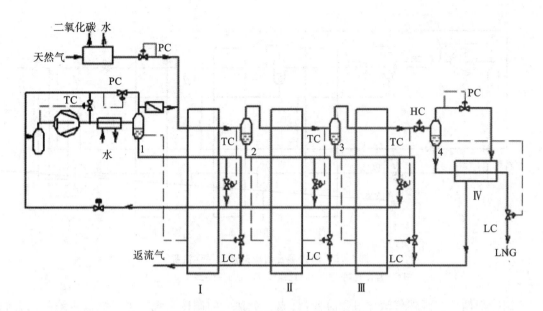

图 5-26　开式混合制冷剂液化循环流程

TC—温度控制;PC—压力控制;LC—液面控制;HC—手动控制

然气液化及分离技术中使用混合制冷剂循环外,近年来在稀有气体的提取,工业尾气的低温分离及氮、氩的液化等方面也使用混合制冷剂循环,且随着冷却温度级的不同,混合制冷剂的组成也就不同。

3. 带膨胀机的液化循环

这种循环是利用气体在膨胀机中的绝热膨胀来提供天然气液化所需的冷量,并同时做外功。

图 5-27 为直接式膨胀机循环流程图。它直接利用输气管道内带压天然气在膨胀机中膨胀来制取冷量,使部分天然气冷却后节流液化。循环的液化系数主要取决于膨胀机的膨胀比,一般为 7%~15%。这种循环特别适用于天然气输送压力较高而实际使用时的压力较低,中间需要降压的场合。它突出的优点是能耗低、流程简单、原料气的预处理量小。由于在膨胀过程中天然气中一些高沸点组分会冷凝析出,致使膨胀机在带液工况下运行,因而设计比较困难。

图 5-28 所示的循环采用一个与天然气液化过程分开的具有两级氮膨胀的制冷循环来供给天然气液化所需的冷量。原料气经预纯化设备、换热器Ⅰ,在重烃分离器分离出高碳化合物后,进入换热器Ⅱ继续冷却,之后流入氮气提塔。在塔底得到液化天然气,经换热器Ⅲ过冷后去贮槽;在塔上部得到含部分甲烷的氮气,它流入氮-甲烷分离塔使氮与甲烷分离,在塔的下部获得纯液甲烷并送入贮槽,在塔上部流出的氮气与从换热器Ⅲ来的膨胀后的氮气汇合,在换热器Ⅱ、Ⅰ复热后流入循环压缩机。压缩后的氮气经换热器Ⅰ预冷后到第一台透平膨胀机膨胀,产生的冷量经换热器Ⅱ回收;随后氮气进入第二台透平膨胀机膨胀,压力会更低,在换热器Ⅲ回收冷量将天然气液化。

该循环适用于含氮稍多的原料天然气,通过氮-甲烷分离塔可制取纯氮作为氮循环的补充气,并可副产少量的纯液态甲烷。这种间接式膨胀机循环的能耗较高,约为 $0.5\ \mathrm{kW \cdot h/m^3}$(原料气),比混合制冷剂循环高 40%左右。

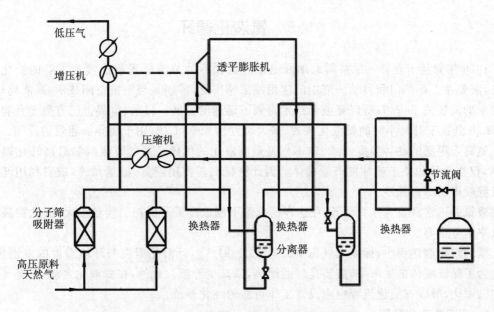

图 5-27　直接膨胀机天然气液化循环流程

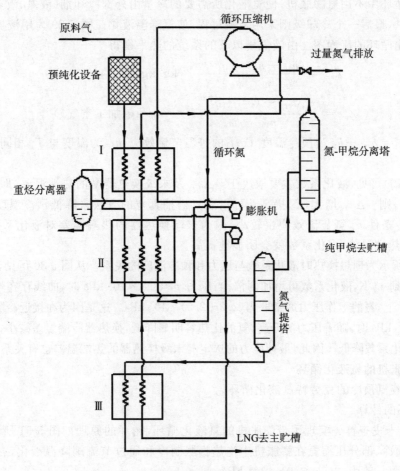

图 5-28　具有两级氮膨胀的天然气液化循环

5.5 氦液化循环

1908 年荷兰卡麦林·昂奈斯采用液氮及液氢预冷的节流装置首次实现了氦的液化。近年来,液氦在工业部门和科学研究中的应用越来越广泛,特别是与宇宙空间技术、高能物理、超导技术的发展关系密切,所以氦液化技术得到了迅速的发展。目前,世界上已有数千台容量从 0.5 L/h 到数千升每小时的氦液化装置,最大装置达 4900 L/h,用于超导加速器的冷却。

氦具有很低的临界温度(5.2014 K),是最难液化的气体。氦气节流时的最高转化温度为 46 K,仅在 7 K 以下节流才能产生液体。因此液化氦需要用液氮、液氢预冷,或者利用气体膨胀过程获得的冷量预冷。

液氦的正常沸点为 4.224 K,在这样的低温下制取冷量所消耗的能量很大,因此提高循环的效率十分重要。

氦的汽化潜热很小,标准大气压下只有 20.8 kJ/kg,且液化温度与环境温度的差别很大,因此为了保证液体的生产率,需要良好的绝热,以减少冷损。此外,在氦液化之前,所有气体杂质均已固化,所以在液化流程中应设置工作可靠的纯化系统。

1. 节流氦液化装置

在这种循环中不用氦膨胀机,使氦液化所需要的冷量由外部冷却剂(液氮、液氢等)及返流低压氦气提供,最后一个冷却级则采用节流过程,使氦降温液化。图 5-29 为用液氮、液氢预冷的氦节流液化循环的流程图。由液氢槽以下的系统的热平衡得

$$Z_{pr} = \frac{(h_{10} - h_5) - q_3^{V+VI}}{h_{10} - h_0} \quad (\text{kg/kg(加工空气)})$$

或
$$Z_{pr} = \frac{-\Delta h_{T_0} - (q_2^V + q_3^{V+VI})}{h_{10'} - h_0} \quad (\text{kg/kg(加工空气)}) \quad (5\text{-}46)$$

式中,$-\Delta h_{T_5} = h_{10'} - h_5$ 为预冷温度 T_5 下的等温节流效应;$h_{10'}$ 为温度与 T_5 相同,压力为 p_{10} 的焓值。

由式(5-46)可见,液化系数主要取决于 $-\Delta h_{T_5}$ 及末级换热器 V 的热端温差(即 q_2^V)。预冷温度 T_5 降低,则 $-\Delta h_{T_5}$ 增大,Z_{pr} 提高。可用液氢槽抽真空的方法来降低预冷温度,但即使在负压液氢预冷条件下,氦节流效应也较小,因为末端换热器的热端温差对液化系数的影响很大,稍微减小热端温差,液化系数就会明显地提高。

图 5-30 所示为理想换热时液化系数与压力和预冷温度的关系。从图 5-30 可见,若将预冷温度从 20 K 降到 14 K,液化系数可增加两倍;当压力 $p \approx 3.2 \times 10^3$ kPa 时,曲线存在峰值,液化系数最大。实际上,氦的工作压力通常取为 $(2.2 \sim 2.5) \times 10^3$ kPa。这是因为在接近冷凝温度、压力超过 2.5×10^3 kPa 时,随着压力的升高,氦的比热容明显降低,换热器冷端温差减小,热端温差增大,从而使液化系数降低。因此,最佳压力的选定与末级换热器的热端温差也有关系。

2. 带膨胀机的氦液化循环

1) 具有液氮预冷的克劳特氦液化循环。

(1) 循环的计算。

1934 年,卡皮查首先实现了带膨胀机的氦液化循环,循环的原理如图 5-31 所示。这是一个包括液氮预冷、部分压缩氦在膨胀机中绝热膨胀制冷和通过节流阀降温液化三个冷却级的循环,工作压力一般为 $(2.5 \sim 3.0) \times 10^3$ kPa。

由液氮槽以下热力学系统的热平衡可确定循环的液化系数。对于 1 kg 加工氦气,热平衡

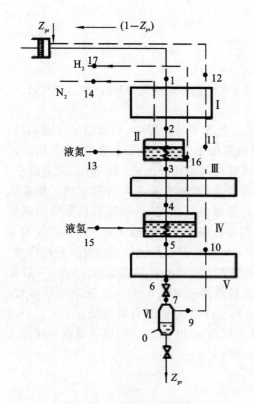

图 5-29　节流氦液化循环

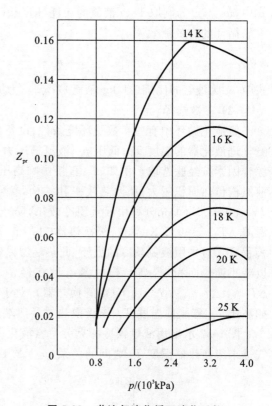

图 5-30　节流氦液化循环液化系数
与压力及预冷温度的关系

方程为

$$h_3 + q_3^{\text{Ⅲ+Ⅳ+Ⅴ+Ⅵ}} = (1 - Z_{\text{pr}})h_{10} + V_{\text{e}}(h_4 - h_8) + Z_{\text{pr}}h_0$$

则循环液化系数

$$Z_{\text{pr}} = \frac{(h_{10} - h_3) + V_{\text{e}}\Delta h_s \eta_s - q_3^{\text{Ⅲ+Ⅳ+Ⅴ+Ⅵ}}}{h_{10} - h_0} \quad (\text{kg/kg}(加工氦气)) \qquad (5\text{-}47)$$

也可由换热器Ⅳ以下热力学系统的热平衡求得 Z_{pr}，即

$$Z_{\text{pr}} = \frac{(1 - V_{\text{e}})(h_8 - h_5) - q_3^{\text{Ⅴ+Ⅵ}}}{h_8 - h_0} \quad (\text{kg/kg}(加工氦气)) \qquad (5\text{-}48)$$

计算液化系数时，首先要确定膨胀机进气量 V_{e} 或节流量 $V_{\text{th}}(V_{\text{th}} = 1 - V_{\text{e}})$。$V_{\text{th}}$ 值必须同时满足系统热平衡和换热器正常工况的要求。因此，根据循环参数作换热器的 $G\Delta h\text{-}T$ 图，图解求得 $(1 - Z_{\text{pr}})/V_{\text{th}}$ 值，然后与式(5-47)联立求出 Z_{pr} 和 V_{e}；或者直接将式(5-47)和式(5-48)联立求出 Z_{pr} 和 V_{e}，然后进行换热器的 $G\Delta h\text{-}T$ 图校核。如果 $G\Delta h\text{-}T$ 图出现负温差或者局部温差小于一般设计所允许的最小温差，说明不能满足正常换热工况要求，应重新选择参数再进行计算；若温差太大，换热器损失大，也应该重新选择参数再进行计算。这样一直试凑到符合要求为止。

由换热器Ⅰ′、Ⅱ′和液氮槽Ⅱ的热平衡可确定液氮耗量 m_{LN_2}：

$$m_{\text{LN}_2} = \frac{(h_1 - h_3) - (1 - Z_{\text{pr}})(h_{11} - h_{10}) + q_3^{\text{Ⅰ′+Ⅰ″+Ⅱ}}}{h_{14} - h_{12}} \quad (\text{kg/kg}(加工氦气)) \qquad (5\text{-}49)$$

循环的单位能耗

$$w_{0,\text{pr,LHe}} = \frac{RT_1 \ln(p_2/p_1)}{\eta_{\text{T}} Z_{\text{pr}}} + m_{\text{LN}_2} \frac{w_{0,\text{pr,LN}_2}}{Z_{\text{pr}}} - \frac{V_{\text{e}}\Delta h_5 \eta_s \eta_{\text{m}}}{Z_{\text{pr}}} \quad (\text{kJ/kg}(液氦)) \qquad (5\text{-}50)$$

式中，w_{0,pr,LN_2} 为制取 1 kg 液氮的功耗（kJ/kg（液氮））。

循环的有效能效率

$$\eta_e = \frac{Z_{pr}e_0}{w_{pr,He}} = \frac{e_0}{w_{0,pr,LHe}}$$

式中，e_0 为液氦的比㶲（kJ/kg（液氦））；$w_{pr,He}$ 为加工 1 kg 氦气循环的能耗（kJ/kg（加工氦气））。

（2）参数选择。

氦液化循环中有些参数受环境条件、设备条件及工艺水平等的影响，其数值是一定的，如氦气进液化器的温度 T_1、低压 p_1、液氦槽压力 p_{12} 及机器效率等。另外一些参数，其数值根据综合因素按经验选取。例如，T_3 直接影响高压氦与液氮之间的传热温差，T_3 越低，温差越小，液氮槽传热面积越大；从换热效率和结构紧凑性综合考虑，对于常压蒸发的液氮槽一般选取 $T_3 = 80$ K。为了充分利用液氮预冷效果，防止低温冷量移至高温区，一般取换热器Ⅲ的热端温差 $\Delta T_{3-10} = 0.5$ K。第一级换热器（Ⅰ′、Ⅱ′）的热端温差决定着整个液化装置冷量回收的完善程度。对采用液氮预冷的循环，此热端温差影响液氮耗量。但是用廉价的液氮来补偿冷损，以减小换热面积，提高结构的紧凑性在经济上是合理的，所以温差取得稍大一点，一般取 ΔT_{1-11}、ΔT_{1-14} 为 7～10 K（绕管换热器），对于紧凑式换热器一般取 3～4 K。还有一些参数，如高压 p_2、膨胀前温度 T_4、末级换热器Ⅴ热端温差 ΔT_{5-8}，则需通过预计算确定。

图 5-32 示出用液氮预冷的克劳特氦液化循环在不同的 η_s 和 ΔT_{5-8} 时，液化系数与高压氦气进末级换热器温度 T_5 之间的关系（$p_2 = 2.16 \times 10^3$ kPa）。

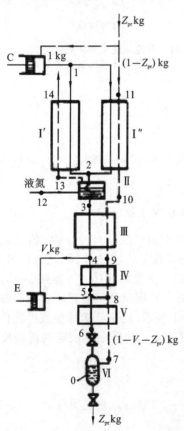

图 5-31　液氮预冷的克劳特氦液化循环

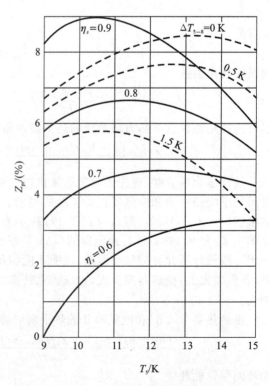

图 5-32　用液氮预冷的克劳特氦液化循环 Z_{pr} 与高压氦气进末级换热器温度 T_5 的关系

利用液氢预冷的克劳特氦液化循环,效率不高,但其流程简单,没有液氢预冷,因而消除了使用液氢的危险性,在中小型氦液化装置上应用广泛。

2) 柯林斯氦液化循环

1946 年美国柯林斯首先提出了采用多级膨胀机和节流阀结合的氦液化循环,称为柯林斯循环。图 5-33 是一种典型的具有两台膨胀机的柯林斯循环流程图。它有四个冷却级,其中温度最高的第一级由液氮预冷,温度最低的一级采用节流阀,其余为两台工作于不同温区的膨胀机。实际上柯林斯循环不用液氮预冷也能生产液氦,但在通常情况下仍采用液氮预冷,以提高循环的液化系数。

计算多级膨胀机循环时,必须合理地选择级数,确定每级的温度及膨胀气量。

假设在由多级膨胀机组成的氦液化循环中,氦气从常温 T_1 经 n 个温度为 T_{i-1}、T_i、T_{i+1} 等的冷却级冷到 T_0,每一级有 E_i 的气量进入膨胀机,从氦气中带走 q_i 的热量。两个相邻冷却级 i 和 $i-1$ 如图 5-33 所示。在最末的冷却级,冷至 T_0 的一部分氦气(Z_{pr})被液化,并从循环中排出,而在各个膨胀机中膨胀的气体全部返回至压缩机。若压缩机将 1 kg 氦气从 p_1 压缩到 p_2,按质量守恒定律有

$$\sum_{i=1}^{n} E_i + Z_{pr} = 1 \text{ kg}$$

在任意 i 级,冷却所需的单位能耗可视为总能耗的一部分,且正比于 E_i,即

$$w_{0i} = \frac{E_i}{Z_{pr}} \left[\frac{RT_1 \ln \frac{p_2}{p_1}}{\eta_T} - \Delta h_{si} \eta_{si} \eta_m \right] \tag{5-51}$$

式中,Δh_{si}、η_{si} 分别为 i 级膨胀机的等熵焓降及等熵效率。

假设氦气为理想气体,没有不完全热交换损失和跑冷损失,则循环中第 i 级的能量平衡方程可表示为

$$E_i c_p (T'_i - T_i) = Z_{pr} c_p (T_{i-1} - T_i) \tag{5-52}$$

式中,T'_i、T_i 分别为第 i 级膨胀机进、出口温度。

氦气在膨胀机中等熵膨胀后的温度为

$$T_{si} = T'_i (p_1/p_2)^{\frac{k-1}{k}} \tag{5-53}$$

膨胀机的绝热效率为

$$\eta_{si} = (T'_i - T_i)/(T'_i - T_{S,i}) \tag{5-54}$$

从式(5-53)、式(5-54)中消去 T_{si},可得

$$T'_i = \frac{T_i}{1 - \eta_{si} \left[1 - (p_1/p_2)^{\frac{k-1}{k}} \right]}$$

将 T'_i 代入式(5-52)得

$$E_i T_i \alpha_i = Z_{pr} (T_{i-1} - T_i) \tag{5-55}$$

式中

$$\alpha_i = \frac{\eta_{si} \left[1 - (p_1/p_2)^{\frac{k-1}{k}} \right]}{1 - \eta_{si} \left[1 - (p_1/p_2)^{\frac{k-1}{k}} \right]} \tag{5-56}$$

α_i 是无因次量,称为膨胀系数。

由式(5-55)可确定第 i 级膨胀机的膨胀量,即

$$E_i = \frac{Z_{pr}}{\alpha_i} \left(\frac{T_{i-1}}{T_i} - 1 \right) \tag{5-57}$$

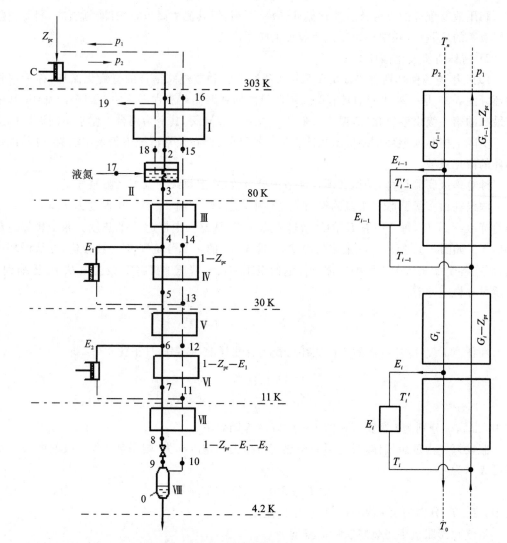

图 5-33　液氮预冷和两级膨胀机的氦液化循环流程　　　图 5-34　相邻冷却级流程示意图

可见,E_i 是液化系数 Z_{pr}、膨胀系数 α_i 及相邻级温度比(T_{i-1}/T_i)的函数。

进入循环中 n 级膨胀机的总气量为

$$\sum_{i=1}^{n} E_i = Z_{pr} \sum_{i=1}^{n} (1/\alpha_i)(T_{i-1}/T_i - 1) \tag{5-58}$$

从式(5-51)知,每个冷却级的 $w_{0,i}$ 正比于 E_i,由此在液化系数 Z_{pr} 不变的情况下,当进入所有膨胀机的气量 $\sum_{i=1}^{n} E_i$ 最小时,该循环所需的功耗最小。为此,应在 T_n 至 T_0 温度区选择每级提供冷量的温度 T_i,使得在这些温度下 $\sum_{i=1}^{n} E_i$ 为最小值。因此将式(5-58)逐项对 T_i 求导,并令其导数 $\dfrac{\partial}{\partial T_i} \sum_{i=1}^{n} E_i = 0$,即可求得一系列恒定比值 A,即

$$\frac{T_{i-1}}{\alpha_i T_i} = \frac{T_i}{\alpha_{i+1} T_{i+1}} = \cdots = A = 常数 \tag{5-59}$$

将上式中所有 n 项连乘,可求得常数 A,即

$$A = \sqrt[n]{\frac{T_n}{T_0 \alpha_1 \alpha_2 \cdots \alpha_n}} \tag{5-60}$$

由式(5-57)和式(5-60)可得到最佳条件下第 i 级膨胀机气量,即

$$E_i = Z_{pr}\left(\sqrt[n]{\frac{T_n}{T_0 \alpha_1 \alpha_2 \cdots \alpha_n}} - \frac{1}{\alpha_i}\right) \tag{5-61}$$

为了确定膨胀机的出口温度,可将式(5-59)中最前面的 i 项连乘,得到

$$A^i = \frac{T_n}{T_i}\frac{1}{\alpha_1 \alpha_2 \cdots \alpha_n} \tag{5-62}$$

从式(5-60)和式(5-62)中消去常数 A,可求得每级膨胀机出口温度的表达式

$$T_i = \sqrt[n]{T_n^{n-i} T_0^i \frac{(\alpha_1 \alpha_2 \cdots \alpha_n)^i}{(\alpha_1 \alpha_2 \cdots \alpha_i)^n}} \tag{5-63}$$

如果所有膨胀机的膨胀比 p_2/p_1 和绝热效率 η_{si} 相同,则所有的 α_i 也相同,即 $\alpha = \alpha_1 = \alpha_2 = \cdots = \alpha_n$。这时

$$E_i = E_{i-1} = \frac{Z_{pr}}{\alpha}\left(\sqrt[n]{\frac{T_n}{T_0}} - 1\right) \tag{5-64}$$

$$T_i = \sqrt[n]{T_n^{n-i} T_0^i} \tag{5-65}$$

由式(5-64)知,在使用多级膨胀机的液化循环中,当膨胀机的 η_s 相同时,最经济的情况是每台膨胀机的膨胀量相同;膨胀机的级数越多,其总气量 E_i 与液化量 Z_{pr} 之比 E_i/Z_{pr} 越小,循环的单位能耗越低。图 5-35 示出了计算得到的采用 1~4 级膨胀机制冷时,对于不同冷却终温 T_0 的膨胀机的相对气耗量 $(\sum E_i/Z_{pr})$。作图条件:氦气初温 $T_1 = 300$ K,膨胀比 $p_2/p_1 = 20$,绝热效率 $\eta_s = 0.75$。由图 5-35 可以看出,当 $n < 2$,即少于两级膨胀机时,$\sum E_i/Z_{pr}$ 很大,循环的经济性差。当 $n = 3$ 时,能耗指标下降到 2/3。当 $n = 4$ 时,能耗指标还可下降一些。再进一步增加膨胀机级数就没有必要了。图中还画出了 $\sum E_i/Z_{pr}$ 为最小时的膨胀机级数 n_0 的曲线(虚线)。该曲线表明,膨胀机最多可用四级,再增加级数时,收效甚微。

上述计算没有考虑不完全热交换损失和跑冷损失。考虑这些损失时,选用的 α_i 值比按公式求得的计算值小 10%~20%。

在实际的柯林斯氦液化循环中,第一级使用液氮预冷代替膨胀机,末级降温用节流阀实现,两者都起降温制冷作用。因此冷却级数 n 的含义不限于上述所指的膨胀机级数,还应包括液氮预冷、节流降温两种制冷方式。

必须指出,在较低温度下,氦气的性质与理想气体相差甚大,所以按式(5-63)或式(5-65)确定末级冷却温度时误差较大。在实际的循环计算中,T_0 根据获得最佳液化率所要求的进末级换热器热端的温度确定;T_n 为经液氮槽冷却的氦气温度,常压液氮预冷时能确保 $T_n = 80$ K。

当确定了多级膨胀机液化循环的膨胀机级数及工作温度后,可按下列步骤进行循环的热力学计算:由末级换热器热平衡计算循环的液化系数;在换热器正常工作条件下,从每级的热量衡算中求出进入任一级膨胀机的气量。

图 5-36 示出包括膨胀机 E_2 与换热器 V 和 VI 的单级计算图。图上标号与图 5-33 相对应。设加工氦气量为 1 kg,进入上一温度级膨胀机的膨胀量为 E_1 kg,则 $(1-E_1)$ kg 为进入这一级的氦气量。q_{3i} 为这一级的跑冷损失。

该级的热平衡方程为

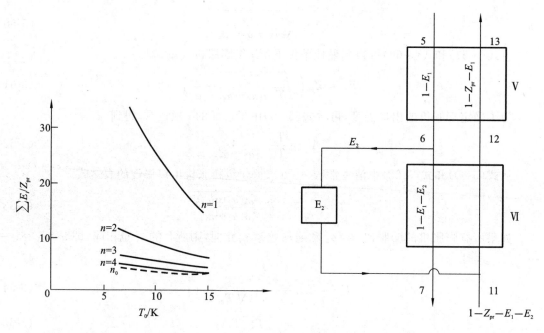

图 5-35 在膨胀比 $\dfrac{p_2}{p_1}=20$，$\eta_s=0.75$，$T_1=300$ K 时不同 级数下膨胀机的相对耗气量（$\sum E_i/Z_{pr}$）与出 口温度（T_0）的关系

图 5-36 多级膨胀机液化循环单级计算流程

$$(1-E_1)h_5 + (1-E_1-E_2-Z_{pr})h_{11} + q_{3i}$$
$$= (1-E_1-E_2)h_7 + E_2(h_6-h_{11}) + (1-E_1-Z_{pr})h_{13}$$

进 E_2 的膨胀量 E_2 为

$$E_2 = \frac{(1-E_1)[(h_5-h_{13})+(h_{11}-h_7)] + Z_{pr}(h_{13}-h_{11}) + q_{3i}}{(h_6-h_{11})+(h_{11}-h_7)} \tag{5-66}$$

确定每一级膨胀机的膨胀量时必须保证每级分流后的换热器正常工作，即按 $G\Delta h\text{-}T$ 图求 返流量与正流量之比 β 值。对于图 5-36 所示的单级计算流程，有

$$\beta = \frac{1-E_1-Z_{pr}}{1-E_1-E_2} \tag{5-67}$$

联立式(5-66)和式(5-67)，求出进 E_2 的膨胀量 E_2。如果给出级的热端温度，可对换热器 工况进行分析、校核，而不需在 $G\Delta h\text{-}T$ 图上进行图解计算。

例 5-4 进行具有两级膨胀机和液氮预冷的柯林斯氦液化循环的计算，液氦产量为 100 L/h，循环流程如图 5-33 所示。

给定和选定的参数如下：$p_1=98$ kPa，$p_2=1960$ kPa；液氮槽压力 $p_{17}=98$ kPa；$T_1=300$ K，$T_3=80$ K，$T_7=11$ K；$\Delta T_{1-16}=\Delta T_{1-19}=15$ K，$\Delta T_{3-15}=4$ K，$\Delta T_{5-13}=2$ K，$\Delta T_{7-11}=1$ K；压缩机等温效率 $\eta_T=0.6$，膨胀机绝热效率 $\eta_{s1}=0.75$，$\eta_{s2}=0.82$，机械效率 $\eta_m=0.95$；跑冷损 失 $q_3=3.2$ kJ/kg(加工氦气)(其中 $q_3^{\text{I He-N}_2}=0.1$，$q_3^{\text{I N}_2\text{-He}}=1.4$，$q_3^{\text{II}}=q_3^{\text{III}}=q_3^{\text{IV}}=q_3^{\text{V}}=q_3^{\text{VI}}=q_3^{\text{VII}}=0.15$，$q_3^{\text{VIII}}=0.8$)。计算时忽略阻力损失。

解 (1)确定第二级的冷却温度 T_5。

循环共有四个冷却级。使用液氮预冷，确定了第一级冷却温度 T_3 为 80 K；第三级冷却温

度 T_7 根据液化率的要求已选定为 11 K。从 T_3 冷却到 T_7 的冷却级 $n=2$，由式(5-63)有

$$T_5 = \sqrt{T_3 T_7 \frac{\alpha_2}{\alpha_1}}$$

按式(5-56)求 α_1 及 α_2（氦的 k 值为 1.67），即

$$\alpha_1 = \frac{0.75 \times [1-(98/1960)^{\frac{1.67-1}{1.67}}]}{1-0.75 \times [1-(98/1960)^{\frac{1.67-1}{1.67}}]} = 1.10$$

$$\alpha_2 = \frac{0.82 \times [1-(98/1960)^{\frac{1.67-1}{1.67}}]}{1-0.82 \times [1-(98/1960)^{\frac{1.67-1}{1.67}}]} = 1.34$$

因此

$$T_5 = \sqrt{80 \times 11 \times \frac{1.34}{1.10}} \ \text{K} = 32.74 \ \text{K}$$

取 $T_5 = 33$ K，则各冷却级温度范围如下：第一级 300～80 K；第二级 80～33 K；第三级 33～11 K；第四级 11～4.2 K(98 kPa 时氦的沸点)。

(2) 按给定条件查物性软件或工质热力图，得下列各点焓和熵值：

状态点	1	3	5	7	0	10	11	13	15	16	17 氦	18 氦	19 氦
温度/K	300	80	33	11	4.2	4.2	10	31	76	285	77	77	285
压力/kPa			1960						98				
焓/(kJ/kg)	1585	435	183	51.5	10.5	30.4	65	176	412	1495	127.2	321.4	541
熵/[kJ/(kg·K)]	25.3	18.4	13.6	6.83	3.3	8.56	13.75	19.8	24.4	31.3	2.85	5.43	6.76

由已知条件可确定下列各点温度：

$$T_{16} = T_{19} = T_1 - \Delta T_{1-16} = 285 \ \text{K}, \qquad T_{15} = T_3 - \Delta T_{3-15} = 76 \ \text{K}$$

$$T_{11} = T_7 - \Delta T_{7-11} = 10 \ \text{K}, \qquad T_{13} = T_5 - \Delta T_{5-13} = 31 \ \text{K}$$

(3) 确定膨胀机的进口状态。

根据膨胀机 E_1 的出口状态(p_{13}, T_{13})，绝热效率 $\eta_{s1} = 0.75$ 和进口压力 $p_4 = 1.96 \times 10^3$ kPa，用试凑法可求出膨胀前状态 T_4(或 h_4)，求得理论焓降 Δh_{s1} 及乘积 $\Delta h_{s1} \eta_{s1}$，它必须满足关系式 $\Delta h_{s1} \eta_{s1} = h_4 - h_{13}$。如果等式不成立，则给定另一 T_4 值，并按相同步骤计算，直到该等式成立为止。用试凑法求得 E_1 的膨胀前温度 $T_4 = 63$ K，理论焓降 $\Delta h_{s1} = 233$ kJ/kg。

同理，按 E_2 的出口状态($p_{11} = 98$ kPa，$T_{11} = 10$ K)、$\eta_{s2} = 0.82$ 及进口压力 $p_6 = 1960$ kPa，用试凑法求得 E_2 的进口温度 $T_6 = 24$ K；理论焓降 $\Delta h_{s2} = 83.5$ kJ/kg。

(4) 计算物流量。

根据各冷却级的能量平衡求得膨胀量 E_1 及 E_2、液化系数 Z_{pr} 和液氦耗量 G_0。当压缩 1 kg 氦气时，各级热平衡方程如下：

11～4.2 K 级：

$$(1-E_1-E_2)h_7 + (q_3^{\text{VII}} + q_3^{\text{VIII}}) = Z_{\text{pr}} h_0 + (1-E_1-E_2-Z_{\text{pr}})h_{11}$$

33～11 K 级：

$$(1-E_1)h_5 + (1-E_1-E_2-Z_{\text{pr}})h_{11} + (q_3^{\text{V}} + q_3^{\text{VI}})$$
$$= E_2 \Delta h_{s2} \eta_{s2} + (1-E_1-E_2)h_7 + (1-E_1-Z_{\text{pr}})h_{13}$$

80～33 K 级：

$$h_3 + (1 - E_1 - Z_{pr})h_{13} + (q_3^{III} + q_3^{IV})$$
$$= E_1 \Delta h_{s1} \eta_{s1} + (1 - E_1)h_5 + (1 - Z_{pr})h_{15}$$

将已知参数值代入上面各式得

$$(1 - E_1 - E_2) \times 51.5 + (0.15 + 0.8) = 10.5 Z_{pr} + (1 - E_1 - E_2 - Z_{pr}) \times 65$$
$$(1 - E_1) \times 183 + (1 - E_1 - E_2 - Z_{pr}) \times 65 + (0.15 + 0.15)$$
$$= E_2 \times 83.5 \times 0.82 + (1 - E_1 - E_2) \times 51.5 + (1 - E_1 - Z_{pr}) \times 176$$
$$435 + (1 - E_1 - Z_{pr}) \times 176 + (0.15 + 0.15)$$
$$= E_1 \times 233 \times 0.75 + (1 - E_1) \times 183 + (1 - Z_{pr}) \times 412$$

联立上列三式,解得

$$E_1 = 0.229 \text{ kg/kg(加工氦气)}, \quad E_2 = 0.323 \text{ kg/kg(加工氦气)}$$
$$E_3 = 0.0937 \text{ kg/kg(加工氦气)}$$

经节流阀的氦气量 V_{th} 由质量平衡方程求得,即

$$V_{th} = 1 - E_1 - E_2 = 0.448 \text{ kg/kg(加工氦气)}$$

液氮耗量由第一冷却级(300~80 K)的热平衡方程确定,即

$$(h_1 - h_3) + q_3^{I} + q_3^{II} = (1 - Z_{pr})(h_{16} - h_{15}) + G_0(h_{19} - h_{17})$$

将已知参数代入上式,得

$$(1585 - 435) + 0.15 + 0.15 = (1 - 0.0937)(1495 - 412) + G_0(541 - 127.2)$$

解得

$$G_0 = 0.411 \text{ kg/kg(加工氦气)}$$

根据液氦产量(100 L/h)进行总物流量计算:

压缩机加工的氦气量为

$$G_{He} = \frac{G_{LHe} \rho_{LHe}}{x} = \frac{100 \times 0.125}{0.0937} \text{ kg/h} = 133.4 \text{ kg/h}$$

或

$$V_{He} = \frac{G_{He}}{\rho_{He}} = \frac{133.4}{0.1785} \text{ m}^3/\text{h} = 747.3 \text{ m}^3/\text{h}$$

式中,$\rho_{LHe} = 0.125 \text{ kg/L}$,为液氦的密度;$\rho_{He} = 0.1785 \text{ kg/m}^3$,为标准状态下氦气的密度。

膨胀机 E_1 的流量

$$G_{E_1} = G_{He} E_1 = 133.4 \times 0.229 \text{ kg/h} = 30.55 \text{ kg/h}$$

或

$$V_{E_1} = \frac{G_{E_1}}{\rho_{He}} = 171.11 \text{ m}^3/\text{h}$$

膨胀机 E_2 的流量

$$G_{E_2} = G_{He} E_2 = 133.4 \times 0.323 \text{ kg/h} = 43.09 \text{ kg/h}$$

或

$$V_{E_2} = \frac{G_{E_2}}{\rho_{He}} = 241.4 \text{ m}^3/\text{h}$$

节流阀的流量

$$G_{th} = G_{He} V_{th} = 133.4 \times 0.448 \text{ kg/h} = 59.76 \text{ kg/h}$$

$$V_{th} = \frac{G_{th}}{\rho_{He}} = 334.8 \text{ m}^3/\text{h}$$

液氮总耗量

$$G_{LN_2} = G_{He} G_0 = 133.4 \times 0.411 \text{ kg/h} = 54.83 \text{ kg/h}$$

或

$$V_{LN_2} = \frac{G_{LN_2}}{\rho_{LN_2}} = \frac{54.83}{0.808} \text{ L/h} = 67.86 \text{ L/h}$$

式中，$\rho_{LN_2}=0.808$ kg/L，为液氮密度。

制取每升液氦的液氮耗量为 67.86/100 L/L（液氦）≈0.68 L/L（液氦）

（5）计算单位能耗。

氦压机单位能耗

$$w_{0,pr,He}=\frac{RT_1\ln\dfrac{p_2}{p_1}}{\eta_T Z_{pr}}=\frac{2.077\times300\ln\left(1.96\times\dfrac{10^3}{98}\right)}{0.6\times0.0937}\text{ MJ/kg（液氦）}=33.2\text{ MJ/kg（液氦）}$$

式中，氦的气体常数 $R=2.077$ kJ/(kg·K)。

制取液氮能耗约为 5.4 MJ/kg(LN$_2$)，故液氮的单位能耗

$$w_{0,pr,N_2}=0.411\times\frac{5.4}{0.0937}\text{ MJ/kg（液氦）}=23.7\text{ MJ/kg（液氦）}$$

膨胀机回收的功很小，可忽略不计，所以制取液氦的单位能耗

$$w_{0,pr,LHe}=(33.2+23.7)\text{ MJ/kg（液氦）}=56.9\text{ MJ/kg（液氦）}$$

或

$$w_{0,pr,LHe}=56.9\times0.125\text{ MJ/L（液氦）}=7.11\text{ MJ/L（液氦）}$$

（6）循环的有效能分析。

①确定下列各点状态。

由相应的换热器热平衡方程计算得到下列各点的焓值，查热力图得 T、s 值，结果如下：

状 态 点	2	4	6	8	9	12	14
温度/K	96	63	24	5.8	4.2	20.3	58.2
压力/kPa	1960	1960	1960	1960	98	98	98
焓/(kJ/kg)	514.7	350	133.47	23.8	23.8	119.4	318
熵/[kJ/(kg·K)]	19.38	17.2	11.8	3.6	6.25	17.46	22.9

②计算各状态点的有效能值。

设环境状态点 a 的参数为：$T_a=300$ K，$p_a=98$ kPa。查图得 $h_{a,He}=1575$ kJ/kg，$s_{a,He}=31.6$ kJ/(kg·K)；$h_{a,N_2}=560.7$ kJ/kg，$s_{a,N_2}=6.85$ kJ/(kg·K)。计算结果如下：

状 态 点	1	2	3	4	5	6	7	8	9	0
e_x/(kJ/kg)	1880	2611.7	2820	3095	4008	4498.5	5907.5	6848.8	6053.8	6925.5
状 态 点	10	11	12	13	14	15	16	17	18	19
e_x/(kJ/kg)	5367.4	3845	2786.4	2141	1353	997	10	766.6	186.7	7.3

③计算有效能损失（按压缩 1 kg 氦气进行计算）。

（a）压缩机的损失

$$\Delta D_c=(e_{x1}-e_{xa})\left(\frac{1}{\eta_T}-1\right)=(1880-0)\left(\frac{1}{0.6}-1\right)\text{ kJ/kg}=1253.3\text{ kJ/kg}$$

（b）换热器 Ⅰ 的损失

$$\begin{aligned}\Delta D_I&=(1-Z_{pr})(e_{x15}-e_{x16})+G_0(e_{x18}-e_{x19})-(e_{x2}-e_{x1})\\&=[(1-0.0937)\times(997-10)+0.411\times(186.7-7.3)-(2611.7-1880)]\text{ kJ/kg}\\&=236.5\text{ kJ/kg}\end{aligned}$$

（c）换热器 II 的损失

$$\Delta D_{II} = G_0(e_{x17} - e_{x18}) - (e_{x3} - e_{x2})$$
$$= [0.411 \times (766.5 - 186.7) - (2820 - 2611.7)] \text{ kJ/kg} = 30 \text{ kJ/kg}$$

（d）换热器 III 的损失

$$\Delta D_{III} = (1 - Z_{pr})(e_{x14} - e_{x15}) + G_0(e_{x4} - e_{x3})$$
$$= [(1 - 0.0937)(1353 - 997) - (3095 - 2820)] \text{ kJ/kg} = 47.6 \text{ kJ/kg}$$

（e）换热器 IV 的损失

$$\Delta D_{IV} = (1 - Z_{pr})(e_{x13} - e_{x15}) - (1 - E_1)(e_{x5} - e_{x4})$$
$$= [(1 - 0.937)(2141 - 1353) - (1 - 0.229)(4008 - 3095)] \text{ kJ/kg} = 10.3 \text{ kJ/kg}$$

（f）换热器 V 的损失

$$\Delta D_V = (1 - E_1 - Z_{pr})(e_{x12} - e_{x13}) - (1 - E_2)(e_{x6} - e_{x5})$$
$$= [0.6773 \times (2786.4 - 2141) - 0.771 \times (4498.5 - 4008)] \text{ kJ/kg} = 59 \text{ kJ/kg}$$

（g）换热器 VI 的损失

$$\Delta D_{VI} = (1 - E_1 - Z_{pr})(e_{x11} - e_{x12}) - V_{th}(e_{x7} - e_{x6})$$
$$= [0.6773 \times (3845 - 2786.4) - 0.448 \times (5907.5 - 4498.5)] \text{ kJ/kg} = 85.8 \text{ kJ/kg}$$

（h）换热器 VII 的损失

$$\Delta D_{VII} = (1 - E_1 - E_2 - Z_{pr})(e_{x10} - e_{x11}) - V_{th}(e_{x8} - e_{x7})$$
$$= [0.3543 \times (5367.4 - 3845) - 0.448 \times (6848.8 - 5907.5)] \text{ kJ/kg} = 117.7 \text{ kJ/kg}$$

（i）膨胀机 E_1 的损失

$$\Delta D_{E_1} = E_1(e_{x4} - e_{x3}) - E_1(h_4 - h_{13})\eta_m$$
$$= [0.229 \times (3095 - 2141) - 0.229 \times (350 - 176) \times 0.95] \text{ kJ/kg} = 180.6 \text{ kJ/kg}$$

（j）膨胀机 E_2 的损失

$$\Delta D_{E_2} = E_2(e_{x6} - e_{x11}) - E_2(h_6 - h_{11})\eta_m$$
$$= [0.323 \times (4498.5 - 3845) - 0.323 \times (133.47 - 65) \times 0.95] \text{ kJ/kg} = 190 \text{ kJ/kg}$$

（k）节流阀的损失

$$\Delta D_{th} = V_{th}(e_{x8} - e_{x9}) = 0.448 \times (6848.8 - 6053.8) \text{ kJ/kg} = 356.2 \text{ kJ/kg}$$

（l）不完全热交换产生的损失

$$\Delta D_h = (1 - Z_{pr})(e_{x16} - e_{xa}) = 0.9063 \times 10 \text{ kJ/kg} = 9.1 \text{ kJ/kg}$$

循环总的有效能损失为

$$\sum D_L = \Delta D_c + \Delta D_I + \Delta D_{II} + \Delta D_{III} + \Delta D_{IV} + \Delta D_V + \Delta D_{VI}$$
$$+ \Delta D_{VII} + \Delta D_{E_1} + \Delta D_{E_2} + \Delta D_{th} + \Delta D_h = 2676.1 \text{ kJ/kg（加工氮气）}$$

④计算循环有效能效率。

循环系统消耗的有效能为

$$E_c = \frac{1}{\eta_T}(e_{x1} - e_{xa}) + G_0(e_{x17} - e_{x19}) - E_1(h_4 - h_{13})\eta_m - E_2(h_6 - h_{11})\eta_m$$

$$= \Big[\frac{1}{0.6} \times 1880 + 0.411 \times (766.5 - 7.3) - 0.229 \times (350 - 176) \times 0.95$$

$$- 0.323 \times (133.47 - 65) \times 0.95\Big] \text{ kJ/kg（加工氮气）} = 3385.5 \text{ kJ/kg（加工氮气）}$$

循环得到液氮的有效能（㶲）为

$$E_b = Z_{pr}e_{x0} = 0.0937 \times 6925.5 \text{ kJ/kg(加工氦气)} = 648.9 \text{ kJ/kg(加工氦气)}$$

因此循环的有效能效率 $\eta_e = \dfrac{E_b}{E_c} = \dfrac{648.9}{338.5} = 19.16\%$

3. 其他类型的氦液化循环

1）双压氦液化循环

随着氦液化设备的大型化，常采用在较低压力和较小膨胀比下工作的透平膨胀机，因此提出了双压氦液化循环。这种循环的特点是将液化系统和膨胀机制冷系统分开。在液化系统内，为保证高液化率所需的最佳压力，采用较高压力；而在制冷系统内仅需满足液化时所需的冷量，可采用较低压力。

图 5-37 示出双压氦液化循环流程与 $T\text{-}s$ 图。经高压压缩机压缩到 2.5×10^3 kPa 的氦气，通过第一换热器、液氮槽及另外五个换热器冷却后节流，部分氦气液化，大部分氦气返流复热后回低压压缩机。由低压压缩机压缩至 400 kPa 的氦气，一部分进入高压压缩机继续压缩；另一部分经换热器冷却到约 50 K 后，其中三分之二的气体进第一台透平膨胀机 TE_I，膨胀到 120 kPa、40 K，与返流气汇合；其余三分之一的气体经换热器冷却至 16 K 后进入第二台透平膨胀机 TE_{II}，膨胀到 120 kPa、12 K，与返流气汇合，复热后进低压压缩机。

采用双压循环可降低压缩机的功耗，并减小膨胀比，使透平膨胀机的效率提高。

这种循环曾用于 250 L/h 的氦液化器，制冷能力在 20 K 时约为 3 kW。早前 4900 L/h 的氦液化装置就是采用液氮和三台透平膨胀机预冷的双压液化循环。

2）两级膨胀、两级节流氦液化循环

两级膨胀、两级节流氦液化循环也是一种双压循环，图 5-38 示出其流程。这种循环与天然气提氦装置联合，可生产 800 L/h 的液氦。

由高压压缩机压缩到 1.62 MPa 的氦气，进入换热器Ⅰ冷却后，与从提氦装置来的补充氦汇合，通过换热器Ⅱ～Ⅵ冷却到 6.1 K。然后经第一次节流到 400 kPa，温度为 5.9 K，其中一半氦气经换热器Ⅶ冷却到 5.65 K，再一次节流到 125 kPa，部分氦气液化。未液化的氦气经换热器Ⅷ、Ⅵ与透平膨胀机 TE_2 来的气体汇合后，经换热器Ⅴ～Ⅰ复热返回低压压缩机。

低压压缩机将氦气压缩至 870 kPa，经换热器Ⅰ、Ⅱ冷却后进第一台透平膨胀机 TE_1，膨胀到压力 400 kPa、温度 32 K，经换热器Ⅳ冷却后与第一次节流后经换热器Ⅵ、Ⅴ的另一半氦气汇合，进入第二台膨胀机 TE_2 再次膨胀到 120 kPa，温度达 10 K，与第二次节流后未液化的气体汇合后，经换热器Ⅴ～Ⅰ复热返回低压压缩机。

采用两台串联使用的膨胀机，使膨胀比减小，达到较高的绝热效率；采用两级节流，可减少节流过程和热交换过程的不可逆损失，提高循环的热效率。

3）附加制冷循环的氦液化循环

图 5-39 示出附加制冷循环的氦液化循环流程。从图 5-39 可见，这种循环有两个各自独立的气体环路：右边是用液氮预冷和两级膨胀机的制冷循环；左边是用液氮和制冷环路预冷的节流液化循环。

由于制冷循环与液化循环完全分开，因此只有液化循环部分的氦气需要进行纯化处理，这可以减小纯化设备的尺寸。林德公司将此循环用于 20 L/h 的氦液化器。

4）带膨胀喷射器的氦液化循环

通常各种氦液化装置的节流液化级都是采用节流阀来降温并产生液体的。

由于等焓节流过程具有高度不可逆性，因而有效能损失很大。在使用节流阀的情况下，压

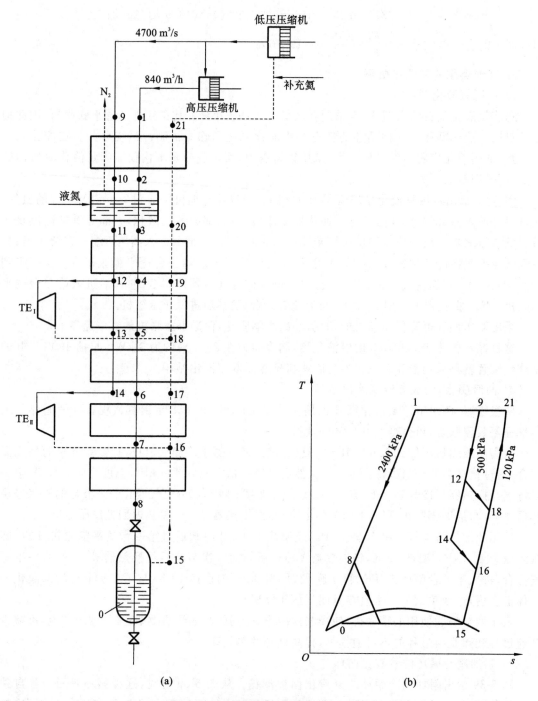

(a)   (b)

图 5-37　双压氦液化循环流程和 $T\text{-}s$ 图

缩机的吸气压力必须等于(忽略换热器流动阻力)或小于液氦的蒸发压力。当需要液氦减压蒸

发以得到 4.2 K 以下的低温时,压缩机吸气压力将比大气压低得多,因此压缩机系统和换热器

的尺寸大大增加,压缩机的功耗也增大。另一方面,从液化装置出来的液氦通常是在常压下使

用,此时一般要求液氦槽的压力不高于 120 kPa。为了适应既提高返流低压,从而使压缩机吸

入压力增加到 100 kPa 以上,又获得更低的液化温度的要求,在氦液化流程中可用膨胀喷射器

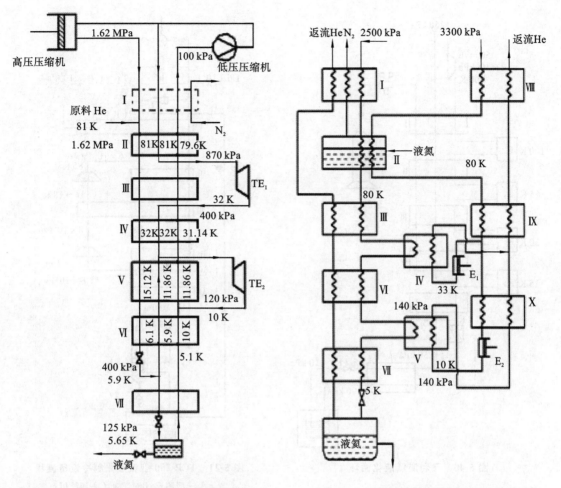

图 5-38　两级膨胀两级节流氦液化循环流程　　图 5-39　附加制冷循环的氦液化循环流程

代替节流阀。

　　带膨胀喷射器的氦液化循环最先应用于飞利浦的 10 L/h 氦液化器上,其基本流程如图 5-40所示。循环中气流分为液化气路及制冷气路两部分。氦气经压缩机由 250 kPa 压缩到 2 ×10³ kPa,通过五个紧凑式换热器Ⅰ～Ⅴ,其间还分别进入用作中间预冷的两台双级斯特林制冷机的四个冷头换热器 R₁～R₄(制冷温度分别为 100 K、65 K、30 K 及 15 K);从气瓶来的氦气压力为 2×10³ kPa,其量相当于液化的氦气量,连续通过换热器Ⅰ～Ⅴ。两股氦气出换热器Ⅴ时的温度达到 7 K 左右,汇合后进入膨胀喷射器 j,膨胀到 250 kPa。膨胀后大部分气体返流通过各级换热器以冷却两股高压氦气,复热后回到压缩机;小部分氦气经换热器Ⅵ进一步冷却到 5.2 K 后,通过节流阀节流至 111 kPa,有 60%～70% 的气体液化并输入外贮槽。未液化的氦气在换热器Ⅵ中复热后,被膨胀喷射器吸入,在混合室与主气流混合,并经扩压器增压到 250 kPa,再返流通过换热器Ⅴ～Ⅰ回到压缩机。可见,由于使用喷射器,低压气流压力从 111 kPa 提高到 250 kPa。适当提高循环低压对减小压缩机、换热器结构尺寸和降低功耗都有利。

　　瑞士苏尔寿公司的 TCF-200 型氦液化制冷设备上同时采用了低温喷射器和室温喷射器。该设备的流程如图 5-41所示。用低温喷射器既提高了低压回气压力,使压缩机吸入压力增加,还降低了节流前压力,减少了节流过程的不可逆损失,设备的热效率提高 9.4%。室温喷

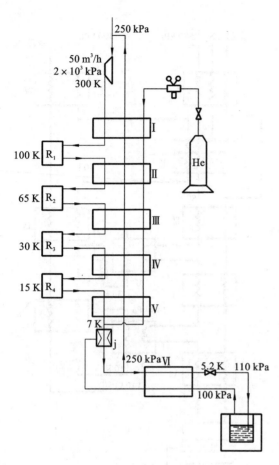

图 5-40 飞利浦氦液化循环

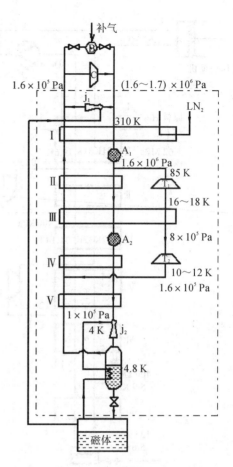

图 5-41 TCP-200 型氦液化制冷设备流程

A_1、A_2—吸附器；B—气罐；C—压缩机；

T_1、T_2—透平膨胀机；j_1、j_2—膨胀喷射器

射器用压缩机的排气作为工作气流，当抽取复热后的低压回流氦气量较大时，要求高压工作气流量也大，这时使用室温喷射器比低温喷射器更有利。这样，就允许压缩机的吸入压力高于液氦槽工作温度所对应的压力。喷射器在 1.8 K、380 W 氦液化制冷设备上已有应用。

5）采用两相膨胀机的氦液化循环

以氦为工质的膨胀机在两相区操作时，不像空气膨胀机那样效率显著降低和形成撞缸故障，这是因为进入气缸的高压氦气的热容量比残留在缸内液氦的潜热要大得多，所以循环开始时，少量液氦的热影响不大。通过选择适当的配气机构及时将两相混合物排出，使残留的液氦量减少到最少，就能避免撞缸现象。

图 5-42 所示为美国阿贡实验室的 3.6 m 气泡室超导磁体采用的带两相膨胀机的氦液化装置的流程。

经压缩机压缩至 3×10^3 kPa 的氦气通过用液氮冷却的纯化器后，分成两股，分别进入氦-氮和氦-氦换热器，经冷却后进入两相活塞膨胀机，膨胀后产生的气液混合物导入液氦杜瓦容器或超导磁体贮槽。从液氦容器或贮槽出来的冷氦气返回氦-氦换热器低压侧，复热后回压缩机；少量氦气也可直接从贮槽返回压缩机。在氦-氦换热器中部抽出部分高压氦气，流入磁体绝热防护屏，而后返回氦-氦换热器低压侧。循环各点参数见表 5-4。

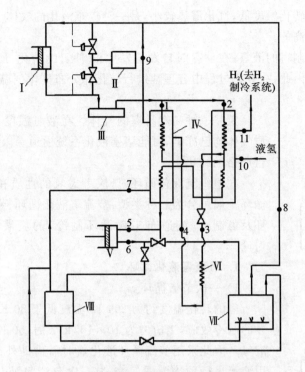

图 5-42　具有两相膨胀机的氦液化循环

Ⅰ—压缩机；Ⅱ—气柜；Ⅲ—纯化器；Ⅳ—换热器；Ⅴ—膨胀机；
Ⅵ—磁体绝热防护屏；Ⅶ—磁体贮槽；Ⅷ—液氦容器

表 5-4　图 5-42 具有两相膨胀机的氦液化循环有关点参数

点	1	2	3	4	5	6	7	8	9	10	11
流体	He	He	He	He	He	He	He	He	He	H_2	H_2
温度/K	300.0	300.0	50.0	70.0	5.3	4.45	4.45	260.0	282.0	22.8	285
压力/kPa	2900	2900	200	150	2800	125	125	110	110	200	110

该流程的两相膨胀机采用活塞结构,转速为 300 r/min,绝热效率为 55%。

美国低温技术公司在 60 L/h 氦液化装置上对采用两相活塞膨胀机代替节流阀进行过对比液化实验。结果表明,在压缩比为 18∶1、输入总功率为 86 kW 时,用节流阀时的液氦产量为 60 L/h,相应制冷量为 180 W(4.5 K),用两相膨胀机时产量增加到 80 L/h,相应制冷量为 250 W(4.5 K),即装置的液化能力提高了 33%,制冷能力提高了 38.8%。

由此可见,用两相膨胀机代替节流阀能显著增加液化量或制冷量,从而降低装置的单位能耗。

5.6　氢液化循环

1898 年英国杜瓦首先利用负压液空预冷的一次节流循环使氢液化。以后约半个世纪,液氢的应用一直局限于实验室用作低温冷源。20 世纪 50 年代初,随着宇航技术发展的需要,液氢生产逐步从实验室规模发展到工业规模,使得氢液化技术得到了迅速的发展。目前美国氢液化工厂最大产能已高达 500 t/d。

氢的临界温度和转化温度低,汽化潜热较小,是一种较难液化的气体。氢液化的理论最小功在所有气体中是最高的。

未经催化转化所制得的液氢,在储存时自发地发生正-仲氢的转化,所放出的转化热使液氢大量蒸发而损失。因此,在液化过程中合理地进行转化和分布催化剂温度级,对液氢生产和储存都十分重要。

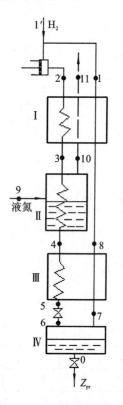

图 5-43 一次节流氢液化循环流程示意图

氢是一种易燃易爆的气体。在液氢温度下,除氦以外所有杂质气体均已冻结,可能堵塞液化系统通道。因此,对原料氢必须进行严格的纯化。

在组织氢液化循环时,应考虑氢的性质和液化特点。氢液化循环一般可分为三种类型:节流氢液化循环、带膨胀机的氢液化循环及氦制冷(或逆布雷顿循环制冷)的氢液化循环。下面分别讨论。

1. 节流氢液化循环

1)一次节流循环

氢的转化温度约为 204 K,温度低于 80 K 进行节流才有较明显的制冷效应,当压力为 10×10^3 kPa 时,50 K 以下节流才能获得液氢。因此采用节流循环液化氢时需借助外部冷源预冷,一般是用液氮进行预冷。图 5-43 为一次节流氢液化循环流程示意图。压缩后的氢气经换热器 I、液氮槽 II、主换热器 III 冷却,节流后进入液氢槽 IV;未液化的低压氢气返流复热后回压缩机。

当生产液态仲氢时,若正常氢在液氢槽中一次催化转化,则必须考虑释放的转化热引起液化量的减少。

由液氮槽以下热力学系统的能量平衡,可确定循环的液化系数,即

$$Z_{pr} = \frac{(h_8 - h_4) - (q_3^{III} + q_3^{IV})}{(h_8 - h_0) + q_{cv}(\xi_2 - \xi_1)} \quad (\text{kg/kg(加工氢)}) \quad (5\text{-}68)$$

式中,q_3^{III}、q_3^{IV} 分别是换热器 III、液氢槽 IV 的跑冷损失;q_{cv} 为转化热(kJ/kg),与温度有关,由表 4-3 和表 4-4 查得,当生产正常液氢时 q_{cv} 为零,物性数据也可以通过物性软件 Refprop 获得;ξ_1、ξ_2 分别为转化前、后仲氢浓度;h_0 为正常液氢的焓值(kJ/kg)。

由换热器 I 和液氮槽的热平衡可以确定液氮耗量,即

$$m_{LN_2} = \frac{(h_2 - h_4) - (1 - Z_{pr})(h_1 - h_8) + q_3^{I} + q_3^{II}}{h_{11} - h_9} \quad (\text{kg/kg(加工氢)}) \quad (5\text{-}69)$$

图 5-44 示出当热端温差 $\Delta T_{2-1} = 3$ K 时不同预冷温度(T_p)下液化系数与高压的关系。由图 5-44 可见:高压为 $(1.2 \sim 1.4) \times 10^4$ kPa 时,Z_{pr} 值最大;预冷温度对 Z_{pr} 影响很大。为了降低预冷温度,可对液氮槽抽真空,液氮在负压下蒸发时实际能达到的最低预冷温度为 65 K。

图 5-45 示出生产正常液氢和仲氢时一次节流循环的单位能耗。由图 5-45 可见,随着压力的增加,单位能耗降低;压力相同时,制取仲态液氢的单位能耗较大。

一次节流氢液化循环简单可靠,但效率低,一般只用于小型设备。

2)二次节流循环

由于循环的单位制冷量随压差的增大而增加,而压缩气体的能耗随压比的增大而增加,因

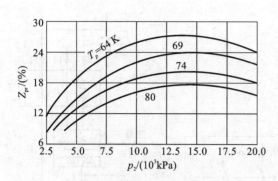

图 5-44　不同预冷温度下氢的液化
系数与高压 p_2 的关系

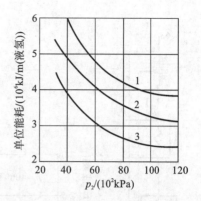

图 5-45　一次节流氢液化循环的能耗

1—95％p-H_2（在 20 K 转化）；2—95％p-H_2（在预冷温度下转化至 50％的 p-H_2，再在 20 K 转化至 95％p-H_2）；3—生产正常液氢

此,为节省能耗,在循环中保持大压差及小压比是有利的,因此具有中间压力的二次节流循环相较一次节流循环有较好的经济性。

图 5-46 示出二次节流循环流程以及循环的单位能耗同高压(p_2)、中间压力(p_i)的关系。高压氢气经换热器Ⅰ、液氮槽Ⅱ、换热器Ⅲ,节流至中间压力进入容器Ⅳ。大部分中压氢气返流复热至常温后回压缩机,比实际液化量稍多的一部分液氢经换热器Ⅴ过冷后,再次节流至低压进入液氢槽Ⅵ,图中的能耗曲线是在 $q_3=0$、$\Delta T_{3-8}=1$ K、预冷温度 $T_3=65$ K 的条件下作出的。由图 5-46 可见:在 $p_i \approx p_2/2$ 情况下,p_i 为 $(2\sim4)\times10^3$ kPa 时能耗最小;p_2 超过 8×10^3 kPa 时,能耗不会再降低。

2. 带膨胀机的氢液化循环

1)有液氮预冷的克劳特氢液化循环

该循环的流程如图 5-47 所示。经压缩的氢气在换热器Ⅰ、液氮槽Ⅱ中冷却后分成两路:一路进入膨胀机 E,膨胀后与低压返流气汇合;另一路经换热器Ⅲ和Ⅳ进一步冷却并节流后进入液氢槽Ⅴ,未液化的气体返流经各换热器复热后回压缩机。

膨胀机进气量是由保证换热器正常工作的要求确定的。由于氢的比热容随温度和压力的变化比较剧烈,因此必须校核换热器的温度工况。

图 5-48 示出这种循环单位能耗同高压和膨胀前温度的关系。图中曲线表明,单位能耗随压力的增加而降低;当压力超过 5×10^3 kPa 时,单位能耗几乎不随压力而变。降低膨胀前温度能提高液化率,使单位能耗减少;但过分降低膨胀前温度会使膨胀后出现液体,图中虚线下面的部分表示已进入两相区。

2)带膨胀机的双压循环

带膨胀机的双压循环是在二次节流循环中用一台膨胀机代替第一个节流阀而构成的。由于做外功的膨胀过程不可逆损失较小,且获得更多冷量,因此提高了循环的液化系数,并使单位能耗减小。图 5-49 示出该循环的流程及 $T\text{-}s$ 图。压缩后的氢经换热器Ⅰ、液氮槽Ⅱ和换热器Ⅲ冷却后分为两路:部分氢在膨胀机 E 中膨胀至中间压力,返流复热后回高压压缩机 C_2;另一部分氢在换热器Ⅳ中进一步冷却并经节流进入液氢槽Ⅴ,未液化的低压氢返流复热后回低压压缩机 C_1。

图 5-50 示出这种循环在不同膨胀前温度下单位能耗与中间压力的关系。图中曲线是在

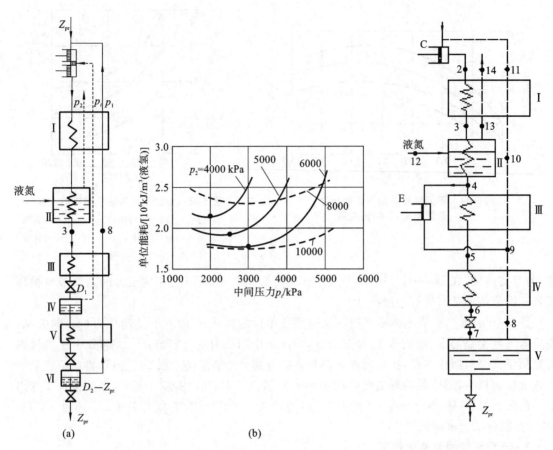

(a)   (b)

图 5-46　二次节流氢液化循环及其单位能耗同 p_2、p_i 的关系　　　　**图 5-47**　有液氮预冷的克劳
特氢液化循环流程

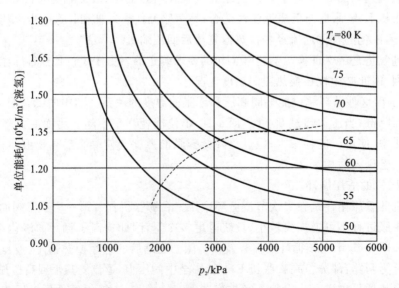

图 5-48　有液氮预冷的克劳特氢液化循环单位能耗同膨胀前温度及高压的关系

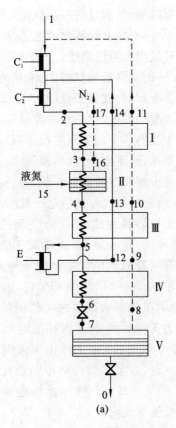

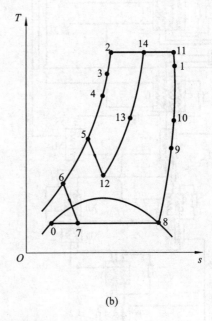

图 5-49　带膨胀机双压循环图及 *T-s* 图

高压为 10×10^4 kPa、预冷温度（T_4）为 65 K 的条件下作出的，其中虚线表示制取 95% p-H$_2$ 时的能耗，正-仲态转化是在 20 K 下由 58%p-H$_2$ 转化至 95% 的 p-H$_2$。

将图 5-50 和图 5-46 比较可以看出，带膨胀机的双压循环单位能耗比二次节流循环低，而且中间压力的影响较大，当中间压力为 3×10^3 kPa 时能耗最小。

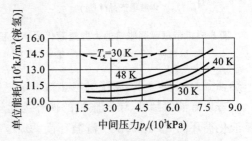

图 5-50　不同膨胀前温度双压循环单位能耗与中间压力的关系

3）带透平膨胀机的大型氢液化循环

图 5-51 为日产 30 t 液氢的大型氢液化循环流程图。此流程由原料氢液化循环（压力约 4×10^3 kPa）和带透平膨胀机的双压氢制冷循环组成，并采用在常压（100 kPa）及负压（13 kPa）下蒸发的液氮进行两级温度（80 K 及 65 K）的预冷。

循环中大部分冷量由液氮和冷氮气供给，液氮温度以下的冷量由中压氢循环（压力约 700 kPa）的氢透平膨胀机和高压氢循环（压力约 4.5×10^3 kPa）的两级节流提供。

原料氢在液化过程中经过六个不同温度级进行正-仲氢的催化转化，产品液氢中仲氢浓度大于 95%。生产每千克液氢的能耗约为 20 kW·h。

3. 氦制冷的氢液化循环

这类循环是用氦作为制冷工质，在带膨胀机的氦制冷循环或斯特林循环的制冷机中获得

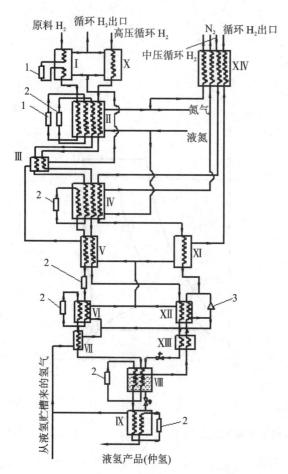

氢冷凝的温度,通过表面换热使氢液化。

图 5-52 所示为膨胀机型氦制冷氢液化循环流程及特性曲线。压缩到 $(1\sim2)\times10^3$ kPa 的氦气经换热器 Ⅰ、液氮槽 Ⅱ 及换热器 Ⅲ 冷却后,在膨胀机 E 中膨胀降至能使氢冷凝的温度,然后经冷凝器 Ⅶ、换热器 Ⅲ 和 Ⅰ 复热后返回氦压缩机。原料氢通过换热器 Ⅳ、液氮槽 Ⅴ、换热器 Ⅵ 冷却后在冷凝器 Ⅶ 中被氦气冷凝,并节流进入液氢槽 Ⅷ,未液化的氢气复热后返回氢压缩机。

由循环特性曲线可知,下面三条曲线(正常液氢)比较靠近,说明氦气压力对生产正常液氢的单位能耗影响不明显;氢的压力在 $(0.3\sim1)\times10^3$ kPa 时,曲线较平直,表明在此压力范围内单位能耗几乎与氢压力无关。生产液态仲氢时单位能耗(上面一条曲线)比生产正常液氢要增加 50% 左右,而大多数循环中前者比后者只增加 20%~25%。这种循环也可以用氖作工质使氢液化。

4. 各种氢液化循环的比较

图 5-53 所示为获得 1 kg 95% 液态仲氢时,各种氢液化循环单位能耗的比较,包括制取预冷用液氮的能耗。作图时假设从环境进入系统的漏热可忽略不计,即 $q_3=0$;热端温差 $\Delta T=1$ K;膨胀机绝热效率 $\eta_s=0.8$;预冷温度为 65 K。

图 5-51 带透平膨胀机的大型氢液化循环流程图
1—吸附器;2—催化转化器;3—透平膨胀机

若以有液氮预冷、带膨胀机的循环为比较基准,一次节流循环单位能耗要高 50%,氦制冷氢液化循环高 25%,二次节流循环高 20%,带膨胀机的双压循环高 4%。所以从热力学观点来看,带膨胀机的循环效率最高。在大型氢液化装置上,广泛采用带透平膨胀机的循环。带膨胀机的双压循环效率高,也是大型装置上采用的一种循环;二次节流循环流程简单,运转可靠,没有低温下的运动部件,且具有一定的效率,也是一种比较好的循环;氦制冷氢液化循环避免了操作高压氢的危险,因此较安全可靠,但需要一套单独的氦制冷系统,设备复杂,故在氢液化方面的应用不多。

例 5-5 计算一次节流氢液化循环制取 1 kg 95% 仲氢的能耗,循环流程见图 5-43。给定参数:$p_1=120$ kPa,$p_2=12.5\times10^3$ kPa;液氮蒸发压力 $p_9=17$ kPa;环境温度 $T=303$ K,$\Delta T_{2-1}=\Delta T_{2-11}=10$ K,$\Delta T_{4-8}=0.5$ K;跑冷损失 $q_3=3$ kJ/kg(加工氢)($q_3^{\mathrm{I}}=1.4,q_3^{\mathrm{II}}=0.4$,$q_3^{\mathrm{III}}=q_3^{\mathrm{IV}}=0.6$ kJ/kg(加工氢))。不计流阻损失。在液氢温度下一次催化转化。

解 液氮在 17 kPa 时的蒸发温度 $T_9=65$ K,取 $T_4=67$ K,则
$$T_8=T_4-\Delta T_{4-8}=66.5\ \mathrm{K}$$
查物性软件得到下列各点的焓、熵值:

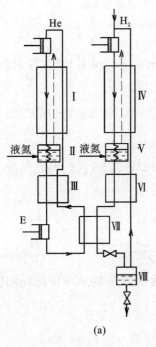

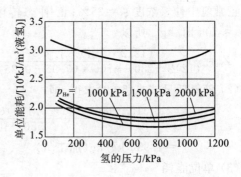

(a)

(b)

图 5-52 氦制冷氢液化循环流程及单位能耗与氦、氢压力的关系

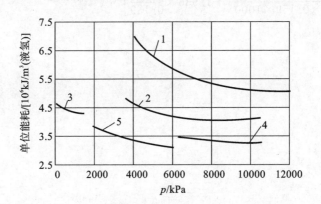

图 5-53 各种氢液化循环的单位能耗比较

1——次节流循环；2—二次节流循环；

3—氦制冷氢液化循环；4—带膨胀机的双压循环；

5—带膨胀机的循环

工质	氢(n-H$_2$)							氦		
状态点	1′	1	2	4	0	7	8	9	10	11
压力/MPa	0.12	0.12	12.5	12.5	0.12	0.12	0.12	0.017	0.017	0.017
温度/K	303	293	303	67	20.8	20.8	66.5	65	65	293
焓/(kJ/kg)	4270	4145	4315	984	280	720	1212	102.5	321.4	550
熵/[kJ/(kg·K)]	70.3	69.7	50.87	29.7	17.5	38.94	51.5	2.52	5.78	7.25

(1) 循环的液化系数由式(5-68)求得，即

$$Z_{pr} = \frac{(h_8 - h_4) - (q_3^{III} + q_3^{IV})}{(h_8 - h_0) + q_{cv}(\xi_2 - \xi_1)}$$

正常氢中仲氢浓度 $\xi_1 = 25\%$；正-仲态转化热在低温（15 K$<$$T$$<$70 K）时实际上保持恒定，$q_{cv} \approx 706$ kJ/kg。所以

$$Z_{pr} = \frac{(1212 - 984) - 1.2}{(1212 - 280) + 706 \times (0.95 - 0.25)} \text{ kg/kg（加工氢）} = 0.159 \text{ kg/kg（加工氢）}$$

(2) 液氮耗量按式(5-69)求得，即

$$m_{LN_2} = \frac{(4315 - 984) - (1 - 0.159)(4145 - 1212) + 1.4 + 0.4}{550 - 102.5} \text{ kg/kg（加工氢）}$$

$$= 1.936 \text{ kg/kg（加工氢）}$$

(3) 单位能耗

$$w_{0,pr,LH_2} = \frac{RT\ln(p_2/p_1)}{\eta_T Z_{pr}} + m_{LN_2} \frac{w_{0,pr,LN_2}}{Z_{pr}}$$

式中，R 为氢的气体常数，等于 4.124 kJ/(kg $\cdot$ K)；w_{0,pr,LN_2} 为制取液氮的单位能耗，其值为 5.4 MJ/kg（液氮）；η_T 为氢压机等温效率，$\eta_T = 0.6$。

代入得

$$w_{0,pr,LH_2} = \left[\frac{4.1241 \times 303\ln\dfrac{12500}{120}}{0.6 \times 0.159 \times 1000} + 1.936 \times \frac{5.4}{0.159} \right] \text{ MJ/kg（液氢）} = 126.6 \text{ MJ/kg（液氢）}$$

第6章 气体精馏原理及设备

气体分离技术是从20世纪初开始发展的,目前已广泛应用。例如:分离空气以制取氧、氮、氩及其他稀有气体;从合成氨弛放气分离回收氢、氩及其他稀有气体;从天然气分离提取氦气;分离焦炉气及水煤气制取氢或氢氮混合气;分离液氢以提取重氢等。随着经济、社会的迅速发展,对气体分离技术不断提出新的要求,如经济合理地提供各种纯度的气体,综合利用工业废气等。气体分离技术的另一用途是气体中少量杂质的清除,包括原料气的净化及产品气的提纯。

气体分离技术开始发展时就与气体液化互相交融,而且目前高纯气体的低温分离仍是其主要制取方法。所以气体分离技术与低温技术密切相关,它是低温技术的一个重要应用。

目前气体分离方法主要有以下几种。

(1)精馏:先将气体混合物进行液化,然后按各组分蒸发温度的不同将它们分离。精馏方法适用于被分离组分沸点相近的情况,如氧和氮的分离、氢和重氢的分离等。

(2)分凝:它也是利用各组分沸点的差异进行分离,但和精馏不同之处是不需将全部组分冷凝。分凝法适用于被分离组分沸点相距较远的情况,如从焦炉气及水煤气中分离氢、从天然气中提取氦等。

(3)吸收法:用一种液态吸收剂在适当的温度、压力下吸收气体混合物中的某些组分,以达到气体分离的目的。吸收过程根据其吸收机理的不同可分为物理吸收和化学吸收。

(4)吸附法:用多孔性固体吸附剂处理气体混合物,使其中所含的一种或数种组分被吸附于固体表面以达到气体分离的目的。吸附分离过程有的需在低温下进行,有的可在常温下完成,现在大量采用的是变压吸附分离。

(5)薄膜渗透法:它是利用高分子薄膜的渗透选择性从气体混合物中将某种组分分离出来的一种方法。这种分离过程不需要发生相变,不需低温,并且有设备简单、操作方便等特点。目前对渗透膜的渗透性、选择性及物理、机械性能的研究已取得很大进展,特别是富氧燃烧技术对氧气需求的推动,使得该法有望在气体分离工业装置中普遍运用。

气体分离的工业装置一般是综合利用以上分离方法,组织最经济、最合理的工艺流程,有效地分离各种复杂的气体混合物。

本章主要介绍精馏法分离空气及多组分气体混合物。

6.1 空气的组成及主要成分间的气液平衡

1. 空气的组成

空气是一种均匀的多组分混合气体,它的主要成分是氧、氮和氩,此外还含有微量的氢、氖、氦、氙等气体。根据地区条件的不同,空气中含有不定量的二氧化碳、水蒸气以及乙炔等碳氢化合物。

空气主要由氧和氮组成,两者合计占99%以上,其次是氩,占0.93%。氧、氮、氩和其他物质一样,具有气、液、固三态,在常温常压下呈气态。在标准大气压下,氧被冷却到90.188 K,

氮被冷却到 77.36 K,氩被冷却到 87.29 K,分别变为液态。氧和氮的沸点相差约 13 K,氩和氮的沸点相差约 10 K,这是能够用低温精馏法将空气分离为氧、氮和氩的基础。

空气中除氧、氮、氩外,还有氢、氦、氖、氙等气体,根据综合利用的原则,空分装置在制取氧、氮的同时,会根据规模和用途进行氩及其他稀有气体的提取。而空气中的机械杂质、水蒸气、二氧化碳、乙炔和其他碳氢化合物,会影响空分装置的正常、安全运行。需要设法除净这些有害气体和杂质,以保障空分装置的正常运转。

2. 氧-氮二元系气液平衡

空气中氧和氮占 99.04%,因此在一般计算中可近似地将空气当作氧和氮的二元混合物,将氩归于氮中,其他气体忽略不计。即认为空气中含氧 20.9%,含氮 79.1%(按体积计)。

1) 氧、氮、氩饱和压力和温度的关系

纯物质在气液平衡条件下,两相的状态参数保持不变,温度、压力都相等,达到饱和状态。图 6-1 示出氧、氮、氩纯物质在气液平衡时,饱和压力与温度之间的关系。由图 6-1 知,氧、氮、氩在同一温度下具有不同的饱和蒸气压力,而饱和蒸气压力的大小表明了液体汽化的难易程度。在相同的温度下,氮的饱和蒸气压高于氧的饱和蒸气压,而在相同压力下氮的饱和温度低于氧的饱和温度。氩则介于氧、氮之间。

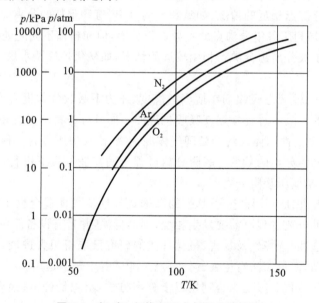

图 6-1 氧、氮、氩饱和压力与温度的关系

2) 氧-氮二元系气液平衡分析

由氧和氮组成的均匀混合物称为氧-氮二元系。对于氧-氮二元系,气液平衡时气相浓度和液相浓度的关系可应用溶液热力学的知识进行分析。

当压力不很高时,氧-氮二元系液相可以看作理想溶液,气相可看作理想气体。因此,根据道尔顿定律,蒸气中某一组分的分压等于该组分的摩尔分数与总压力的乘积,即

$$p_{O_2} = py_{O_2}, \quad p_{N_2} = py_{N_2} \tag{6-1}$$

又根据拉乌尔定律,在一定温度下,蒸气中任一组分的分压等于该纯组分在相同温度下的饱和蒸气压与它在溶液中的摩尔分数的乘积,即

$$p_{O_2} = p^{\circ}_{O_2} x_{O_2}, \quad p_{N_2} = p^{\circ}_{N_2} x_{N_2} \tag{6-2}$$

式中,$p^{\circ}_{O_2}$、$p^{\circ}_{N_2}$ 分别为纯氧、纯氮在相同温度下的饱和蒸气压。而气相中的总压又等于各组分

的分压之和,即

$$p = p_{O_2} + p_{N_2} \tag{6-3}$$

由式(6-1)、式(6-2)及式(6-3)可得

$$y_{O_2} = \frac{p_{O_2}^{\circ} x_{O_2}}{p_{O_2}^{\circ} x_{O_2} + p_{N_2}^{\circ} x_{N_2}} \tag{6-4}$$

将

$$x_{O_2} = 1 - x_{N_2}$$

代入上式得

$$
\begin{aligned}
y_{O_2} &= \frac{p_{O_2}^{\circ} x_{O_2}}{p_{O_2}^{\circ}(1 - x_{N_2}) + p_{N_2}^{\circ} x_{N_2}} \\
&= \frac{p_{O_2}^{\circ} x_{O_2}}{p_{O_2}^{\circ} - p_{O_2}^{\circ} x_{N_2} + p_{N_2}^{\circ} x_{N_2}} \\
&= \frac{p_{O_2}^{\circ} x_{O_2}}{p_{O_2}^{\circ} x_{N_2} + (p_{N_2}^{\circ} - p_{O_2}^{\circ}) x_{N_2}}
\end{aligned}
\tag{6-5}
$$

氧-氮二元系中,氧是高沸点组分,它在液相中的浓度总是大于气相中的浓度。

氧-氮二元系气液平衡关系可用相平衡图表示。相平衡图是根根据用实验方法求得的温度(T)、压力(p)、焓(h)及浓度(x、y)之间的关系进行绘制的。常用的几种相平衡图如下。

(1) T-x-y 图。

如图 6-2 所示,图中的每组曲线是在等压下作出的。以任一组曲线为例,上面的一条线称冷凝线,下面的一条线称沸腾线,两条线之间的区域称湿蒸气区。曲线的两端点纵坐标分别表示纯氧和纯氮在该压力下的饱和温度。

由 T-x-y 图可看出氧-氮二元溶液的特点:①气相中氧浓度为 30%~40% 时,相平衡的气液浓度差最大,这表明当气相(或液相)中含氧(或含氮)量越少时,越难分离;②压力越低,液相线与气相线的间距越大,即气、液相间的浓度差越大,这说明在低压下分离空气比在高压下容易;③气液平衡时,液相中氧的浓度大于气相中氧的浓度,气相中氮的浓度大于液相中氮的浓度。

(2) y-x 图。

图 6-3 所示为氧-氮二元系在不同压力下的 y-x 图,它的横坐标为溶液中氮的摩尔分数,用 x 表示;纵坐标为与液体相平衡的气相中氮的摩尔分数,用 y 表示。图中每一条曲线对应于一个压力值,可以看出在不同压力下氮在气相及液相中摩尔分数之间的关系。

(3) T-p-h-x-y 图。

图 6-4 所示为氧-氮溶液在不同压力下处于气液平衡状态时的 T-p-h-x-y 图,它反映了氧-氮二元系气液平衡时的综合特性。图中横坐标为焓 h,纵坐标为温度 T,左、右两组曲线分别表示处于相平衡状态下的液相和气相的状态参数。在液相区和气相区皆有等压线和等浓度线。计算中经常用到此图,其用法:①如果已知液相 T、p、h、x 中的任意两个参数,可确定液相状态点,求出其他参数,并进而确定与其达到相平衡的气相状态点,求出气相的参数;反之,亦可由已知的两个气相参数求得与其平衡的液相参数。②可求取不同组成的氧-氮二元系的汽化潜热。

(4) h-x 图,即焓-浓度图,前面章节已介绍过。

3. 氧-氩-氮三元系气液平衡

空气中氩的体积分数为 0.93%,它的沸点介于氧、氮之间(压力为 101.3 kPa 时,$T_{O_2} =$

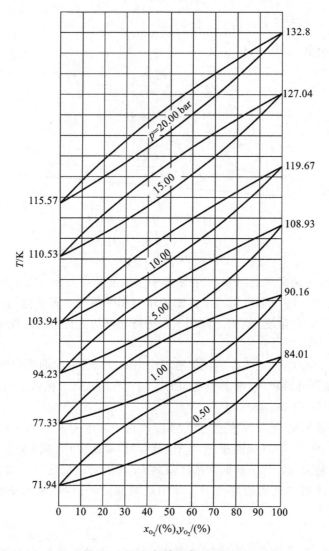

图 6-2　氧-氮气液平衡 $T\text{-}x\text{-}y$ 图

90.18 K，$T_{\text{Ar}}=87.29$ K，$T_{\text{N}_2}=77.35$ K)，对精馏过程的影响较大，特别是在制取高纯度氧、氮产品时，必须考虑氩的影响。一般在较精确的计算中，将空气看作氧-氩-氮三元混合物。

在按三元系计算时，必须了解氧-氩-氮三元混合物气液平衡关系。根据相律可知，三种互相溶解的组分的溶液在两相状态时具有三个自由度，所以确定三元系的气液平衡状态必须给定三个独立参数。在三元系中，当温度、压力已知时，有无穷多的平衡组成存在，只有再给出一个组分浓度（气相或液相），平衡状态才能确定。

三元系的气液平衡关系可根据实验数据表示在相平衡图上。在三元系中分别以 y_1、y_2、y_3 及 x_1、x_2、x_3 代表氧、氩、氮的气相及液相浓度（摩尔分数）。

图 6-5 为氧-氩-氮三元系相平衡图，图的左边为不同氩浓度时的氧的 $x\text{-}y$ 图，右边为不同氧浓度时的氩的 $x\text{-}y$ 图。通过该图可由已知液相浓度查得平衡气相浓度，或者根据气相浓度查得平衡液相浓度。

例如已知气相浓度 $y_1=y_1^{\text{M}}$，$y_2=y_2^{\text{M}}$，压力为 133.3 kPa，则在图 6-5 横坐标上找到 $y_1=y_1^{\text{M}}$ 的读数，由此作垂线与氩的等浓度线 $y_2=y_2^{\text{M}}$ 相交于一点，由此点作水平线，与纵坐标交于 x_1^{M}，

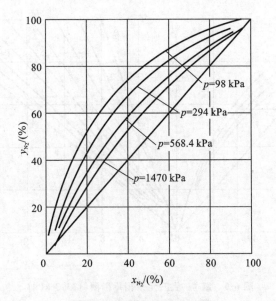

图 6-3　氧-氮二元系 y-x 图

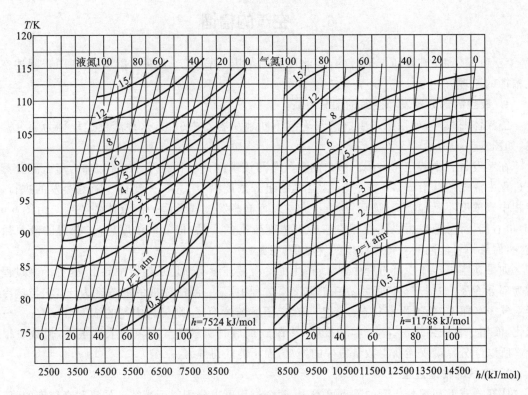

图 6-4　氧-氮二元系的 T-p-h-x-y 图

即为平衡液相中的含氧量。同样方法,在横坐标上找到 $y_2 = y_2^M$ 的读数,由此作垂线与氩的等浓度线 $y_1 = y_1^M$ 相交于一点,由此点作水平线,与纵坐标交于 x_2^M,即为平衡液相中的含氩量。反之,如果已知液相中浓度为 x_1^M、x_2^M,亦可由该相平衡图查出与之平衡的气相浓度。氮的浓度 x_3、y_3 根据物料平衡式求出。

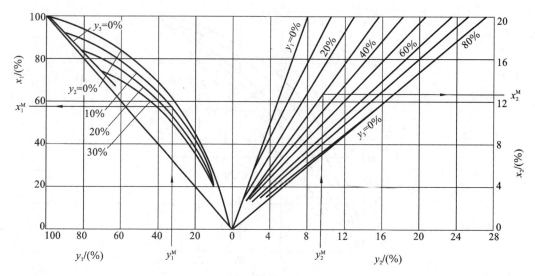

图 6-5　氧-氩-氮三元系相平衡图(133.3 kPa)

6.2　空气的精馏

空气的精馏是在定压下进行的,因此可利用定压下氧-氮二元系的温度-浓度图来阐述空气精馏的原理。

1. 液空的部分蒸发和空气的部分冷凝

当液体蒸发时,如果把产生的蒸气连续不断地从容器中引出,这种蒸发过程称为部分蒸发,如图 6-6(a)所示。

在蒸发过程中假定每一瞬间引出的蒸气是与该瞬间的液体处于平衡状态的,那么部分蒸发过程中液相浓度沿 $x_{2'}$,$x_{3'}$,…变化,蒸气中组分浓度沿 $y_{2''}$,$y_{3''}$,…变化。随着蒸发的进行,液相中氧浓度不断地提高,最后可达 $x_{5'}$,$x_{5'}$ 为简单蒸发过程最后一滴液体的浓度。由图 6-6(b)可看出,部分蒸发可以在液相中获得氧浓度较高的产品;但氧的浓度越高,获得的液氧量越少,而且不可能同时获得高纯度的气氮(气态氮)。

如果在空气定压冷凝过程中,将所产生的冷凝液连续不断地从容器中导出,这种冷凝过程称为部分冷凝,如图 6-6(c)所示。在部分冷凝过程中,第一滴冷凝液的氮浓度为 x_4,它与被冷凝空气 $y_{4''}$(即 4″)处于平衡状态。令空气在定压下继续冷凝,则气相中氮的浓度沿 $y_{4''}$,$y_{3''}$,…变化,液相中氮的浓度沿 $x_{4'}$,$x_{3'}$,…变化,冷凝到最后时所剩蒸气中氮的浓度很高,但数量很少。所以部分冷凝仅能获得数量很少的纯氮,而不能获得纯氧。

2. 空气的精馏过程

从部分蒸发和部分冷凝的特点可看出,两个过程可以分别得到高纯度的氧和高纯度的氮,但不能同时获得,而且两个过程恰好相反:部分蒸发需外界供给热量,部分冷凝则要向外界放出热量;部分蒸发不断地向外释放蒸气,如欲获得大量高纯度液氧,则需要相应地补充液体;而部分冷凝则是连续地放出冷凝液,如欲获得大量高纯度气氮,则需要相应地补充气体。如果将部分冷凝和部分蒸发结合起来,则可相互补充,并同时获得高纯度的氧和氮。

连续多次的部分蒸发和部分冷凝称为精馏过程。每经过一次部分冷凝和部分蒸发,气体中氮浓度就增加,液体中氧浓度也增加。这样经过多次,便可将空气中的氧和氮分离。下面举

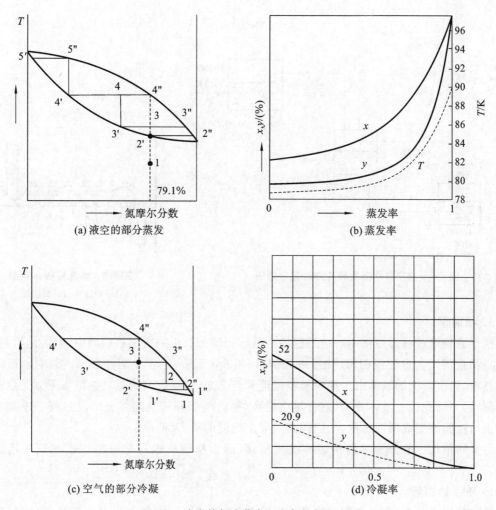

图 6-6　液空的部分蒸发和空气的部分冷凝

例来说明:如图 6-7 所示,有三个容器Ⅰ、Ⅱ、Ⅲ,其压力均为 98.1 kPa。在容器Ⅰ内盛有含氧 20.9%的液空,容器Ⅱ和Ⅲ分别盛有含氧 30%及 40%的富氧液空。将空气冷却到冷凝温度 (82 K)并通入容器Ⅲ的液体中。由于空气的温度比含氧 40%的液体的饱和温度(80.5 K)高, 因此空气穿过液体时得到冷却,就发生部分冷凝;而液体被加热,就发生部分蒸发。当气、液温 度达到相等时,与液体相平衡的蒸气中含氧只有 14%。将此蒸气引到容器Ⅱ,由于含 O_2 30% 的富氧液空的饱和温度(79.6 K)比容器Ⅲ中的温度低,所以从容器Ⅲ引出的蒸气(80.5 K)又 继续冷凝,同时使容器Ⅱ中的液体蒸发。当蒸气与含 O_2 30%的液体达到平衡状态时,蒸气浓 度就变成 9%(O_2)。将此蒸气由容器Ⅱ引入容器Ⅰ,再进行一次部分蒸发和部分冷凝过程,则 蒸气中氮又增加,含氧仅 6.3%。在上述过程中,在气相中氧浓度减少的同时,液体中氧则增 加。这样多次进行下去,最后可获得足够数量的高纯度气氮和液氧。这就是利用精馏过程分 离空气的原理。

图 6-7 所示的流程示意图,仅说明精馏过程的基本概念,实际情况要复杂一些。为了使精 馏过程进行得较完善,即为了使气、液接触后接近平衡状态,就要增大气、液接触面积并增加接 触时间。为此,在空分装置中要通过专门设备精馏塔来实现空气的精馏过程。

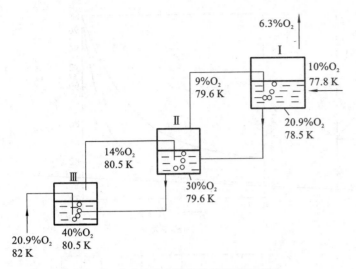

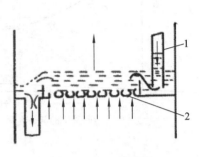

图 6-7 　液空多次蒸发和冷凝流程示意图　　　　　图 6-8 　筛孔塔板示意图

1—溢流斗；2—筛孔板

3. 精馏塔

空气的精馏过程是在精馏塔中进行的。目前我国制氧机中所用精馏塔中，上塔是填料塔，下塔是筛板塔。为方便说明，以筛板塔为例，如图 6-8 所示，在直立圆柱形筒内装有水平放置的筛孔板，温度较低的液体由上块塔板经溢流管流下来，温度较高的蒸气由塔板下方通过小孔向上流动，与筛孔板上液体相遇，进行热质交换，也就是部分蒸发和部分冷凝过程。连续经多块塔板后就能够完成精馏过程，从而得到所要求纯度的氧、氮产品。

空气的精馏一般分为单级精馏和双级精馏，因而精馏塔也有单级精馏塔和双级精馏塔之分。

1) 单级精馏塔

单级精馏塔有两类：一类是制取高纯度液氮(或气氮)；一类是制取高纯度液氧(或气氧)。如图 6-9 所示，图(a)为制取高纯度气氮(或气氮)的单级精馏塔，它由塔釜、塔板及筒壳、冷凝蒸发器三部分组成。压缩空气经换热器和净化系统除去杂质并冷却后进入塔的底部，并自下而上地穿过每块塔板，与塔板上的液体接触，进行热质交换。只要塔板数目足够多，在塔的顶部能得到高纯度气氮，纯度为 99% 以上。该气氮在冷凝蒸发器内被冷却而变成液体，一部分作为液氮产品，由冷凝蒸发器引出，另一部分作为回流液，沿塔板自上而下流动。回流液与上升的蒸气进行热质交换，最后在塔底得到含氧较多的液体(称为富氧液空，或称釜液)，其含氧量约 40%。釜液经节流阀进入冷凝蒸发器的蒸发侧，用来冷却冷凝侧的氮气，被加热而蒸发，变成富氧空气引出。如果需要获得气氮，则可从冷凝蒸发器顶盖下引出。图(b)为制取纯氧 (99% 以上)的单级精馏塔，它由塔体及塔板、塔釜和釜中蛇管蒸发器组成。被冷却和净化过的压缩空气经过蛇管蒸发器时逐渐冷凝，同时将它外面的液氧蒸发。冷凝后的压缩空气经过节流阀进入精馏塔的顶端。此时，由于节流降压，有一小部分液体汽化，大部分液体自塔顶沿塔板下流，与上升的蒸气在塔板上充分接触，含氧量逐步增加。当塔内有足够多的塔板数时，在塔底可以得到纯的液氧。所得产品氧可以气态或液态引出。该塔不能获得纯氮。由于从塔顶引出的气体和节流后的液空接近相平衡状态，因而它的浓度约为 93%(N_2)。

单级精馏塔分离空气不能同时获得纯氧和纯氮，所以为了同时得到氧、氮产品，便产生了双级精馏塔。

2）双级精馏塔

图 6-10 为双级精馏塔示意图。它由上塔、下塔和冷凝蒸发器组成。上塔压力一般为 130～150 kPa，下塔压力一般为 500～600 kPa，但可以根据用户的需要，使上塔压力提高至 450～550 kPa，下塔提高到 1100～1300 kPa。

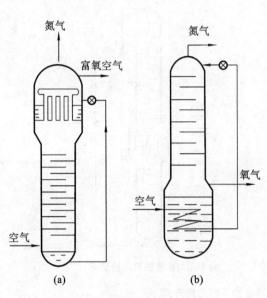

图 6-9　单级精馏塔示意图

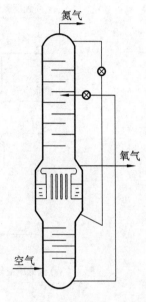

图 6-10　双级精馏塔示意图

经过压缩、净化并冷却后的空气进入下塔底部，自下而上流过每块塔板，至下塔顶部便得到一定纯度的气氮。下塔塔板数越多，气氮纯度越高。氮进入冷凝蒸发器的冷凝侧时，被液氧冷却变成液氮，一部分作为下塔回流液，沿塔板流下，至下塔塔釜便得到含氧 30％～40％的富氧液空；另一部分聚集在液氮槽中，经液氮节流阀送入上塔顶部作为上塔的回流液。

下塔塔釜中的液空经节流阀后送入上塔中部，沿塔板逐块流下，参加精馏过程。只要有足够多的塔板，在上塔的最下一块塔板上就可以得到纯度很高的液氧。液氧进入冷凝蒸发器的蒸发侧，被下塔的气氮加热蒸发。蒸发出来的气氧一部分作为产品引出，另一部分自下而上穿过每块塔板进行精馏。气体越往上升，其中氮浓度越高。

双级精馏塔可在上塔顶部和底部同时获得纯氮和纯氧，也可以在冷凝蒸发器的两侧分别取出液氧和液氮。

上塔又分两段：从液空进料口至上塔底部称为提馏段；从液空进料口至上塔顶部称为精馏段。冷凝蒸发器是连接上、下塔进行热量交换的设备，对下塔是冷凝器，对上塔是蒸发器。

图 6-11(a)所示为全低压空分装置双级精馏塔示意图。全低压流程中的空气压力和下塔的压力相同，为 500～600 kPa。装置运转时的冷损主要靠一部分压缩空气在透平膨胀机中膨胀产生的冷量来补偿。膨胀后的压力为 138～140 kPa，低于下塔压力，这部分膨胀空气无法再进入下塔。如果不让其参加精馏，则氧的损失大，很不经济。因而从全低压流程的经济性来考虑，希望膨胀后的低压空气能参加精馏，它的压力在上塔工况范围内，故有可能进入上塔，同时上塔实际的气液比较精馏所需的气液比大，即上塔的精馏有潜力。1932 年拉赫曼发现了这一规律，并提出利用上塔精馏潜力的措施，可将适量（占空气量的 20％～25％）的膨胀空气直

接送入上塔进行精馏,这称为拉赫曼原理。它的特点是:80％左右加工空气进下塔精馏,而20％左右加工空气经膨胀后直接进入上塔。随着化肥工业的发展,不仅需要纯氧,而且需要纯度 99.99％的纯氮。为了提取纯氮,可在上塔顶部设置辅塔,用来进一步精馏一部分气氮,以便在上塔顶部得到纯氮。

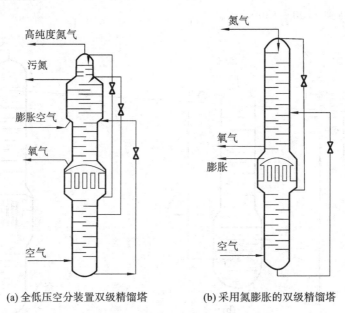

(a) 全低压空分装置双级精馏塔   (b) 采用氮膨胀的双级精馏塔

图 6-11　双级精馏塔的不同应用方式

另一种利用上塔精馏潜力的措施是从下塔顶部或冷凝蒸发器顶盖下抽出氮气,复热后进入氮透平膨胀机,经膨胀并回收其冷量后,作为产品输出或者放空,如图 6-11(b)所示。由于从下塔引出氮气,使得冷凝蒸发器的冷凝量减少,因此送入上塔的液体馏分量也减少,上塔精馏段的气液比也就减小,精馏潜力同样得到了利用。

4. 双级精馏塔的物料和热量衡算

1) 精馏塔各主要点工作参数的确定

在图 6-10 所示的双级精馏塔中,上、下塔顶部、底部的工作参数可通过计算及查相平衡图而求得。

(1) 上塔顶部的压力 p_1 及温度 T_1。

$$p_1 = p_0 + \Delta p$$

式中,p_0 为输出产品氮气的压力,要求稍高于大气的压力,一般取 103 kPa;Δp 为产品流动阻力(包括换热器、管道、阀门等阻力)。

温度 T_1 取决于 p_1 及排出氮气的浓度,由相平衡图查得。

(2) 上塔底部的压力 p_2 及温度 T_2。

$$p_2 = p_1 + \Delta p_1$$

式中,Δp_1 为上塔阻力,一般取 10~15 kPa。

温度 T_2 可由 p_2 及液氧的纯度决定。

(3) 液氧的平均温度 T_m。

冷凝蒸发器底部浓氧的压力

$$p_3 = p_2 + H\rho \times 98.1 \times 10^{-4}$$

式中，H 为冷凝蒸发器中液氧液柱的高度（m）；ρ 为液氧的密度（kg/m³）。

根据 p_3 及液氧的纯度可确定液氧底部温度 T_3，从而

$$T_m = \frac{T_2 + T_3}{2}$$

（4）冷凝蒸发器中氮的冷凝温度

$$T_4 = T_m + \theta_m$$

其中，θ_m 是冷凝蒸发器的传热温差，在设计中选定。θ_m 如果定得偏小，则导致冷凝蒸发器传热面积过大；如取得偏大，则造成下塔工作压力太高。一般对中压空分装置，取 $\theta_m = 2 \sim 3$ K；对全低压空分装置，取 $\theta_m = 1.6 \sim 1.8$ K。

（5）下塔顶部的压力 p_4。

根据冷凝蒸发器氮的冷凝温度，查相平衡图可得下塔顶部压力 p_4。

（6）下塔底部压力 p_5 及温度 T_5。

$$p_5 = p_4 + \Delta p_4$$

式中，Δp_4 为下塔阻力，一般取 10 kPa。

根据 p_5 及富氧液空的浓度可确定温度 T_5。

2）精馏塔的物料衡算

根据物料平衡和热量平衡可求出塔内物流数量和产品纯度，以及空气进塔状态及冷凝蒸发器热负荷等参数。物料平衡包括两方面：

（1）总物料平衡：空气在精馏塔内分离所得各产品量的总和应等于加工空气量。

（2）各组分平衡：空气在精馏塔中分离所得各产品中某一组分量的总和应等于加工空气中该组分的量。

用 V_k、V_{O_2}、V_{N_2} 分别代表加工空气、氧产品和氮产品的流量（m³/h），用 $y_{N_2}^k$、$y_{N_2}^O$、$y_{N_2}^N$ 分别代表空气及氧、氮产品中氮浓度，则根据物料平衡得

$$\left. \begin{array}{l} V_k = V_{N_2} + V_{O_2} \\ V_k y_{N_2}^k = V_{N_2} y_{N_2}^N + V_{O_2} y_{N_2}^O \end{array} \right\} \tag{6-6}$$

解得

$$\left. \begin{array}{l} V_{O_2} = \dfrac{y_{N_2}^N - y_{N_2}^k}{y_{N_2}^N - y_{N_2}^O} V_k \\[3mm] V_{N_2} = \dfrac{y_{N_2}^k - y_{N_2}^O}{y_{N_2}^N - y_{N_2}^O} V_k \end{array} \right\} \tag{6-7}$$

由式（6-7）可看出，由于 $y_{N_2}^k$ 为定值，氧、氮产量取决于 $y_{N_2}^N$、$y_{N_2}^O$ 及 V_k。在空分装置的操作中，氮的纯度越高，表明精馏过程进行得越完善，氧产量越大；若氮纯度保持不变，降低氧产量，则氧纯度会提高。

式（6-7）也可写成

$$V_k = \frac{y_{N_2}^N - y_{N_2}^O}{y_{N_2}^N - y_{N_2}^k} V_{O_2} \tag{6-8}$$

如果给定氧产量，可用上式确定加工空气量。

为了评价精馏过程的完善程度，引入氧的提取率 β 这一概念。它以氧产品中的含氧量与加工空气中的含氧量之比来表示，即

$$\beta = \frac{V_{O_2} y_{O_2}^O}{V_k y_{O_2}^k}$$

式中，$y_{O_2}^O$、$y_{O_2}^k$ 分别表示氧气及空气中的氧浓度。

图 6-12 给出氧、氮纯度和生产单位体积氧气所消耗的空气量之间的关系。

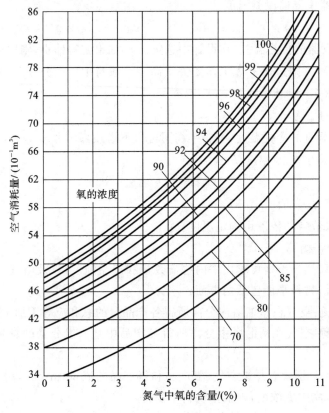

图 6-12 氧、氮纯度和空气消耗量的关系

如果使用空分塔是为了制取双高纯度产品，如图 6-11(a)所示，气氮分纯氮及污氮，则以 V_{CN}、V_{WN} 分别表示纯氮及污氮的流量，以 $y_{N_2}^{CN}$、$y_{N_2}^{WN}$ 分别表示纯氮及污氮中的氮浓度。为了便于计算，引入一个纯氮及污氮的平均浓度 $y_{N_2 m}^N$，则

$$(V_{CN} + V_{WN}) y_{N_2 m}^N = V_{CN} y_{N_2}^{CN} + V_{WN} y_{N_2}^{WN}$$

即

$$y_{N_2}^{WN} = \frac{(V_{CN} + V_{WN}) y_{N_2 m}^N - V_{CN} y_{N_2}^{CN}}{V_{WN}} \tag{6-9}$$

在计算 V_{O_2} 或 V_k 时，可将式(6-6)及式(6-7)中的 $y_{N_2}^N$ 用氮气平均纯度 $y_{N_2 m}^N$ 代替。

3）精馏塔的热量衡算

通过热量衡算可决定进塔的空气状态及冷凝蒸发器的热负荷。

令 h_k、h_{N_2}、h_{O_2} 分别代表进塔空气、氮产品及氧产品的焓值（kJ/m³），q_3 代表跑冷损失（kJ/m³），按热量平衡得

$$V_k h_k + q_3 V_k = V_{N_2} h_{N_2} + V_{O_2} h_{O_2}$$

$$h_k = \frac{V_{N_2}}{V_k} h_{N_2} + \frac{V_{O_2}}{V_k} h_{O_2} - q_3 \tag{6-10}$$

上式中 V_{N_2}、V_{O_2}、V_k 已由物料衡算求得，又氮、氧出塔皆为饱和蒸气，故 h_{N_2}、h_{O_2} 可查相平衡图

得到，q_3 根据经验取值，于是进塔空气的状态即可确定。

对上、下塔还可分别进行热量衡算。

(1) 下塔衡算。

图 6-13(a) 为下塔物流示意图。以 L_k、L_{N_2} 分别代表液空、液氮的流量，$x_{N_2}^k$、$x_{N_2}^N$ 分别代表液空及液氮中的氮浓度，则根据下塔物料平衡得

$$\left.\begin{array}{c} V_k = L_k + L_{N_2} \\ V_k y_{N_2}^k = L_k x_{N_2}^k + L_{N_2} x_{N_2}^N \end{array}\right\} \tag{6-11}$$

解得

$$\left.\begin{array}{c} L_k = \dfrac{x_{N_2}^N - y_{N_2}^k}{x_{N_2}^N - x_{N_2}^k} V_k \\[3mm] L_{N_2} = \dfrac{y_{N_2}^k - x_{N_2}^k}{x_{N_2}^N - x_{N_2}^k} V_k \end{array}\right\} \tag{6-12}$$

根据下塔热量平衡得

$$V_k h_k + V_k q_3^I = L_k h_{Lk} + L_{N_2} h_{LN} + Q_c^I \tag{6-13}$$

式中，q_3^I 为下塔的跑冷损失(kJ/m^3)；Q_c^I 为冷凝蒸发器的热负荷(kg/h)。

若 $V_k = 1\ m^3$，则式(6-13)可写成

$$q_c^I = h_k + q_3^I - (L_k h_{Lk} + L_{N_2} h_{LN}) \tag{6-14}$$

式中，q_c^I 为按每标准立方米加工空气计的冷凝蒸发器热负荷。

L_{N_2}、L_k 为每 $1\ m^3$ 加工空气时液氮、液空量，它由式(6-12)计算，h_{LN}、h_{Lk} 可由相平衡图查得。

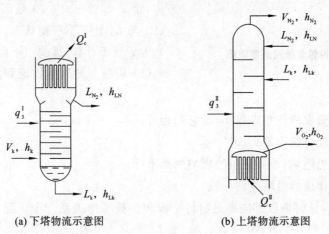

(a) 下塔物流示意图   (b) 上塔物流示意图

图 6-13　上、下塔物流示意图

(2) 上塔衡算。

图 6-13(b) 为上塔物流示意图。根据上塔热量平衡得

$$V_{O_2} h_{O_2} + V_{N_2} h_{N_2} = L_k h_{Lk} + L_{N_2} h_{LN} + V_k q_3^{II} + Q_c^{II} \tag{6-15}$$

式中，q_3^{II} 为上塔的跑冷损失(kJ/m^3)；Q_c^{II} 为冷凝蒸发器的热负荷(kg/h)。

若 $V_k = 1\ m^3$，则式(6-15)可改成

$$q_c^{II} = V_{O_2} h_{O_2} + V_{N_2} h_{N_2} - L_k h_{Lk} - L_{N_2} h_{LN} - q_3^{II} \tag{6-16}$$

由式(6-16)计算所得 q_c^{II} 和由式(6-14)计算所得 q_c^I 相比较，一般最多只允许相差 3%，否则需重新计算。

6.3 二元系精馏过程的计算

精馏过程的实质是上升蒸气和下流液体充分接触,两相间进行物质和能量的相互传递。塔板的作用是为气、液两相进行热量和质量传递提供条件。整个精馏过程就是通过精馏塔内每块塔板上的作用来实现的。精馏过程的计算是要决定将原料气分离为一定纯度的产品所需要的塔板数。

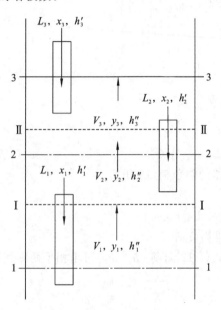

图 6-14 两相邻塔板间的截面图

1. 精馏塔板上的工作过程

图 6-14 示出精馏塔中任意一段。图中 V 为上升气量,L 为回流液量,y、x 为蒸气及液体中氮浓度,y'' 为与 x 处于平衡状态的蒸气浓度,h'、h'' 分别为液、气焓值,r 为汽化潜热。来自塔板下面的蒸气经筛孔进入塔板上的液体中,与温度较低的液体直接接触,气、液之间发生热质交换,一直进行到相平衡为止。这时氮含量增浓后的蒸气离开塔板继续上升到上一块塔板,而氧含量增浓后的液体流到下一块塔板上。这种往下流的液体称为回流液,离开塔板 I 的上升蒸气 V_2 与从塔板 I 往下流的液体 L_1 接近平衡,同样 V_3 与 L_2 也是接近平衡,而 1—1、2—2、3—3 截面上 V_1 与 L_1、V_2 与 L_2、V_3 与 L_3 处于不平衡状态。

为了便于计算,需要以下假设:

(1) 塔板上的气相物流和液相物流达到完全平衡状态;

(2) 氧和氮的蒸发潜热相差很小,设它们相等;

(3) 氧和氮的混合热为零;

(4) 精馏塔理想绝热,外界热量的影响忽略不计;

(5) 塔内的工作压力沿塔高均一致。

在稳定工况下,任何塔段都应满足物料平衡和热量平衡关系。今研究 1—1 和 2—2 截面间的一段,可写出下列三个方程:

$$V_1 + L_2 = V_2 + L_1 \tag{6-17}$$

$$V_1 y_1 + L_2 x_2 = V_2 y_2 + L_1 x_1 \tag{6-18}$$

$$V_1 h_1'' + L_2 h_2' = V_2 h_2'' + L_1 h_1' \tag{6-19}$$

联立此三式,消去 V_1、V_2 可得

$$L_2 = L_1 \frac{h_1'' - h_1' + (h_2'' - h_1'') \dfrac{y_1 - x_1}{y_1 - x_2}}{h_2'' - h_2' + (h_2'' - h_1'') \dfrac{y_2 - x_2}{y_1 - y_2}} \tag{6-20}$$

根据假设沿塔的高度蒸气的焓值不变,即 $h_1'' = h_2''$,则

$$L_2 = L_1 \frac{h_1'' - h_1'}{h_2'' - h_2'} = L_1 \frac{r_1}{r_2} \tag{6-21}$$

又据假设,塔板上液体的蒸发潜热不变,即 $r_1 = r_2$,则

$$\left.\begin{array}{l} L_2 = L_1 = L \\ V_2 = V_1 = V \end{array}\right\} \tag{6-22}$$

因此,在精馏塔中沿塔高上升气体量和下流的回流液量都保持不变。

再讨论同一块塔板上、下两截面气液浓度的变化和 L、V 的关系。

将式(6-22)的结果代入式(6-18)得

$$V_1 y_1 + L_2 x_2 = V_2 y_2 + L_1 x_1$$

或

$$\frac{L}{V} = \frac{y_2 - y_1}{x_2 - x_1} \tag{6-23}$$

图 6-15 所示为这一块塔板上、下两截面气液浓度的变化关系。

同理对其他塔板,也可以求得

$$\frac{L}{V} = \frac{y_3 - y_2}{x_3 - x_2}, \quad \frac{L}{V} = \frac{y_4 - y_3}{x_4 - x_3}, \quad \cdots$$

因此所有塔板上、下两截面气液浓度关系都满足斜率为 L/V 的同一条直线方程。该直线称为精馏过程的操作线。其斜率 L/V 称气液比。

浓度为 x_2 及 y_1 的不平衡物流在塔板 I 上接触,进行热质交换,达到完全平衡时,其浓度为 x_1 及 y_2,在图中由平衡曲线上的点 1^* 表示。

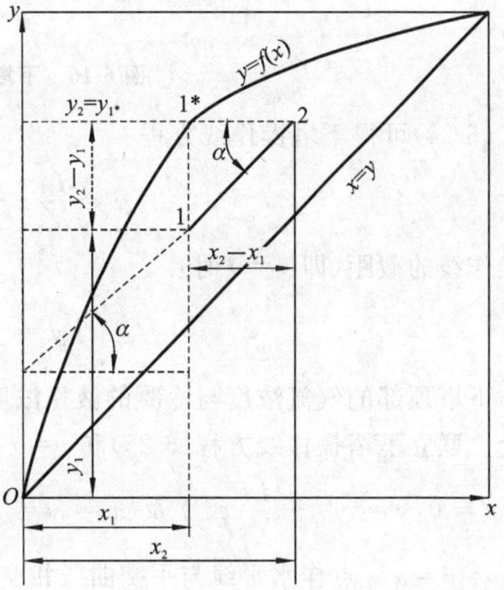

图 6-15　塔截面上物流浓度变化

2. 理论塔板数的确定

蒸气和液体在塔内连续流动,每经一块塔板,相互之间的浓度关系由不平衡变到平衡。为求得理论塔板数,首先需根据物料衡算建立操作线方程;如果已知气液比 L/V 及塔顶(或塔底)的物流浓度,则该塔段的操作线方程可求出。操作线即代表该塔段任一截面上的气液浓度关系。平衡气、液之间的浓度关系可由相平衡图查得。在计算中每应用一次平衡关系就代表经过一块塔板,故应用平衡关系的次数即为所求的理论塔板数。

求理论塔板数的方法有逐板计算法、图解法(h-x 图、y-x 图)等。y-x 图解法,作图方法较简单,而且对精馏过程的反映比较直观,本节主要用 y-x 图说明二元系精馏过程的计算方法和过程。

1) 下塔

取下塔任一截面至塔釜的部分为物料衡算系统。如图 6-16 所示,物料平衡方程

$$\left.\begin{array}{l} V_k + L = L_k + V \\ V_k y_{N_2}^k + L_x V_1 = L_k x_{N_2}^k + V_y \end{array}\right\} \tag{6-24}$$

若是干饱和空气进塔,则

$$L = L_k, \quad V_k = V$$

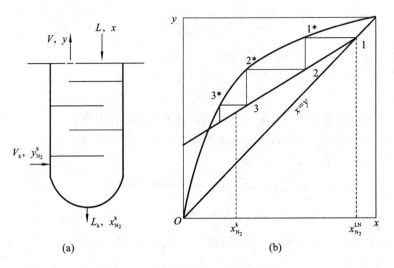

(a)　　　　　　　　　　　　(b)

图 6-16　下塔示意及物流浓度变化

由式(6-24)可得下塔操作线方程

$$y = \frac{L_k}{V_k}x + \left(y_{N_2}^k - \frac{L_k}{V_k}x_{N_2}^k\right) \tag{6-25}$$

及操作线的截距(即 $x=0$ 时)

$$y = y_{N_2}^k - \frac{L_k}{V_k}x_{N_2}^k$$

下塔顶部的气氮浓度与冷凝的液氮浓度相同,因此表示该截面气液组分浓度的点在 $y=x$ 线上。联立下塔操作线方程(6-25)和 $y=x$,可解得其交点的横坐标 $x=x_{N_2}^k$。在 $y\text{-}x$ 图上可得到 $\left(x=0, y=y_{N_2}^k - \frac{L_k}{V_k}x_{N_2}^k\right)$ 及 $(x=y=x_{N_2}^k)$ 两点,连接这两点得一直线,即下塔的操作线。

过 $x=y=x_{N_2}^k$ 点作水平线与平衡曲线相交于点 1*,过点 1* 作铅垂线与操作线交于点 2,所得三角形代表下塔中一块理论塔板。以同样方法作下去,一直到点 3*(由此点作铅垂线所得的 x 值等于或稍小于 $x_{N_2}^k$ 值)为止,所得的三角形数就是下塔的理论塔板数。图 6-16 中所示为 2.6 块理论塔板。

2)上塔

以液空进料口为界,上塔分为精馏段及提馏段。

(1)精馏段。

取上塔精馏段任意截面(Ⅰ—Ⅰ)至塔顶的部分为物料衡算系统,如图 6-17(a)所示,得组分平衡方程

$$L_{N_2}x_{N_2}^N + V_1 y_1 = V_{N_2}y_{N_2}^N + L_1 x_1 \tag{6-26}$$

设液氮节流后汽化率为 α,则

$$L_1 = (1-\alpha)L_{N_2}, \quad V_1 = V_{N_2} - \alpha L_{N_2}$$

代入式(6-26)得精馏段操作线方程

$$y_1 = \frac{(1-\alpha)L_{N_2}}{V_{N_2} - \alpha L_{N_2}}x_1 + \frac{V_{N_2}y_{N_2}^N - L_{N_2}x_{N_2}^N}{V_{N_2} - \alpha L_{N_2}} \tag{6-27}$$

及精馏段操作线截距

$$y_1 = \frac{V_{N_2}y_{N_2}^N - L_{N_2}x_{N_2}^N}{V_{N_2} - \alpha L_{N_2}}$$

其斜率
$$\tan\alpha_1 = \frac{L_1}{V_1} = \frac{(1-\alpha)L_{N_2}}{V_{N_2} - \alpha L_{N_2}}$$

对于上塔顶部，有 $y_{N_2}^N \approx x_{N_2}^N$，精馏段操作线与 $y=x$ 线交点的横坐标为

$$x_1 = \frac{V_{N_2} y_{N_2}^N - L_{N_2} x_{N_2}^N}{V_{N_2} - \alpha L_{N_2}} \approx x_{N_2}^N$$

根据这三个条件中的任意两个便可在 $y\text{-}x$ 图中作出精馏段的操作线。

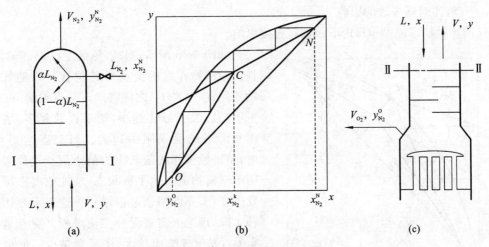

图 6-17　上塔精馏段、提馏段和浓度变化

（2）提馏段。

取上塔提馏段任意截面（Ⅱ—Ⅱ）至冷凝蒸发器的部分为物料衡算系统，如图 6-17（c）所示，得组分平衡方程

$$V_{\text{Ⅱ}} x_{\text{Ⅱ}} + V_{O_2} y_{N_2}^O = L_{\text{Ⅱ}} y_{\text{Ⅱ}} \tag{6-28}$$

设液空节流后的汽化率为 α_k，则

$$V_{\text{Ⅱ}} = V_{N_2} - \alpha L_{N_2} - \alpha_k L_k$$
$$L_{\text{Ⅱ}} = (1-\alpha)L_{N_2} + (1-\alpha_k)L_k$$

代入式（6-28）得提馏段操作线方程

$$y_{\text{Ⅱ}} = \frac{(1-\alpha)L_{N_2} + (1-\alpha_k)L_k}{V_{N_2} - \alpha L_{N_2} - \alpha_k L_k} x_{\text{Ⅱ}} - \frac{V_{O_2} y_{N_2}^O}{V_{N_2} - \alpha L_{N_2} - \alpha_k L_k} \tag{6-29}$$

及提馏段操作线与 $y=x$ 线交点的横坐标

$$x_{\text{Ⅱ}} = y_{N_2}^O$$

提馏段操作线的斜率
$$\text{tg}\alpha_{\text{Ⅱ}} = \frac{L_{\text{Ⅱ}}}{V_{\text{Ⅱ}}} = \frac{(1-\alpha)L_{N_2} + (1-\alpha_k)L_k}{V_{N_2} - \alpha L_{N_2} - \alpha_k L_k}$$

根据这两个条件可在 $y\text{-}x$ 图上作出提馏段的操作线，如图 6-17（b）所示。从图中可看出，提馏段操作线的斜率与精馏段不同，即两者的气液比不同。虽然两段在同一塔中，但由于在塔中部有液空进料，从而使两段的 L 和 V 值发生变化，因此对一个精馏塔如果有物料加入或取出，则精馏塔应按物料加入或取出的位置分为若干段进行计算，每段的 L/V 不同，则其操作线不同。

通过图 6-17（b）中点 N 如前述方法一样在精馏段操作线和气液平衡曲线之间作水平线、铅垂线，当 x 值超过 $x_{N_2}^k$ 后则按提馏段操作线作图，直至提馏段的 O 点为止。所得三角形数为

上塔的理论塔板数。其中以 C 为精馏段的分界，从 C 至 N 这段中的三角形数为精馏段的理论塔板数，从 C 至 O 这段中的三角形数为提馏段的理论塔板数。也可由 C 点开始分别向两边作阶梯线，直至达到或超过 N 点和 O 点。本图所示精馏段理论塔板为 2 块，提馏段为 2.5 块。

综上所述，用 y-x 图解法确定理论塔板数的步骤如下：①根据工作压力确定氧-氮二元系在 y-x 图上的平衡曲线，并作对角线；②在 y-x 图上作出相应塔段的操作线；③在平衡曲线和操作线之间作阶梯线段，各塔段形成的三角形数便代表该段的理论塔板数。

3）气液比对塔板数的影响

气液比对精馏过程和理论塔板数有直接影响。

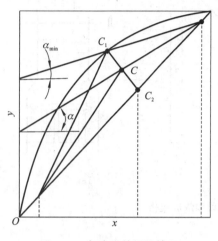

图 6-18　气液比的极限情况

如图 6-18 所示，当氧、氮纯度已定，精馏段和提馏段两操作线的交点 C 的位置可以随气液比的不同在 C_1 和 C_2 之间移动。交点越偏向点 C_1，说明精馏段气液比越小，则塔板数越多，塔的高度和沿塔的流动阻力越大。当交点达到点 C_2 时，精馏段操作线的斜率为最小值。这种情况说明不平衡物流已达平衡状态，气液浓度不可能再发生变化，亦即精馏过程停止。这表示要达到这种工况，理论上需要无穷多块塔板。交点越偏向点 C_2，表示气液比越大，塔板数越少。但由于所需液体量多，而且气液温差大，以致不可逆损失大，会造成能量消耗大。

当交点落在点 C_2，即操作线与对角线重合时，精馏段的气液比为最大值，达到 $\frac{L}{V}=1$，这种情况下物流浓度差最大，理论塔板数最少，能量消耗最大。因此，除少数情况外，一般精馏段的气液比应介于上述两极限值之间。

$$\text{最小气液比}\left(\frac{L}{V}\right)_{\min}=\frac{x_{N_2}^{N}-y_{C_1}}{x_{N_2}^{N}-x_{C_1}},\text{工作气液比}\left(\frac{L}{V}\right)_{pr}=(1.6\sim1.8)\left(\frac{L}{V}\right)_{\min}$$

6.4　三元系精馏过程的计算

由于氩的沸点处于氧、氮的沸点之间，在空分塔中将产生氩的浓缩积聚现象。在上塔的上部，氩的沸点比氮高，气相中氩易冷凝到液相中，随回流液向下流。而在上塔的下部，氩的沸点比氧低，液相中氩易蒸发到气相，随塔内蒸气而上升。这样，在塔的中部便会形成氩的富集区。根据实验，上塔中部含氩量可达 10% 左右，有些部位甚至在 10% 以上。在这些部位如果还按氧、氮分离进行计算，必然产生较大的误差。因此，在空分塔设计中一般按三元系进行计算。尤其在设计制取高纯氮的精馏塔时，必须按三元系进行计算。三元系计算中将空气作为氧、氩、氮三元混合物处理，其体积分数为氧 20.95%、氩 0.93%、氮 78.12%。三元系精馏计算的方法与二元系精馏计算方法类同，可用分析计算法及几何作图法。但作图不易准确，目前生产上普遍采用的是逐板计算法。

1. 用逐板计算法求理论塔板数

在三元逐板计算法中，除了把空气看作氧、氩、氮三组分混合物外，其他假设均与二元系相同。首先按稳定流动物料平衡规律求出塔中各物流数量和浓度关系,再确定各塔段的操作线,然后利用三元组分相平衡图,用逐板计算法确定理论塔板数。

现以图 6-19 所示双级精馏塔为例,进行精馏计算。

设有 V_k 空气以饱和状态进入下塔,分离后得到的富氧液空(L_k)组成为 x_1^k、x_2^k、x_3^k,液氮(L_{N_2})组成为 x_1^N、x_2^N、x_3^N。富氧液空及液氮分别进入上塔,经上塔精馏后,得到的产品氮(V_{N_2})组成为 y_1^N、y_2^N、y_3^N,产品氧(V_{O_2})组成为 y_1^O、y_2^O、y_3^O。y_1、y_2、y_3 分别表示气相中氧、氩、氮的体积分数,x_1、x_2、x_3 分别表示液相中氧、氩、氮的体积分数。

按物料变化,可把上塔分为两段,下塔为一段,分别进行计算。

1) 下塔

取下塔任一截面至塔釜的部分为物料衡算系统,如图 6-20(a)所示,列出物料平衡方程,即

$$V_k + L = L_k + V \tag{6-30}$$

由于空气进料为干饱和状态,有 $L = L_k$,$V_k = V$,因此各组分的平衡式为

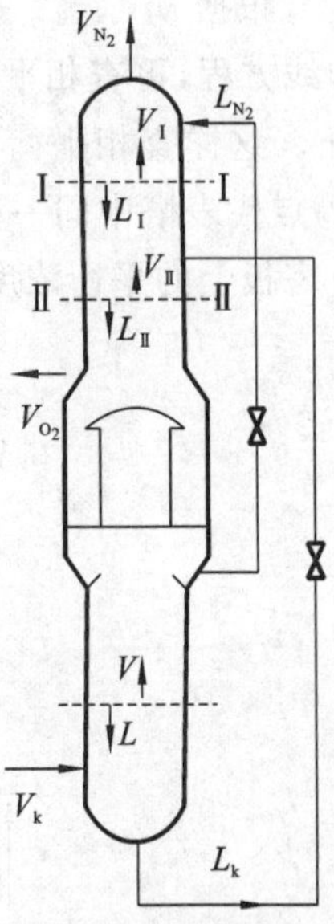

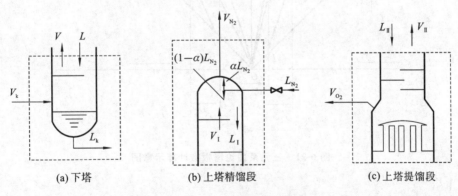

图 6-19　双级精馏塔的计算图

$$\left. \begin{array}{l} Vy_1 + L_k x_1^k = V_k y_1^k + L x_1 \\ Vy_2 + L_k x_2^k = V_k y_2^k + L x_2 \\ Vy_3 + L_k x_3^k = V_k y_3^k + L x_3 \end{array} \right\} \tag{6-31}$$

图 6-20　上、下塔分段物料平衡图

(a) 下塔　　　　(b) 上塔精馏段　　　　(c) 上塔提馏段

又由于 $y_1 + y_2 + y_3 = 1$,$x_1 + x_2 + x_3 = 1$,因此氧、氩、氮三个组分中只要已知两个组分,第三个组分也随之而定,且以上三式仅有两个有独立意义。所以下塔操作线方程组可写为

$$\left. \begin{array}{l} y_1 = \dfrac{L}{V}x_1 + \dfrac{V_k}{V}y_1^k - \dfrac{L_k}{V}x_1^k \\[2mm] y_2 = \dfrac{L}{V}x_2 + \dfrac{V_k}{V}y_2^k - \dfrac{L_k}{V}x_2^k \end{array} \right\} \tag{6-32}$$

由式(6-32)知,下塔操作线仍为直线,其斜率为 L/V。可仿照二元组分精馏计算法,用下塔的操作线方程组及下塔压力下的三元系相平衡图来求解下塔的理论塔板数。如图 6-21 所示,I_1C_1 线和 I_2C_2 线表示操作线。如果已知液氮浓度为 x_1^N、x_2^N,富氧液空浓度为 x_1^k、x_2^k,则可由上而下或由下而上求得下塔理论塔板数。现由塔顶开始,流至第一块塔板的液体组分即

为液氮的组分，$x_1^{(0)} = x_1^N$、$x_2^{(0)} = x_2^N$（右上括号内角码表示塔板顺序，(0)表示冷凝蒸发器，(1),(2),…表示第一块、第二块……塔板)，代入操作线方程可求得由第一块板上升的蒸气 $y_1^{(0)}$、$y_2^{(0)}$。根据 $y_1^{(0)}$、$y_2^{(0)}$ 查三元系相平衡图,可得与该蒸气处于相平衡状态的 $x_1^{(1)}$、$x_2^{(1)}$。再代入操作线方程,再查相平衡图,如此反复,直到液体浓度 $x_1^{(m)}$、$x_2^{(m)}$ 达到已知富氧液空浓度 x_1^k、x_2^k 为止。这样查相平衡图的次数即为所求的理论塔板数。图中操作线上 $(y_1^{(1)}, x_1^{(1)})$、$(y_2^{(1)}, x_2^{(1)})$ 等点代表塔中同一截面上气液浓度,点 1(1_1 或 1_2)或点 2(2_1 或 2_2)、点 3(3_1 或 3_2)代表各相应塔板上的平衡浓度,因此每一个小三角形表示一块理论塔板。

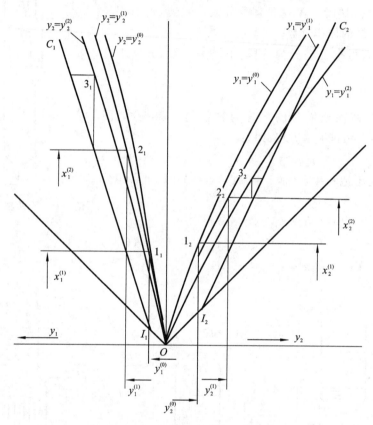

图 6-21　三元系理论塔板数计算示意图

2）上塔

（1）精馏段。

取上塔精馏段任一截面至塔顶为物料衡算系统,如图 6-20(b)所示,称第 I 段。

物料平衡式为

$$V_{\mathrm{I}} + L_{\mathrm{N_2}} = L_{\mathrm{I}} + V_{\mathrm{N_2}} \quad 或 \quad V_{\mathrm{I}} = L_{\mathrm{I}} + V_{\mathrm{N_2}} - L_{\mathrm{N_2}}$$

操作线方程组为

$$\left. \begin{aligned} y_1^{\mathrm{I}} &= \frac{L_{\mathrm{I}}}{V_{\mathrm{I}}} x_1^{\mathrm{I}} + \frac{V_{\mathrm{N_2}}}{V_{\mathrm{I}}} y_1^{\mathrm{N}} - \frac{L_{\mathrm{N_2}}}{V_{\mathrm{I}}} x_1^{\mathrm{N}} \\ y_2^{\mathrm{I}} &= \frac{L_{\mathrm{I}}}{V_{\mathrm{I}}} x_2^{\mathrm{I}} + \frac{V_{\mathrm{N_2}}}{V_{\mathrm{I}}} y_2^{\mathrm{N}} - \frac{L_{\mathrm{N_2}}}{V_{\mathrm{I}}} x_2^{\mathrm{N}} \end{aligned} \right\} \tag{6-33}$$

设液氮节流汽化率为 α,则

$$L_{\text{I}} = (1-\alpha)L_{\text{N}_2}, \quad V_{\text{I}} = V_{\text{N}_2} - \alpha L_{\text{N}_2}$$

（2）提馏段。

取上塔提馏段任一截面至冷凝蒸发器为物料衡算系统，如图 6-20(c)所示，称第 II 段。其物料平衡式为

$$V_{\text{II}} = L_{\text{II}} - V_{\text{O}_2}$$
$$V_{\text{II}} y_1^{\text{II}} = L_{\text{II}} x_1^{\text{II}} - V_{\text{O}_2} y_1^{\text{O}}$$
$$V_{\text{II}} y_2^{\text{II}} = L_{\text{II}} x_2^{\text{II}} - V_{\text{O}_2} y_2^{\text{O}}$$

操作线方程组为

$$\left.\begin{aligned}
y_1^{\text{II}} &= \frac{L_{\text{II}}}{V_{\text{II}}} x_1^{\text{II}} - \frac{V_{\text{O}_2}}{V_{\text{II}}} y_1^{\text{O}} \\
y_2^{\text{II}} &= \frac{L_{\text{II}}}{V_{\text{II}}} x_2^{\text{II}} - \frac{V_{\text{O}_2}}{V_{\text{II}}} y_2^{\text{O}}
\end{aligned}\right\} \tag{6-34}$$

设液空节流汽化率为 α_k，则

$$L_{\text{II}} = L_{\text{I}} + (1-\alpha_k)L_k = (1-\alpha)L_{\text{N}_2} + (1-\alpha_k)L_k$$
$$V_{\text{II}} = V_{\text{I}} - \alpha_k L_k = V_{\text{N}_2} - \alpha L_{\text{N}_2} - \alpha_k L_k$$

列出各段的操作线方程组后，可利用各段操作线方程组和在上塔压力下的三元相平衡图分别求解上塔各段的理论塔板数。上塔总理论塔板数为两段理论塔板数之和。具体计算办法和下塔相同，计算可由上塔顶部（底部）开始向下（向上）逐板计算，也可从液空进料口分别往下和往上逐板计算。需要说明，由于该上塔仅有液空进料口，故只把上塔分为两段。如果有 n 个进出物料口（不包括顶部及底部的进出物料口），则应将该塔分为 $n+1$ 段。

2. 精馏计算中的几个具体问题

从上面理论塔板数的计算可看到，诸如液空进料的位置，液氮、液空节流汽化率及节流后气液相的组成等，在精馏计算时需要首先确定。简述如下：

1）液空及膨胀空气进料口位置

对于图 6-11 所示的全低压双高产品精馏塔，存在着如何选择液空及膨胀空气进料口的问题。选择液空进料口位置的原则是在保证产品数量和纯度的条件下，使所要求的理论塔板数最少。当从液空进料口以上的塔段向下计算，如果出现增加塔板数而在液相或气相中氧的浓度增加不明显且氩浓度开始下降的情况，就需安排液空进料。但具体安排在哪一块塔板最合适，需通过试算确定。液空进料后，氧浓度会迅速增加，氩浓度也能增加，而后达到收敛。

根据经验，对于全低压制氧装置的精馏塔，一般在液空进料口下 2～3 块理论塔板处安排膨胀空气的人口。

2）三元溶液节流后蒸气及液体的组成

三元溶液节流汽化率仍可按前述二元溶液的办法用 h-x 图和 T-x 图近似地进行计算，这里仅说明节流后蒸气及液体的组分的求解法。设三元溶液数量为 R，组分为 x_{1R}、x_{2R}，节流汽化率为 α_R，则

节流后蒸气数量为 $R'' = R\alpha_R$，组分为 $y_{1R''}$、$y_{2R''}$；

节流后液体数量为 $R' = R(1-\alpha_R)$，组分为 $x_{1R'}$、$x_{2R'}$。

节流后的物料衡算式如下：

氧的物料平衡 $\qquad\qquad R'' y_{1R''} + R' x_{1R'} = R x_{1R}$

氩的物料平衡 $\qquad\qquad R'' y_{2R''} + R' x_{2R'} = R x_{2R}$

总物料平衡 $$R'' + R' = R$$

联立解得

$$\left.\begin{array}{l}\dfrac{R''}{R'} = \dfrac{x_{1R'} - x_{1R}}{x_{1R} - y_{1R''}} = \tan\gamma \\[3mm] \dfrac{R''}{R'} = \dfrac{x_{2R'} - x_{2R}}{x_{2R} - y_{2R''}} = \tan\gamma\end{array}\right\} \tag{6-35}$$

在上塔压力下的三元系的 y_1-x_1 相平衡图的纵坐标 x_1 上找到节流前液空的 x_{1R} 值，作一水平线与 $x_1 = y_1$ 线相交于点 a，如图 6-22 所示。以 a 为原点，作与水平线夹角为 $\angle\gamma$ 的斜线 ac（即 $\angle cab = \angle\gamma$）。同样在 y_2-x_2 相平衡图的纵坐标 x_2 上找到节流前液空的 x_{2R} 值，由此作一水平线与 $x_2 = y_2$ 线相交于点 a'，通过点 a' 作 $a'c'$，使 $\angle c'a'b' = \angle\gamma$。则

$$\tan\gamma = \frac{\alpha_R}{1 - \alpha_R}$$

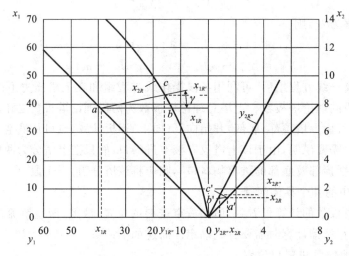

图 6-22　节流后气、液相组成的确定

先假设节流后液体中的含氩量 $x_{2R'}$ 为某数值，再在 x_1-y_1 图上找到 $x_2 = x_{2R'}$ 的等浓度线，与 ac 相交于点 c，c 点的横坐标即为节流后蒸气中的氧含量 $y_{1R''}$，纵坐标即为节流后液体中的含氧量 $x_{1R'}$。同样在 x_2-y_2 图上找到相应的 $y_1 = y_{1R''}$ 的等浓度线，与 $a'c'$ 线相交于一点 c'，该点的横坐标即为节流后蒸气中的氩含量 $y_{2R''}$，纵坐标即为节流后的液体中的氩含量 $x_{2R'}$。如果所得的 $x_{2R'}$ 与假设值不相等，则需重新假设 $x_{2R'}$ 的数值，直到假设的数值与求得的数值差异在设定偏差范围内为止。

3）各物流中氩含量的确定

三元系分离计算中，需要知道各物流的组成。但在一般情况下，除空气的组成已明确外，其余物流都仅知氧浓度，而氩浓度是未知数。因此，在计算时，需要先假设下塔液氮中的氩浓度 x_2^N，然后列出下塔氩组分的平衡式，可求出相应的釜液中的氩浓度 x_2^k。按三元系逐板计算法从下塔顶部算至塔底，又可得到一个釜液的氩浓度。这两个途径得到的氩浓度值如果不相等，则需重新假设再计算，直到精馏计算的结果与下塔氩物料平衡的计算结果基本相符为止，这种方法称为多次接近法。

图 6-23 表示不抽氩馏分和饱和空气进料时，液空及液氮中氧浓度与液氮中氩浓度的关系，可在预计算时参考。由图 6-23 可看出，当液氮中含氧量一定时，液氮中的含氩量随液空中

含氧量的增加而提高;而当液空中含氧量一定时,液氮中的含氩量随液氮中含氧量的增加而提高。

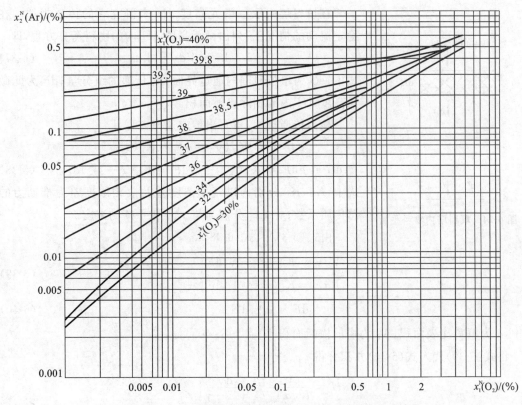

图 6-23　液空及液氮中氧浓度与液氮中氩浓度的关系

对于图 6-11 所示的同时制取纯氧、纯氮的精馏塔,设 V_{CN} 为纯氮体积,V_{WN} 为污氮体积,V_k 为加工空气体积,V_{O_2} 为氧气体积。纯气氮的氩含量与纯液氮的氩含量近似认为相等。这样污氮(V_{WN})中的氩含量可以根据全塔的氩组分物料平衡式求出,即

$$V_{WN} y_2^{WN} = V_k y_2^k - V_{CN} y_2^{CN} - V_{O_2} y_2^O$$

$$y_2^{WN} = \frac{V_k y_2^k - V_{CN} y_2^{CN} - V_{O_2} y_2^O}{V_{WN}} \tag{6-36}$$

6.5　填料塔精馏过程的计算

前面介绍的精馏计算都是针对板式精馏塔的。板式塔的特点是气、液浓度沿塔高呈阶梯式变化。现代空分系统上塔,特别是精馏塔尺寸不大(如直径在 800 mm 以下,高度在 6 m 以下)的,常采用填料塔。填料塔是在空分塔内充装拉西环、鲍尔环或波纹板、规整填料等填料,使蒸气自下而上、液体自上而下地流过填料层,在填料层表面和空隙内气液间形成相界面,进行质量交换。塔内传质过程的特点是气、液浓度沿塔高连续变化。填料塔结构简单、压降较小,而且易于用耐腐蚀材料制造,在精馏及吸收等气体分离过程中被广泛应用。

1. 填料塔中的传质过程

如图 6-24 所示,气、液在塔内逆向流动,气、液浓度沿填料层高度不断变化;气相中低沸点

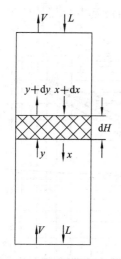

图 6-24　填料塔内物料平衡

组分由塔底至塔顶逐渐升高,液相中低沸点组分由塔顶至塔底逐渐降低。

在填料层中取一微元高度 dH 来研究它的传质规律。在稳定流动的情况下,列出微元高度 dH 内的物料衡算方程,即

$$dG = Vdy = Ldx \qquad (6\text{-}37)$$

式中,dG 为单位时间内通过界面 dF 传递的组分量;dF 为此微元高度 dH 内的相际接触面积。

根据传质规律,可写出传质速率方程

$$g = K_V(y^* - y) = K_L(x - x^*)$$

$$dG = gdF = K_V(y^* - y)dF = K_L(x - x^*)dF \qquad (6\text{-}38)$$

式中,K_V、K_L 分别为以气相浓度差及液相浓度差为推动力的总传质系数;y^*、x^* 分别为与 x、y 相平衡的浓度。

由式(6-37)及式(6-38)得

$$\left. \begin{array}{l} Vdy = K_V(y^* - y)dF \\ Ldx = K_L(x - x^*)dF \end{array} \right\} \qquad (6\text{-}39)$$

又

$$dF = aA_T dH \qquad (6\text{-}40)$$

式中,a 为填料比表面积;A_T 为塔的横断面积。

将式(6-39)代入式(6-40)并积分得

$$\left. \begin{array}{l} H = \dfrac{V}{K_V a A_T} \displaystyle\int_{y_2}^{y_1} \dfrac{dy}{y^* - y} \\[3mm] H = \dfrac{V}{K_L a A_T} \displaystyle\int_{x_2}^{x_1} \dfrac{dx}{x - x^*} \end{array} \right\} \qquad (6\text{-}41)$$

式(6-41)反映填料塔内传质的规律,是计算填料层高度的基本公式。

2. 填料层高度的计算

1) 传质单元数与传质单元高度

如前所述,式(6-41)可用于计算填料层的高度。该式的右边可视为两项数字的乘积。以气相为例,积分项 $\displaystyle\int_{y_2}^{y_1} \dfrac{dy}{y^* - y}$ 之值表示此系统的分离难易程度,称为传质单元数;而 $\dfrac{V}{K_V a A_T}$ 项可视为相应于每个传质单元所需的填料高度,称为传质单元高度。

若令

$$H_{0V} = \frac{V}{K_V a A_T}, \quad N_{0V} = \int_{y_2}^{y_1} \frac{dy}{y^* - y}$$

则

$$H = H_{0V} N_{0V} \qquad (6\text{-}42)$$

同理,对液相也可得

$$H_{0L} = \frac{L}{K_L a A_T}, \quad N_{0L} = \int_{x_2}^{x_1} \frac{dx}{x - x^*}$$

$$H = H_{0L} N_{0L} \qquad (6\text{-}43)$$

如能分别求得 H_{0V}、N_{0V},或者 H_{0L}、N_{0L},则可求得填料层高度 H。

（1）传质单元数的计算：为了了解总传质单元数的物理意义，现以气相总传质单元数 $\int_{y_2}^{y_1} \dfrac{\mathrm{d}y}{y^*-y}$ 为例加以说明。$\mathrm{d}y$ 为气相浓度变化，y^*-y 为气相传质推动力，则 $\int_{y_2}^{y_1} \dfrac{\mathrm{d}y}{y^*-y}$ 的数值越大，表示此系统越难分离。取一小段填料层，其高度为一个气相总传质单元高度，蒸气通过此单元高度时浓度由 y_a 变到 y_b。假定这段浓度变化不大，则其平均推动力可以用 $(y^*-y)_m$ 表示，那么这一小段的积分值可写成

$$\int_{y_2}^{y_1} \frac{\mathrm{d}y}{y^*-y} = \frac{y_b - y_a}{(y^*-y)_m} = 1$$

即 $y_b - y_a = (y^*-y)_m$。这就是说，当气流经某小段填料层的浓度变化等于该段内气相平均推动力时，则此段填料层称为一个气相总传质单元。而 $\int_{y_2}^{y_1} \dfrac{\mathrm{d}y}{y^*-y}$ 值的含义即为气相浓度由 y_2 变到 y_1 时所对应的 $\int_{y_a}^{y_b} \dfrac{\mathrm{d}y}{y^*-y}$ 值的倍数。

传质单元数的计算方法很多，各有其特点及使用场合。在精馏过程计算中应用较广的是图解法。

现以空分精馏塔下塔为例，说明传质单元数的求法：

空分下塔底部富氧液空的浓度为 x^k，顶部引出的液氮浓度为 x^N，传质单元数为

$$N_{0\mathrm{V}} = \int_{y=x^k}^{y=x^N} \frac{\mathrm{d}y}{y^*-y}$$

可按图解法求出。(y^*-y) 值在 y-x 图中为操作线至平衡曲线的垂直距离，如图 6-25 所示。根据相应的条件在 y-x 图中作出塔的操作线，从而可以得出 (y^*-y) 的数值及它的倒数 $\dfrac{1}{y^*-y}$，在 y-$\dfrac{1}{y^*-y}$ 坐标系中可获得相应的 $N'M'K'$，曲线与 y 轴所包括的面积即为所求的传

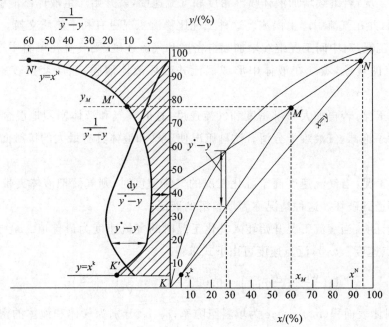

图 6-25　传质单元数的计算

质单元数。

(2) 传质单元高度的计算:由前面已经知道气相总传质单元高度 $H_{0V} = \dfrac{V}{K_V a A_T}$,液相总

传质单元高度 $H_{0L} = \dfrac{L}{K_L a A_T}$。式中 V、L、a、A_T 皆已知,因此只要知道总传质系数 K_V、K_L,则

传质单元高度可求出。一般 K_V、K_L 系由实验得到。

2) 理论塔板数和等板高度

填料塔虽不属于梯级式传质系统,但为了计算方便,在设计上仍可采用理论塔板数的方法表达精馏计算的结果。于是填料塔高度的计算可归纳为求理论塔板数和相当于一块理论塔板(注意不是实际塔板)分离效果所需的填料高度(称等板高度)的问题,即

$$H = h N_{th} \tag{6-44}$$

式中,H 为填料层高度(m);h 为相当于一块理论塔板作用的填料层高度,即等板高度,一般资料上用 HETP 表示;N_{th} 为理论塔板数。

等板高度主要和被分离混合物的物理化学特性、塔的尺寸、填料形状、塔内物流的流动情况等有关,一般根据实验或经验确定。例如,空分塔用 10 mm×10 mm×0.2 mm 的铜质拉西环,塔径为 200～250 mm 时,h=250～300 mm。若环尺寸为 6 mm×6 mm×1.5 mm,则 h=150～200 mm。

3. 填料塔中的流动工况

塔中流动工况根据喷淋液体的强度和气流速度的不同,基本上可分为下列五种。

(1) 稳流工况:当喷流密度和气流速度不大时,液体在填料表面形成薄膜和液滴,蒸气连续不断地自下往上流动,并在填料表面与液膜等接触进行热质交换。

(2) 中间工况:若继续增加液体喷淋密度和气流速度,就开始产生液体不能畅通地往下流动的凝滞作用,并在气流中产生涡流。这种工况比稳流工况更有利于热质交换。

(3) 湍流工况:对中间工况继续增加喷淋密度和气流速度,则气流在填料中产生托持液体并阻止其下流的现象,蒸气在液体中形成涡流并破坏液体薄膜,热质交换较中间工况更为增强。

(4) 乳化工况:若再加大喷淋密度和气流速度,这时蒸气和液体剧烈地混合,在填料的自由空间中充满了泡沫,气液难于分清。这种工况使蒸气和液体具有最大的接触面积,最有利于热质交换。

(5) 液泛工况:当气流速度高于乳化工况的气流速度时,则气流把液体夹带着往上流,正常的精馏过程遭到破坏。这种情况称为填料塔的液泛。

生产实践证明:当湍流工况开始转入乳化工况时的气流速度为最佳值。最佳的气流速度应稍低于"泛点速度"(w_F),泛点速度可由下式求得:

$$\lg\left(\frac{w_F^2}{g}\frac{a}{\varepsilon^3}\frac{\rho_V}{\rho_L}\mu_L^{0.2}\right) = 0.022 - 1.75\left(\frac{L}{V}\right)^{1/4}\left(\frac{\rho_V}{\rho_L}\right)^{1/8} \tag{6-45}$$

式中,a 为填料比表面积(m²/m³);ε 为填料空隙率;ρ_V、ρ_L 分别为气体和液体的密度(kg/m³);μ_L 为液体动力黏度(cp,1 cp=10^{-3} Pa·s)。

后又有人提出"可容许速度"(w_e)的概念,在该速度下操作开始拦液,但还未到液泛点,w_e

按下式计算：

$$\lg\left[\frac{w_e^2}{g}\left(\frac{a}{\varepsilon^3}\right)\left(\frac{\rho_V}{\rho_L}\right)\mu_L^{0.16}\right]=A-1.75\left(\frac{L}{V}\right)^{1/4}\left(\frac{\rho_V}{\rho_L}\right)^{1/8} \tag{6-46}$$

式中，A 为常数，精馏时为 -0.125，吸收时则为 -0.073。

式(6-45)及式(6-46)可用图 6-26 进行图解。

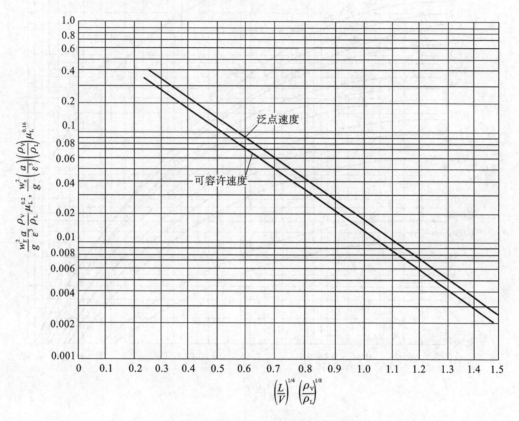

图 6-26 泛点速度、可容许速度计算图

在填料塔的设计中，一般是先计算出泛点速度，然后乘以安全系数($0.6\sim0.8$)作为实际操作速度(w_V)。当操作速度确定后，即可根据下式计算塔径 D：

$$D=\sqrt{\frac{V}{3600\times0.785w_V}} \tag{6-47}$$

4. 填料层的阻力

填料层的阻力随填料的特性及气液流动形态而变，因此影响的因素比较多。填料的规格、装填方式、装填速度，塔径的大小，使用时间长短，操作是否平稳等，都会影响压降数值。在安装及操作中，如果填料因故部分破碎，则压降会大为增加。阻力的计算方法也较多，可直接用于计算的关联图如图6-27所示。它包括的参数较全面，计算简易，而得到的结果比较符合实际情况。

使用本图的方法，先根据工艺条件及求定的空塔速度 w_V，分别定出纵坐标、横坐标值，其垂直线与水平线交点的等压降线（或其内插值）即为压降。

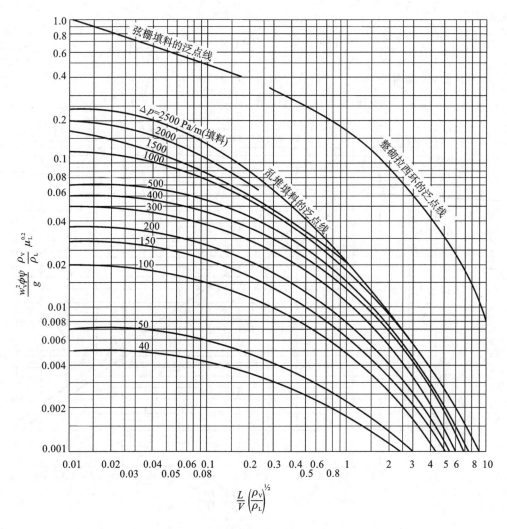

图 6-27 填料层压降的计算关联图

ϕ—填料因子；$\Psi = \dfrac{\rho_{H_2O}}{\rho_L}$，表示填料流体力学特性

6.6 多组分气体的精馏

在工业生产中所遇到的精馏问题多属多组分气体的精馏,因此,研究并解决多组分气体的精馏问题具有重要的意义。

多组分混合物的汽化、冷凝和精馏原理等与两组分混合物基本类似。设计、研究的基础仍是物料平衡、热量平衡和相平衡等基本方程。但由于组分数的增多,不但计算工作量增多,且产生一些特殊问题。因此,多组分气体的精馏计算比较复杂,采用电子计算技术几乎是必需的。目前 HYSYS 和 Aspen Plus 都能够进行空分流程计算。

1. 多组分气体的种类

工业上常见的多组分气体主要有以下几种。

1) 油田气和天然气

这类气体包括气田天然气、油田伴生气、原油稳定气等，它们是由碳氢化合物及 N_2、H_2、CO_2 等组成的混合气体，其主要成分是以甲烷为主的烷烃。当气体中甲烷的含量在 90% 以上时，称为贫气或干气，常见于气田气；当甲烷含量在 90% 以下时，称为富气或湿气，常见于油田气。表 6-1 列出我国部分地区油田气和天然气的组成。

表 6-1　我国部分地区油田气及天然气的组成

成　　分	气体组成/(%)					
	油田气 I	油田气 II	油田气 III	天然气 I	天然气 II	天然气 III
N_2	0.94	1.15	1.10	7.63		7.2
CO_2	0.24	0.36	0.46	0.005		0.02
C_1	83.16	63.66	66.00	92.064	92.0	92.56
C_2	4.91	14.55	14.00	0.0566	0.83	0.04
C_3	5.83	14.20	10.00		0.32	
$i\text{-}C_4$	0.75	1.43	0.90			
$n\text{-}C_4$	2.35	2.94	4.34			
$i\text{-}C_5$	0.40	0.92	0.50			
$n\text{-}C_5$	0.81	0.52	2.70		0.22	
C_6	0.42	0.27				
C_7	0.19					
He				0.18		0.2
H_2				0.001		0.001
O_2				0.08		
H_2S				0.0013	4.65	微量
合计	100.00	100.00	100.00	100.00		

天然气和油田气可以分成各种纯组分如甲烷、乙烷等，分别作为生产甲醇、乙烯及其他石油化工产品的原料，也可以从中分离出轻汽油及液化石油气等馏分，分别用作动力燃料及民用燃料。后一情况特别适用于少量气体的分离。有些地区的天然气氦含量较高，用以提氦比较经济而有效。

2) 焦炉气

焦炉气是炼焦工业的副产品，其中含氢量可高达 54%～59%，因此，利用这种气体分离制取氢气，是目前重要的氢气来源之一，常用作生产合成氨的原料。焦炉气的平均组成见表6-2。

表 6-2　焦炉气平均组成

组　　成	H_2	CH_4	C_nH_m	CO	O_2	N_2	CO_2	H_2S
浓度/(%)	54～59	23～28	1.5～3	5.5～7	0.4～0.8	3.5～5	1.2～2.5	约 1.2

3) 石油裂解气

石油裂解气是将一些石油产品(例如乙烷、丙烷、柴油、重油等)加以裂解而得到的混合气体。石油裂解气的组成见表6-3,其主要组分除烷烃外,还有大量的不饱和碳氢化合物(如乙烯、丙烯等),后者是有机合成工业的重要原料。

表6-3　几种石油裂解气组成(体积分数)　　　　　　　　(单位:%)

组　成	乙烷裂解气	丙烷裂解气	轻柴油裂解气	轻柴油裂解气	原油闪蒸砂子炉裂解气
H_2	35.2	16.1	9.9	11.1	12.7
CH_4	3.6	30.8	27.6	25.1	26.8
C_2H_2	0.2	0.3	0.1	4.6	0.2
C_2H_4	33.1	24.0	20.3	33.8	32.6
C_2H_6	26.7	3.9	7.7	0.3	3.9
C_3H_4				0.6	0.3
C_3H_6		11.1	13.1	0.5	13.1
C_3H_8	0.6	11.3	1.7	13.2	0.4
C_4H_6		0.9	1.6	5.0	1.8
C_4H_8	0.3	0.7	5.6	2.8	2.1
C_4H_{10}		0.1	0.2	0.2	0.4
C_5	0.3	0.8	12.2	2.8	4.8
$CO、CO_2、N_2、S$	可不计	可不计	可不计	可不计	0.9
总　计	100	100	100	100	100

4) 合成氨尾气

合成氨尾气由合成氨时不断排放的弛放气及液氨降压时放出的膨胀气组成。合成氨尾气的组成见表6-4。从合成氨尾气中不但可回收氢,还可提取氩、氮、氪等。若以含氦的天然气为原料合成氨,其中氦可浓缩4~8倍,用以提取氦时具有较高的经济价值。

表6-4　合成氨尾气组成

组　成	H_2	N_2	CH_4	Ar	NH_3
浓度/(%)	60~70	20~25	8~12	3~8	1~3

2. 多组分气体精馏的特点

多组分气体的种类较多,它们的组成又差别很大,在同样压力下它们的起始冷凝温度(露点)可能相去甚远,所有这些就使得多组分气体的精馏具有一些新的特点。

在分离多组分混合物时,由于原料组成复杂,不可能用一个精馏塔使之分离得到所需要的产品。因此,在组织精馏时需要安排两个或两个以上的精馏塔才能满足要求。

对于多组分气体,只有在知道塔顶和塔底产品的全部组成后,才能进行精馏过程的计算。但在开始计算时,不能任意指定产品中所有组分的分数,只能在塔顶和塔底产品中各指定一个组分的分数,而其他组分的分数需要通过精馏过程的计算才能确定下来。因此,精馏过程的计算要用试凑法,即先假设所有其他组分在塔顶和塔底产品中的组成(或量),并根据这些组成(或量)进行精馏过程的计算,然后再校核原来所设的组成(或量)是否正确。显然,多组分气体精馏计算的工作量很大,一般要借助专业软件才能完成。

3. 多组分精馏塔的工艺计算

多组分精馏塔的工艺计算包括以下主要内容:①工艺流程方案选择;②全塔物料衡算;

③精馏塔操作压力和温度的决定；④最小回流比及最少理论塔板数的计算；⑤理论塔板数和实际塔板数的确定；⑥进料板位置的确定；⑦全塔热量衡算。下面以分离碳氢化合物为例加以讨论。

1）工艺流程方案选择

图 6-28 为不抽取侧线产品的普通精馏塔示意图。从塔顶馏出的蒸气(V_2)进入冷凝器，在冷凝器中该蒸气被部分或全部地冷凝。在贮液器聚集的液体中，一部分液体(L_1)流回塔中作为回流液，另一部分则作为塔顶产品(D)被提取。当塔顶蒸气(V_2)全部冷凝成液体，且被提取的塔顶产品(D)也是液体时，这种冷凝器叫全冷凝器；当塔顶蒸气(V_2)部分地冷凝成液体以提供回流液体(L_1)，而被提取的塔顶产品(D)为气体时，该冷凝器叫部分冷凝器。

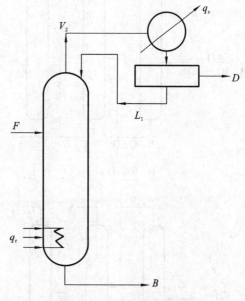

图 6-28　普通精馏塔示意图

对于两组分混合物，用一个普通精馏塔就可将进塔原料从塔顶和塔底分离出两个纯组分。对于多组分混合物，情况则不同。例如欲分离由 A、B、C、D 四个组分组成的混合物为纯组分时，就需要三个精馏塔，如图 6-29（a）所示，除最后一个塔可以分出两个纯组分产品外，其余两个塔都只能输出一个纯组分产品，另一个为"半产品"并作为下一个塔的进料。

四组分精馏需要三个塔，就有一个流程安排问题。图 6-29 示出四组分精馏的五种流程方案。设 A、B、C、D 恰是各组分由轻到重（即相应挥发度由大到小）的次序，显然，方案（1）是按产品由轻到重安排，方案（2）是由重到轻安排，其他三个方案则是混合安排。

一般来说，将 n 个组分的混合物分离成 n 个产品，需要用（$n-1$）个普通精馏塔，而精馏流程方案数 S_n 可用下式表示：

$$S_n = \sum_{j=1}^{n-1} S_j S_{n-j} \tag{6-48}$$

规定 $S_1=1$ 且当 n 为不同数值时，按上式计算的流程方案数列于表 6-5 中。由表 6-5 可见，被分离混合物中的组分数越多，可采用的流程方案数也越多。具体流程方案的选择，需结合设计要求和工艺特点，经过全面的技术经济分析才能决定。一般来说，选定流程方案时遵循的原则是：按相对挥发度的大小逐个从塔顶分离出各个组分；或者使各个塔馏出液的物质的量与釜液的物质的量接近相等；或者把分离要求最高的塔放在最后。这样考虑，均比较有利。

表 6-5　不同组分数时塔的流程方案数

组分数 n	2	3	4	5	6	8	9	10	⋯
塔序数 S_n	1	2	5	14	42	132	429	1430	4862	⋯

2）全塔物料衡算

（1）关键组分的概念。

在多组分气体精馏计算中，设计者指定浓度或回收率的那两个组分称为关键组分，它们对分离过程起着控制作用。进料混合物中关键组分外的其余组分，统称为非关键组分。两个关

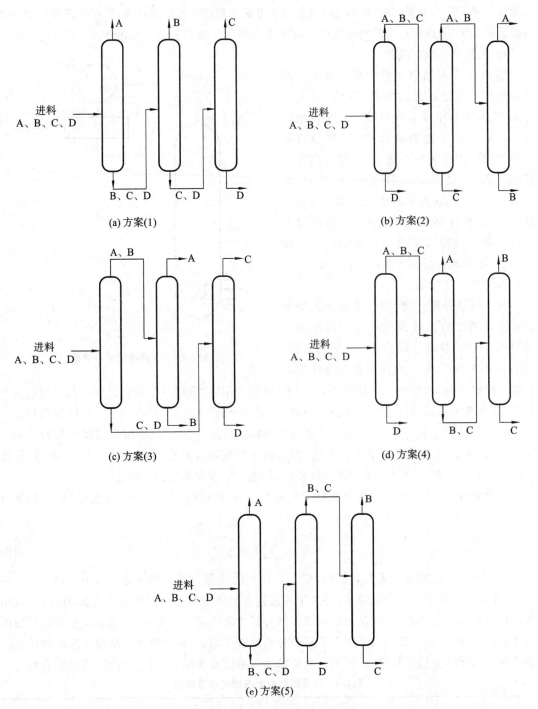

图 6-29 四组分混合物的精馏方案

键组分的挥发度总是有差别的,因此定义两个关键组分中具有较高挥发度的组分为轻关键组分,具有较低挥发度的组分为重关键组分。

当轻、重两个关键组分的挥发度相邻时,称为相邻的关键组分;反之,当轻、重关键组分的挥发度被非关键组分分隔时,称为分隔的关键组分。

轻、重关键组分表示精馏过程的主要分离界限。进料混合物中比轻关键组分轻的组分(即挥发度比轻关键组分更大的组分)和它本身的绝大部分将进入塔顶馏出物中,而进料混合物中比重关键组分重的组分和它本身的绝大部分将进入塔底出料中。

(2) 回收率或分离度的概念。

关键组分确定后,还应规定关键组分在塔顶、塔底产品中的组成或回收率。轻关键组分的回收率是指轻关键组分在塔顶产品中的量占它在进料中的量的百分数;重关键组分的回收率是指重关键组分在塔底产品中的量占它在进料中的量的百分数。

回收率又称分离度,用 φ 表示,则

$$\varphi_l = \frac{Dy_{Dl}}{Fx_{Fl}} \times 100\% \tag{6-49}$$

$$\varphi_h = \frac{Dx_{Bh}}{Fx_{Fh}} \times 100\% \tag{6-50}$$

式中,F、D、B 分别表示进料、塔顶和塔底产品量(kmol/h);x_F、y_D、x_B 分别表示关键组分在进料、塔顶和塔底产品的摩尔分数;下标 l、h 代表轻、重关键组分。

(3) 塔顶、塔底物料分配。

先将进料混合物中的各组分按挥发度的大小顺序排列,然后视关键组分的挥发度分两种情况进行各组分在产品中的预分配。当关键组分为相邻的关键组分时,可认为比重关键组分还重的组分全部在塔底产品中,而比轻关键组分还轻的组分全部在塔顶产品中。至于非关键组分在塔顶、塔底产品中的分配,可通过物料衡算求得。下面通过一个例题来说明当为相邻关键组分时物料衡算的方法。

例 6-1 在如图 6-28 所示的普通精馏塔中,分离由组分 a、b、c、d、e、f 和 g 按挥发度降低的顺序排列所组成的混合液体(F,kmol/h),c 为轻关键组分,在釜液中的摩尔分数为 0.004;d 为重关键组分,在塔顶馏出物中的摩尔分数为 0.004,试估算其他组分在产品中的摩尔分数。原料液的组成如下:

组　　分	a	b	c	d	e	f	g	合　　计
x_{Fi}	0.213	0.144	0.108	0.142	0.195	0.141	0.057	1.00

解 本题为相邻的关键组分,即比重关键组分还重的组分在塔顶不出现,比轻关键组分还轻的组分在塔底不出现。现以原料液 $F=100$ kmol/h 为基准,对全塔各组分作物料衡算。

计算的依据是
$$F_i = D_i + B_i$$

计算结果(单位:kmol/h)如下:

组分	a	b	c	d	e	f	g	合计
进料量	21.3	14.4	10.8	14.2	19.5	14.1	5.7	100
塔顶产品流量	21.3	14.4	10.8−0.004B	0.004D	0	0	0	D
塔底产品流量	0	0	0.004B	14.2−0.004D	19.5	14.1	5.7	B

由上列数值可知,塔顶气体流量为
$$D = 21.3 + 14.4 + (10.8 - 0.004B) + 0.004D$$

整理得
$$0.996D = 46.5 - 0.004B$$

又由总物料衡算得
$$D = 100 - B$$

联立上两式解得
$$D = 46.5 \text{ kmol/h}, \quad B = 53.5 \text{ kmol/h}$$

组 分	a	b	c	d	e	f	g	合 计
塔顶产品流量/(kmol/h)	21.3	14.4	10.6	0.19	0	0	0	46.5
塔顶产品组成 y_{Di}	0.458	0.31	0.228	0.004	0	0	0	1.00
塔底产品流量/(kmol/h)	0	0	0.21	14.0	19.5	14.1	5.7	53.5
塔底产品组成 x_{Bi}	0	0	0.004	0.262	0.365	0.264	0.107	1.00

产品组成用下式计算：

塔顶
$$y_{Di} = \frac{D_i}{D}$$

塔底
$$x_{Bi} = \frac{B_i}{B}$$

计算得到的各组分在塔顶、塔底产品中的预分配情况列于上表中。

当轻、重关键组分的挥发度被非关键组分分隔时，则不能用上述物料衡算法求组分在产品中的预分配，此时可用亨斯特别克公式求解。此公式对相邻关键组分的预分配也适用。

亨斯特别克公式如下：

$$\frac{\lg \dfrac{d_l}{b_l} - \lg \dfrac{d_h}{b_h}}{\lg\alpha_l - \lg\alpha_h} = \frac{\lg \dfrac{d_i}{b_i} - \lg \dfrac{d_h}{b_h}}{\lg\alpha_i - \lg\alpha_h} \qquad (6-51)$$

式中，$\dfrac{d_i}{b_i}$ 为组分 i 在塔顶、塔底的分配比，其中

$$d_i = y_{Di}D, \quad b_i = y_{Bi}B$$

α_l、α_i、α_h 分别为对比于重关键组分的轻组分、组分 i 和重组分的相对挥发度，显然 $\alpha_h = 1$。

若给出轻关键组分的回收率 φ_l、重组分的回收率 φ_h，则

$$\frac{d_l}{b_l} = \frac{\varphi_l}{100 - \varphi_h} \qquad (6-52)$$

$$\frac{d_h}{b_h} = \frac{100 - \varphi_h}{\varphi_h} \qquad (6-53)$$

将式(6-52)与式(6-53)代入式(6-51)，则式(6-51)的左端为一个常数 C。再根据各组分的相对挥发度，由式(6-53)可求得各组分在产品中相应的分配比 $\dfrac{d_i}{b_i}$。

$$\lg \frac{d_i}{b_i} = C(\lg\alpha_i - \lg\alpha_h) + \lg \frac{d_h}{b_h} \qquad (6-54)$$

再由下面两式可求得组分 i 在塔顶及塔底的量 d_i、b_i：

$$b_i = \frac{F_i}{1 + \dfrac{d_i}{b_i}} \qquad (6-55)$$

$$d_i = F_i - b_i \qquad (6-56)$$

对普通精馏塔，有

$$D = \sum d_i \qquad (6-57)$$

$$B = \sum b_i \qquad (6-58)$$

这样就可用下面两式求塔顶及塔釜的组成：

$$y_{d_i} = \frac{d_i}{D} \qquad (6\text{-}59)$$

$$x_{b_i} = \frac{b_i}{B} \qquad (6\text{-}60)$$

式(6-51)中的各个相对挥发度一般取塔顶和塔底(或塔顶、进料口和塔底)的挥发度的几何平均值。但是,因为在开始估算时,塔顶和塔底的温度均未知,所以需用试凑法,即先设定塔顶和塔底温度的初值,再求出各组分相应的平衡常数 K_i,然后由 K_i 求出对重关键组分的相对挥发度,即

$$\alpha_i = K_i / K \qquad (6\text{-}61)$$

则

$$\alpha_{im} = \sqrt{\alpha_{iD} \alpha_{iB}} \qquad (6\text{-}62)$$

其中 α_{iD}、α_{iB} 分别为组分 i 在塔顶、塔底的相对挥发度。接着由亨斯特别克公式求塔顶、塔底产品的组成,然后由此组成校核所设温度是否正确。若两者温度不符,可将后面算出的温度作为新的温度初值,重复前面的计算,直至基本相符为止。

3) 塔的操作压力和温度的确定

(1) 塔的操作压力。

从碳氢化合物的物性参数可以看出,在常压下分离时必须维持很低的温度。若适当提高操作压力,各组分的沸点相应提高,于是操作温度也相应提高。与空气分离类似,提高压力与降低温度均需消耗能量,但降低温度所消耗的能量比提高压力所消耗的能量多。因此,适当提高压力可以节能。但压力过高,溶解度相应增大,回收率反而降低。另外,压力增大,气、液饱和曲线变窄,反而使分离更加困难。因此,操作压力不宜选得过高。

此外,确定塔的操作压力时还应考虑工艺流程的具体要求。如某些从油田气回收液化石油气的装置,要求从轻油稳定塔中出来的液化石油气直接充瓶,这样,轻油稳定塔和脱乙烷塔的压力实际上已被确定了。另外,确定塔的操作压力时还应考虑流程中压缩机的选型等。

(2) 塔的操作温度。

在一定的操作压力下,塔顶温度是塔顶气体的露点,可用露点方程求得。塔底温度是塔釜液体的泡点,可用泡点方程求得。即多组分精馏塔中 $p\text{-}T\text{-}x_i\text{-}y_i$ 关系是通过泡点方程、露点方程和相平衡方程来表示的。

4) 最小回流比及最少理论塔板数的计算

(1) 最小回流比。

关于最小回流比的概念,多组分精馏同两组分精馏是完全相同的,只是前者不能用 $y\text{-}x$ 图解法求解,而必须用解析法来计算。实际上,精确计算多组分精馏的最小回流比是很困难的,迄今为止提出的一些计算方法多属简化估算法,常用的有恩德渥德法和柯尔本法。恩德渥德法计算过程简单,对分离碳氢化合物基本上能满足工业设计的要求,在这里重点加以介绍。

恩德渥德公式所用的简化条件如下:①塔内气、液流量沿塔高为常数;②各组分的相对挥发度均为常数。其表达式为

$$R_m = \sum_{i=1}^{N} \frac{\alpha_i y_{Di}}{\alpha_i - \theta} - 1 \qquad (6\text{-}63)$$

$$\sum_{i=1}^{N} \frac{\alpha_i x_{Fi}}{\alpha_i - \theta} = 1 - q \qquad (6\text{-}64)$$

式中,R_m 为最小回流比;x_{Fi}、y_{Di} 分别为组分 i 在进料混合物或塔顶气体馏出物中的摩尔分数,

当塔顶馏出物为液体时,将 y_{Di} 用 x_{Fi} 代替即可;x_{Di} 为组分 i 在塔顶液相产品中的摩尔分数;N 为进料混合物中的组分数;Q 为进料的液化率;θ 为恩德渥德方程的根。解上述方程有多个根,按经验只取 θ 值在轻、重关键组分 α 之间的值,即 $\alpha_l>\theta>\alpha_h$。一般用试凑法求 θ 值。

(2)最少理论塔板数。

先介绍全回流的概念。全回流是指一个塔(如图 6-30 所示)的塔釜只进行蒸发,但不出料,同时塔顶冷凝器也不出料,而将其冷凝液全部作为回流液。即是,物料只在塔内循环。

在全回流条件下,一定塔板数具有最大的分离能力;相应地,当给定塔顶、塔底的物料组成时,所需要的理论塔板数最少。

在全回流时,不但每个塔段的气、液量(V 和 L)为常数,而且 $L\equiv V$,即回流比 $L/V=1$。显然,对塔中任一塔板(如第 K 块塔板)来说,从该塔板上升的蒸气浓度 $y_{i,K}$ 与从它的上面一块板(第 $K+1$ 块板)流下的液体浓度 $x_{i,K+1}$ 相等,即

$$y_{i,K} = x_{i,K+1} \tag{6-65}$$

式(6-65)就是全回流条件下的操作线方程。

对混合物中的任意两个组分 i、j 交替运用全回流操作线方程和相平衡方程 $y=Kx$,可以推导出全回流条件下最少理论塔板数的计算公式。

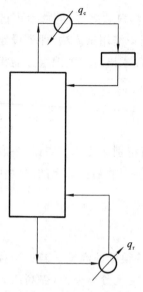

图 6-30　全回流塔示意图

从塔釜开始,利用相平衡方程得

$$\left(\frac{y_i}{y_j}\right)_B = \left(\frac{K_ix_i}{K_jx_j}\right)_B = \alpha_B\left(\frac{x_i}{x_j}\right)_B \tag{6-66}$$

由操作线方程(6-66)可推得塔釜上面一块板流下的液体(以下标 1 表示)中 i、j 两组分之比,即

$$\left(\frac{x_i}{x_j}\right)_1 = \left(\frac{y_i}{y_j}\right)_B = \alpha_B\left(\frac{x_i}{x_j}\right)_B \tag{6-67}$$

再利用相平衡方程得

$$\left(\frac{y_i}{y_j}\right)_1 = \left(\frac{K_ix_i}{K_jx_j}\right)_1 = \alpha_1\alpha_B\left(\frac{x_i}{x_j}\right)_B \tag{6-68}$$

同理,可推出从第二块板流下的液体中 i、j 两组分比,即

$$\left(\frac{x_i}{x_j}\right)_2 = \left(\frac{y_i}{y_j}\right)_1 = \alpha_1\alpha_B\left(\frac{x_i}{x_j}\right)_B \tag{6-69}$$

如此顺序向上推,直到塔顶冷凝器($S+1$),即

$$\left(\frac{x_i}{x_j}\right)_{S+1} = \alpha_S\alpha_{S-1}\cdots\alpha_B\left(\frac{x_i}{x_j}\right)_B \tag{6-70}$$

当塔顶为全冷凝器时,$S+1$ 可用 D 代替,即

$$\left(\frac{x_i}{x_j}\right)_D = \left(\frac{x_i}{x_j}\right)_{S+1} = \left(\frac{y_i}{y_j}\right)_S = \alpha_S\alpha_{S-1}\cdots\alpha_B\left(\frac{x_i}{x_j}\right)_B \tag{6-71}$$

当塔顶为部分冷凝器时,冷凝器相当于一块理论塔板,则

$$\left(\frac{x_i}{x_j}\right)_{S+L} = \left(\frac{y_i}{y_j}\right)_D = \alpha_{S+1}\alpha_S\alpha_{S-1}\cdots\alpha_B\left(\frac{x_i}{x_j}\right)_B \tag{6-72}$$

若在全塔范围内 α_{S+1},α_S,$\cdots$ 和 α_B 值变化不大,可用平均值 α_m 代替,则

对全冷凝器

$$\alpha_m = \sqrt[S+1]{\alpha_S \alpha_{S-1} \cdots \alpha_1 \alpha_B}$$

$$\left(\frac{x_i}{x_j}\right)_D = \alpha_m^{S+1} \left(\frac{x_i}{x_j}\right)_B \qquad (6\text{-}73)$$

对部分冷凝器

$$\alpha_m = \sqrt[S+2]{\alpha_{S+1} \alpha_S \alpha_{S-1} \cdots \alpha_1 \alpha_B}$$

$$\left(\frac{y_i}{y_j}\right)_D = \alpha_m^{S+2} \left(\frac{x_i}{x_j}\right)_B \qquad (6\text{-}74)$$

在推导上述公式时 i、j 为任意两个组分。若用 i 表示轻关键组分，j 表示重关键组分，式(6-73)和式(6-74)可改写为

对全冷凝器

$$S+1 = \frac{\lg\left[\left(\frac{x_l}{x_h}\right)_D \times \left(\frac{x_h}{x_l}\right)_B\right]}{\lg \alpha_m} \qquad (6\text{-}75)$$

对部分冷凝器

$$S+2 = \frac{\lg\left[\left(\frac{y_l}{y_h}\right)_D \times \left(\frac{x_h}{x_l}\right)_B\right]}{\lg \alpha_m} \qquad (6\text{-}76)$$

式(6-75)和式(6-76)即为芬斯克公式。式(6-75)中的 1 表示塔釜，相当于一块理论塔板；式(6-76)中的 2 表示塔釜和部分冷凝器，各相当于一块理论塔板。α_m 应取相对挥发度的平均值，一般可取塔顶、塔釜两处相对挥发度的几何平均值，即

$$\alpha_m = \sqrt{\alpha_D \alpha_B} \qquad (6\text{-}77)$$

若以 N_m 表示最少理论塔板数，显然有

对全冷凝器

$$N_m = S \qquad (6\text{-}78)$$

对部分冷凝器

$$N_m = S - 2 \qquad (6\text{-}79)$$

5) 理论塔板数和实际塔板数的确定

目前广泛使用简捷法求理论塔板数。简捷法就是根据一些经验关系求操作回流比或工作回流比下的理论塔板数。

最常用的经验关系是吉利兰图，如图 6-31(a)所示。图中的曲线表示最小回流比 R_m、操作回流比 R(一般 $R=(1.3 \sim 2.0)R_m$)、全回流时所需的最少理论塔板数 N_m 及操作回流比 R 时所需的理论塔板数 N 之间的关系。建立吉利兰图时物系及操作条件的范围为：物系的组分数 $2 \sim 11$；进料状态从冷进料至蒸气进料；操作压力从接近真空至 4.4×10^3 kPa；关键组分的相对挥发度为 $1.26 \sim 4.05$；最小回流比为 $0.53 \sim 7.0$；理论塔板数为 $2.4 \sim 43.1$。当实际条件与原实验条件接近时，才能使用吉利兰图。

另一个关联图是由耳波和马多克斯提出的，见图 6-31(b)。由于该图所依据的数据更多，对多组分气体精馏计算的适用性比吉利兰图更大。在图 6-31(b)中，$S_m = N_m + 1$，$S = N + 1$。

实际操作中，由于传质情况不完善，故所需的实际塔板数 N_e 较理论塔板数 N 多。一般用全塔板效率或总板效率 η 作如下修正：

$$N_e = N/\eta$$

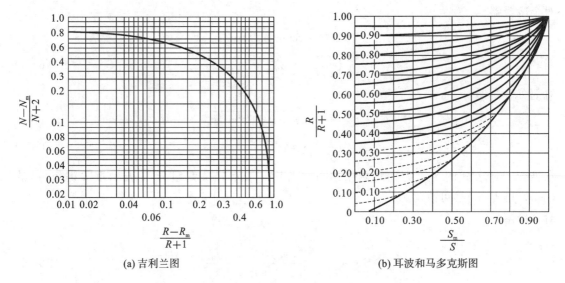

(a) 吉利兰图   (b) 耳波和马多克斯图

图 6-31　计算理论塔板数的关联图

η 值与分离工质、塔板结构及操作条件等有关,经验值可参考有关文献。

6) 进料位置的确定

用芬斯克公式计算最少理论塔板数,既能用于全塔,也能单独用于精馏段或提馏段。

若以 n 表示精馏段理论塔板数,m 表示提馏段理论塔板数,则

$$N_m + 1 = m + n \tag{6-80}$$

式中,m 包括塔釜。

在全塔范围内,α 值变化不大时,可按下式计算:

$$\frac{n}{m} = \frac{\lg\left[\left(\dfrac{x_l}{x_h}\right)_D \times \left(\dfrac{x_h}{x_l}\right)_F\right]}{\lg\left[\left(\dfrac{x_l}{x_h}\right)_F \times \left(\dfrac{x_h}{x_l}\right)_B\right]} \tag{6-81}$$

式中,下标 D、B、F 表示塔顶、塔底和进料。

柯克布赖德提出,对于泡点进料可采用下面经验式确定进料位置:

$$\frac{n}{m} = \left[\frac{B}{D}\left(\frac{x_l}{x_h}\right)_F \left(\frac{x_{lB}}{x_{hD}}\right)^2\right]^{0.206} \tag{6-82}$$

7) 全塔热量衡算

对全塔进、出热量之差进行计算,结果便得到再沸器热负荷。至于冷凝器热负荷计算方法,完全与两组分塔相同,这里不再重复。

例 6-2　在图 6-29 所示的精馏塔中连续精馏多组分混合液。进料为饱和液体。进料和产品的组成以及平均操作条件下各组分对重关键组分的相对挥发度如下。试用简捷法计算理论塔板数。

组　　分	x_{Fi}	x_{Di}	x_{Bi}	α_{ih}
a	0.25	0.5	0	5
b(轻关键组分)	0.25	0.48	0.02	2.5
c(重关键组分)	0.25	0.02	0.48	1
d	0.25	0	0.5	0.2

解 已给定 b 为轻关键组分，c 为重关键组分。

（1）用恩德渥德法计算最小回流比。

因用饱和液体进料，故 $q=1$。用试凑法按下式求 θ 值（$1<\theta<2.5$）：

$$\sum_{i=1}^{4} \frac{\alpha_{ih} x_{iF}}{\alpha_{ih}-\theta} = 1-q = 0$$

假设不同的 θ 值，计算结果如下：

θ 假定值	1.3	1.31	1.306	1.307
$\sum\limits_{i=1}^{4} \dfrac{\alpha_{ih} x_{iF}}{\alpha_i-\theta}$ 计算值	-0.0201	0.0125	-0.00031	-0.00287

因此 $\qquad\qquad\qquad\qquad \theta \approx 1.306$

$$R_{\mathrm{m}} = \sum_{i=1}^{4} \frac{\alpha_{ih} x_{iD}}{\alpha_{ih}-\theta} - 1 = \frac{5 \times 0.5}{5-1.306} + \frac{2.5 \times 0.48}{2.5-1.306} + \frac{1 \times 0.02}{1-1.306} + \frac{0.2 \times 0}{0.2-1.306} - 1 = 0.62$$

（2）选择操作回流比。

$$R = 1.5R_{\mathrm{m}} = 1.5 \times 0.62 = 0.93$$

（3）用芬斯克公式计算最少理论塔板数。

$$N_{\mathrm{m}} = \frac{\lg\left[\left(\dfrac{x_1}{x_{\mathrm{h}}}\right)_D \times \left(\dfrac{x_{\mathrm{h}}}{x_1}\right)_B\right]}{\lg\alpha_{\mathrm{m}}} - 1 = \frac{\lg\left(\dfrac{0.48}{0.02} \times \dfrac{0.48}{0.02}\right)}{\lg 2.5} - 1 = 5.9$$

（4）根据 R_{m}、R 及 N_{m} 用吉利兰图求理论塔板数。

因 $\qquad\qquad\qquad\qquad \dfrac{R-R_{\mathrm{m}}}{R+1} = \dfrac{0.93-0.62}{0.93+1} = 0.161$

查吉利兰图得

$$\frac{N-N_{\mathrm{m}}}{N+2} = 0.47$$

解得 $\qquad\qquad\qquad\qquad N=13$（不包括再沸器）

第 7 章 空 分 工 艺

7.1 空气的净化

1. 概述

低温装置中原料气内一般含有杂质,这些杂质必须尽可能地除去。净除杂质的目的如下:①防止杂质在局部集结,致使设备、管路堵塞,装置不能正常运行;②除去危险的爆炸物;③提高原料气的纯度;④防止杂质腐蚀设备。因此,气体的净化设备是低温装置中不可缺少的一个组成部分。

气体的净化主要有下列几种方法。

(1) 吸收法:以溶液吸收为基础,使气体与吸收溶液相接触,气体中的杂质被吸收剂吸收。被吸收的物质溶解于液体中,或者与液体起化学反应。

(2) 吸附法:利用固体表面对气体的吸附特性将杂质气体去除。

(3) 冷凝法:它是将气体转变成液体的一种方法。由于多组分混合气体中各组分的冷凝温度不同,在冷凝过程中高沸点组分先凝结出来,混合气体的组成也就发生了变化,得到一定的分离。用冷凝法可脱除沸点高的杂质,冷却温度越低,这些杂质被清除的程度就越高,但费用也越大。

(4) 催化法:通过某种适当的化学反应,使杂质转化成无害的化合物而留在气体内;或者转化成比原来的杂质更易除去的化合物,以达到脱除的目的。

杂质的化学催化都是使用固体催化剂,由非均相催化反应实现的。

(5) 薄膜渗透法:利用特制高分子薄膜对各种气体组分具有选择性扩散的特点来除去杂质。

上述方法都可用来清除气体杂质。如果气体内含有固体尘粒,它能引起设备的磨损、堵塞和密封不良,此时需设置固体尘粒的净除装置。

2. 除尘

从气体与微粒混合物中分离粒子的操作称为除尘。从气体中分离、捕集微粒的装置称除尘装置。不同地区空气含尘浓度如表 7-1 所示。

表 7-1　不同地区空气的含尘量

地　区	农 业 区	海 岸 区	工 业 区	大 城 市	荒 野 区
灰尘量/(mg/m³)	0.05~0.2	0.05~0.5	0.5~5	0.1~1	1(500①)
颗粒大小/μm	1~5	0.1~5	0.5~20(40①)	0.5~3(20①)	5(500①)

注:①为短期高峰值。

一般直径为 $100\ \mu m$ 以上的粒子由于重力作用会很快地降落,不存在分离问题,另一方面 $0.1\ \mu m$ 以下的粒子不致引起严重问题。所以目前作为除尘对象的粒径在 $0.1\sim100\ \mu m$,其中 $10\ \mu m$ 以上的粒子易于分离,困难的是 $0.1\sim10\ \mu m$ 特别是 $1\ \mu m$ 以下的粒子。

除尘装置性能包括流量、压力损失以及除尘效率,此外还包括除尘装置的使用年限以及保养难易等。

除尘效率(η)用来表示除尘装置的除尘性能。除尘效率(η)的定义可用下式表示:

$$\eta = \frac{G_2}{G_1} \times 100\% = \frac{c_i - c_o}{c_i} \times 100\% \tag{7-1}$$

式中,G_1 为进入除尘装置的粉尘总质量流量(g/h);G_2 为除尘装置所捕集的粉尘质量流量(g/h);c_i 为进入除尘装置的空气粉尘浓度(g/m³);c_o 为排出除尘装置的空气粉尘浓度(g/m³)。

对于一定的除尘装置,除尘效率随着需捕集的尘粒种类、粒度、浓度和操作条件的不同而变化。

1)除尘装置的种类

除尘装置是利用作用于粒子的重力、惯性、离心作用、扩散黏附力和库仑力等中的一种或几种进行除尘,其主要类型如下:

(1)惯性除尘装置:使气流进行急剧的转向,借尘粒本身的惯性作用将其分离的装置。

(2)过滤除尘装置:使含尘气体通过滤料,将尘粒分离捕集的装置。

(3)离心作用除尘装置:使含尘气体做旋转运动,借助尘粒的离心作用,把尘粒从气体中分离出来的装置。

(4)洗涤除尘装置:利用液滴、液膜、气泡等洗涤含尘气体,使尘粒黏附和相互凝集,从而将尘粒进行分离的装置。

(5)电除尘装置:用高压直流电源造成适当的不均匀电场,利用电场中的电晕放电,使气体中的尘粒带上电荷,再借助库仑力把这些带电尘粒分离捕集于集尘极上的装置。

上述几种除尘装置的主要参数如表 7-2 所示。

表 7-2　各种除尘装置的主要参数

形　式	可能的捕集粒度/μm	压力损失/Pa	最适宜风速/(m/s)	设 备 费 用
惯性除尘	20～50	300～1000	5～10	小
离心作用除尘	5～15	1000～2000	15～20	小
袋式过滤	0.1～1	1000～2500	0.01～0.1	大
填充式过滤	0.1～10	10～1000	0.1～3	中
洗涤除尘	0.1～10	500～10000	5～100	中
电除尘	0.1～1	200～500	1～3	大

应用较多的是过滤除尘装置,下面重点介绍。

2)过滤除尘装置

根据过滤精度的高低,气体过滤器分为粗过滤器、中效过滤器和高效过滤器。一般来说,粗过滤器主要用于除去粒径在 5 μm 以上的尘埃颗粒,容尘量大,阻力小,过滤效率差。中效过滤器用于除去粒径在 1 μm 左右的尘埃颗粒,容尘量和过滤效率中等。高效过滤器可除去粒径大于 0.3 μm 的尘埃颗粒,容尘量较小,阻力较大,但是过滤效率高。

过滤除尘装置有内部过滤和表面过滤两种方式。

(1)内部过滤的过滤装置。

它是把松散的滤料填充在框架内,作为过滤层,对含尘气体进行净化。尘粒是在过滤层内部被捕集的。通常这种过滤采用干式法,但也有在滤料上涂黏性油的湿式法,滤料上涂以薄层黏性油可增加其除尘效果。采用湿式法时清除黏附的尘粒比较困难,所以当黏附的尘粒达到一定量时,要换上新的过滤材料。因此,这种方法主要用于净化含尘浓度低的气体。

空压机常用的几种空气过滤器如下:

①拉西环过滤器:如图 7-1 所示,在钢制壳体内插入装有拉西环的盒,拉西环层的高度为 $60 \sim 70$ mm,环上涂过滤油。如果进入过滤器的空气中的固体尘粒含量在 20 mg/m³ 以下,净化后空气中固体尘粒含量能低于 1 mg/m³。

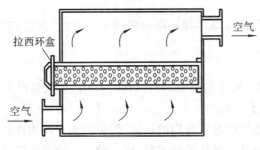

图 7-1 拉西环过滤器

空气速度应不超过 0.5 m/s,过滤器初始阻力为 $100 \sim 150$ Pa,当阻力达 $300 \sim 400$ Pa 时,拉西环应用煤油清洗。

过滤油黏度对过滤效率影响很大,过滤油应达到下列要求:恩氏黏度在 50 ℃时不低于 3.5,凝固点不高于 -20 ℃。特殊情况下,也可用变压器油代替。

拉西环层高度通常为 $60 \sim 70$ mm,每 $2000 \sim 4000$ m³/h 的加工空气需要 1 m² 的空气过滤器面积。过滤器开始时阻力是 $100 \sim 150$ Pa,当阻力超过 392 Pa 时应进行清洗。净化后空气中含尘量不超过 0.5 mg/m³,这种形式的过滤器用于小型空分装置,将其安装在空气吸入管上。由于过滤效率不高,当加工空气量大时,过滤面积大,这时过滤器不宜安装在空气吸入管上,应采用装有许多过滤盒的除尘室。这种空气过滤器不需要特殊的操作,只需要注意过滤的阻力。当装置停车时,应清洗插入盒,用氢氧化钠溶液或煤油洗涤,然后再用水洗并干燥,使用刷子涂刷或将插入盒沉没于油容器中的方法,使拉西环上均匀地黏附一层油,多余油在几小时内从插入盒内流出。重新将盒插入过滤器中,插入盒中的拉西环应装填均匀,不留自由空间,否则空气从空位通过,过滤效果变差。

②干带式过滤器:结构如图 7-2 所示。在干带上、下两端装有滚筒,当阻力超过设定值时,通过连锁装置使两只滚筒转动,将下滚筒的新带转入工作状态,脏带存入上滚筒,用完后卸下上滚筒进行清洗。

干带是一种尼龙丝织成的长毛绒状制品,它由一个电动机带动。随着灰尘的积聚,空气通过干带阻力增大。当超过规定值(约为 150 Pa)时,带电接点的压差计将电动机接通,使干带转动。当空气阻力恢复正常时,即自动停止转动。这种过滤器通常串联于链带式过滤器之后,用来清除空气中夹带的细尘和油雾。过滤后空气中基本不含油。这种过滤器效率很高,对粒径大于 0.003 mm 的灰尘,过滤效率为 100%,对粒径为 $0.0008 \sim 0.003$ mm 的灰尘,过滤效率为 97%。

③多孔陶瓷过滤器。

多孔陶瓷的化学稳定性好,比表面积大,透气能力强,而且既耐高温,又耐低温,可以清洗再生,反复使用。但易损坏,抗震能力较差,有的还有"掉粉"现象,在滤料较厚时,阻力较大。多孔陶瓷的过滤能力和过滤效率取决于气孔的大小和气孔率。

陶瓷管过滤器的结构如图 7-3 所示,此类陶瓷管过滤器的工作压力为 1000 kPa,气体处理量为 120 m³/h。

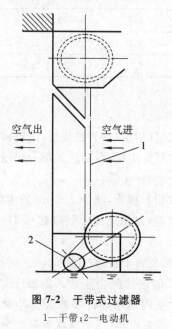

图 7-2 干带式过滤器
1—干带;2—电动机

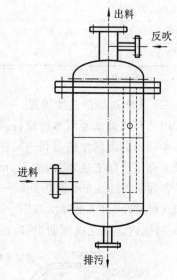

图 7-3 陶瓷管过滤器

④粉末冶金多孔管。

粉末冶金多孔材料具有优良的透过性能,过滤速度大;孔径和孔隙度可以控制,过滤精度可以达到很高的程度,比表面积大;既耐高温,又耐低温。粉末冶金多孔材料的过滤精度,是以气体中固体尘粒透过多孔材料的最大尺寸表示的,现可以制作过滤精度为 10 nm 到 100 μm 的过滤元件。目前国产的铜、镍、蒙乃尔、不锈钢、钛等粉末冶金过滤元件,过滤精度通常为 1~70 μm,多孔体制作孔径可小于 1 μm。通常可以按气体中尘粒直径的 14 倍左右选用过滤元件的微孔直径。

粉末冶金过滤元件应定期进行再生,常用的再生方法是反吹法。一般反吹气体压力高于过滤时的工作压力 50~100 kPa,反吹时间为 30~60 s。经过若干次反吹后,透气能力降低 15%~20%。必要时应对过滤元件进行化学清洗。镍粉末冶金过滤材料的技术性能示于表 7-3 中。

表 7-3 多孔镍管技术性能

粉末颗粒大小 /μm	相对透气率 /[L/(min·cm²·mmHg)]	平均孔径 /μm	最大孔径 /μm	耐压强度 /(10^3 kPa)	孔隙率 /(%)	壁厚 /mm
6~12	1.0×10^{-5}	2~3	3.0~3.4	2.5	10~30	1.0~1.5
12~18	5.0×10^{-5}	2~5	4.3~4.9	2.5	10~30	1.0~1.5
18~25	1.0×10^{-4}	3~8	10.1~16.5	2.5	25~30	1.0~1.5
25~50	3.0×10^{-4}	5~10	10.8~13.9	2.5	25~30	1.0~1.5
50~100	1.0×10^{-3}	10~20	22.5~27.9	2.5	25~30	2.0~2.5

粉末颗粒大小 /μm	相对透气率 /[L/(min·cm²·mmHg)]	平均孔径 /μm	最大孔径 /μm	耐压强度 /(10^3 kPa)	孔隙率 /(%)	壁厚 /mm
100～150	5.0×10^{-3}	20～24	42.9～55.2	1.5	25～30	2.0～2.5
150～200	7.0×10^{-3}	30～50	55.4～68.4	1.5	25～30	2.0～2.5
200～250	1.0×10^{-2}	40～60	77.5～85.3	1.0	25～30	2.5～3.0
250～300	1.4×10^{-2}	50～70		1.0	25～30	2.5～3.0

注:1 mmHg=133.322 Pa。

(2) 表面过滤的过滤装置。

用滤布或滤纸等较薄的滤料,将最初黏附在表面上的尘粒层(初层)作为过滤层,进行微粒的捕集。当黏附的尘粒达到一定量时,要进行清除。被清除的是集尘层,而初层大部分仍残留下来。初层形成之后,能捕集 1 μm 以下的微粒。

普通化学纤维布的网孔为 20～50 μm。用这样的滤布,只要设计得当,就是 0.1 μm 的尘粒,也能获得接近 100% 的除尘效率。如采用织物滤布进行表面过滤,过滤速度一般取在 0.3～10 cm/s 范围内。越是微细的尘粒,越要取小值。

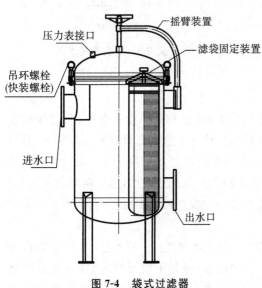

图 7-4　袋式过滤器

袋式过滤器是属于表面过滤方式的一种装置,是应用最广的过滤除尘装置。如图 7-4 所示,它是用除尘室内悬吊的许多滤袋来净化含尘气体。滤布、清灰机构、过滤速度等都会影响除尘性能。目前用于常温的滤布材质有棉、羊毛、维尼龙、涤纶等,用于高温(可达 523 K)的有玻璃纤维,其平均寿命一般为 1～2 年。

滤袋的形状可做成各种各样,随除尘器的结构形式而定,目前常用的是圆袋形。但平板形滤袋排列紧凑,体积小,近来应用愈来愈多。

在袋式过滤器中,随着滤布上捕集的尘粒层变厚,压力损失逐渐增加,除尘效率逐渐下降。当压力损失达 1500 Pa 左右时,便要对捕集的尘粒层进行清灰。清灰机构有振动型、逆气流型、气环反吹型、脉冲喷吹型等,它们或者间歇操作,或者连续清灰。

在气环反吹型中,喷射压缩空气的隙缝气环沿圆筒形滤袋外侧上、下移动,把捕集的尘粒清除下来。在脉冲喷吹型中,其圆筒形滤袋的上端设置文丘里管,每隔一定时间按顺序从喷嘴喷出压缩空气,以清除捕集的尘粒。

3. 干燥

空气的干燥,即去除空气中的水蒸气。空气中所含的水分量与空气的温度及相对湿度有关。经冷却后的压缩空气中所含的水蒸气通常呈饱和状态。工业上,压缩空气的干燥方法有以下几种。

1) 化学法干燥空气

化学法干燥空气是以固体苛性钠(NaOH)、苛性钾(KOH)、氯化钙等作为吸收剂,从空气

中吸收水分。以苛性钠为例,这个过程的方式如下:

$$NaOH + 4H_2O \Longrightarrow NaOH \cdot 4H_2O$$

理论上吸收 1 kg 水分需要 0.56 kg NaOH。由于苛性钠不能完全利用,因而实际上它的消耗量为 0.9~1.0 kg/kg(水分)。空气的干燥是在钢质的干燥瓶中进行的,视进气量的多少,干燥器组可由一个干燥瓶或若干个干燥瓶组成。

2) 吸附法干燥空气

吸附法干燥空气是利用具有吸湿性能的吸附剂来吸收空气中的水蒸气,以达到干燥的目的。常用的吸附剂有硅胶、5A 和 13X 型分子筛、活性氧化铝。

空气经过吸附剂层时,被吸附剂吸附的水蒸气量与许多因素有关,主要的因素是空气的温度和湿度、空气的流动速度、吸附剂层的高度以及吸附剂再生的完善程度。

空气的温度对吸附剂的吸附能力有重大影响,温度升高,吸附剂吸附容量减少。图 7-5 表示温度对各种吸附剂吸水量的影响。

图 7-6 所示为几种吸附剂的吸附等温线。从图 7-6 可知,在相对湿度小于 30% 时,分子筛的吸水量比硅胶和活性氧化铝都高;但随着相对湿度的下降,分子筛的优越性显著提高。不过在相对湿度超过 40% 时,最好用硅胶。

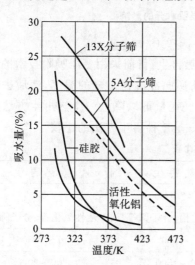

图 7-5 10 mmHg 压力下各种
吸附剂的吸附等压线

虚线表示 5A 分子筛含有 2%
残留下的平衡吸附量时的吸附情况

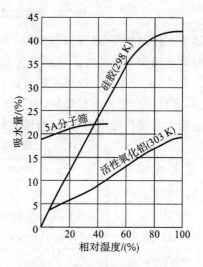

图 7-6 几种吸附剂在不同相对
湿度的吸附等温线

干燥吸附器内气流线速度增加时吸附剂的吸水量要降低,如表 7-4 所示。

表 7-4 线速度对吸附剂吸水量的影响

线速度/(m/min)	15	20	25	30	35
分子筛(绝热)吸水量(质量分数)/(%)	17.6	17.2	17.1	16.7	16.5
硅胶(恒温)吸水量(质量分数)/(%)	15.2	13.0	11.6	10.4	9.6

空气通过干燥器的线速度 w_v(空塔速度)推荐如下:对分子筛,$w_v < 0.05$ m/s;对硅胶,$w_v = 0.08 \sim 0.25$ m/s;对活性氧化铝,$w_v = 0.03$ m/s。

吸附剂使用一定时间后,再生效果的好坏对吸附器的工作性能有很大影响。吸附剂的再生程度主要取决于再生气体的干燥度和再生温度。图 7-7 所示为分子筛、硅胶和活性氧化铝的再生温度和再生气露点对残留水分的影响。如以露点为 273 K 的再生气体在 573 K 下再生分子筛时，残余水分量为 2%，然后在 298 K 下进行吸附干燥，在理论上可以得到露点为 193 K 的干燥气体。再生温度为 423 K 时，则残余水分量为 5%，以同样的原料气通入后，仅可获得露点为 218 K 的干燥气体。

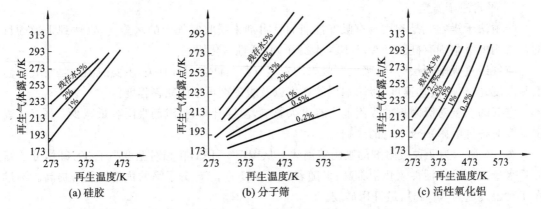

图 7-7　再生温度和再生气露点对残留水分的影响

再生气体的速度（换算到温度为 293 K 时），常采用 $1\sim2$ L/(min·cm^2)。

吸附干燥装置中的吸附剂的再生方法，以往常用加热再生，目前采用变压吸附技术的无热再生。此外，还发展了微热再生的方法，用加热设备提高逆向冲洗再生气的温度，然后去再生吸附剂，这样可以延长工作周期，在同样干燥度下，再生气耗量可以降低。微热再生方法综合了变温吸附和变压吸附的长处，有明显的优越性。表 7-5 是三种再生方法的比较。

表 7-5　三种再生方法的比较

技术指标	加热再生	无热再生	微热再生
吸附塔大小	1.0	1/2~3/4	1/3
吸附剂	硅胶、活性氧化铝等	活性氧化铝、分子筛等	活性氧化铝、分子筛等
处理气量/(m³/h)	100~5000	1~1000	1~5000
工作压力/kPa	0~3000	500~1500	300~2000
入口水温度/K	293~313(饱和)	293~308(饱和)	293~313(饱和)
工作周期	6~8 h	5~10 min	30~60 min
出口露点/K	233~253	233 以下	233 以下
再生温度/K	423~473	293~303	313~323
再生气耗比	0~8%	15%~20%(700 kPa)	4%~8%(700 kPa)
加热器	大	无	小

经过反复加热再生，吸附剂会产生劣化现象，其原因如下：①吸附剂的表面被炭、聚合物所覆盖；②由于半熔融，部分细孔被破坏而消失；③由于化学反应，结晶细粒遭到破坏。

随着再生次数的增加，分子筛吸附能力下降的情况如图 7-8 所示。

设计上，长期使用的吸附剂因劣化引起吸附能力的降低，降至初期吸附剂的 10%~30%。常用的吸附剂的设计吸附容量的经验数据如表 7-6 所示。

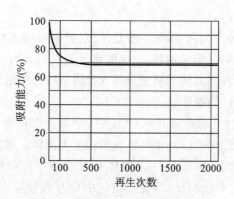

图 7-8　吸附能力与再生次数的关系

表 7-6　几种吸附剂的设计吸附容量

吸　附　剂	设计吸附容量/(%)	新吸附容量/(%)
硅胶	5～8	18～21
活性氧化铝	4～6	13～15
A 型分子筛	7～14	14～18

图 7-9 所示为分子筛吸附器的吸附与再生过程。它为圆柱形容器，内装 5A 球形分子筛，上、下进出口处设置过滤网，用来清除气流中的吸附剂细粒。吸附器外有冷却水套，用于冷却吸附器。分子筛纯化系统由两个吸附器、加热器（电加热器或蒸汽加热器）、阀门、管道和切换系统组成。被压缩的空气经预冷系统冷却到一定温度后，自下向上通过分子筛吸附器时，空气中所含有的 H_2O、CO_2 等杂质相继被吸附清除，净化后的空气进入冷箱中的主换热器。两个

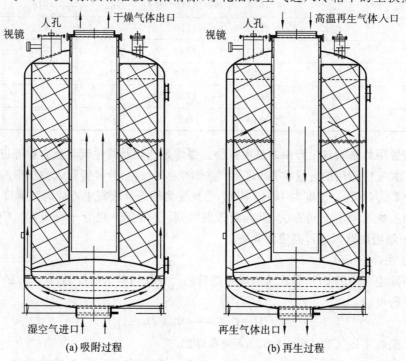

(a) 吸附过程　　　　　　　　　　(b) 再生过程

图 7-9　分子筛吸附器

吸附器交替使用,一个工作时,另一个再生。

吸附器的再生过程一般分为四步:第一步是降压,吸附器在工作周期即将结束时,须将容器内的带压空气排放出去;第二步是加热,干燥的热污氮气自上而下通过吸附器;第三步是吹冷,未经加热的干燥气体不经过加热器而旁通进入吸附器吹扫吸附剂;第四步是升压。

4. 空气中 CO_2 与 C_2H_2 的净除

大气中 CO_2 的含量按体积分数计在 $0.03\%\sim0.04\%$。CO_2 的三相点温度为 216.5 K,三相点压力为 518 kPa,低于此点时 CO_2 由气体直接转变为固体。在不同的温度和压力下,1 m^3 空气所含 CO_2 的量(饱和状态)示于表 7-7。固体 CO_2 在液空和液氧中的溶解度较小,液空中为 1.74 cm^3/L,液氧中为 3.6 cm^3/L。净化后空气中 CO_2 含量应小于 2.0×10^{-5},最好能减小到 1.0×10^{-6} 左右。清除空气中的 CO_2 可采用以下方法:①化学法:用苛性钠水溶液吸收 CO_2;②吸附法:在低温下用硅胶或在常温下用 5A、13X 分子筛吸附 CO_2;③冻结法:将 CO_2 冻结在蓄冷器中,然后再予以清除。

表 7-7 各种压力、温度下饱和状态时 CO_2 在空气中的浓度 (单位:$cm^3(CO_2)/m^3$(空气))

压力/(10^3 kPa)	温度/K					
	163	152	143	133	128	123
1	4920	1280	419	77	30	10
2	3360	865	292	62	32	13
3	2810	833	354	87	67	55
4	2850	933	579	546	415	380
5	3060	1220	739	721	581	430
6	3650	1510	1310	782	616	
7	4330	2220	1710	865	688	
8	5290	2800	1880	979	670	478
10	6950	3900	2290	1200	714	486
15	9490	5200	2730	1390	769	550
20	12300	5810	3020	1530	849	590

空分装置爆炸是氧气生产中的最大威胁。爆炸是乙炔及其他碳氢化合物等进入分离设备而引起的。大气中乙炔的含量在 $1.0\times10^{-9}\sim1.0\times10^{-6}$,空分装置吸入空气中的乙炔含量按规定应小于 2.5×10^{-7}。温度为 189.5 K 时,乙炔变为固态。液氧中乙炔的溶解度为 5 cm^3/L。清除空气中乙炔可采用下列方法:①硅胶低温吸附;②常温下用分子筛吸附。CO_2、C_2H_2 和 H_2O 在分子筛吸附器内通过共吸附除去。

1) 化学法净除 CO_2

该法净除空气中的 CO_2 是在洗涤塔中进行的。空气与碱溶液接触,其所含的 CO_2 和苛性钠按下式进行反应:

$$2NaOH+CO_2 \Longrightarrow Na_2CO_3+H_2O$$

理论上吸收 1 kg CO_2 需要 1.82 kg 纯苛性钠。

碱溶液的密度一般为 $1.116\sim1.134$ g/cm^3,严寒的冬季为避免溶液结晶,密度可降为 $0.75\sim1.091$ g/cm^3。

洗涤塔分为鼓泡式和喷淋式两种。

喷淋式洗涤塔内装拉西环填料,碱液由碱泵打到塔顶,从上面喷淋,空气自下而上通过拉西环层。实际应用中由于碱泵的腐蚀很严重,易泄漏,且碳酸钠结晶堵塞碱塔,因而逐渐被鼓泡式代替。

鼓泡式洗涤塔为钢制直立圆筒,内无填料,从塔中心插入一根钢管,下端布满小孔,此管又由布满筛孔的筛板固定,以保证气液充分接触。按照空分装置正常运行的要求,净化后空气中 CO_2 含量不超过 2.0×10^{-5}。利用 NaOH 吸收 CO_2 的方法净化时,净化后空气中的 CO_2 含量与碱利用率有关。实验证明,碱利用率达 75% 时,净化后空气中的 CO_2 含量达到 3.2×10^{-5};利用率为 85% 时,CO_2 含量达 7.0×10^{-5}。可见为了满足净化空气的要求,一个洗涤塔碱液的利用率一般为 65%~70%,其余的碱都浪费了。因此,为了提高碱液的利用率,通常采用二塔串联。虽然第一个洗涤塔碱利用率已很高,但经第二个洗涤塔吸收后,仍然能保证出口空气中的 CO_2 含量低于 2.0×10^{-5}。

鼓泡式洗涤塔流程如图 7-10 所示。压缩空气由Ⅰ塔顶端中心管向下流动,并在塔底碱液中鼓泡,形成良好的气液接触,提高清除能力。气体穿过碱液层从Ⅰ塔上侧面逸出后,再进入Ⅱ塔塔顶,工作情况同Ⅰ塔。Ⅱ塔出来的气体经碱液分离后,再导入压缩机。

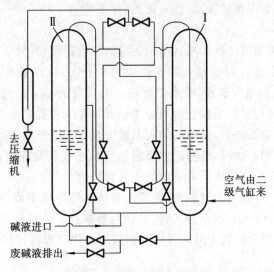

图 7-10 鼓泡式洗涤塔流程

鼓泡式洗涤塔内筒截面上压缩空气的速度在 0.03~0.05 m/s 范围内,碱液与空气的接触时间需 30~60 s,才能充分地吸收 CO_2。

为了除尽 CO_2,当Ⅰ塔碱液利用率达到 90%,Ⅱ塔的碱液利用率相应达到 30%~40% 时,应将Ⅰ塔废液放出换新鲜碱液。同时切换控制阀,改变气流进Ⅰ、Ⅱ塔的次序。当Ⅱ塔碱液利用率达到 90% 时,同上述方法一样更换碱液。

采用化学法清除 CO_2,NaOH 的消耗量大,操作繁杂,设备维修量大,且安全性很差,该法已经被吸附法取代。

2) 吸附净除法

某种物质的分子在一种多孔固体表面浓聚的现象称为吸附。被吸附的物质称为吸附质,而具有多孔的固体表面的吸附相称为吸附剂。依据吸附质与吸附剂之间的吸附力的不同,吸附又可分为物理吸附和化学吸附。物理吸附的吸附力为分子力,物理吸附也称为范德华吸附;

化学吸附则是由化学键的作用引起的。净化空气所采用的吸附法属于物理吸附。

对于吸附剂而言,固体表面上有未饱和的表面力。为使表面力加强,活性显著,吸附剂应该是颗粒状的多孔物质。吸附使表面力饱和,表面能降低,因而吸附过程放热,所放出的热量称为吸附热。

不管吸附力的性质如何,在吸附质与吸附剂充分接触后,终将达到动态平衡,被吸附的量达到最大值,即吸附饱和。而动态平衡是指吸附和解吸的分子数相等,处于平衡状态,此时吸附剂失去了吸附的能力。吸附和解吸是同时进行的,吸附与解吸是对立统一的,在一定条件下可以相互转化。掌握了这个转化条件,就可以设法使吸附质从吸附剂表面上解脱出来,达到吸附剂再生的目的。

当吸附达到饱和时,使吸附质从吸附剂表面脱离,从而恢复吸附剂的吸附能力的过程称为解吸(或再生)。与吸附相反,解吸需要吸热,称为脱附热。脱附热与吸附热相等。如硅胶对水分的吸附热为 3260.4 kJ/kg。

吸附容量是指每千克吸附剂吸附被吸附物质的量。吸附剂应具备选择性吸附的特性,才能应用它进行净化或分离。另外,吸附剂应该有一定的机械强度和化学稳定性,容易解吸(或再生),而且易获得,价格低廉。

空气分离常用的吸附剂有硅胶、活性氧化铝、分子筛。

(1) 硅胶。

硅胶是一种坚硬、无定形链状和网状结构的硅酸聚合物颗粒,属于一种亲水性的极性吸附剂,因此能吸附大量的水分。当硅胶吸附气体中的水分时,吸水量可达其自身质量的 50%。即使在相对湿度为 60% 的空气流中,吸水量也可达其质量的 24%。吸水后吸附热很大,可使硅胶温度升到 100 ℃,并使硅胶破碎。硅胶分为细孔硅胶和粗孔硅胶。

用此法去除液空中的乙炔时,是将乙炔吸附器安装在下塔至上塔的液空管路上,并设置在节流阀前。去除液氧中的乙炔时,是将乙炔吸附器安装在液氧循环的管路上。有的空分装置设置气态乙炔吸附器,它是安装在入下塔前的空气管路上。

生产量小于 300 m³/h 的空分装置,常设置一台液空乙炔吸附器,吸附器工作至整套装置升温时。生产量大于 300 m³/h 的空分装置,常设两台液空乙炔吸附器,交替使用,一般 15 天切换一次。近年来大型空分装置上趋向设置两台液空乙炔吸附器、两台液氧乙炔吸附器。

(2) 活性氧化铝。

它实际上是氧化铝的水化物。活性氧化铝与硅胶不同,不仅含有无定形的凝胶,还含有氢氧化物晶体形成的刚性骨架结构,因而很稳定。它是无毒的坚实颗粒,浸入水中也不会软化、溶胀或崩裂,耐磨、抗冲击。

(3) 分子筛。

制氧机应用的分子筛为沸石分子筛,它是结晶的硅、铝酸盐多水化合物。分子筛具有均匀的孔径,对分子具有筛分作用。

分子筛吸附剂的吸附特点如下:

①选择性吸附。根据分子大小不同选择性吸附:各种类型分子筛只能吸附小于其孔径的分子。根据分子极性不同选择性吸附:对于大小相类似的分子,极性愈大,则愈易被分子筛吸附。根据分子不饱和性不同选择性吸附:分子筛吸附不饱和物质的量比饱和物质的量大,不饱和性愈强,则吸附得愈多。根据分子沸点不同选择性吸附:沸点愈低,愈不易被吸附。

②干燥度很高。分子筛与其他吸附剂(硅胶、活性氧化铝)相比可获得露点更低的干燥空

气,通常可干燥到-70 ℃以下。因此,分子筛也是极良好的干燥剂。

即便气体中的水蒸气含量较低,分子筛也具有较强的吸附力。分子筛对高温、高速气体也具有良好的干燥能力。

③有其他吸附能力。分子筛在吸附水的同时,还能吸附乙炔、二氧化碳等其他气体。水分首先被吸附,吸附顺序是 $H_2O > C_2H_2 > CO_2$。对于碳、氢化合物的吸附顺序为

$$C_4^+ > C_3H_6 > C_2H_2 > C_2H_4 、CO_2 、C_3H_8 > C_2H_6 > CH_4$$

④分子筛具有高稳定性,在温度高达700 ℃时,仍具有热稳定性(不熔性)。除了酸与强碱外,对有机溶剂具有很强的抵抗力。遇水不会潮解。

⑤简单的加热可使其再生。一般再生温度为200~320 ℃。再生温度愈高,则再生愈完善,吸附器工作性能愈好,但分子筛寿命会缩短。随着再生次数的增加,吸附容量要降低,例如经200次再生后的分子筛,其吸附容量下降30%,但此后一直可保持到再生2000次。

分子筛在分离与净化气体方面有很大的应用价值,不但能高效地进行净化和分离,同时也能将吸附物质回收,得到高纯度的气体。因此,近年来分子筛在空分装置上得到了广泛的应用。

7.2 空分装置工艺流程的设计

1. 空分装置工艺流程的拟定

一套空分装置是由许多机器设备组成的,这些机器设备由管道、阀门连接在一起,构成一个有机的整体。它的基础是工艺流程。工艺流程是设备设计、管路布置、安装和操作的主要依据。在设计空分装置时,首先应根据设计任务书对产品的种类、纯度及数量的要求,以及装置的用途拟定(或选择)出合适的工艺流程。

在拟定工艺流程时,需综合考虑技术、经济性和实用性等方面的问题,使所设计的流程在技术上是先进合理的,在经济性方面应该是投资少、能耗低,而在实用性方面必须安全可靠,便于操作和维修,并有尽可能长的运转周期。

拟定空分装置的工艺流程时,应以气体液化及空气分离的理论为依据,但也要充分吸收以往的生产实践和科学实验的经验,包括参考已有的空分装置的工艺流程。

空分装置的工艺流程,根据加工空气工作压力的大小可分为高压(6900~19600 kPa)、中压(1450~2450 kPa)和低压(490 kPa 左右)三种基本类型。各种类型工艺流程的特点大致如下:

制取气态或液态产品的小型空分装置,由于需要较多的冷量,可选用高压流程。液化循环为节流循环或高压膨胀循环(海兰德循环),冷量制取的主要方法为压缩空气的等温节流效应或绝热膨胀。空气中水分、二氧化碳和乙炔等杂质的净除多采用常温或带有氟利昂制冷机预冷空气(278~288 K)的分子筛吸附法,或用碱液来洗涤。采用具有填料或塔板的单级或双级精馏塔。高压流程的能耗一般为 5300~6100 kJ/m³(O₂)(1.5~1.7 kW·h/m³(O₂))。

中压流程的液化循环为中压膨胀循环(克劳特循环),多用于中、小型空分装置。冷量制取的主要方法为膨胀机的绝热膨胀。空气中水分、二氧化碳和乙炔等杂质的净除如同高压流程一样,多选用常温或带有氟利昂制冷机预冷空气(278~288 K)的分子筛吸附法。采用双级精馏塔时能耗一般为 3200~4600 kJ/m³(O₂)(0.9~1.3 kW·h/m³(O₂))。

低压流程的液化循环为低压膨胀循环(卡皮查循环),主要用于中、大型空分装置,冷量制

取的主要方法为膨胀机的绝热膨胀。采用在蓄冷器或可逆式换热器中低温冻结自清除的方法与低温吸附法净除空气中的水分、二氧化碳和乙炔。采用双级精馏塔。能耗一般为 1400～2100 kJ/m³(O₂)(0.39～0.59 kW・h/m³(O₂))。

制取液态产品的空分装置与制取气态产品的空分装置构成基本相同,但需要更多的冷量。例如,将 1 m³ 的常温、常压氧气液化为液氧,需要 586.2 kJ 的冷量,因而制取单位液氧的能耗一般为 4300～5300 kJ/m³(O₂)(1.2～1.47 kW・h/m³(O₂)),比制取容量相同的气氧的能耗要高得多。

在制取气态产品,例如制取氧气的低压流程空分装置中,可用增加膨胀量的办法制取部分液氧,但其产量最多为氧气产量的 8%。而部分膨胀空气需旁通出装置,即不进入上塔参加精馏。因此,虽然增加了液氧产量,却降低了氧的总提取率。通常采取的办法是在气态产品的低压流程上外加一个中压制冷装置,或增设液化器,供给装置所需的绝大部分冷量,这样可以得到制取大量液氧、液氮或同时制取气态和液态产品的空分装置。

近年来,用液化天然气作冷源已受到关注。液化天然气的主要成分是甲烷(沸点为 111.7 K),它汽化时的冷量正好可为空分装置所利用,故可提高空分装置的经济性。由于液化天然气的可燃性,用氮气作为与它的换热工质。利用液化天然气可省去空气、氮气两种透平膨胀机及氟利昂制冷机组,循环氮气量约为同等容量的低压或中压制冷循环系统空分装置的 1/5,循环氮气的压力为 1960 kPa,制取液氧的能耗仅为 2500 kJ/m³(0.7 kW・h/m³),较通常的液态产品的装置可降低一半。

2. 空分装置工艺流程的设计程序及设计参数的选定

空分装置工艺流程的设计计算是设计空分装置的先导。工艺流程设计计算的目的,主要是根据设计任务书的要求,确定流程的工作参数及工作介质的流量,计算各单元设备的热负荷,以作为单元设备设计的依据。同时计算经济指标,以判断装置的经济性。

工艺流程计算的基础是运用两个最基本的定律,即质量守恒定律和能量守恒定律。从质量守恒定律建立物料平衡和组分平衡方程,从能量守恒定律建立能量平衡方程(或称热平衡方程)。

从工艺流程的设计计算结果不仅可以判断流程的组织是否合理,各个部分的工作参数及工作介质流量确定得是否恰当,各个设备中的过程,包括膨胀过程、换热过程、精馏过程及吸附过程等是否能正常进行,而且还可以判断装置能否长期运行,是否具有较好的技术经济指标及是否便于运转操作。如果这些方面都能得到满足,则所选定的流程被认为是可行的。在设计中应选定几个方案,经过分析比较,以确定最佳方案。

小型、中型与大型空分装置工艺流程的计算内容和程序大致相似,一般可分为如下几个步骤:①原始设计参数的选择;②选定及计算各主要点的状态参数;③由物料平衡计算求出各部分的介质流量;④由热平衡计算求出膨胀量;⑤通过各单元设备的热平衡计算,确定设备的介质流量、进出口参数和热负荷;⑥计算技术经济指标。

在进行工艺流程计算之前,首先必须选定设计计算参数。设计计算参数选择得是否恰当,对工艺流程的计算结果及装置的技术经济指标有较大的影响。因此,在选定设计计算参数时,一方面要对影响这些参数的因素进行分析,注意它们之间的内在联系;另一方面又要注意目前的生产水平及国内外的发展趋势,对同类型空分装置的实际运转参数作比较细致的分析比较,使所选定的参数切实、合理,并且具有一定的先进性。

设计计算参数基本上可以分为下列三种基本类型:

（1）设计要求：包括产品的产量及纯度，由设计任务书规定。

（2）设计数据：包括冷损及其分配、流动阻力、物流损失、机器效率等，应通过实验来确定，在设计中都是按统计的经验数据去选定。

（3）任选参数：包括压力、温度、温差等，可以根据具体情况去选定，也可按照统计的经验数据或最优化设计的原则去确定。

对参数选择中的几个问题说明如下：

（1）工作介质的纯度。

产品（氧、氮、氩等）的产量和纯度是由设计任务书规定的。在规定产品产量时，应以工业生产对产品的需要及工业生产的技术水平为依据；规定纯度时，应根据空气分离理论并参照现有空分装置的实际情况。

液空纯度：理论上液空应与进下塔的空气处于相平衡状态。但实际上，为了保证精馏塔的能量平衡，进塔空气的状态与产品（氧、氮）出塔状态（气态或液态）及精馏塔的跑冷损失有关。生产液态产品越多，装置的耗冷量越大，要求进塔空气的含湿量越大，这将使液空的氧浓度降低。进塔空气焓值愈低，液空的氧浓度也愈低，设置过冷器可提高进塔空气的焓值，即可提高液空的氧浓度。对同时制取纯氧和纯氮的空分装置，要求下塔提供高纯度的液氮，所以下塔应具有较大的气液比，需减少去上塔的液氮量，使液空中的氧浓度下降。考虑到上述因素及实际的运转数据，液空纯度（$x_{O_2}^k$）一般为 $36\%\sim42\%$。对于只生产气态纯氧的空分装置，液空纯度取为 $38\%\sim42\%$。对于同时生产气态纯氧和纯氮的空分装置，液空纯度取为 $36\%\sim38\%$。另外，计算时通常取上塔纯液氮纯度等于纯氮产品纯度，下塔馏分液氮纯度等于污氮纯度。这是因为对于高纯度产品来说，气液平衡的两相纯度已经十分接近，对于纯液氮和馏分液氮在其纯度等于氮产品纯度和污氮纯度时，相平衡的气相纯度相应地更高些，这样计算结果更加安全可靠。为了计算方便，冷凝蒸发器液氧纯度等于氧产品纯度。

（2）冷损及其分配。

空分装置在生产气态产品时，分离设备的冷损主要有两项：一项是换热器的复热不足损失，这部分损失随热端温差的增大而增加；另一项是由环境介质传入热量而引起的冷量损失，即跑冷损失。在生产液态产品时，还应包括液态产品排出时所带走的冷量。

冷损一般是以单位加工空气（$1\ m^3$ 加工空气）为基准来计算的。

跑冷损失与装置容量、分离设备相对表面积有关。装置容量越大，分离设备相对表面积越小，则跑冷损失越小；反之，跑冷损失就越大。图 7-11 示出了跑冷损失与空分装置容量的关系。

跑冷损失与环境条件、绝热条件以及管道阀门的密封性等因素有关。应选用导热系数小的物质（如珠光砂、微孔塑料、矿渣棉和碳酸镁等）作绝热材料。为防止保冷箱内绝热材料因受潮而使绝热性能下降，可充气保护。也可采用真空绝热保冷箱。分离设备内的管道连接尽可能少用法兰，而用焊接结构。阀门的气密性要好，严防漏气和漏液，尽可能减少液体的排放。

单位跑冷损失不仅有数量的不同，还有温度水平的不同。空分装置中各设备的跑冷损失并不是在同一个温度水平上损失掉的，例如上塔和冷凝蒸发器中冷损的温度水平，就比可逆式换热器中冷损的温度水平要低得多。所以即使两个设备的跑冷损失量相同，但由于温度水平不同，其熵增及不可逆损失会大不相同。

为了比较真实地反映各设备冷损实际情况，应按设备具体情况将总的跑冷损失进行分配。例如：6000 m^3/h 空分装置（板式），跑冷损失为 4.605 kJ/m^3（设计值），其中上塔及冷凝蒸发器

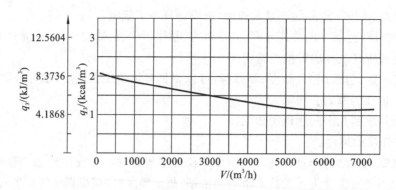

图 7-11 空分装置跑冷损失 q_3 与装置容量 V 的关系

为 1.758 kJ/m³,可逆式换热器为 1.675 kJ/m³,其他(下塔、液化器、液空过冷器与液氮过冷器)为 1.172 kJ/m³。

林德公司推荐用下式估算冷损:

带有石头蓄冷器的空分装置

$$Q = 4.1868 \times 21.5 V_k^{0.671}$$

采用可逆式换热器的空分装置

$$Q = 4.1868 \times 16.1 V_k^{0.671}$$

式中,V_k 为加工空气量(m³/h)。

冷损的分配情况是将 1/3 加在可逆式换热器的热平衡上,将 2/3 加在精馏系统上(一般上塔占其中的 2/3,下塔占其中的 1/3)。

一般小型空分装置的跑冷损失取 8.4~12.6 kJ/m³。也可按绝热表面积确定冷损,约取 170 kJ/m²。

(3) 温度及温差。

温度及温差对空分装置来说是两个影响较大的参数,选择时应综合考虑。

一般要求加工空气进分离设备的温度尽量低一些,这样循环的经济性就高一些。而对于低压流程来说,还可降低加工空气中的水含量,使得蓄冷器或可逆式换热器的负荷小、冷损小。对于不带预冷器或氮水预冷器的流程,加工空气进分离设备的温度取决于空压机末级冷却器的工况,一般选取为 303 K。对于带预冷器或氮水预冷器的流程,温度还可低些。

在确定膨胀机前的温度时,除考虑循环方面的因素外,还要考虑膨胀后的状态。为了保证膨胀机的安全与效率,膨胀后应不产生液体,膨胀后温度应高于饱和蒸气温度(实际上目前国产膨胀机膨胀终了的含湿量可达 5% 以上)。

不带中部抽气(中抽)的蓄冷器流程中,为了保证二氧化碳吸附器正常工作,中抽温度应选择在水蒸气冻结区之后及二氧化碳开始结晶析出之前,一般为 183~143 K。

另一方面,就可逆式换热器的热平衡来说,在其温度与物料参数确定的情况下,随着环流出口温度的提高,环流量是趋于减少的。也就是说,调节环流出口温度的高低,也就改变了环流量的大小。随着装置容量的增大,环流量与膨胀量之差趋于减小,这样必将导致膨胀后过热度增大。故通常用调节(提高)环流温度的方法来改变(降低)膨胀前温度,以保证所需的膨胀后过热度。

国产空分装置环流温度或中抽温度一般选取为 153 K,日本 NR-6 型空分装置为 173 K,德国 10000 m³/h 空分装置为 155 K。

空分装置高压、中压流程的主换热器及低压流程的可逆式换热器或蓄冷器的热端温差的大小直接关系到复热不足冷损的大小,对装置的经济指标将产生直接影响。热端温差选择得大,复热不足冷损增加,使能耗增加;而对于低压流程还将导致膨胀量增大,进而导致精馏工况恶化和氮平均纯度下降,提取率下降。热端温差选择得小,将导致换热设备尺寸增大,金属耗量增加。热端温差一般选用的数值如下:石头蓄冷器填料与污氮之间为 2~3 K,盘管与产品之间为 6~8 K;可逆式换热器为 3 K 左右;高压流程主换热器为 8~10 K;中压流程主换热器为 5~7 K。

低压流程冷凝蒸发器温差增加,精馏塔下塔压力及空压机排出压力都将增加,所以能耗也将增加。由于冷凝蒸发器参加换热的两侧都有相变,放热系数较大,因此温差可以选择得小一些,一般为 1~2 K。对于中压流程空压机的排出压力与下塔压力没有直接的关系,所以冷凝蒸发器温差的增加并不一定导致产品能耗的增加,而温差的增加可减小冷凝蒸发器的面积及尺寸,所以一般选取得比较大,为 2~3 K。

蓄冷器的冷端温差是从满足自清除的要求,保证不冻结性来选择的。冷端温差应小于极限的许可温差。由于冷端温差的减小也将引起热端温差的减小,从而导致换热面积和金属消耗量的增大,因此在极限的许可温差范围内,冷端温差尽可能取得大些。一般冷端温差:石头蓄冷器填料与污氮之间为 3~3.5 K;盘管与产品之间为 7~9 K。

(4) 物流损失。

中压流程的油水分离器、吹除阀和分离设备吹除阀需定期吹除,干燥器需定期再生。阀门、管道等泄漏而引起加工空气量的损失(吹除损失),一般选取 4%~6%。

低压流程可逆式换热器或蓄冷器在切换过程中引起加工空气量的损失(切换损失),一般选取 4% 左右。

(5) 机器效率。

机器效率取值如下:

高压活塞式膨胀机绝热效率一般取 0.64~0.80;

中压活塞式膨胀机绝热效率一般取 0.55~0.68;

中压型透平膨胀机绝热效率一般取 0.65~0.70;

低压型透平膨胀机绝热效率一般取 0.75~0.80;

活塞式空压机等温效率一般取 0.59~0.65;

透平式空压机等温效率一般取 0.60~0.70。

(6) 冷凝蒸发器中液氧液面高度。

冷凝蒸发器中液氧液柱的静压使得液氧底部的沸腾温度升高,从而使得液氧平均沸腾温度升高。如保持冷凝蒸发器平均温度不变,就要相应地提高氮气侧冷凝温度和下塔压力;如要保持下塔压力不变,就要减小冷凝蒸发器的温差。所以一般情况下希望液氧液面高度低一些。但为了安全防爆,冷凝蒸发器的设计和操作必须防止液氧"蒸干",这一点是很重要的。对于板翅式冷凝蒸发器而言,通常采用高液位或全浸没式,即液氧液面高度为板式单元有效高度的80%~100%。现在也有设计将换热器卧放以降低液氧高度,从而降低能耗。

7.3　空分装置工艺流程计算

1. 设计参数

空分装置工艺流程及参数点如图 7-12 所示。

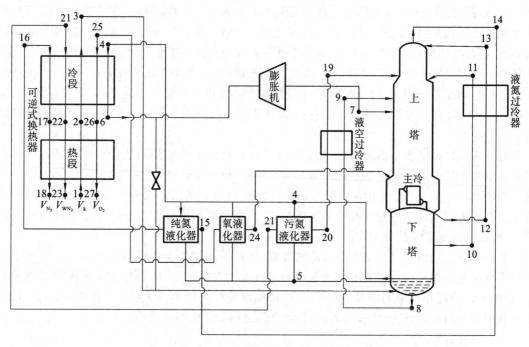

图 7-12　6000 m³/h 切换式换热器制氧机原理流程

(1) 产品产量和纯度：

氧气纯度　$y_{O_2}^O = 99.6\%$

氮气纯度　$y_{N_2}^N = 99.99\%$

氧气产量　$V_{O_2} = 6000\ m^3/h$

氧气产量与氮气产量之比　$V_{O_2} : V_{N_2} = 1 : 1.1$

氮气平均纯度　$y_{N_2}^{Nm} = 96\%$

液空纯度　$x_{O_2}^k = 38\%$

纯液氮纯度　$x_{N_2}^{CN} = 99.99\%$

馏分液氮纯度　$x_{N_2}^{fN} = 94.7\%$

(2) 温度及温差：

空气进可逆式换热器热段温度　$T_1 = 303\ K$

空气出可逆式换热器冷段温度　$T_3 = 101\ K$

环流空气出可逆式换热器冷段温度　$T_6 = 153\ K$

可逆式换热器热段热端温差：

空气与污氮　$\Delta T_{1-23} = 2\ K$

空气与氧气　$\Delta T_{1-27} = 2\ K$

空气与氮气　$\Delta T_{1-18} = 2\ K$

可逆式换热器冷段冷端温差：

空气与污氮　$\Delta T_{3-21} = 3\ K$

空气与氮气　$\Delta T_{3-16} = 3\ K$

空气与氧气　$\Delta T_{3-25} = 3\ K$

冷凝蒸发器温差　$\Delta T_c = 1.6\ K$

通过液化器污氮的温升　$\Delta T_{20-21} = 8$ K

通过液化器纯氮的温升　$\Delta T_{15-16} = 10$ K

(3) 跑冷损失及其分配：

总跑冷损失　$q_3 = 4.6046$ kJ/m³

上塔及冷凝蒸发器跑冷损失　$q_{uc} = 1.6744$ kJ/m³

下塔跑冷损失　$q_{lc} = 0.7116$ kJ/m³

污氮液化器及液空过冷器跑冷损失　$q_{Lk} = 0.2512$ kJ/m³

氧液化器跑冷损失　$q_{LO_2} = 0.08372$ kJ/m³

纯氮液化器跑冷损失　$q_{LN_2 c} = 0.08372$ kJ/m³

液氮过冷器跑冷损失　$q_{LN_2} = 0.1350$ kJ/m³

可逆式换热器跑冷损失　$q_r = 1.6744$ kJ/m³

(4) 压力和阻力：

可逆式换热器正流空气阻力　$\Delta p_{1-3} = 9.807$ kPa

污氮通过可逆式换热器逆流阻力　$\Delta p_{21-23} = 14.71$ kPa

氧气通过可逆式换热器逆流阻力　$\Delta p_{25-27} = 12.749$ kPa

氮气通过可逆式换热器逆流阻力　$\Delta p_{16-18} = 12.749$ kPa

环流经可逆式和膨胀换热阻力　$\Delta p_{4-6} = 6.865$ kPa

上塔阻力　$\Delta p_{uc} = 14.71$ kPa

下塔阻力　$\Delta p_{lc} = 9.807$ kPa

液空过冷器及污氮液化器氮侧阻力　$\Delta p_{19-21} = 4.903$ kPa

液氮过冷器氮侧阻力　$\Delta p_{14-15} = 1.961$ kPa

液化器氧侧阻力　$\Delta p_{24-25} = 2.942$ kPa

纯氮液化器氮侧阻力　$\Delta p_{15-16} = 2.942$ kPa

氮水预冷器正流空气阻力　$\Delta p_{N_2 wa} = 9.807$ kPa

氮气、污氮产品输出阻力　$p_{18,23} = 102.97$ kPa

冷段换热器　$\Delta p_{21-22} = 0.04$ bar

(5) 物流损失　$\Delta V = 4\%$

(6) 机器效率：

空压机等温效率　$\eta_T = 0.70$

空压机机械效率　$\eta_m = 0.98$

透平膨胀机绝热效率　$\eta_s = 0.80$

(7) 液氧液面高度。

冷凝蒸发器液氧液面高度　$H_{O_2} = 1.2$ m

2. 各主要计算点的状态参数

(1) 辅塔塔顶压力：

$$p_{14} = p_{18} + \Delta p_{16-18} + \Delta p_{15-16} + \Delta p_{14-15} = (102.97 + 12.749 + 2.942 + 1.961) \text{ kPa}$$
$$= 120.622 \text{ kPa}$$

(2) 上塔顶部压力：

$$p_{19} = p_{23} + \Delta p_{21-23} + \Delta p_{19-21} = (102.97 + 14.71 + 4.903) \text{ kPa} = 122.583 \text{ kPa}$$

辅塔阻力

$$\Delta p_{hc} = \Delta p_{19-14} = (122.583 - 120.622) \text{ kPa} = 1.961 \text{ kPa}$$

（3）上塔底部压力：

$$p_{24} = p_{19} + \Delta p_{uc} = (122.583 + 14.71) \text{ kPa} = 137.293 \text{ kPa}$$

（4）冷凝蒸发器液氧液面温度 $T_{LO_2 SM}$。

根据 $p_{24} = 137.293 \text{ kPa}$，$x_{O_2}^O = 99.6\%$，查氧-氮混合物的 T-p-h-x-y 图得

$$T_{LO_2 SM} = 93.5 \text{ K}$$

（5）冷凝蒸发器液氧底部温度 $T_{LO_2 b}$。

液氧液面高度 $H_{LO_2} = 1.2 \text{ m}$

液氧平均密度 $\rho_{LO_2} = 1140 \text{ kg/m}^3$

液氧底部压力 $p_{LO_2 b} = p_{24} + \rho_{LO_2} H_{LO_2} g = 150.708 \text{ kPa}$

根据 $p_{LO_2 b} = 150.708 \text{ kPa}$，$x_{O_2}^O = 99.6\%$，查氧-氮混合物的 T-p-h-x-y 图得

$$T_{LO_2 b} = 94.5 \text{ K}$$

（6）冷凝蒸发器中液氧平均温度：

$$T_{LO_2 m} = \frac{T_{LO_2 SM} + T_{LO_2 b}}{2} = 94 \text{ K}$$

（7）下塔顶部氮气冷凝温度 T_c。

冷凝蒸发器平均温差 $\Delta T_c = 1.6 \text{ K}$

氮气冷凝温度 $T_c = T_{LO_2 m} + \Delta T_c = 95.6 \text{ K}$

（8）下塔顶部压力 p_{lct}。

根据 $T_c = 95.6 \text{ K}$，$y_{N_2}^N = 99.99\%$，查氧-氮混合物的 T-p-h-x-y 图得

$$p_{lct} = 554.076 \text{ kPa}$$

（9）下塔底部压力：

$$p_{lcb} = p_{lct} + \Delta p_{lc} = 563.883 \text{ kPa}$$

（10）空气进可逆式换热器的压力：

$$p_1 = p_{lcb} + \Delta p_{1-3} = 573.69 \text{ kPa}$$

（11）空压机压缩空气排出压力：

$$p_{COMK} = p_1 + \Delta p_{N_2 wa} = 583.497 \text{ kPa}$$

（12）透平膨胀机的状态参数：

膨胀前压力 $p_6 = p_4 - \Delta p_{4-6} = p_{lcb} - \Delta p_{4-6} = 557.018 \text{ kPa}$

膨胀后压力 $p_7 = 132.39 \text{ kPa}$

它应略大于上塔空气进气处的压力。

根据 $p_6 = 557.018 \text{ kPa}$，$T_6 = 153 \text{ K}$，查空气的 T-s 图得

$$h_6 = 9191.39 \text{ kJ/kmol}$$

膨胀机绝热效率 $\eta_s = 0.8$

按作图试凑法得 $h_7 = 8104.59 \text{ kJ/kmol}$

由 $h_7 = 8104.59 \text{ kJ/kmol}$，$p_7 = 132.39 \text{ kPa}$，查空气 T-s 图得

$$T_7 = 113 \text{ K}$$

根据 $p_7 = 132.39 \text{ kPa}$，查空气 T-s 图得

$$T_{sa} = 84 \text{ K}$$

膨胀后过热度 $\Delta T_{sa} = (113 - 84) \text{ K} = 29 \text{ K}$

过热空气的焓差

$$\Delta h_{sa} = (8104.59 - 7201.297) \text{ kJ/kmol} = 903.293 \text{ kJ/kmol}$$

(13) 污氮进可逆式换热器温度：

$$T_{21} = T_3 - \Delta T_{3-21} = (101-3) \text{ K} = 98 \text{ K}$$

(14) 纯氮进可逆式换热器温度：

$$T_{16} = T_3 - \Delta T_{3-16} = (101-3) \text{ K} = 98 \text{ K}$$

3. 装置总物料平衡

(1) 单位氧产量（标准状态下）：

$$V_{O_2} = \frac{y_{N_2}^{Nm} - y_{N_2}^{k}}{y_{N_2}^{Nm} - y_{N_2}^{O}} = \frac{96 - 79.1}{96 - 0.4} \text{ m}^3/\text{m}^3 = 0.177 \text{ m}^3/\text{m}^3$$

(2) 单位氮产量（标准状态下）：

$$V_{N_2} = 1.1 V_{O_2} = 0.195 \text{ m}^3/\text{m}^3$$

(3) 污氮量（标准状态下）：

$$V_{WN_2} = 1 - V_{O_2} - V_{N_2} = (1 - 0.177 - 0.194) \text{ m}^3/\text{m}^3 = 0.629 \text{ m}^3/\text{m}^3$$

(4) 污氮纯度：

$$y_{N_2}^{WN} = \frac{(1 - V_{O_2}) y_{N_2}^{Nm} - V_{N_2} y_{N_2}^{N}}{V_{WN_2}} = \frac{(1 - 0.177) \times 96\% - 0.194 \times 99.99\%}{0.629} = 94.769\%$$

校核：

$$V_{O_2} y_{N_2}^{O} + V_{N_2} y_{N_2}^{N} + V_{WN_2} y_{N_2}^{WN} = 0.177 \times 0.4\% + 0.194 \times 99.99\% + 0.629 \times 94.769\%$$

$$= 79.079\%$$

它与空气中的含氮量相符，故计算准确无误。

4. 装置总热量平衡

(1) 等温节流效应：

$$\Delta H_T = M c_p \Delta T = M c_p \alpha_h \Delta p = M c_p \left(\frac{a}{98.0665} - \frac{b}{98.0665^2} p \right) \left(\frac{273}{T} \right)^2 (p - p_0)$$

$$= 28.95 \times 1.009 \times \left(\frac{0.268}{98.0665} - \frac{0.00086}{98.0665^2} \times 573.69 \right) \times \left(\frac{273}{303} \right)^2$$

$$\times (573.69 - 102.97) \text{ kJ/kmol} = 29.934 \text{ kJ/kmol}$$

(2) 膨胀产冷量：

$$V_{pk} \Delta h_{pr} = V_{pk} (h_6 - h_7) = V_{pk} \times 1086.8 \text{ kJ/kmol}$$

(3) 跑冷损失：

$$Q_3 = 22.4 \times V_k q_3 = 22.4 \times 1 \times 4.6046 \text{ kJ/kmol} = 103.143 \text{ kJ/kmol}$$

(4) 复热不足冷损：

$$Q_2 = 22.4 \times (V_{O_2} \rho_{O_2} \Delta T_{1-27} + V_{N_2} \rho_{N_2} c_{pN_2} \Delta T_{1-18} + V_{WN_2} \rho_{N_2} \Delta T_{1-23}) = 58.621 \text{ kJ/kmol}$$

(5) 膨胀空气量 V_{pk}。

由装置的热平衡式 $\Delta H_T + V_{pk} \Delta h_{pr} = Q_3 + Q_2$

可得

$$V_{pk} = \frac{Q_3 + Q_2 - \Delta H_T}{\Delta h_{pr}} = 0.1209 \text{ m}^3/\text{m}^3$$

(6) 膨胀机产冷量占总产冷量的比例为

$$\frac{V_{pk}\Delta h_{pr}}{V_{pk}\Delta h_{pr}+\Delta H_T}\times100\%=81.3\%$$

(7) 跑冷损失占总冷损的比例为

$$\frac{Q_3}{Q_3+Q_2}\times100\%=\frac{103.163}{103.163+58.615}\times100\%=63.8\%$$

5. 可逆式换热器热平衡的计算

(1) 各点及参数见图 7-13。

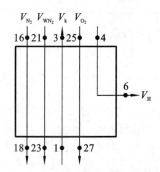

图 7-13　可逆式换热器参数示意图

物料量：

$$V_k=1\ m^3/m^3$$
$$V_{O_2}=0.177\ m^3/m^3$$
$$V_{N_2}=0.195\ m^3/m^3$$
$$V_{WN_2}=0.628\ m^3/m^3$$

对于空气，按空气的 $T\text{-}s$ 图，由 $p_1=573.69\ kPa$，$T_1=303\ K$，得

$$h_1=13656.06\ kJ/kmol$$

由 $p_3=563.883\ kPa$，$T_3=101\ K$，得

$$h_3=7503.1\ kJ/kmol$$

由 $p_4=563.883\ kPa$，$T_3=T_{sa}=99\ K$，得

$$h_4=7444.58\ kJ/kmol$$

由 $p_6=557.018\ kPa$，$T_6=153\ K$，得

$$h_6=9216.90\ kJ/kmol$$

对于氧气，按氧的 $T\text{-}s$ 图，由 $p_{25}=134.351\ kPa$，$T_{25}=T_3-\Delta T_{3-25}=98\ K$，得

$$h_{25}=7507.28\ kJ/kmol$$

由 $p_{27}=p_{25}-\Delta p_{25-27}=(137.293-12.749)\ kPa=124.544\ kPa$，$T_{27}=T_1-\Delta T_{1-27}=301\ K$，得

$$h_{27}=13621.34\ kJ/kmol$$

对于氮气，按氮的 $T\text{-}s$ 图，由 $p_{18}=102.97\ kPa$，$T_{18}=301\ K$，得

$$h_{18}=13621.34\ kJ/kmol$$

由 $p_{16}=p_{18}+\Delta p_{16-18}=(102.97+12.749)\ kPa=115.719\ kPa$，$T_{16}=98\ K$，得

$$h_{16}=7574.16\ kJ/kmol$$

由 $p_{23}=122.97\ kPa$，$T_{23}=301\ K$，得

$$h_{23}=13621.34\ kJ/kmol$$

由 $p_{21}=117.68\ kPa$，$T_{21}=98\ K$，得

$$h_{21}=7697.47\ kJ/kmol$$

可逆式换热器跑冷损失

$$Q_r=22.4V_{COMK}q_r=37.507\ kJ/kmol$$

(2) 热平衡：

$$V_k(h_1-h_3)+Q_r=V_{O_2}(h_{27}-h_{25})+V_{N_2}(h_{18}-h_{16})+V_{WN_2}(h_{23}-h_{21})+V_{vf}(h_6-h_4)$$

$$V_{vf} = \frac{V_k(h_1 - h_3) + Q_r - V_{O_2}(h_{27} - h_{25}) - V_{N_2}(h_{18} - h_{16}) + V_{WN_2}(h_{23} - h_{21})}{h_6 - h_4}$$

$$= 0.119 \ \text{m}^3/\text{m}^3$$

（3）热负荷：

氧夹层的热负荷

$$q_{O_2} = \frac{1}{22.4}V_{O_2}(h_{27} - h_{25}) = 48.312 \ \text{kJ/m}^3$$

氮夹层的热负荷

$$q_{N_2} = \frac{1}{22.4}V_{N_2}(h_{18} - h_{16}) = 52.643 \ \text{kJ/m}^3$$

污氮夹层的热负荷

$$q_{WN_2} = \frac{1}{22.4}V_{N_2}(h_{23} - h_{21}) = 166.08 \ \text{kJ/m}^3$$

环流夹层的热负荷

$$q_{cf} = \frac{1}{22.4}V_{cf}(h_6 - h_4) = 9.392 \ \text{kJ/m}^3$$

（4）校核：

$$q_{ra} = \frac{1}{22.4}V_k(h_1 - h_3) + V_k q_r = 276.36 \ \text{kJ/m}^3$$

$$q_{O_2} + q_{N_2} + q_{WN_2} + q_{cf} = 276.427 \ \text{kJ/m}^3$$

6. 液化器的热平衡计算

1）污氮液化器

（1）各点及参数见图 7-14。

$$V_{WN_2} = 0.628 \ \text{m}^3/\text{m}^3$$

查氮的 T-s 图，由 $p_{21} = 117.08$ kPa，$T_{21} = 98$ K，得

$$h_{21} = 7697.47 \ \text{kJ/kmol}$$

由 $p_{20} = 120.622$ kPa，$T_{20} = 9$ K，得

$$h_{20} = 7452.94 \ \text{kJ/kmol}$$

查空气的 T-s 图，由 $p_4 = 563.883$ kPa，$T_4 = T_{sa} = 99$ K，得

$$h_4 = 7444.58 \ \text{kJ/kmol}$$

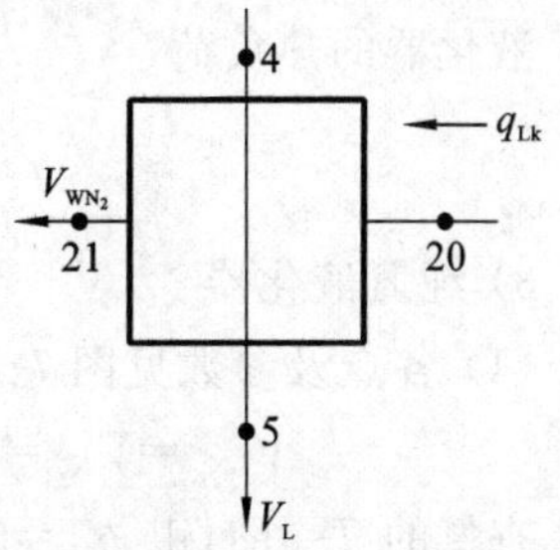

由 $p_5 = 563.883$ kPa，$T_5 = 98$ K，得

$$h_5 = 2378.42 \ \text{kJ/kmol}$$

其中，h_5 为饱和液体焓值。

（2）由热平衡得

$$V_L(h_4 - h_5) + 22.4V_R q_{Lk} = V_{LWN_2}(h_{21} - h_{20})$$

因此

$$V_L = \frac{V_{LWN_2}(h_{21} - h_{20}) - 22.4V_R q_{Lk}}{h_4 - h_5} = 0.0292 \ \text{m}^3/\text{m}^3$$

（3）温差和热负荷：

液化器的热端温差

$$\Delta T_{4-21} = (99 - 98) \ \text{K} = 1 \ \text{K}$$

图 7-14 污氮液化器参数示意图

液化器的冷端温差

$$\Delta T_{5-20} = (98-90)\ \text{K} = 8\ \text{K}$$

液化器的热负荷

$$q_L = V_{LWN_2}(h_{21} - h_{20}) \times \frac{1}{22.4} = 6.856\ \text{kJ/m}^3$$

2）氧液化器

（1）各点及参数见图 7-15。

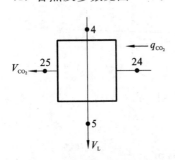

图 7-15　氧液化器的参数示意图

$$V_{CO_2} = V_{O_2} = 0.177\ \text{m}^3/\text{m}^3$$

查氧的 $T\text{-}s$ 图，由 $p_{24} = 137.293\ \text{kPa}$，$T_{24} = T_{sa} = 93.5$ K,得

$$h_{24} = 7507.28\ \text{kJ/kmol}$$

由 $p_{25} = 134.351\ \text{kPa}$，$T_{25} = 98$ K,得

$$h_{25} = 7896.02\ \text{kJ/kmol}$$

由前面知

$$h_4 = 7444.58\ \text{kJ/kmol}, \quad h_5 = 2378.42\ \text{kJ/kmol}$$

（2）由热平衡得

$$V_L(h_4 - h_5) + 22.4V_k q_{CO_2} = V_{LO_2}(h_{25} - h_{24})$$

因此

$$V_L = \frac{V_{CO_2}(h_{25} - h_{24}) - 22.4 \times V_k q_{CO_2}}{h_4 - h_5} = 0.0132\ \text{m}^3/\text{m}^3$$

（3）温差和热负荷：

液化器的热端温差 $\Delta T_{4-25} = (99-98)\ \text{K} = 1\ \text{K}$

液化器的冷端温差 $\Delta T_{5-24} = (98-93.5)\ \text{K} = 4.5\ \text{K}$

液化器的热负荷

$$q_L = V_{CO_2}(h_{25} - h_{24}) \times \frac{1}{22.4} = 3.072\ \text{kJ/m}^3$$

3）纯氮液化器

（1）各点及参数见图 7-16。

$$V_{LN_2} = V_{N_2} = 0.195\ \text{m}^3/\text{m}^3$$

查氮的 $T\text{-}s$ 图，由 $p_{16} = 175.718\ \text{kPa}$，$T_{16} = 98$ K,得

$$h_{16} = 7540.72\ \text{kJ/kmol}$$

由 $p_{15} = 118.66\ \text{kPa}$，$T_{15} = 88$ K,得

$$h_{15} = 7432.04\ \text{kJ/kmol}$$

由前面知

$$h_4 = 7444.58\ \text{kJ/kmol}, \quad h_5 = 2378.42\ \text{kJ/kmol}$$

（2）由热平衡得

$$V_L(h_4 - h_5) + 22.4V_k q_{LN_2} = V_{LN_2}(h_{16} - h_{15})$$

因此

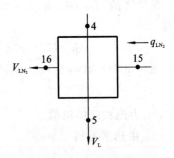

图 7-16　纯氮液化器参数示意图

$$V_L = \frac{V_{LN_2}(h_{16} - h_{15}) - 22.4 \times V_k q_{LN_2}}{h_4 - h_5} = 0.00455\ \text{m}^3/\text{m}^3$$

（3）温差和热负荷：

液化器的热端温差

$$\Delta T_{4-16}=(99-98)\text{ K}=1\text{ K}$$

液化器的冷端温差

$$\Delta T_{5-15}=(98-88)\text{ K}=10\text{ K}$$

液化器的热负荷

$$q_{L}=V_{LN_2}(h_{16}-h_{15})\times\frac{1}{22.4}=0.946\text{ kJ/m}^3$$

7. 下塔物料平衡和热量平衡计算

（1）下塔物料平衡和组分平衡（见图 7-17）：

$$V_{k}=V_{pk}+V_{Lk}+V_{WLN_2}+V_{CLN_2}$$

$$V_{k}y_{N_2}^{k}=V_{pk}y_{N_2}^{k}+V_{Lk}x_{N_2}^{k}+V_{WLN_2}x_{N_2}^{WN}+V_{CLN_2}x_{N_2}^{CN}$$

为保证辅塔气液比，取 $V_{CLN_2}=V_{N_2}=0.195\text{ m}^3/\text{m}^3$，则

$$V_{WLN_2}x_{N_2}^{WN}=(V_{k}-V_{pk})y_{N_2}^{k}-(V_{k}-V_{pk}-V_{WLN_2}-V_{CLN_2})x_{N_2}^{k}-V_{CLN_2}x_{N_2}^{CN}$$

$$V_{WLN_2}(x_{N_2}^{WN}-x_{N_2}^{k})=(V_{k}-V_{pk})y_{N_2}^{k}-(V_{k}-V_{pk}-V_{CLN_2})x_{N_2}^{k}-V_{CLN_2}x_{N_2}^{CN}$$

因此

$$V_{WLN_2}=0.233\text{ m}^3/\text{m}^3$$

液空量

$$V_{Lk}=V_{k}-V_{pk}-V_{WLN_2}-V_{CLN_2}=0.4511\text{ m}^3/\text{m}^3$$

校核：

$$V_{pk}y_{N_2}^{k}+V_{Lk}x_{N_2}^{k}+V_{WLN_2}x_{N_2}^{WN}+V_{CLN_2}x_{N_2}^{CN}=79.1$$

$$V_{k}y_{N_2}^{k}=1\times79.1=79.1$$

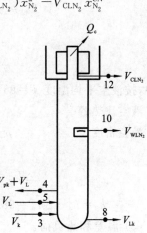

图 7-17 下塔参数示意图

（2）热量平衡。

各点参数的确定：

按氧-氮混合物的 $T\text{-}p\text{-}h\text{-}x\text{-}y$ 图，由 $p_8=563.883\text{ kPa}$，$x_{N_2}^{k}=62\%$，得

$$h_8=5829.01\text{ kJ/kmol}$$

由 $p_{10}=558.979\text{ kPa}$，$x_{N_2}^{WN}=94.7\%$，得

$$h_{10}=3968.91\text{ kJ/kmol}$$

由 $p_{12}=554.076\text{ kPa}$，$x_{N_2}^{CN}=99.99\%$，得

$$h_{12}=3709.15\text{ kJ/kmol}$$

空气 $T\text{-}s$ 图与氧-氮混合物 $T\text{-}p\text{-}h\text{-}x\text{-}y$ 图焓值起点不同，前图较后图小 2512.08 kJ/kmol。

以氧-氮混合物 $T\text{-}p\text{-}h\text{-}x\text{-}y$ 图为准的 3、4、5 点焓值如下：

$$h_3=(7503.1+2512.08)\text{ kJ/kmol}=10015.18\text{ kJ/kmol}$$

$$h_4=(7444.58+2512.08)\text{ kJ/kmol}=9956.66\text{ kJ/kmol}$$

$$h_5=(2378.45+2512.8)\text{ kJ/kmol}=4890.50\text{ kJ/kmol}$$

$$V_{k}h_3+V_{L}h_5+22.4V_{k}q_{LC}=V_{Lk}h_8+V_{WLN_2}h_{10}+V_{CLN_2}h_{12}+(V_{pk}+V_{L})h_4+Q_{c}$$

$$Q_{c}=V_{k}h_3-V_{L}(h_4-h_5)+22.4V_{k}q_{LC}-V_{Lk}h_8+V_{WLN_2}h_{10}-V_{CLN_2}h_{12}-V_{pk}h_4$$

由前面三个液化器的计算可知

$$V_{L}=(0.292+0.0132+0.00455)\text{ m}^3/\text{m}^3=0.041695\text{ m}^3/\text{m}^3$$

因此

$$Q_{c}=4303.81\text{ kJ/kmol}$$

$$q_c = \frac{Q_c}{22.4} \text{ m}^3/\text{kmol} = 192.134 \text{ kJ/m}^3$$

8. 液空过冷器的热平衡计算

（1）各点及参数见图 7-18。

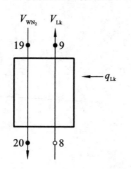

图 7-18　液空过冷器参数示意图

$$V_{WN_2} = 0.628 \text{ m}^3/\text{m}^3$$

$$V_{Lk} = 0.4511 \text{ m}^3/\text{m}^3$$

查氮 $T\text{-}s$ 图，由 $p_{20} = 120.622$ kPa, $T_{20} = 90$ K，得

$$h_{20} = 7406.96 \text{ kJ/kmol}$$

由 $p_{19} = 122.583$ kPa, $T_{19} = T_{sa} = 79$ K，得

$$h_{19} = 7072.56 \text{ kJ/kmol}$$

按氧-氮混合物的 $T\text{-}p\text{-}H\text{-}x\text{-}y$ 图，由 $p_8 = 563.883$ kPa, $T_8 = 99.8$ K，得

$$h_8 = 5829.01 \text{ kJ/kmol}$$

（2）热平衡。

$$V_{Lk}\rho_{Lk}c_{pLk}\Delta T_{su} + V_K q_{Lk} = V_{WN_2}(h_{20} - h_{19}) \times \frac{1}{22.4}$$

$$\Delta T_{su} = \frac{V_{WN_2}(h_{20} - h_{19}) \times \frac{1}{22.4} - V_K q_{Lk}}{V_{Lk}\rho_{Lk}c_{pLk}}$$

式中，按液空平均温度 $T = 96$ K 查图表得

液空比热容 　　　　　$c_{pLk} = 2.1353 \text{ kJ/(kg · K)}$

液空密度 　　　　　$\rho_{Lk} = 0.38\rho_{O_2} + 0.62\rho_{N_2} = 1.319 \text{ kg/m}^3$

$$\Delta T_{su} = \frac{V_{WN_2}(h_{20} - h_{19}) \times \frac{1}{22.4} - V_K q_{Lk}}{V_{Lk}\rho_{Lk}c_{pLk}} = 7.2 \text{ K}$$

$$h_9 = h_8 - \Delta h_{su} = 5829.01 \text{ kJ/kmol} - 22.4\rho_{Lk}c_{pLk}\Delta T_{su} = 5374.74 \text{ kJ/kmol}$$

（3）温差和热负荷。

热端温差 　　　　　$\Delta T_{8-20} = T_8 - T_{20} = (99.8 - 90) \text{ K} = 9.8 \text{ K}$

冷端温差 　　　　　$\Delta T_{9-19} = T_9 - T_{19} = (92.6 - 79) \text{ K} = 13.6 \text{ K}$

热负荷 　　　　　$q_{Lk} = V_{WN_2}(h_{20} - h_{19}) \times \frac{1}{22.4} = 9.375 \text{ kJ/m}^3$

9. 液氮过冷器的热平衡计算

（1）各点及参数见图 7-19。

按氮的 $T\text{-}s$ 图，由 $p_{14} = 120.622$ kPa, $T_{14} = T_{sa} = 79$ K，得

$$h_{14} = 7072.56 \text{ kJ/kmol}$$

由 $p_{15} = 118.66$ kPa, $T_{15} = 88$ K，得

$$h_{15} = 7432.56 \text{ kJ/kmol}$$

由氧-氮混合物的 $T\text{-}p\text{-}h\text{-}x\text{-}y$ 图知

$$h_{12} = 3709.75 \text{ kJ/kmol}$$

$$h_{13} = 3968.91 \text{ kJ/kmol}$$

$$V_{CN_2} = 0.195 \text{ m}^3/\text{m}^3$$

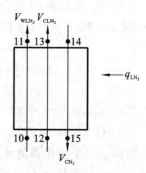

图 7-19　液氮过冷器参数示意图

$$V_{\mathrm{CLN_2}} = 0.195 \ \mathrm{m^3/m^3}$$

$$V_{\mathrm{fLN_2}} = 0.233 \ \mathrm{m^3/m^3}$$

（2）热平衡。

假定纯液氮的过冷度等于馏分液氮的过冷度，即

$$\Delta T_{\mathrm{CLN_2}} = \Delta T_{\mathrm{fLN_2}} = \Delta T_{\mathrm{su}}$$

$$V_{\mathrm{CLN_2}} \rho_{\mathrm{CLN_2}} c_{p\mathrm{LN_2}} \Delta T_{\mathrm{su}} + V_{\mathrm{fLN_2}} \rho_{\mathrm{fLN_2}} c_{p\mathrm{fLN_2}} \Delta T_{\mathrm{su}} + V_{\mathrm{K}} q_{\mathrm{LN_2}} = V_{\mathrm{N_2}} (h_{15} - h_{14}) \times \frac{1}{22.4}$$

式中，按氮平均温度 $T = 94 \ \mathrm{K}$ 查图表得

$$c_{p\mathrm{LN_2}} = c_{p\mathrm{fLN_2}} = 2.16 \ \mathrm{kJ/(kg \cdot K)}$$

$$\rho_{\mathrm{fLN_2}} = 0.053\rho_{\mathrm{O_2}} + 0.947\rho_{\mathrm{N_2}} = 1.26 \ \mathrm{kg/m^3}$$

$$\Delta T_{\mathrm{su}} = \frac{V_{\mathrm{N_2}} (h_{15} - h_{14}) \times \dfrac{1}{22.4} - V_{\mathrm{K}} q_{\mathrm{LN_2}}}{V_{\mathrm{CLN_2}} \rho_{\mathrm{CLN_2}} c_{p\mathrm{LN_2}} + V_{\mathrm{fLN_2}} \rho_{\mathrm{fLN_2}}} = 2.6 \ \mathrm{K}$$

过冷后温度

$$T_{13} = T_{12} - \Delta T_{\mathrm{su}} = 93.1 \ \mathrm{K}$$

$$T_{11} = T_{10} - \Delta T_{\mathrm{su}} = 93.4 \ \mathrm{K}$$

过冷后的焓值

$$h_{13} = h_{12} - 22.4\rho_{\mathrm{fLN_2}} c_{p\mathrm{fLN_2}} \Delta T_{\mathrm{su}} = 3552.376 \ \mathrm{kJ/kmol}$$

$$h_{11} = h_{10} - 22.4\rho_{\mathrm{fLN_2}} c_{p\mathrm{fLN_2}} \Delta T_{\mathrm{su}} = 3810.404 \ \mathrm{kJ/kmol}$$

（3）温差和热负荷。

热端温差

$$\Delta T_{12-15} = (95.7 - 94) \ \mathrm{K} = 1.7 \ \mathrm{K}$$

$$\Delta T_{10-15} = (96 - 94) \ \mathrm{K} = 2 \ \mathrm{K}$$

冷端温差

$$\Delta T_{13-14} = (93.1 - 79) \ \mathrm{K} = 14.1 \ \mathrm{K}$$

$$\Delta T_{11-14} = (93.4 - 79) \ \mathrm{K} = 14.4 \ \mathrm{K}$$

热负荷

$$Q_{\mathrm{CLN_2}} = V_{\mathrm{CLN_2}} \rho_{\mathrm{CLN_2}} c_{p\mathrm{LN_2}} \Delta T_{\mathrm{su}} + V_{\mathrm{k}} \times \frac{1}{2} q_{\mathrm{LN_2}} = 1.4327 \ \mathrm{kJ/kmol}$$

$$Q_{\mathrm{WLN_2}} = V_{\mathrm{WLN_2}} \rho_{\mathrm{CWN_2}} c_{p\mathrm{WN_2}} \Delta T_{\mathrm{su}} + V_{\mathrm{k}} \times \frac{1}{2} q_{\mathrm{LN_2}} = 1.6997 \ \mathrm{kJ/kmol}$$

（4）校核。

液氮过冷器总热负荷

$$Q_{\mathrm{LN_2 a}} = \frac{1}{22.4} V_{\mathrm{N_2}} (h_{15} - h_{14}) = 3.1294 \ \mathrm{kJ/kmol}$$

$$Q_{\mathrm{CLN_2}} + Q_{\mathrm{WLN_2}} = 3.1324 \ \mathrm{kJ/kmol}$$

10. 上塔的热平衡计算

（1）各点及参数见图 7-20。

各点的焓值均按氧-氮混合物的 T-p-h-x-y 图，由 $p_{14} = 117.68 \ \mathrm{Pa}$，$x_{\mathrm{N_2}}^{\mathrm{N}} = 99.99\%$，得

$$h_{14} = 8071.58 \ \mathrm{kJ/kmol}$$

由前面的 $h_{13} = 3552.376 \ \mathrm{kJ/kmol}$，得

$$h_{11} = 3810.404 \ \mathrm{kJ/kmol}$$

由 $p_{19} = 120.622 \ \mathrm{Pa}$，$y_{\mathrm{N_2}}^{\mathrm{WN}} = 94.7\%$，得

$$h_{19} = 8477.04 \ \mathrm{kJ/kmol}$$

空气的 T-s 图较氧-氮混合物的 T-p-h-x-y 图焓值小 2512.08 kJ/kmol。故

$$h_7 = (8104.59 + 2512.08) \ \mathrm{kJ/kmol} = 10616.67 \ \mathrm{kJ/kmol}$$

由前知

$$h_9 = 5374.771 \ \mathrm{kJ/kmol}$$

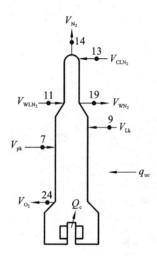

图 7-20 上塔参数示意图

由 $p_{24}=137.293$ kPa，$y_{O_2}^O=99.6\%$，查氧-氮混合物 $T\text{-}p\text{-}h\text{-}x\text{-}y$ 图得

$$h_{24}=15244.46 \text{ kJ/kmol}$$

（2）热平衡。

$$Q_c+22.4V_k q_{uc}+V_{pk}h_7+V_{Lk}h_9+V_{WLN_2}h_{11}+V_{CLN_2}h_{13}$$
$$=V_{O_2}h_{24}+V_{WN_2}h_{19}+V_{N_2}h_{14}$$

$$Q_c=V_{O_2}h_{24}+V_{WN_2}h_{19}+V_{N_2}h_{14}$$
$$-(22.4V_k q_{uc}+V_{pk}h_7+V_{Lk}h_9$$
$$+V_{WLN_2}h_{11}+V_{CLN_2}h_{13})$$

$$=4248.205 \text{ kJ/kmol}$$

相对误差为

$$\frac{4303.81-4248.205}{4303.81}\times100\%=1.29\%$$

11. 技术经济指标计算

（1）加工空气量：

$$V_k=\frac{V_{O_2}}{v_{O_2}}=\frac{6000}{0.177} \text{ m}^3/\text{h}=33898 \text{ m}^3/\text{h}$$

式中，V_{O_2} 为单位氧产量（m^3/m^3）。

（2）氮气产量：

$$V_{N_2}=V_k v_{N_2}=33898\times0.195 \text{ m}^3/\text{h}=6610 \text{ m}^3/\text{h}$$

（3）空压机排量：

$$V_{COMK}=\frac{V_k}{1-\Delta V}=\frac{33898}{1-0.04} \text{ m}^3/\text{h}=35310 \text{ m}^3/\text{h}$$

（4）氧的提取率：

$$\beta=\frac{V_{O_2}y_{O_2}^O}{V_k y_{O_2}^k}\times100\%=84.35\%$$

（5）能耗：

$$N_{O_2}=\frac{RT\ln\dfrac{p_2}{p_1}p_k V_{COMK}}{\eta_T\eta_m V_{O_2}}=1710 \text{ kJ/m}^3$$

计算结果汇总于表 7-8、表 7-9。

表 7-8 物流参数汇总表

物流参数名称	单位流量 /(m^3/m^3)	总流量 /(m^3/h)	物流参数名称	单位流量 /(m^3/m^3)	总流量 /(m^3/h)
氧产量	0.177	6000	氧液化器液化空气量	0.0132	447
氮产量	0.195	6610	通过纯氮液化器纯氮量	0.195	6610
污氮量	0.628	21288	纯氮液化器液化空气量	0.00455	154
膨胀量	0.1209	4098	馏分液氮量	0.233	7898
环流量	0.1191	4037	液空量	0.4511	15291

物流参数名称	单位流量 /(m³/m³)	总流量 /(m³/h)	物流参数名称	单位流量 /(m³/m³)	总流量 /(m³/h)
通过污氮液化器污氮量	0.628	21288	纯液氮量	0.195	6610
污氮液化器液化空气量	0.0292	990	下塔旁通量	0.0018	61
通过氧液化器氧气量	0.177	6000	加工空气量	1	33898
			空压机排量	1.04	35310

表 7-9　设备热负荷、温度及温差汇总表

设备名称及介质		温度/℃		温差/℃		单位热负荷 /(kJ/m³)	总热负荷 /kW
		热端	冷端	热端	冷端		
可逆式换热器	空气	303	101			273.358	2602.22
	污氮	301	98	2	3	166.08	1563.83
	纯氮	301	98	2	3	52.643	495.69
	纯氧	301	93.5	2	7.5	48.312	454.91
	环流	153	99			9.392	88.44
污氮液化器	空气	99	98	1	8	6.356	64.56
	污氮	98	90	1	8	6.856	64.56
氧液化器	空气	99	98	1.0	4.5	3.072	23.93
	氧气	98	93.5	1.0	4.5	3.072	28.93
纯氮液化器	空气	99	98	1	10	0.946	8.91
	纯氮	98	38	1	10	0.946	3.91
液空过冷器	液空	99.8	92.6	9.8	13.6	9.375	88.28
	污氮	90	79	9.3	12.6	9.375	88.28
液氮过冷器	纯液氮	95.7	93.1	1.7	14.1	1.4327	13.49
	馏分液氮	96	93.4	2	14.4	1.6997	16.0
	纯氮	39	79			3.1324	29.5

7.4　基于 Aspen 软件平台的空分流程模拟与分析

1. 概述

空分流程计算在整个空分系统的设计中占有重要地位,关系到能否为用户提供满足产品要求又高效运行的空分设备。由于空气分离系统中的单元设备多,物流和热流数量大,且相互作用和影响,质量和能量交换复杂,因此对于人工计算,只能通过查取气体热力学性质图,根据热力学定律来进行简单的物料平衡和能量平衡计算。这一传统方法不仅工作量大,而且受图表精度、查图误差等人为因素的影响,无法进行精确的精馏计算和整个流程的计算,更难以比较不同的设计方案而达到优化流程参数的目的。

而空分流程模拟是根据空分流程的特点编制相应的计算程序进行仿真和分析。目前国内外主要有两种趋势:一是独立编制计算机仿真程序;二是直接使用商业流程模拟软件,如 Aspen Plus、HYSYS、PRO/Ⅱ等。

商业流程模拟软件虽然价格较高,但一般整合了大量的知识、技术和专利资源,技术性能较为完备,功能强大,适用面广,而且其功能还在不断改进和扩展中,成为空分模拟仿真和优化设计的理想工具,所以近年来国内使用 Aspen Plus 等软件进行分析设计的公司和大专院校研究人员越来越多。

2. 机理建模与参数修正

1) 物性参数的修正

单元操作模型需要通过计算物性来得到模拟运算结果。对于质量和能量平衡的计算而言,经常需要计算的性质是逸度系数和焓。而对于过程物流,则需要计算其他热力学性质和传递性质。

经常需要计算的热力学性质包括逸度系数(K 值)、焓、熵、吉布斯自由能、体积等,传递性质包括温度、热导率、扩散系数、表面张力等。

物性计算在过程模拟中具有非常重要的意义。一方面,模拟计算结果的准确性虽然首先取决于数学模型的准确性,但最终受物性数据准确程度的限制;另一方面,在整个模拟计算中,物性计算占有举足轻重的分量,它往往可以占整个计算机时的 80% 甚至更多。所以在进行过程的流程模拟之前,首要的任务就是根据所研究物系的性质特点来选择合适的物性方法和模型。

Aspen Plus 软件具有强大的物性计算能力,它包含强大的纯组分物性数据库,提供了几十种气液相平衡(VLE)计算的方法和多种传递性质方法供用户选择,各种物性体系均有相应的计算模型。

对于空气分离流程的模拟计算来说,Aspen Plus 给出的空气分离模板推荐常用的 PENG-ROB 状态方程。该方程是 Peng 和 Robinson 在 1976 年提出的,是常用的状态方程之一,在估算蒸气压、液体密度和相平衡系数时有较高的精度,对所有温度和压力,都可能获得合理的计算结果,而且该方程在临界区域内也是一致的,因此在物性方法选择上使用 PENG-ROB 方法。

但国外的研究报道显示,Aspen Plus 的物性参数计算仍然和实际情况存在一定的偏差。分析认为,Aspen Plus 中对于氧-氩-氮三元物系的二元相互作用系数 k_{ij} 在取值上有一定偏差,不过 Aspen Plus 支持用户按照自己的要求修改相关的系数。为了反映实际的空分系统,得到更加真实的计算值,采用了对空气三元物系气液平衡实验数据进行回归的方法,得到比较准确的二元交互作用参数,其修正值列于表 7-10。

表 7-10　PENG-ROB 的参数回归

项 目	N₂-Ar	N₂-O₂	Ar-O₂
Aspen Plus 默认值	-2.6×10^3	-0.0119	0.0104
修正值	-4.073×10^3	-0.0124	0.0268

2) 基于 Aspen Plus 的流程建模

(1) 流程搭建。

图 7-21 给出了 350 m³/h 带氩全低压分子筛纯化带增压透平膨胀机的流程示意图,作为 Aspen Plus 的建模对象。

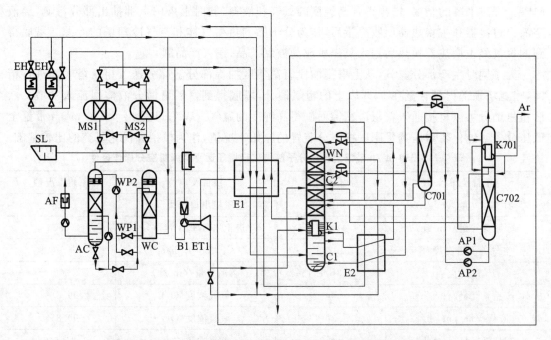

图 7-21　350 m³/h 带氩全低压分子筛纯化带增压透平膨胀机流程

C1—下塔；C2—上塔；C701—粗氩塔；B1—膨胀机增压端；E1—主换热器；

E2—液空液氮过冷器；WC—水冷塔；EH—电加热器；ET1—膨胀机；K1—主冷凝蒸发器；

MS—分子筛吸附器；WP—水泵；AP—空气泵；AF—放空气器；WN—污氮

空气分离流程整体上可以分为空气净化系统、制冷系统、换热系统和精馏系统四大部分。原料空气在过滤器中除去灰尘和机械杂质后，进入空气透平压缩机压缩至 0.7 MPa，然后送入空气冷却塔进行清洗和预冷，与水进行热交换后进入两个交替使用的分子筛吸附器。在这里，原料空气中的水分、CO_2、C_2H_2 等杂质被分子筛吸附，这是空气分离流程的初步预处理过程。

净化后的加工空气分为两股：一小股用作膨胀制冷的空气，首先进入增压机中增压，然后被冷却水冷却至常温后进入主换热器，再从主换热器中部抽出，此时该股空气温度在 150 K 左右，接着进入膨胀机中膨胀，膨胀后温度有较大幅度降低，最后大部分进入上塔参与精馏，另一部分返流回主换热器作为冷却剂回收冷量后放空；另一大股空气直接进入主换热器，从主换热器出来后被冷却至接近饱和态温度，然后引入下塔底部，作为下塔的空气进料，经过下塔初步精馏，下塔底部得到含氧 36%～40% 的富氧液空，塔顶得到高纯度的纯液氮、气氮和压力氮。

下塔顶部的气体氮在主冷凝蒸发器中被上塔底部沸腾的液氧冷凝、抽出，经液空液氮过冷器过冷，然后节流至上塔压力送入上塔顶部作为回流液。

需要指出的是，冷凝蒸发器中是用沸点低的气氮来蒸发沸点高的液氧。一般同等压力下，氮气的饱和温度比氧气的饱和温度要低，也就是说，同等压力下，氮气是不能给液氧提供热量的。但是饱和温度是与压力有关的，随着压力提高而提高。下塔顶部的绝对压力在 0.68 MPa 左右，相应的气氮冷凝温度为 −177 ℃；上塔液氧的绝对压力约为 0.14 MPa，相应的汽化温度为 −179 ℃。所以 Aspen Plus 建模时，在冷凝蒸发器内部，需要设置两端的压力，保证气氮与液氧约有 2 ℃ 的温差，使得热量能由气氮传给液氧。

富氧液空从下塔底部抽出，过冷节流后进入上塔中部喷淋，下塔操作压力为 0.68～0.69

MPa。经过上塔的精馏,塔顶得到高纯度的氮气和液氮,同时上塔中上部抽出部分污氮,经液空液氮过冷器和主换热器回收冷量后,作为分子筛的再生气体和空气冷却塔的冷源。塔底得到的氧气经主换热器换热后送入氧压机成为液氧产品,送入产品罐。

为了同时生产部分氩气,从上塔提馏段氩富集区抽提部分氩馏分送入粗氩塔底部进行精馏,粗氩塔顶部得到含氩在95%以上的粗氩馏分,塔底得到富氧氩馏分液体回流入上塔。然后粗氩馏分可以直接通入精氩塔精馏而制得高纯度的氩气。表7-11列出了350 m³/h带氩全低压分子筛纯化带增压透平膨胀机空分装置的原始工况值,作为模拟和优化研究的比较基础。

表7-11　350 m³/h带氩全低压分子筛纯化带增压透平膨胀机空分操作条件

项目及单位	原始工况值	项目及单位	原始工况值
加工空气量/(m³/h)	3150	空压机出口压力/bar	7
膨胀空气量/(m³/h)	1150	进上塔气量/(m³/h)	780
空气进下塔温度/K	102.5	下塔压力/bar	6.8～6.9
上塔压力/bar	1.3～1.4	氩馏分量/(m³/h)	300
产品氧气量/(m³/h)	350	氧气浓度(O₂)	99.6%
液氧产量/(m³/h)	30	液氧浓度(O₂)	99.8%
产品氮气量/(m³/h)	1420	氮气中氧浓度	1.3×10^{-7}
污氮量/(m³/h)	950	污氮中氧浓度	16.4%
馏分氮流量/(m³/h)	850	旁通空气量/(m³/h)	350
粗氩量/(m³/h)	6.5	粗氩浓度(Ar)	95%

Aspen Plus软件内置多种模板,其中包括为空气分离专设的空气分离模板(air separation template),该模板设定了空分设备通常使用的缺省项,所以在开始建模时,首先选择空气分离模板。

选好主模板后就可以根据空分流程各个单元操作的特点,从Aspen Plus软件提供的丰富的单元操作模块中选出合适的模块来搭建整个空分流程。Aspen Plus仿真建模的各个单元模块选择如表7-12所示。

表7-12　Aspen Plus的模块选择

单 元 名 称	模 块 名 称
加工空气的压缩机	压力变送器类的压缩机COMPR
加工空气的膨胀机	压力变送器类的膨胀机EXP
空气冷却塔	热交换器模块类中的两股物流换热器HEATERX
主换热器	热交换器模块类中的多股物流换热器MHEATERX
精馏塔:上塔	严格精馏塔RADFRAC,且无冷凝的模块
精馏塔:下塔	严格精馏塔RADFRAC,且无再沸器的模块
精馏塔:粗氩塔	严格精馏塔RADFRAC,且无再沸器的模块
冷凝蒸发器	加热器HEATER
粗氩塔的冷凝器	HEATER模块
液氮和富氧液空节流阀	绝热THROTTLE带进出口温度设置的模块

（2）参数设定。

进料物料有两股：一股是原料空气；另一股是冷却水。进料空气组成直接设置成氧、氩、氮三元混合物，体积份数分别为氧 20.95%、氩 0.932% 和氮 78.118%，加工空气量为 3150 m³/h，温度为 293 K，压力为 1 atm。冷却水流量为 10000 m³/h，温度为 292 K，压力为 1 atm。

出料有 5 个流股，分别是高纯氧气、高纯氮气、从上塔抽出的污氮气、旁通气体、氩产品。Aspen Plus 建模中，对这 5 个出料的浓度和流量都不设定，放开自由度，由 Aspen 模拟流程自动计算得到。最终将这些得到的数值和原装置的原始工况值比对，以检验建模的有效性。

对于主换热器的模拟，采用多股物流换热器（MHEATERX），该换热器具有两个热端进料（进下塔空气和膨胀空气）、四个冷端进料（产品氧气、产品氮气、污氮气和旁通放空的膨胀空气）。对于其参数设置，必须给出换热器冷端或者热端的每股物流的出口规定。在至少保留一股物流不作规定的情况下，可对另一侧任意个物流作出口规定。不同物流可有不同类型的规定，MHEATERX 模型假设所有未作规定的物流均有相同的出口温度，未作规定物流的温度由总的能量平衡来决定。表 7-13 给出了其参数设置。

表 7-13　参数设置

进料物流股	进下塔空气	膨胀空气	旁通放空的膨胀空气	产品氮气	污氮气	产品氧气
换热介质	热	热	冷	冷	冷	冷
出料流股标号	空气 AIR2	膨胀空气 AP2	放空膨空 AP9	氮气 N2	污氮 WN2	氧气 O2
相状态	V—L	V—L	V—L	V—L	V—L	V—L
制定物理量		温度	温度	温度	温度	温度
值		165	288	288	283	288
单位		K	K	K	K	K
压力	−0.1	−0.12	−0.12	−0.12	−0.12	0
压力单位	bar	bar	bar	bar	bar	bar

加工空气分为膨胀空气和进下塔空气，且将膨胀制冷后的空气分为拉赫曼气和旁通空气，设定旁通空气量为 350 m³/h。

对于液空液氮过冷器 MHEATERX 的模拟，与主换热器类似，表 7-14 给出部分参数。

表 7-14　液空液氮过冷器参数

进料物流股	下塔顶液氮	下塔底液空	上塔顶氮气	上 塔 污 氮
换热介质	热	热	冷	冷
出料流股标号	液氮 LN1	液空 LAIR1	氮气 GN1	污氮 WN1
相状态	V—L	V—L	V—L	V—L
制定物理量	温差	温差	温差	
值	−2	−6	91	
单位	K	K	K	
压力	0.01	−0.01	0.01	0
压力单位	bar	bar	bar	bar

对于精馏单元，即下塔、粗氩塔和上塔的模拟，参数设置参见表 7-15 和表 7-17，有几点

说明：

①级数：RADFRAC 塔板数是从冷凝器开始由顶向下进行编号的（如果没有冷凝器，则是从顶部级开始）。

②效率：这个概念是用来弥补理论塔板和实际塔板的差距的。在 Aspen 中可以选定两种类型效率中的一个。

蒸发效率定义为

$$\mathrm{Eff}_i^{\mathrm{V}} = \frac{y_{i,j}}{K_{i,j}x_{i,j}}$$

Murphree 效率被定义为

$$\mathrm{Eff}_{i,j}^{\mathrm{M}} = \frac{y_{i,j} - y_{i,j+1}}{K_{i,j}x_{i,j} - y_{i,j+1}}$$

式中，K 为平衡系数；x 代表液相摩尔分数；y 代表气相摩尔分数；$\mathrm{Eff}_i^{\mathrm{V}}$ 为蒸发效率；$\mathrm{Eff}_{i,j}^{\mathrm{M}}$ 为 Murphree 效率；i 为组分号；j 为级号。

选定蒸发效率或 Murphree 效率，在 Setup Configuration 页中输入实际级数。然后使用 Efficiencies 窗口输入效率即可。

空分精馏塔若是以氮-氧二元物系来计算，平均塔板效率上塔 $\mathrm{Eff}_{i,j}^{\mathrm{M}} = 0.25$，下塔 $\mathrm{Eff}_{i,j}^{\mathrm{M}} = 0.3 \sim 0.35$，效率计算得到的结果很低，这是由于忽略了氩组分的影响。若改为氮-氩-氧三元物系计算，则上塔和下塔的平均塔板效率相差不多，$\mathrm{Eff}_{i,j}^{\mathrm{M}} = 0.6 \sim 0.8$。

精馏双塔和粗氩塔的部分参数设置见表 7-15 至表 7-17。

表 7-15　精馏下塔设置

理论塔板数	35
操作压力/bar	6.2～6.3
塔顶馏分液氮量/(m³/h)	850

表 7-16　粗氩塔设置

理论塔板数	41
操作压力/bar	1.2～1.3
塔顶馏分液氮量/(m³/h)	6.5

表 7-17　精馏上塔设置

理论塔板数	70
操作压力/bar	1.3～1.4
氮气抽提量/(m³/h)	950
氧气抽提量/(m³/h)	350
氩馏分抽提量/(m³/h)	300

3. 仿真结果

表 7-18 给出了仿真计算结果和原始工况值的对比。考虑到建模过程中的一些简化，总体上，仿真计算结果与原始工况值吻合较好，因此空分流程的模拟仿真基本成功，可以用于进一步的灵敏度分析和操作调优研究。

表 7-18　计算值和原始工况值对比

项　目	计　算　值	原始工况值	项　目	计　算　值	原始工况值
加工空气量/(m³/h)	3150	3150	液氧产量/(m³/h)	36.1249	30
空气进下塔温度/K	102.0647	102.5	液氧浓度	99.8136%	99.7%
氧气产量/(m³/h)	350	350	馏分氮流量/(m³/h)	850	850
氧气浓度	99.6836%	99.6%	液空流量/(m³/h)	1285.9618	1290
产品氮气产量/(m³/h)	1450.1156	1420	粗氩浓度	94.9865%	95%
氮气浓度	9.1036×10^{-6}	1.3×10^{-7}			

7.5　稀有气体分离工艺

1. 概述

稀有气体通常指氦、氖、氩、氪、氙五种气体。1868 年从太阳日冕光谱中发现了氦。到 19 世纪末,从地球大气中相继发现了其他四种气体。除了氦主要由天然气提取外,空气是这些稀有气体的主要来源。第二次世界大战前稀有气体应用不多,如氩用于填充灯泡,氦用于气球及飞船。第二次世界大战后,由于钢铁工业、化学工业的发展以及军事工业、尖端技术的需要,稀有气体的生产大量增加,稀有气体成为重要的工业气体。

1) 稀有气体的性质与用途

氩是一种无色无味的气体,相对原子质量为 39.944,空气中含量为 0.932%。它不能燃烧,也不助燃,化学性质不活泼。利用它的惰性,可将其用作电弧焊的保护气体,焊接通常难以焊接的金属或合金,如铝、镁、铜、镍、钛、钼、不锈钢等。在炼钢过程中用氩作环境气体可使钢水成分均匀,去除掉溶解于钢水中的氢、氧、氮等杂质,并能缩短冶炼时间,提高产量,节约电能等。还可采用氩氧混合气吹炼不锈钢。氩具有高密度和低热导率,所以广泛用于灯泡工业和电子工业。充氩的灯泡比充氮的亮度增加,寿命延长。氩还可用来充填计数放电管,也可用于气体激光器及大型色谱仪。

氦的沸点最低,是能达到极低温的制冷剂。利用液氦可得到极高的真空度,还可用于模拟宇宙空间环境,或为"超导电性"提供低温条件。氦具有特别强的扩散性,是压力容器、真空系统最好的检漏指示剂。在医学方面氦氧混合气能很快浸透肺部,加速氧和二氧化碳的交换,还可以治疗喉部和肺部疾病。潜水作业中用氦氧混合气可使潜水深度达到 300 m。特种稀有金属如钛、锆,精炼时不允许溶有气体,则必须用溶解度小的氦作保护气。氦气的遮光率很小,光学仪表用氦作填充气,可获得较高的灵敏度。氦是受激辐射物质,因而也用于激光工业。

氖的沸点仅高于氦和氢,也是惰性气体,应用十分安全。它的蒸发潜热大,最适宜作为低温实验室的制冷剂。氖的电导性好,在真空下通电发红光,因此氖主要用来充填信号装置。

氪是密度大、热导率低、透射率大且能吸收 X 射线的惰性气体。氪主要用来充填高级电子管,用氪充填的灯泡具有发光率高、体积小、透射率大等优点,比同功率的氖灯泡省电 20% ～25%,寿命延长 2～3 倍,因此用于战车和机场照明。氪还可用作 X 射线的遮光材料。

氙在空气中含量极少,与氪一起被称为"黄金气体"。每 10^6 m³ 的空气中仅含有 1.14 m³ 的氪和 0.086 m³ 的氙,因此提取相当困难。氙在五种稀有气体中相对原子质量最大,密度最大。它有极高的发光强度,充填的长弧氙灯被称为"小太阳"。高压氙灯具有紫外光辐射,用于医疗杀菌消毒。氙有很强的麻醉作用,被认为是无副作用的深度麻醉剂。氙具有不透过 X 射线的性质,被用作 X 光摄影的造影剂,也用于遮蔽 X 射线。

2) 提取稀有气体的主要方法

从空气中提取稀有气体仍是利用这些气体的沸点和分子性质之间的差异来进行分离。由于稀有气体在空气中的含量非常稀少,以及有些稀有气体的沸点差异比氧、氮的沸点差异大,因此提取稀有气体时需要逐步浓缩、分阶段提纯。目前常用的方法如下:

(1) 精馏法:与氧、氮分离的精馏过程完全类似。例如,粗氩塔中进行的氧、氩分离,去氮塔中进行的氩、氮分离,氪塔中进行的氧、氪氙分离等都是精馏法的具体应用。

(2) 分凝法:由于沸点的差异较大,可采用分凝方法。如空分塔中排出的含有氖、氦的氮气,在低压液氮蒸发温度下进行分凝,使得氮和氖氦组分初步分离,得到氖、氦浓缩物。

(3) 冻结法:利用某组分凝固点高的特点使其冻结而与其他组分分离。例如,在负压液氢温度下使氖、氦分离,在 9.33 kPa 压力下液氢温度为 13 K,此时氖已冻结(氖凝固点是 24.3 K),而氦还没有液化(氦的沸点约为 4.2 K),可使氖、氦分离。

(4) 吸附法:利用吸附剂(分子筛、活性炭等)选择性吸附的原理,使组分分离或进一步提纯。如粗氩的净化,氖、氦、氪、氙的提纯都应用吸附法。

(5) 催化反应法:如粗氩加氢,经过催化剂促使其发生化学反应,以除去粗氩中的氧;在氪氙提纯中通过催化剂净除碳氢化合物等。

由于使用稀有气体时一般要求纯度较高,大多数在 99.95% 以上,因此需要几种方法联合使用。例如,氦、氖提取就逐步使用分凝、吸附、冻结等几种方法,最后得到纯氦和纯氖。

3) 稀有气体在空分塔中的分布规律及其对精馏过程的影响

稀有气体的沸点、在空气中含量等物理特性示于表 7-19。

表 7-19　稀有气体的物理性质

名称	化学符号	相对原子质量	临界点		沸点/K	三相点		在空气中含量/(%)
			压力/kPa	温度/K		压力/kPa	温度/K	
氦	He	4.003	2.30×10^2	5.199	4.212			5.24×10^{-4}
氖	Ne	20.183	2.721×10^3	44.45	27.07	43.13	24.56	1.8×10^{-3}
氩	Ar	39.944	4.863×10^3	150.65	87.29	68.75	83.78	0.932
氪	Kr	83.8	5.472×10^3	209.39	119.75	73.19	115.95	$(1 \sim 1.14) \times 10^{-4}$
氙	Xe	131.3	5.9×10^3	289.74	165.04	81.46	161.36	$(0.8 \sim 0.86) \times 10^{-4}$

因各气体与氧、氮的沸点不同,在空分塔中汇集的部位各不相同。如图 7-22 所示,氪、氙因沸点比氧高,当空气进入下塔后便冷凝在下塔底部的液空中,并随着液空进入上塔,然后汇集在上塔底部的液氧中;最后,当液氧蒸发成气氧时,随着气氧离开空分塔。提取氪、氙时通常是将产品氧经过氪塔,用精馏法提取贫氪原料气,随后再逐步提纯成氪、氙。虽然氪、氙能在液氧中浓缩,但它们在空气中的含量极微,在液氧中的含量也是极少的,所以不会对塔的精馏过程带来影响。

相反,氖、氦的沸点比氧、氮要低得多,所以在空分塔中氖、氦通常是和低沸点氮在一起。空气进入下塔后,氖、氦组分随着气体上升直至冷凝蒸发器,形成"不凝性气体",汇集在下塔顶部和冷凝蒸发器的冷凝侧顶部。提取氖、氦时,可把这部分"不凝性气体"引出,送入更低温度的分凝器,得到氖、氦含量较高的粗氖、氦气。因为氖、氦不可能在空分塔中的塔板上浓缩,同时它们的含量也很少,所以不可能对精馏过程造成影响。然而它们在冷凝蒸发器中不冷凝,使冷凝蒸发器传热恶化,将引起下塔压力升高而造成空分装置产量下降或能耗增加。为了使冷凝蒸发器能可靠工作,对不提取氖、氦的空分塔,在冷凝蒸发器的顶端上应有氖、氦气的排除管,定期将"不凝性气体"排至塔外。

氩是空气中含量最多的一种稀有气体,它的沸点介于氧和氮之间。空气进入塔后,经过精馏,将在上塔中间某些部位形成氩的富集区。氩对空气精馏过程的影响比其他稀有气体要大得多和复杂得多。首先表现在空分塔的设计中理论塔板数的计算上,如果把空气仅看作氧、氮二元混合气,计算所得的理论塔板数与实际塔板数偏差很大,而且根据这种计算所确定的液空进料口的位置也与实际情况有较大的偏差。如果考虑氩的影响,即按三元精馏法计算,则所得的理论塔板数和实际塔板数偏差减小,且液空进料口的位置也比二元精馏法计算更准确。其次在产品纯度上,由于空气中存在氩,而它的数量又足以影响到对产品纯度的要求,因此空分塔如不抽氩馏分,就不能同时得到氧和氮的纯产品。

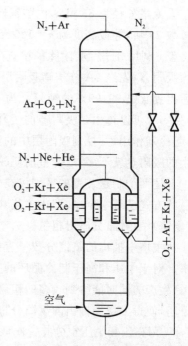

图 7-22　双级精馏塔内稀有气体分布

2. 从空分装置中提取粗氩

1) 典型制氩流程

由空分装置中提取氩的基本工艺过程分为两个阶段进行。首先从空分装置的上塔中抽出含氩较多的氩馏分,在粗氩塔中进一步精馏得到粗氩;第二阶段是由粗氩继续提纯得到纯氩。

典型制氩流程有以下两种:

(1) 粗氩经化学除氧和低温精馏除氮后成为纯氩。例如 YFS-2.5 型氩分离设备,它是 150 m³/h 空分装置上附设的制氩设备。由主塔的上塔中第 20 块(自下往上数)塔板上抽出含氩 8%的氩馏分(其中含氮 0.06%～0.1%),以气态进入粗氩塔底部。粗氩塔直径为 265 mm,装有 70 块环流式塔板。塔顶有冷凝器,用主塔的下塔液空作为冷源冷却粗氩塔中上升的蒸气,并使之凝结成液体,作为粗氩塔的回流液。塔顶可排出含氩 95%的粗氩,而塔底部排出的液体进入低压塔第 19 块塔板上。

粗氩塔冷凝器为立管式换热器,粗氩在管内冷凝,液空在管间蒸发,产生的蒸气送入低压塔第 37 块塔板上。粗氩离开粗氩塔后,复热至常温,进入平衡器,再到除氧设备(触媒炉);同时以相应量的氢气经灭火器进入触媒炉,以活性氧化铝镀钯为催化剂,氢和粗氩中的氧化合成水。除氧后的氩称为工艺氩,工艺氩储藏在贮气柜中。

工艺氩由贮气柜进入氩气压缩机,压缩至 9.8×10³ kPa 压力,然后经干燥器除去水分和油,再经纯氩换热器及氮气换热器冷却至−163 ℃左右,节流降压至(1.7～2.1)×10² kPa 进入去氮塔的中部。去氮塔下部有蒸发器(简称下蒸发器),利用主塔的中压氮蒸气作为热源使纯液氩蒸发。去氮塔上部有冷凝器(简称上冷凝器),用液氮作冷源冷凝去氮塔的蒸气使其成为液体,作为去氮塔的回流液。没有凝结的蒸气作为废氮(其中有少量氩的氢氮混合气)排至塔外。纯氩由去氮塔下部排出,经纯氩换热器复热回收冷量,进入氩气柜,经膜式压缩机压缩充瓶。

去氮塔外径为 85 mm，内装铜网制成的马鞍形填料，精馏段填料高度为 3 m，相当于理论塔板数 24 块，等板高度为 $h=120$ mm。

（2）利用分子筛吸附除掉粗氩中的氧和氮以得到纯氩。粗氩由粗氩塔排出后直接进入分子筛吸附器，先经 5A 分子筛吸附层吸附粗氩中的氮，再经 4A 分子筛吸附层吸附粗氩中的氧，最后得到含氩 99.99% 的纯氩。为了连续工作，备有相同结构的吸附器两个，其中一个在工作，另一个可以再生。吸附器的工作温度为 94 K。在吸附层中装有 16 根紫铜管，管内通液空，起冷却作用，并控制吸附层中的温度。吸附器工作时，因粗氩中含氧、氮量不大，吸附过程产生的吸附热就不多，故冷量消耗较小。但吸附器再生后预冷时消耗冷量较多。

上述两个制氩装置的区别仅在于其制取纯氩的部分。一般来说，目前从空分装置中提取粗氩的方式已基本定型，即由主塔中抽出部分气体作为提取氩的氩馏分，并在单独的精馏塔（粗氩塔）中精馏，分离出粗氩。

从主塔中抽出的氩馏分数量直接影响到制取粗氩的数量，也就是关系到氩从空气中的提取率。对于中压和高压制冷循环的空分装置，主塔可以提供足够数量的氩馏分，因此它在保证氧、氮生产的同时能得到较多的粗氩。可是在全低压空分装置中，由于有部分气态空气直接送入上塔，使得上塔能抽出的氩馏分量减少，因此氩的提取率就比较小。

2）用高压和中压空分装置制取粗氩

由空分装置的上塔中抽出含有 8%～15%Ar 的气态氩馏分，在粗氩塔中精馏后就分为粗氩和液体氩馏分。粗氩将由粗氩塔排出后作为后续进一步提纯的原料气，而液体氩馏分则仍由粗氩塔返回上塔。粗氩塔只需要精馏段，而它的提馏作用则由主塔的上塔抽氩馏分位置以下的塔段来完成。

粗氩塔中的回流液是由塔顶冷凝器产生的，而冷凝器的冷源将依靠主塔中下塔的富氧液空，这将减少上塔的回流液。为增加上塔的回流液量，在提氩的空分装置中一般增加对液氮和液空的过冷器。

（1）数量和浓度的确定。

提取粗氩对主塔中的下塔影响不大，而对于上塔，则分离产品的数量以及排氮中的含氩量都要发生变化。

根据粗氩的提取率 α 和粗氩中含氩量 y_{Ar}^{Ar} 可确定粗氩的数量 V_{Ar}，即

$$V_{Ar} = \frac{0.93\alpha}{y_{Ar}^{Ar}}$$

按照装置的物料平衡确定氧产量 V_{O_2}，即

$$V_{O_2} = \frac{20.95 - y_{O_2}^N - V_{Ar}(y_{O_2}^{Ar} - y_{O_2}^N)}{y_{O_2}^O - y_{O_2}^N}$$

排氮数量　　　　　　　　　　　　$V_{N_2} = 1 - V_{O_2} - V_{Ar}$

排氮中的含氩量

$$y_{Ar}^N = \frac{0.93 - 0.93\alpha - V_{O_2} y_{Ar}^O}{V_{N_2}}$$

粗氩塔的最小回流数

$$f_{min} = \frac{y_{Ar}^{Ar} - y_{Ar}^\phi}{y_{Ar}^\phi - (x_{Ar}^\phi)^*}$$

式中，y_{Ar}^ϕ 为氩馏分的氩含量；$(x_{Ar}^\phi)^*$ 为 y_{Ar}^ϕ 的平衡浓度。

精馏塔中的回流数

$$f = (1.1 - 1.5) f_{\min}$$

所以粗氩塔排出的液体馏分量

$$V_{L\phi} = f V_{Ar}$$

需要从上塔抽取的气态氩馏分量

$$V_\phi = V_{Ar} + V_{L\phi} = V_{Ar}(f+1)$$

液空进入粗氩塔冷凝器的数量

$$V_{Lk} = V_{Ar} f \frac{\gamma_{Ar}}{\Delta h_{Lk}}$$

式中，γ_{Ar} 为粗氩的汽化潜热；Δh_{Lk} 为液空在粗氩塔冷凝器的进、出口的焓差。比值 $\frac{\gamma_{Ar}}{\Delta h_{Lk}}$ 与液空的成分及液空的过冷度有关，一般在 $1.23 \sim 1.27$ 范围内变化。

粗氩塔中气相和液相中氮浓度之间的关系可近似用下式表示：

$$y_{N_2} = \varphi x_{N_2}$$

式中，φ 为蒸气中氮浓度与液体中氮浓度的比值，可从氮的相平衡图查到。在粗氩塔中，$\varphi \approx 3.5$。当粗氩中氮的浓度给定以后，氩馏分中的氮浓度就可以按下式计算得到：

$$y_{N_2}^\phi = y_{N_2}^{Ar} \frac{\varphi V_{Ar}}{V_\phi(\varphi - 1) + V_{Ar}}$$

式中，V_ϕ 是氩馏分量。

（2）液空进上塔的位置。

在不提氩的空分装置中，液空进上塔的位置较低。液空与塔板上含氧较多的液体混合，这样有利于限制提馏段中氩浓度的提高。在提氩的空分装置中为了能抽出含氩高的馏分，而把液空送到液体中含氧少的塔板上。

（3）氩馏分的抽口位置。

氩馏分的抽口位置应得到含氩多的馏分，然而含氩多的地方往往氮也多，对进一步在粗氩塔中精馏以及后面的除氮都有不良的影响。为此，宁可抽取含氩较少的馏分，而要使其中的氮尽可能地少。

3）用全低压空分装置制取粗氩

高压和中压空分装置上提取氩能得到较高的提取率，但氩的生产量较小，且能耗较大。目前大容量空分装置都采用全低压流程，从这种空分装置上提氩，将使氩的产量大幅度增加，还可使能耗降低。

在全低压空分装置中，由于有部分气态空气直接送入上塔，使得其上塔的精馏过程与高压空分装置的上塔有很大的区别。图 7-23 所示为全低压空分装置提取粗氩的精馏塔，塔的流程与中压提氩的精馏塔相似，差别在于有部分低压气态空气进入上塔。气态空气进入上塔的量为 $0.26 \sim 0.27 \ \mathrm{m^3/m^3}$，上塔的各段塔板分别为 Ⅰ 段 15 块、Ⅱ 段 4 块、Ⅲ 段 7 块、Ⅳ 段 13 块、Ⅴ 段 9 块，总计上塔塔板数为 48。粗氩塔塔板数为 60。如此条件实验结果得到氩的提取率为 0.26。粗氩内含有不多的氧氮杂质，为 O_2 $0.6\% \sim 4\%$ 和 N_2 $0.03\% \sim 1\%$。在提氩时排出的氮气中含氧 2%。

如果把气态空气进入上塔的量定为 $0.26 \ \mathrm{m^3/m^3}$，氩提取率 $\alpha = 0.26$，通过流程计算，可以发现上塔中所有截面上气液的浓度差很小，因此上塔不能提供更多的氩馏分量。由此可知，进入上塔的气态空气的数量直接影响氩的提取率，随着进上塔的气态空气量的减少，氩提取率将

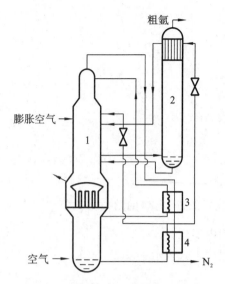

图 7-23　全低压空分装置提取粗氩
工艺流程示意图

1—主塔；2—粗氩塔；

3—液氧过冷器；4—液氮过冷器

增大。所以从较大型的空分装置上提氩比从较小的全低压空分装置上提氩更加有利。

上塔抽出的氩馏分量受到限制，所以希望在氩馏分中有较多的氩，然而氩馏分中氩含量的变化对上塔塔板数有较复杂的影响。图 7-24 所示为上塔塔板数与氩馏分浓度的关系曲线，它是在进入上塔气态空气量为 0.23 m^3/m^3、过热焓 Δh =240 kJ/mol，以及粗氩成分为 $O_2$2%、Ar97%、$N_2$1‰等条件下计算出的。当提高氩馏分中的氩含量时，必然要增加上塔 V 段的塔板数，并且减少氩馏分的抽出量。减少氩馏分的抽出量就相应地减少粗氩塔中液空的消耗，从而增加上塔的回流液，使得上塔其他段的塔板数减少（主要减少Ⅲ段和Ⅳ段的塔板数）。随着氩馏分中氩浓度的增加，上塔 V 段塔板数的增加量超过其他段塔板数的减少量，则上塔总的塔板数增加。当氩馏分中氩浓度过低时，V 段减少的塔板数小于其他段增加的

塔板数，最后上塔总的塔板数还是增加。所以在一定的提取率条件下，有一最合适的氩馏分的氩浓度，使得上塔总塔板数最少。

显然不同的氩提取率对应于不同的最适宜的氩馏分以及塔板数，这些关系表示于图7-25。由图 7-25 可见，氩提取率过大或过小均使上塔有较多的塔板数。氩提取率增大，一方面可以减少上塔塔板上的氩而有利于精馏，另一方面又增加氩馏分的抽出量而不利于精馏。所以对于一定的进上塔空气量的精馏塔，就有最佳的氩提取率，此时上塔的塔板数为最少，图7-25中最佳氩提取率为 α=0.30。

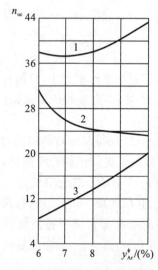

图 7-24　上塔塔板数与氩馏分浓度的关系

1—上塔塔板数；2—Ⅰ、Ⅱ、Ⅲ、Ⅳ段的塔板数之和；

3—V 段塔板数

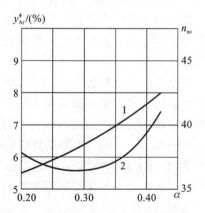

图 7-25　氩提取率、最适宜氩馏分成分与
上塔塔板数的关系

1—氩馏分的含氩量；2—上塔塔板数

3. 纯氩的提取

从空分装置用精馏法得到的粗氩一般含有少量的氧和氮。为了得到纯氩,还需进一步除氧和除氮。

1) 化学除氧和低温精馏制取纯氩

(1) 粗氩除氧。粗氩除氧是利用氧能助燃的性质,加入可燃物质并使其与氧化合成氧化物,然后除去氧化物,得到不含氧的工艺氩。目前大多数采用氢,通过催化剂使粗氩中的氧和氢产生化学反应。为了使化学反应进行得完全,将氧除得彻底,氢的加入量必须略大于氧完全反应所需的量。这部分多余的氢称为过量氢。粗氩中加氢除氧所采用的催化剂主要有下列几种:

①活性铜。这种催化剂使用比较早,其作用机理一般认为是粗氩通过赤热的铜表面,其中的氧首先和铜化合成氧化铜,然后氢又将氧化铜还原成铜和水。在开始时,产生化学反应要求一定的反应温度,需要对它加热,以后就可以依靠反应所产生的热使反应继续进行。活性铜的工作温度为 $300\sim400$ ℃,用氢还原时控制温度为 $150\sim200$ ℃,利用率为 $30\%\sim35\%$。

②活性氧化铝镀铂。这种催化剂的作用机理和活性铜不同,它是使粗氩中的氧和氢在催化剂的催化作用下直接化合成水,反应过程可以在较低温度下进行。据实验,在过量氢(1%)、工作压力 $(1.6\sim5.0)\times10^{2}$ kPa、空速 $5000\sim15000$ L/h 的条件下可以将含氧 $0.2\%\sim2\%$ 的粗氩净除至含氧量小于 5.0×10^{-7}。

③活性氧化铝镀钯。它的机理与活性氧化铝镀铂相同,但这种催化剂制备比镀铂简单,除氧效率高,当其吸水失效后能还原恢复其活性。如催化剂的温度保持在 $130\sim400$ ℃范围内,过量氢控制在 0.12% 以上,空速在 $8000\sim14000$ L/h 的条件下,含氧 $1\%\sim3\%$ 的粗氩经催化除氧后含氧量可降低到 1.5×10^{-7} 以下。为了保证催化反应的顺利进行,要严格保证过量氢。如过量氢太少,则除氧性能降低。当粗氩中含氧量太高时(如超过 3%),可采用除氧后的工艺氩回流稀释或者分级催化的办法,避免反应温度过高而烧伤催化剂。也可用冷却方法,使催化剂温度不高于 400 ℃,保证活性氧化铝镀钯的结构不被破坏,保持高的活性和较长的寿命。当粗氩中氧含量高于 5% 或者氢含量超过 10% 时,一次催化除氧存在爆炸危险。

活性氧化铝镀钯有较多的优点,然而使用它除氧时要求一定量的过量氢,否则不能得到较高的除氧性能。而这些过量氢会污染工艺氩,对于直接生产灯泡氩有影响,这一点不如活性铜。加氢催化除氧是借助催化剂的作用,使氢、氧直接反应,当粗氩中的氧达到一定浓度后,便有爆炸的危险。这就要求空分装置操作稳定,控制仪表能迅速、正确指示。因氢和氧间接化合成水,活性铜除氧比较安全。也正因为这个反应过程是间接的,除氧时对氢气的质量就不需要像使用活性氧化铝镀钯和活性氧化铝镀铂作催化剂时那样高。

氢和氧在触媒炉中经催化剂催化后合成水蒸气,但反应后不可能把全部氧和氢结合转变成水。反应后的残余含氧量可从化学平衡得到。因为

$$2H_2+O_2\longrightarrow2H_2O+Q$$

所以存在以下关系:

$$p_{O_2}=\frac{p_{H_2O}^2}{p_{H_2}^2K_p}$$

式中,p_{O_2}、p_{H_2}、p_{H_2O} 分别为反应后气体中的氧、氢和水蒸气的分压;K_p 为平衡常数。

由上式可知,反应后的残余含氧量与水蒸气含量平方成正比,与过量氢平方成反比,故适当增加过量氢有利于减少残余含氧量。

平衡常数 K_p 值与反应温度成反比,与温度 T 的关系式如下:

$$\ln K_p = \frac{25116.1}{T} - 0.9466\ln T - 0.0007216T + 0.618 \times 10^{-6}T^2 - 1.714$$

因此,催化反应的反应温度低一些有利于除氧过程的进行。但反应温度也取决于所用催化剂的特性。例如,用活性氧化铝镀钯作为催化剂时,由于金属钯在室温时对氢的吸收能力很强,可以在常温下进行加氢除氧,而用活性氧化铝镀铂催化时一般需要高于 $60\ ℃$,用活性铜时则必须高于 $400\ ℃$。同时反应的温度也取决于粗氩中氧含量的大小。氢和氧反应过程放出的热量 Q 与反应温度 T 的关系式如下:

$$Q = 477400 + 26.13T - 0.007720T^2 + 4.011 \times 10^{-6}T^3$$

在粗氩除氧的反应温度范围内,粗氩中每增加 1% 的氧量可使反应后的气体温度升高约 $230\ ℃$。所以粗氩除氧时的反应温度与粗氩中原始的含氧量有关。同时反应温度与触媒炉是否冷却也有密切的关系。因为催化剂能吸附水分使其性能下降,为了使催化剂保持高的除氧性能,催化剂的工作温度一般需要保持在 $130 \sim 400\ ℃$ 范围内。

氢和氧的催化反应过程与催化剂的颗粒大小以及气流速度有关,使用小颗粒的催化剂以及增加气体的流速有利于反应的进行,但都受到催化剂层的阻力限制。例如,目前使用活性氧化铝镀钯的粒度为 $\phi 4\ mm \times 5\ mm$,流速为 $0.4 \sim 0.5\ m/s$。

触媒炉的容积可按下式进行计算:

$$V = \frac{V_s}{C_o}$$

式中,V 为触媒炉的工作容积(m^3);V_s 为气体通过触煤炉的容积流量(m^3/h);C_o 为触媒炉的空速(即每小时通过每立方米触媒炉容积的工作气体流量,L/h)。

空速也称为容积速率,各种催化剂的空速都由实验测得。空速大说明催化剂的活性好,单位时间内能处理的气体量大,或处理相同气量时所需的催化剂用量少。

通过触媒炉的容积流量 V_s 是由两部分组成的:粗氩量和环流量。环流的目的在于用工艺氩稀释粗氩中的含氧量,当粗氩中含氧量不大时环流量可以是零。

关于触媒炉的结构形式,实验显示分层的触媒炉较单层的触媒炉有较好的除氧效果。第一层粗氩和氢没能均匀混合而使氧不能完全除尽,则可在二层之间的空间得以重新混合,再进入第二层除氧。这样的效果显然比单层好。

表 7-20 列出两种结构的触媒炉除氧性能的实验数据。

表 7-20　两种结构的触媒炉除氧性能的实验数据

结构形式		粗氩中氧浓度/(%)	空速/(L/h)	过量氢值控制范围/(%)	除氧后残余含氧量/10^{-6}	催化剂层温度/K	
直径/mm	长度/mm					上层(第二层)	下层(第一层)
85	第一层180	1	8800	0.06~0.08	0.03	145	125
	第二层140	2	8800	0.08~0.10	0.05	210	170
100	200	1	8800	0.08~0.10	0.15	120	
		2	8800	0.09~0.11	0.15	205	

触媒炉的除氧工艺大致有以下三种组合方式:①单用钯或铂催化剂除氧;②先用铜炉除氧,再经钯或铂触媒炉,这样能适应氧含量的较大变动,不致因氧含量突然过高而引起催化剂

烧坏;③先经铜炉除氧,再经干燥器干燥,最后在触媒炉中除尽氧,这样的除氧效率较高,但工艺过程复杂。

催化剂的使用寿命一般为 10~15 年,与氢的纯净程度有关,氢中应无毒害催化剂的物质。对于不易获得氢源的地区,可以考虑用 NH_3 分解制氢或者直接以 NH_3 与氧反应。

$$4NH_3 + 3O_2 \longrightarrow 2N_2 + 6H_2O$$

用活性氧化铝镀铂催化剂,控制温度在 200~500 ℃,适宜空速为 500~1000 L/h,过量 NH_3 为 0.3%~0.5%。反应后残余的氧量可小于 5×10^{-6}。

(2) 工艺氩除氮氢。用化学法除氧后获得的工艺氩,含有 1%~4% 的 N_2 和 0.5%~1% 的 H_2。欲提取纯氩,还必须进一步清除工艺氩中的氮和氢。由于氩、氮沸点相差较大(达 10 ℃),用低温精馏法分离氩-氮混合物所获得的纯氩产品中,含氮量可低于 0.0001%。工业上用低温精馏法分离氩-氮混合物的工艺流程如图 7-26 所示。工艺氩经过热交换器 1,被粗氩塔排出的粗氩和纯氩塔 2 塔顶排出的废气冷却至饱和蒸气的温度。然后节流至压力 $(1.3~1.5) \times 10^5$ Pa,以过热蒸气状态进入纯氩塔中部。工艺氩在纯氩塔精馏段与塔顶流下的回流液进行热质交换,上升蒸气中的氩组分不断凝结进入回流液中,而回流液中的氮组分不断蒸发进入上升蒸气。上升到塔顶的氩蒸气(温度约为 88 K)被冷凝器管间的液氮(温度约为 79 K)冷凝,形成纯氩塔的回流液。冷凝液体流至纯氩塔提馏段,与纯氩塔蒸发器蒸发形成的上升蒸气进行热质交换,回流液中的氮不断蒸发,使氩含量不断提高。最后在塔底可获得纯度大于 99.99% 的纯液氩。产品液态氩排入液氩贮罐 3,用液氩泵 4 加压至 1.50×10^7 Pa,经汽化器 5 汽化充瓶或管道输送至用户。

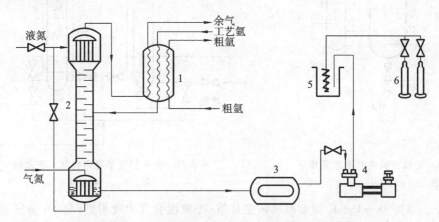

图 7-26　低温精馏法分离氩-氮混合物工艺流程示意图
1—氩换热器;2—纯氩塔;3—液氩贮罐;4—液氩泵;5—汽化器;6—充瓶台

液氩排放时,为了避免其汽化而引起液氩泵的气蚀,影响液氩泵正常工作,可以在液氩排放至液氩贮罐前加液氩过冷器;用液空或液氮使液氩过冷,保持液氩过冷 6~8 K。

工艺氩中含有 0.5%~1% H_2,甚至还有更大的波动。这会使纯氩塔氮-氩分离的精馏过程不易稳定。为了改善纯氩塔的精馏工况,可以在工艺氩进入纯氩塔前,用分凝器把工艺氩中的氢预先分离出来。

这种工艺流程如图 7-27 所示。工艺氩经热交换器 1 预冷后进入纯氩塔 2 的蒸发器,部分工艺氩被蒸发器管间的液氮液化,再经过氢分离器 3,分离后的氢气返回除氧系统,液态氩-氮混合物进入纯氩塔中部,由于回收了工艺氩中的过量氢,可以降低 30%~50% 的氮消耗量。

纯氩直接排放,会影响纯氩塔操作工况的稳定性。因此在纯氩出口管路上附加液氩计量罐,定期排放液氩,这有利于纯氩塔的稳定操作。有些提氩工艺,液氩通过液氩计量罐,使液氩过冷,或者用空气通过液氩计量罐,当纯氩塔开车时,若液氩纯度不符合要求,可以对液氩加热,使其返回纯氩塔,减少氩损失。

2)用分子筛低温吸附法制取纯氩

由于分子筛具有选择性吸附的能力,因此出现了采用分子筛低温吸附法制取纯氩的工艺。图 7-28 为分子筛低温吸附制氩工艺流程图。

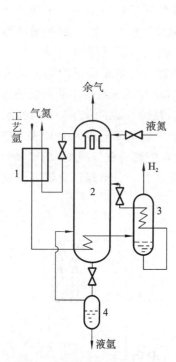

图 7-27 带氢分离纯氩提取流程
1—热交换器;2—纯氩塔;3—氢分离器

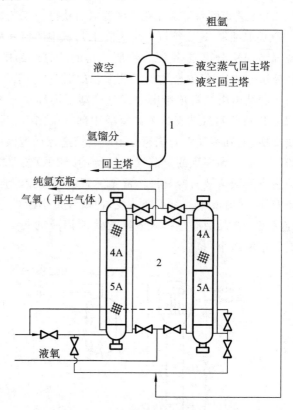

图 7-28 分子筛低温吸附制氩工艺流程
1—粗氩塔;2—吸附器组

5A 分子筛在 88~150 K 温度范围内能从氩-氧-氮混合气中吸附氮;而 4A 分子筛在 90 K 时(吸附压力为常压)能有效地吸附氧,但在混合气体中氮含量应低于 0.14%(由于 4A 分子筛吸附氮分子后将显著降低对氧的吸附),所以用分子筛清除粗氩中的氧、氮杂质时,让粗氩先经 5A 分子筛除氮,再经 4A 分子筛除氧。目前采用的工艺流程是在常压下进行,粗氩由粗氩塔直接进入分子筛吸附器,吸附压力约为 1.15×10^2 kPa。氩的液化温度为 88.4 K,所以吸附温度在 90 K 时最佳。这样可防止因氩的液化而影响吸附器的吸附效果,同时又使分子筛具有较大的吸附容量。一般 4A 分子筛对氧的吸附容量约为 20 mL/g,5A 分子筛对氮的吸附容量为 70~80 mL/g。分子筛吸水后将大大降低吸气的性能,特别是 4A 分子筛,当吸附水分量达分子筛本身质量的 1.4% 时,对氧就完全停止吸附。用 450~500 ℃加热或通 300 ℃干氮气加热 2~3 h,就能较好地烘干分子筛,恢复其吸附能力。

为了使吸附器在 90 K 的低温下工作,必须向吸附器供给合适的冷源。冷源一般由空分装置供给。如果空分装置冷量不足,也可考虑设置附加冷源。4A 分子筛对温度较为敏感,温度稍升高几度,对氧的吸附容量就减少较多,因此应放在较低温度一端。目前采用的冷源有三种,即液空、液氮和液氧,各有其优缺点。大多数用液空作冷源,液空从下塔底部抽出经乙炔吸附器,再节流减压至$(2.6\sim3.0)\times10^2$ kPa后进入分子筛吸附器的冷源通道。液空通过吸附器的冷源通道后再节流至1.5×10^2 kPa,进入粗氩塔冷凝器的液空侧空间。因为可以改变液空的含氧量和节流后的压力,所以可以方便地调节吸附器的冷却温度。用液氮作冷源时,可改变液氮的压力来调节吸附器的操作温度,在不生产高纯氮的系统中采用液氮作冷源是可取的,这样对主塔的影响较小。用液氧作冷源时温度稳定,对空分塔影响较小,冷量利用也较合理,但用液氧作冷源的温度较前两者高。

分子筛对氧氮的吸附达到一定程度后就需再生,使吸附剂恢复到原来的吸附容量。目前再生方法是用升温法和真空法,均能达到较完全的再生。分子筛升温时用$130\sim150$ ℃干氮气通入吸附器,吸附器出口氮气温度达55 ℃左右时升温就结束,开始抽真空。为让吸附剂吸附的氧和氮尽量地释放出来,要求真空度达到1.33 Pa。抽空之后吸附器中充入纯氩,以吹扫留在吸附层中的少量氧、氮,直到吸附器出口的氩气达到纯氩标准(即 N_2 含量小于 2.0×10^{-4})时再生即结束。紧接着可通过冷源进行预冷,在预冷过程中分子筛要吸附一定量的气体。为保持吸附器的正压,此时应输入纯氩。这一过程中冷量消耗较大,因此在空分系统里应有液态冷源的储存设备,或者预冷过程要缓慢进行,以减小对空分塔的影响。

当达到工作温度后,即可通入粗氩进行逐层吸附。分子筛开始吸附氮或氧时将置换出预冷过程中吸附的氩,此时吸附器出口处可得到99.99%的精氩。

吸附器工作时间的长短与再生是否完善有关,还取决于粗氩中氧、氮杂质的数量。同时由于4A分子筛吸附氮后将影响吸附氧,因此要求5A分子筛吸附氮比较彻底。

分子筛吸附法制取纯氩与原来的除氧设备、去氮塔制纯氩相比有流程简单、操作方便、纯氩质量稳定、成本降低的特点,但目前只能在小容量的制氩设备上使用。同时分子筛吸附器在比较大的温度范围$(90\sim430$ K)内工作,要求有高度的密封性,因此对阀门、管道连接以及设备的严密性要求较高。

4. 氖、氦的提取

1)氖、氦概述

空气中的氖、氦相对于其他组分,其沸点最低。在空分装置中,氖、氦以不凝性气体的状态集中于主冷凝蒸发器氮侧顶部(下塔顶),所以氖、氦原料气就从主冷凝蒸发器的顶部取出。氖、氦原料气的纯度与主冷凝蒸发器的结构形式有关。对于短管式冷凝蒸发器,氮在管内冷凝,提取的原料中氖、氦的浓度为 5%~15%。长管式冷凝蒸发器氮在管外冷凝,因主冷温差小,抽的原料气中氖、氦的浓度只有 0.1%~0.15%。从板翅式主冷凝蒸发器抽取的原料气中氖、氦的浓度为 0.15%~0.4%。

从空分装置提取氖、氦气的工序大致分成三步:第一步制备粗氖、氦气;第二步制取纯氖、氦混合气;第三步氖与氦分离,获得纯氖及纯氦产品。

2)粗氖、氦气的制备

从空分塔抽取的原料气,其氖、氦的含量太低,必须加以浓缩,也就是要除掉其中的大量氮组分。由于氮与氖、氦沸点差很大(相差 50 K 以上),采用分凝的方法就能达到满意的分离效果。如图 7-29 所示,通过辅塔或分凝器用空分装置低压氮作冷源。在辅塔盘管中低压液氮蒸发放出冷量,使辅塔内上升蒸气中的氮组分部分冷凝,直至塔顶即可得到含氖、氦约 50%,氢为 1%~3%,其余为氮的粗氖、氦混合气。

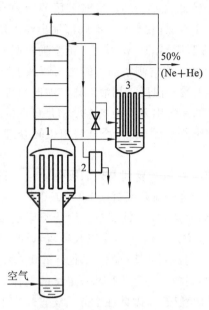

图 7-29 管式冷凝蒸发器的粗氖氦
提取过程示意图

1—冷凝蒸发器；2—过冷器；3—辅塔

也有采用列管式冷凝蒸发器作为提取粗氖、氦混合气的分凝器。分凝器采用主塔节流以后的低压液氮作冷源，在列管内进行分凝，在分凝器的顶部得到含氖、氦 40％～50％ 的粗氖、氦混合气。

3）纯氖、氦气的制备

粗氖、氦混合气中尚存有约 50％ 的氮组分、1％～3％ 的氢组分，必须经过除氢、除氮两个工序才能得到纯度大于 99.95％ 的纯氖、氦混合气。

除氢一般是通过加氧催化法，向粗氖、氦混合气中配入当量氧气，在铜炉或催化器中，在活性铜或者铂催化剂的催化作用下，氢、氧化合生成水。其原理与粗氩净化除氧的方法相同，所生成的水再由硅胶干燥器净除。

粗氖、氦混合气的除氮方法有两种：①冷凝法。用温度更低的负压氮作冷源，使加压后的粗氖、氦气中的氮组分进一步冷凝。②吸附法。在低温条件下，使粗氖、氦气通过活性炭吸附除氮，或者常温下用 5A 分子筛吸附除氮，也有的流程兼用这两种方法除氮。

德国林德公司 10000 m³/h 制氧机粗氖、氦除氮采用了冷凝和吸附相结合的方法，见图 7-30。粗氖、氦气经膜式压缩机加压，进入常温吸附器 2，经冷却器 4 后，进入浸于负压液氮槽中的盘管冷凝器 6，在其中大部分氮冷凝，形成的气液混合物在气液分离器 7、8 中进行气液分离后，气体进入吸附器 9～12 吸附除去残余氮，成为 99.95％ 纯氖、氦，而从气液分离器分离出来的液氮节流进入液氮槽。

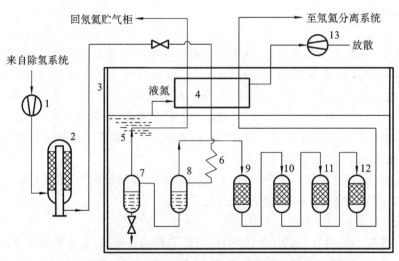

图 7-30 林德公司 10000 m³/h 空分装置粗氖、氦除氮系统工艺流程

1—膜式压缩机；2—常温吸附器；3—低压液氮槽；4—换热器；5—液氮；
6—盘管冷凝器；7—第二气液分离器；8—第一气液分离器；9～12—吸附器；13—真空泵

这种流程除氮效果的关键在于冷源的温度,操作中必须保证液氮槽的液氮液面及所要求的真空度。

4)纯氖、氦混合气的分离

氖、氦的沸点有23 K左右的差值,可以采用冷凝的方法将两者分离。也可以根据凝固温度的不同采用冻结法,此外还有吸附法。

(1)冷凝法。

这种方法要控制在某一特定温度,使高沸点的氖冷凝,而氦仍保持气态,达到分离的目的。这种分离由相平衡决定,氖的纯度最高达99.9%,氦的纯度只能达到98%。依据冷源的不同,分为三种流程。

①以液氢为冷源的冷凝法。将氖、氦混合气加压,进入常压液氢槽,液氢的温度为27.5 K。在此温度下,混合气中的氖大部分成为液氖。而气体含氦88%~92%,需要再纯化才能得到纯氦气。

②附设氦制冷机的冷凝法。这种方法一般采用氦预冷并用氦制冷机提供冷量使氖液化。液化后的氖再经过精馏制得纯氖。氦制冷机将纯氖、氦混合气冷却到25~26 K。

③以混合气自身的节流效应制冷的冷凝法。为了增加等温节流循环制冷量,氖、氦混合气需要加压至15 MPa。使节流前温度降至47 K,先节流至3 MPa,得到一部分液氖,再节流至0.05 MPa,进入分馏塔,分馏塔的热源应用电加热器。该流程见图7-31,这种流程的特点是不附加另外的冷源,采用冷凝和精馏相结合的方法能够获得高纯氖,氖气纯度可达99.99%,目前被广泛应用。

(2)冻结法。

此法用减压液氢作冷源,保持13~15 K。在此温度下氖冻结而氦保持气态,以使两者分离。使用这种方法可以同时获得高纯氖和氦,纯度均在99.9%左右。由于固化的氖需要加热熔化后才能作为产品引出,因此这种分离过程是间断进行的。因为需要消耗氢气,所以还得专设一套氢液化装置,且运行安全性差,这些限制了此法的应用。

(3)吸附法。

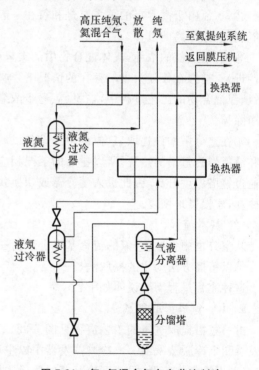

图7-31 氖、氦混合气自身节流制冷
分离和纯化工艺流程

按照解吸方法的不同,分为变压吸附和变温吸附。变温吸附是在高压、低温条件下吸附,低压高温下解吸。利用全低压制氧机下塔顶部0.5~0.6 MPa的压力(不加压),只要用液氮作冷源吸附,即可同时制取纯度99.9%的氦与纯度99.98%的氖。只要各部分吸附器成对交替使用,就能连续供气。

吸附器为列管式。为了同时吸附纯氖和纯氦,流程中需设置氖吸附器和氦吸附器,在67 K下吸附。解吸时在管外用200 ℃空气加热,解吸中所释放的气体要加以回收。氖吸附器解吸时,压力由0.6 MPa降至0.4 MPa即解吸出全部氦和1/3氖,此解吸气应进入氦回收吸附器。加热再释放的气就为99.98%的纯氖。解吸后需充纯氦冷却至67 K,以备切换使用。氦回收吸附器的解吸与氖吸附器相类似,不过解吸释放的气为纯氦。变温吸附法,解吸彻底,提取率高,但操作复杂能耗高。

变压解吸时,吸附床层的温度几乎不变,只利用压力效应进行解吸。具体应用时,纯度大于99.9%的氖、氦混合气在液氮温度下吸附分离,制取99.5%粗氦和平均纯度为96%～98%的粗氖。粗氖、粗氦加压再分别进行第二次吸附,获得纯氖和纯氦。

5)氪、氙的提取

氪、氙是空气中高沸点组分,在空分塔中氪、氙通常和气氧或者液氧在一起。这样从空分装置制取氪气、氙气首先要从产品氧中提取原料气(贫氪),再使贫氪中的氪、氙浓缩成粗氪,然后经过多次纯化得到纯氪、氙混合气,最后将氪、氙分离出来得到产品氪和产品氙。

(1)氪、氙提取的特点。

①氪、氙在空气中的含量极微,氪约为1.0×10^{-6},氙约为8.0×10^{-8}。提取这么微量的气体,势必要经过多次的浓缩、提纯。这就使氪、氙的提取十分困难,提取氪、氙的工艺流程十分烦琐,而且其最后的产量往往也是很少的。

②氪、氙由于高沸点的关系总是和氧在一起,所以提取贫氪和粗氪的过程,主要就是一个把氧和氪、氙分离的过程。

③随着氪、氙的浓缩,气体混合物中的碳氢化合物也必然跟着一起浓缩(由于其沸点与氪、氙接近)。这样在伴随大量氧存在的情况下,碳氢化合物的浓缩将带来爆炸的危险,因此在提取氪、氙混合物的工艺过程中,在氪、氙逐步浓缩的同时,必须通过催化方法不断地把碳氢化合物净除掉。

④在空分塔增设提取氪、氙的附加设备以后,一般伴随冷损增加,同时主塔要抽取部分液空和液氮作为氪塔的冷源,所以主塔的工况相应地受到一些影响。在启动氪塔的时候,由于氧气通过氪塔温度升高,因此进入蓄冷器或切换式换热器的氧气温度要相应回升。随着塔的逐步冷却,才慢慢地恢复。

(2)基本流程。

从空分塔中提取氪、氙的流程基本上分为三种类型。

①以精馏方法为主的提取法。

这种流程过程简要说明如下:

a.由一氪塔提取贫氪。

由一氪塔提取贫氪的工艺流程见图7-32。一氪塔采用一般的精馏塔板结构,具有上冷凝蒸发器和下冷凝蒸发器。上冷凝蒸发器中以主塔来的液空为冷源,使上升蒸气冷凝成回流液(也有采用液氮作冷源的)。下冷凝蒸发器以主塔的中压氮气作热源,使液相贫氪中的氧组分蒸发产生上升蒸气。蒸发以后的液空蒸气回到主塔上、下冷凝蒸发器。

冷凝以后的液氮送入主塔上塔顶部,参加主塔的精馏过程。由主塔来的氧气送入一氪塔的中部,在其上升过程中被回流液洗涤。氧气中的氪、氙组分就集中到回流液中;上升氧气(已分离出大部分的氪、氙)小部分在上冷凝蒸发器中为液空所冷凝而形成回流液,大部分则作为产品氧引向主换热器。回流液在一氪塔的下部继续和下冷凝蒸发器蒸发产生的上升蒸气进行热质交换,使回流液中的氪、氙组分进一步浓缩,最终在一氪塔底部得到含0.1%～0.3%氪与氙的贫氪。贫氪液经快速蒸发器蒸发成气相贫氪送出。

在一氪塔的下部还同时加入由二氪塔顶部排出的蒸气以进一步回收其中的氪、氙组分。

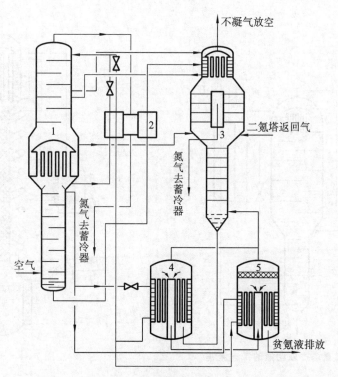

图 7-32　由一氮塔提取贫氪的工艺流程

1—精馏塔；2—换热器；3——氪塔

b. 催化净除碳氢化合物。

在一氪塔中氪、氙浓缩的同时，碳氢化合物也浓缩了。为了清除碳氢化合物，先将贫氪压缩至 0.5 MPa 后，经过两组银铝触媒接触炉，在 500～550 ℃ 工作温度下，贫氪中的碳氢化合物和氧经过催化反应并使其中水分冷凝，经过分子筛吸附器或碱溶液吸附 CO_2，然后再进入第二组接触炉连续净除碳氢化合物。

c. 由二氪塔提取粗氪。

二氪塔的作用是把含 0.1％～0.3％氪与氙的贫氪浓缩分离，获得 40％～80％的粗氪。二氪塔的作用原理和结构与一氪塔相似，其工艺流程见图 7-33。下冷凝蒸发器用高压或中压空气作热源，主塔的液氮送入上冷凝蒸发器作冷源。蒸发后的液空蒸气与中压空气进行热交换复热后排放；贫氪在二氪塔中经过精馏，在底部得到粗氪；顶部排气送往一氪塔继续回收其中的氪、氙组分。

随着贫氪在二氪塔中浓缩，贫氪中的碳氢化合物也随着浓缩，所以出二氪塔以后的粗氪也要通过相同的催化净除设备（但不宜使用分子筛吸附器，因为氪、氙的吸附损失很大），把粗氪中的碳氢化合物净除掉。

d. 由三氪塔进行氪、氙分离。

三氪塔的结构示意图见图 7-34。它通常是一个间歇精馏的填料塔，在塔的顶部有冷凝蒸发器，塔的底部有液氮夹套。三氪塔是利用间歇精馏的原理提取纯氪、氙混合气体并进行氪、氙分离的。其工作过程如下：

ⅰ. 通过液氮罐往液氮夹套内充灌液氮。随着三氪塔底部慢慢地冷却，逐步导入粗氪气，当三氪塔底部温度降到−170 ℃时，说明底部已充分冷却好，继续导入粗氪至三氪塔内压力不

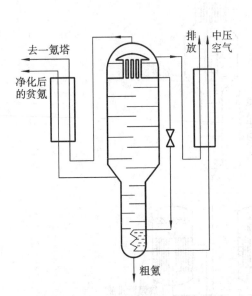

图 7-33 由二氪塔提取粗氪的工艺流程

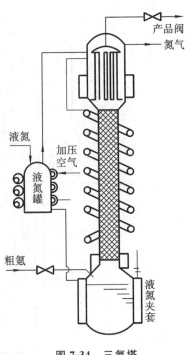

图 7-34 三氪塔

再下降为止,然后将进口阀门关闭。

ⅱ. 随着液氮的汽化,通过管道导入上冷凝器管间以冷却三氪塔的上部。随着上冷凝器工作的开始,在三氪塔顶部产生回流液,三氪塔内开始精馏过程。

ⅲ. 三氪塔顶部的产品阀保持关闭,进行全回流精馏半小时,然后对塔顶排气进行取样分析。若顶部排气中不含有氪、氙,就可以打开产品阀进行排放。只要排出的氮气中含氪与氙少于1%,就可以导入贫氪中进行再次提纯。此时应注意三氪塔内上、下温度和压力应保持稳定。

ⅳ. 当氮气接近排完时,可以发现三氪塔底部温度显著升高,塔内压力显著下降,这时就要关闭产品阀,再次进行全回流精馏半小时。然后间歇排放馏分数次,并取馏分进行分析。此时可发现由于氪的蒸发,排气中含氪量逐步升高,馏分可以排到馏分贮罐以便再次提纯。待顶部排气中含氪量达到99.95%~99.99%时,就可以作为产品氪导出。

ⅴ. 当三氪塔底部温度再次升高,塔内压力又降低时,说明氪的蒸发已经接近完毕。这时要关闭产品阀,再次进行全回流精馏,然后间歇排放氙馏分,直到排气中氙组分含氙量达到99%时,氙馏分的取出过程才告结束,然后在三氪塔下部通入加热空气使其汽化并把塔顶的排气作为产品氙气导出。

ⅵ. 所得产品氪、氙纯度还不够高,而且由于三氪塔中在氪、氙浓缩的同时,碳氢化合物再次被浓缩,为此三氪塔出来的氪、氙还需要通过一系列催化、吸附净除设备除去碳氢化合物,并且通过活性炭低温吸附再次提纯,从而得到高纯度(99.95%~99.99%)的产品氪、氙。

氪塔采用填料塔结构时,塔内采用8 mm×8 mm、70目磷铜丝网压制而成的马鞍形填料,理论等板高度为120 mm/块。三氪塔也可采用螺旋式的冷凝蒸发塔。

②以吸附为主的提取方法。

一氪塔与前述相同,贫氪用细孔硅胶低温吸附浓缩,吸附温度为90 K,冷源采用液氧。为防止液化现象的发生,液氧蒸发压力必须高于吸附压力。而后用纯氮置换被吸附的氧,纯氮流速为 0.5 cm/s,控制出口气体中氧含量,达到 2% 为止。撤除液氧冷源,将解吸出来的气体通过小容量吸附器,仍然在 90 K 条件下吸附 $30\sim35\text{ s}$。小吸附器回收浓度低于 10% 的初解吸气。浓度大于 10% 的作为粗氖回收。当吸附器出口温度达 200 ℃ 时,氖解吸完毕。通入少量氮置换氖。这种解吸,即先解吸氧,再解吸氮,最后为氖,称为分层解吸。

设置小吸附器的目的是提高氖的提取率。其中所装填的硅胶量为大吸附器的 $10\%\sim15\%$,解吸气并入产品气中。此时产品气中,氖与氦含量共为 $35\%\sim65\%$,甲烷含量为 $5\%\sim20\%$,氧含量为 $1\%\sim2\%$,其余是氮。甲烷在 $700\sim800\text{ ℃}$ 在氧化铜催化下与氧反应予以清除,同时也清除其他碳氢化合物。

经催化设备后,粗氖中仍含有大量氮、氧,少量氩、甲烷等。先通过低温(液氮温度下)冷凝,使氖、氦成固相析出,其余杂质抽真空排出。然后用活性钙在高温下用化学吸收法除去微量氧、氮。反应方程式为

$$2Ca+O_2 \xrightarrow{750\text{ ℃}} 2CaO$$

$$2Ca+N_2 \xrightarrow{750\text{ ℃}} Ca_2N_2$$

经过多次低温冷凝和高温化学吸收的反复作用,可得到纯氖、氦混合气。纯氖、氦混合气再经过活性炭吸附器在 -78 ℃(酒精和干冰)下吸附,首先吸附氦和部分氖,得到纯氖。抽提中间馏分,提高富氦中的氦组分浓度,富氦再次经活性炭吸附,温度为 $-60\sim-50\text{ ℃}$,而后解吸,得到纯氦。

③大型色谱法。

将粗氖通过载气进入大型色谱分离柱中进行多次吸附,解吸的层析过程中分离成载气加氦、载气加氖、载气加氮、载气加氧、载气加氩,载气通常采用氢气。然后各二元组分分别通过吸附分离柱与载气氢分离,载气氢被回收后循环使用。而在氢与氖的吸附分离柱处得到纯氖,在氢与氦的吸附分离柱处可获得纯氦。

为了提高氖、氦的提取率,林德公司提出,在主冷换热器上面装三块截流塔板,用来减少提取气氧产品时所造成的氖、氦损失。主冷液氧换热器中氖、氦已经浓缩了 40 倍,其含量氖为 4.0×10^{-5}、氦为 3×10^{-6}。

此外,在催化清除甲烷等碳氢化合物的生产环节上,为了减少泄漏损失,采用膜式压缩机加压而不用活塞式压缩机。在结构及管路设计上,尽量减少法兰螺栓连接、波纹管、阀等,安装上十分精心,这样才有可能使氖、氦提取率达到 70%。

第8章　板翅式换热器

8.1　概　述

1. 板翅式换热器的发展

板翅式换热器(plate-fin heat exchanger)首先使用于汽车与航空工业中,最早生产的是铜质浸焊的板翅式换热器。20 世纪 40 年代中期出现了更为轻巧的铝质浸焊板翅式换热器,随后研究与使用了更多结构形式的翅片,使得板翅式换热器更加紧凑、轻巧。50 年代开始在空气分离设备中应用板翅式换热器,板翅式换热器的研究、实验、设计与制造也得到了有力的推进。目前,板翅式换热器在低温技术、石油化工、制冷等工业部门广泛使用。

在板翅式换热器初期的发展阶段,对其传热机理与设计依据缺乏认识,再加上结构与工艺方面也存在一些问题,因此在相当长的一段时间内处于摸索状态。20 世纪 40 年代,美国海军研究署、船舶局、航空局等在此方面做了大量的研究工作,后来凯斯和伦敦两人合著了《紧凑式换热器》,较系统地总结了研究成果,目前这已成为设计板翅式换热器的基础文献。

板翅式换热器发展过程中的另一个问题是制造工艺。其中主要是局部脱焊,即在钎焊过程中局部没有焊牢而形成薄弱的环节,这导致板翅式换热器承压能力下降,或在承压变负载的切换式换热器中产生疲劳破坏。这个问题也经历了一个漫长而曲折的过程才得以解决。

我国板翅式换热器的研制始于 20 世纪 60 年代中期,由杭州制氧机厂、营口通风机械厂、开封空分设备厂等单位协作,先后研制了 600 m³/h、3200 m³/h、10000 m³/h 等空气分离设备中应用的板翅式换热器。后来,机械工业部组织了攻关小组,重点解决了制造业中的某些关键性问题。1972 年 9 月,机械工业部在开封召开的"板翅式换热器制造技术攻关经验交流会"系统总结了前一阶段的研制与攻关经验,制定了有关的技术文件,为我国板翅式换热器的设计与制造打下了良好的基础。

2. 板翅式换热器在低温技术中的应用

1) 板翅式换热器在气体分离中的应用

目前,板翅式换热器已经被广泛应用在空气分离设备中,空气分离设备使用板翅式换热器的好处如下:①铝制板翅式换热器可以在低温下工作,取代了昂贵的铜质换热器;②由于具有效率高、紧凑和轻巧等特点,空气分离设备采用板翅式换热器之后外形尺寸缩小、跑冷损失减少、膨胀空气量减少、经济指标提高,同时由于整个设备热容量的减少,启动时间缩短;③采用切换式板翅式换热器代替蓄冷器之后,由于尺寸缩小、切换周期延长,可以减少切换时的空气放空损失,降低电耗,使空气分离设备的运行工况更加稳定。

除了空气分离之外,板翅式换热器还广泛应用于石油化工、天然气及合成氨尾气的分离设备中。

2) 板翅式换热器在深低温及其他工业领域中的应用

板翅式换热器可以在 200 ℃到绝对零度的温度区间内工作。对于液氢和以液氢精馏生产重水的装置,板翅式换热器在氢纯化工艺中获得了满意的使用效果,它能够满足在液氢温度下制取氖的全部工艺要求。

20 世纪 60 年代以后,板翅式换热器在大型氦液化器与大型氦制冷装置中也得到了广泛的应用。

根据板翅式换热器的结构特点,它比较适合于在低、中压范围内工作,但目前已经可以承压 9 MPa 以上,更加扩展了使用范围。

3. 板翅式换热器的特点

(1)传热效率高。由于翅片对流体的扰动使边界层不断破坏,因此具有更大的换热系数;同时由于制造板翅式换热器的金属具有高导热性,因此板翅式换热器传热效率高。

(2)紧凑。板翅式换热器具有扩展的二次表面,比表面积可达到 $1000 \sim 2500$ m²/m³。

(3)轻巧。紧凑且多为铝合金制造,所以轻巧。

(4)适应性强。板翅式换热器可以适用于气-气、气-液、液-液间各种不同流体的换热,以及发生集态变化的相变换热。通过流道的布置和组合能够适应逆流、错流、多股流、多程流等不同的换热工况。通过单元间串联、并联、串并联的组合,可以满足大型设备不同的换热需要。工业上可以定型批量生产以降低成本,通过积木式组合扩大互换性。

(5)制造工艺复杂,要求严格。

(6)容易堵塞,不耐腐蚀,清洗检修很困难,故只能用于换热介质干净、无腐蚀、不易结垢、不易沉积、不易堵塞的场合。

8.2　板翅式换热器的结构

1. 翅片的结构参数

翅片的几何尺寸常用图 8-1 所示的符号表示。

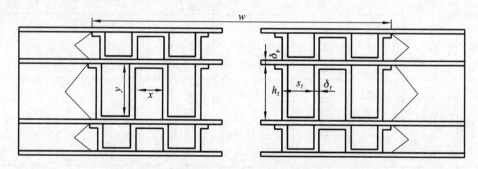

图 8-1　翅片的几何尺寸

翅片高度 h_f;翅片厚度 δ_f;翅片间距 s_f;翅片有效宽度 w;
隔板厚度 δ_p;翅片间距 $x = s_f - \delta_f$;翅片内高 $y = h_f - \delta_f$

根据几何尺寸,翅片结构参数的计算公式如下:

板束 n 层通道自由截面积

$$A = \frac{xywn}{s_f} \tag{8-1}$$

水力半径

$$r_h = \frac{A}{U} = \frac{xy}{2(x+y)} \tag{8-2}$$

式中,U 为通道周长。

当量直径

$$d_e = 4r_h = \frac{4A}{U} = \frac{2xy}{x+y} \tag{8-3}$$

每层通道自由截面积

$$A_i = \frac{xyw}{s_f} \tag{8-4}$$

每层通道传热表面积

$$F_i = \frac{2(x+y)wL}{s_f} \tag{8-5}$$

式中,L 为翅片有效长度。

板束 n 层通道传热表面积

$$F = \frac{2(x+y)wLn}{s_f} \tag{8-6}$$

一次表面面积

$$F_b = \frac{x}{x+y}F \tag{8-7}$$

二次表面面积

$$F_f = \frac{y}{x+y}F \tag{8-8}$$

国产标准翅片的结构参数见表 8-1。

表 8-1　国产标准翅片的结构参数

翅片形式	翅高 h_f /mm	翅厚 δ_f /mm	翅距 s_f /mm	通道截面积 A_i① /m²	传热面积 F_i② /m²	当量直径 d_e /mm	二次表面所占的面积比例 $\frac{F_f}{F}$
平直形	9.5	0.2	1.7	0.00821	12.7	2.58	0.861
	6.5	0.3	2.1	0.00531	7.61	2.79	0.775
	4.7	0.3	2.0	0.00974	6.1	2.45	0.722
锯齿形	9.5	0.2	1.7	0.00821	12.7	2.58	0.861
	6.5	0.3	2.1	0.00531	7.61	2.79	0.775
	4.7	0.3	2.0	0.00374	6.1	2.45	0.722
	3.2	0.3	3.5	0.00265	3.49	3.04	0.476
多孔形	6.5	0.3	2.1	0.00531	7.61	2.79	0.779
	4.7	0.3	2.0	0.00374	5.6	2.45	0.696
	3.2	0.3	3.5	0.00265	3.3	3.04	0.445

注:①通道截面积 A_i 是指有效宽度 $w=1$ m 时的数据;
　　②传热面积 F_i 是指有效宽度 $w=1$ m、有效长度 $L=1$ m 时的数据。

2. 板翅式换热器的基本元件

　　板翅式换热器板束的基本结构及基本元件见图 8-2,它由隔板、翅片、封条、导流板等组成。在相邻的两隔板之间放置翅片及封条,组成一夹层,称为通道。将多个夹层根据流体的不同流动方式叠置起来,钎焊成一整体,即组成板束。板束是板翅式换热器的核心部分,配以必要的封头、接管、支承就组成了板翅式换热器。

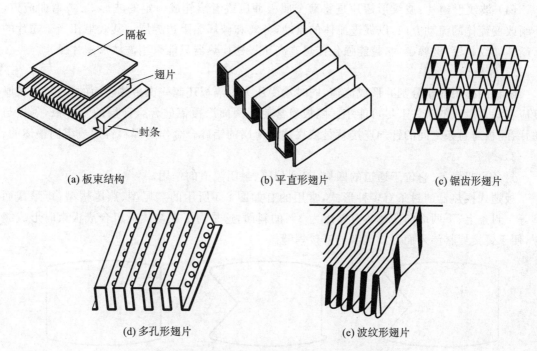

图 8-2　板翅式换热器的板束结构及翅片形式

1）翅片

翅片是板翅式换热器的基本元件,板翅式换热器中的传热过程主要是通过翅片的热传导以及翅片与流体之间的对流换热来完成的。翅片的作用如下:①扩大传热面积,增强换热器的紧凑性。翅片可以看作隔板的延伸和扩大,且翅片具有比隔板大得多的表面积,因而使紧凑性明显增强。②提高传热效率。由于翅片的特殊结构,流体在通道中形成了强烈的扰动,使边界层不断地破裂或更新,从而有效地降低了热阻,提高了传热效率。③提高换热器的强度和承压能力。由于翅片的支撑加固,使板束形成牢固的整体,因此尽管隔板与翅片都很薄,仍然能承受一定的压力。

根据不同的工质和不同的传热情况,可以采取不同结构形式的翅片。常用的几种翅片结构形式见图 8-2。

（1）平直形翅片:由薄金属片冲压或滚轧而成,其换热特性和流体动力特性与管内流动相似。相对于其他结构形式的翅片,其特点是换热系数、流体阻力系数都比较小。这种翅片一般用在要求流体阻力比较小而其自身的换热系数又比较大(例如液侧或者发生相变)的传热场合,且平直形翅片一般具有较高的强度。

（2）锯齿形翅片:锯齿形翅片可看作平直形翅片切成许多短小的片段并相互铺开一定间距而形成的间断式翅片。这种翅片对促进流体的湍动,破坏热阻边界层十分有效,属于高效能翅片,但流体通过锯齿形翅片时其流动阻力也相应增大。锯齿形翅片普遍用在需要强化传热(尤其在气侧)的场合。

（3）多孔形翅片:多孔形翅片是先在薄金属片上冲孔,然后再冲压或者滚轧成型。翅片上密布的小孔使热阻边界层不断地被破坏,从而提高传热性能,也有利于流体均布,但在冲压的同时,也使翅片面积减小,翅片强度降低。多孔形翅片主要用作导流板以及流体中夹杂着颗粒或者相变换热的场合。

（4）波纹形翅片：波纹形翅片是将薄金属板冲压或者滚轧成一定的波形，形成弯曲流道，不断改变流体的流动方向，以促进流体的流动，分离和破坏热阻边界层。其效果相当于翅片的折断。波纹越密，波幅越大，越能强化传热。高压板翅换热器只能采用波纹形翅片。

2）隔板

隔板的作用在于分割并形成流道，同时承受压力。隔板还起一次传热表面的作用，故其厚度应在满足承压的条件下尽可能小。隔板通常使用两面涂覆铝硅合金薄层的复合板，隔板与翅片、隔板与封条之间的钎焊连接就是依靠这一薄层的铝硅合金作为焊料钎焊成牢固整体的。

3）封条

封条也叫侧条，它位于通道的四周，起到分隔、封闭流道的作用。

板翅式换热器的封条有多种形式，常用的有如图 8-3 所示的燕尾型、燕尾槽型、矩形截面型等。封条上、下两面向两侧具有斜度为 3% 的斜面，这是为了在与隔板组合成板束时形成缝隙，便于钎接焊料渗入而形成饱满的钎接焊缝。

(a) 燕尾型   (b) 燕尾槽型   (c) 矩形截面型

图 8-3 封条结构形式

封条与封条之间采用图 8-4 所示的连接方式。

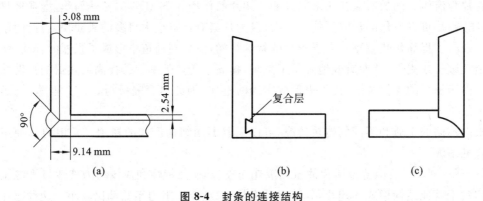

(a)   (b)   (c)

图 8-4 封条的连接结构

4）导流板与封头

导流板位于流道的两端，它的作用是引导由进口管经封头流入板束的流体，使之均匀地分布于流道之中，或是汇集从流道流出的液体，使之经过封头由出口管排出。另外，导流板还有保护翅片及避免通道堵塞的作用。

导流板结构设计的原则可以概括为：①保证流道中流体的均匀分布，以及流体由进、出口管到流道之间的顺利过渡；②在导流板中流体阻力与传热应保持在最小值，在板翅式换热器的设计计算中，有效长度通常采用板束全长扣除导流板长度以后的数值；③导流板的耐压强度应该与整个板束的承压能力匹配；④便于制造。

导流板的布置形式与封头及换热器的结构紧密相关，如图 8-5 所示。

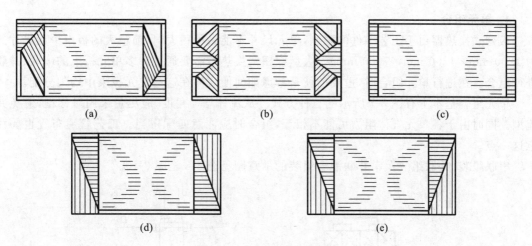

图 8-5　导流板的布置形式

　　封头的结构设计主要取决于工作压力、气流数、换热器的流道布置以及是否切换等。对于工作压力较高的板翅式换热器以及频繁切换的切换式换热器,其封头的结构设计尤应注意连接断面的强度,一般应采用小封头的结构或者其他加强措施,以保证强度。

3.流道布置

　　板翅式换热器可以进行流道的不同组合,各种组合结构示意图见图 8-6。

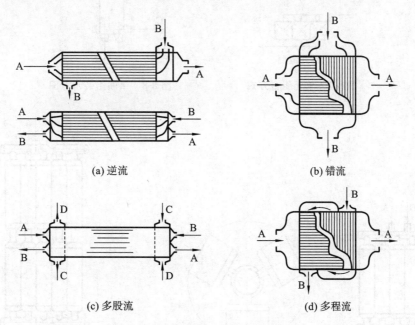

图 8-6　板翅式换热器的流道布置

　　可以组合成逆流、错流、多股流、多程流。逆流是用得最普遍,也是最基本的流道布置形式。错流一般用在其有效温差并不明显地低于逆流温差的场合,或一侧流体的温度变化不大于冷、热流体最大温差之半的情况。例如空气分离设备中的液化器,采用错流布置可以向低压气流提供较大自由流通截面的通道和较短的流道,而有效温差并不明显降低。多股流用于多种流体同时进行换热,如空气分离设备中的切换式换热器。多程流用于压力相差很大的两种流体之间的热交换,高压侧布置成多回路、小截面,以保持较高的流速。

4. 单元组合

板翅式换热器由于工艺条件的限制,单元尺寸不能做得很大(目前最大的板束单元尺寸约为 1200 mm×1200 mm×7000 mm)。大型板翅式换热器需要通过许多单元板束的串联、并联进行组合。在进行单元组合时,重要的就是考虑如何使流体在这些单元板束中均匀分配。

单元组合基本上有图 8-7 所示的三种方式。从流体均匀角度,应尽量采用对称型,避免并流型。同时由于各单元气体阻力可能不相等,组合时应注意匹配得当。工艺管道布置也要注意这一点。

串联组装、并联组装及串并联混合组装的示意图见图 8-8 至图 8-10。

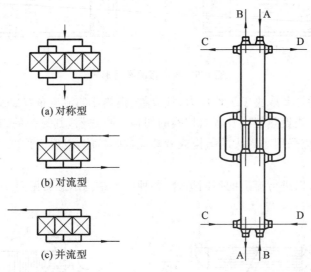

(a) 对称型

(b) 对流型

(c) 并流型

图 8-7 单元组合方式

图 8-8 串联组装示意图

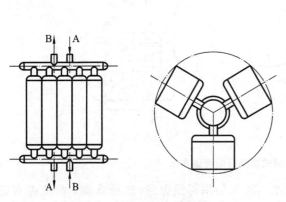

图 8-9 并联组装示意图

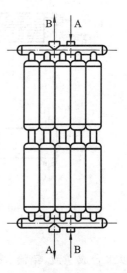

图 8-10 串并联混合组装示意图

5. 空气分离设备中的板翅式换热器

板翅式换热器的基本结构如前所述,作为应用的例子仅举出在空气分离设备中普遍应用的四种换热器。

1) 切换式换热器

空气分离设备中的切换式换热器用来实现空气与污氮、氮及氧等产品气体之间的热交换，并使空气中的水分、二氧化碳冻结消除。老式的 6000 m^3/h 空气分离设备的切换式换热器的热段见图 8-11，它共有两大组，每大组有 5 小组并联，每小组由 2 个单元板束串联组成。

新型的 6000 m^3/h 空分设备的切换式换热器分为两组，每组 4 个单元；冷段、热段各为一个单元，即冷段、热段串联成为一列，两列并联为一组，两组组成整个切换式换热器。单元尺寸为 3300 mm×1000 mm×1140 mm，每个单元有 101 个通道。

对比新、老结构，新结构主要改进之处在于通道的排列方式；冷段适当加长，提高了环流出口的温度，并使 CO_2 冻结清除的条件得到改善；单元尺寸加大，单元数减少，有利于气流均布并使管网系统得以简化。而且新结构的切换式换热器的翅片成型、钎接质量、焊接结构、寿命等均有明显的提高。

切换式换热器的特点如下：①气-气换热，由于换热系数较小，因而采用相对高而薄的（9.5 mm×0.2 mm×1.7 mm 或 9.5 mm×0.2 mm×1.4 mm）锯齿形翅片；②为冻结清除空气中的水分、二氧化碳，空气与污氮通道数相等，气流定期切换；③多股流换热，热段 4 股、冷段 5 股（冷段增加一股环流，以保证不冻结性）。

2) 冷凝蒸发器

冷凝蒸发器的作用是使下塔顶部氮气凝结，上塔底部液氧蒸发，以提供下塔的回流液和上塔的上升蒸气。老式的 6000 m^3/h 空气分离设备冷凝蒸发器的结构见图 8-12。

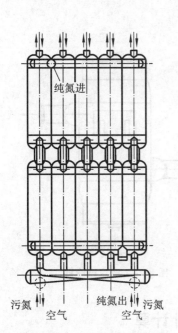

图 8-11　6000 m^3/h 空分设备切换式
换热器的热段

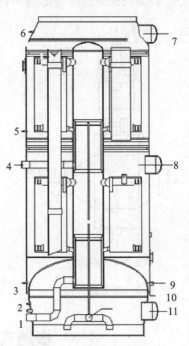

图 8-12　冷凝蒸发器

1—液氮出口；2—下塔压力计接口；3—主冷下层液位计下口；4—主冷下层液位计上口、液氮出口；5—主冷上层液位计下口；6—主冷上层液位计上口；7—主冷上层人孔；8—主冷下层人孔；9—液氧吹除口；10—液氧抽口；11—下塔人孔

新式的 6000 m³/h 空分设备的冷凝蒸发器由 5 个单元组成,星形排列,单元尺寸为 2100 mm×750 mm×560 mm。每个单元有 81 层通道,其中奇数 41 层为氧通道,偶数 40 层为氮通道。与老结构相比,主要改进之处在于改善了板束在冷凝蒸发器中的分布,这有利于传热与流体的动力工况。

冷凝蒸发器采用板翅式的特点如下:①两侧均为相变换热,换热系数较大,故采用相对低而厚的多孔形翅片(6.5 mm×0.3 mm×2.1 mm)或平直形翅片;②一般采用星形单层或多层排列结构,便于与精馏塔一起组装。最新的已经采用卧式排列取代竖排,以降低温差,降低能耗。

3)液化器

液化器主要用来调节切换式换热器冷端温差,保证不冻结性以及产生积累液空。在液化器中空气被冷却液化,污氮(或氧、氮)则被加热。6000 m³/h 空气分离设备的液化器如图 8-13 所示。

液化器采用板翅式的特点如下:①采用错流布置,液空一侧温度基本维持不变;②液空侧发生相变,液侧换热系数比气侧大得多,所以液侧采用低而厚的翅片,气侧采用高而薄的翅片,同时还要采用复叠式布置,以使气侧通道数为液侧的两倍。

4)过冷器

过冷器用于使液空、液氮过冷,以减小汽化率,增加上塔回流液,改善精馏工况。6000 m³/h 空气分离设备的液空过冷器如图 8-14 所示。

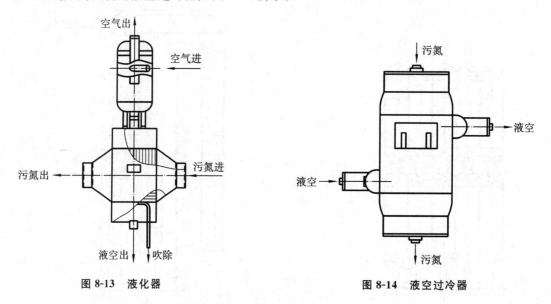

图 8-13 液化器 　　　　　　　　图 8-14 液空过冷器

8.3 板翅式换热器的设计计算

1. 板翅式换热器的换热系数及流体阻力的准则关系

板翅式换热器的换热系数通常是用传热因子、斯坦登数、普朗特数与雷诺数的关系式表达:

$$j = St \cdot Pr^{2/3} = f(Re) \tag{8-9}$$

式中：

$$St = \frac{\alpha}{g_f c_p}, \quad Pr = \frac{\mu c_p}{\lambda}, \quad Re = \frac{g_f d_e}{\mu}$$

其中，g_f 是按自由截面计算的质量流量密度。

板翅式换热器的流体阻力可按下式计算：

$$\Delta p = \frac{g_f^2}{2\rho_i}\left[(\varepsilon_i + 1 - \sigma^2) + 2\left(\frac{\rho_i}{\rho_o} - 1\right) + \xi \frac{F}{A_f}\frac{\rho_i}{\rho_m} - (1 - \sigma^2 - \varepsilon_o)\frac{\rho_i}{\rho_o} \right] \tag{8-10}$$

式中，Δp 为换热器的进、出口压差（Pa）；ρ_i、ρ_o、ρ_m 分别为进口截面、出口截面以及平均的流体密度（kg/m³）；ε_i、ε_o 分别为换热器进、出口的局部阻力系数；σ 为换热器的自由截面与横截面的比值；ξ 为沿程阻力系数。

式（8-10）中，换热表面的摩擦损失是流体阻力的主要组成部分，在一般工程计算中只计算这部分损失，计算公式如下：

$$\Delta p = \xi \frac{F}{A_f}\frac{g_f^2}{2\rho_m} = 4\xi \frac{L}{d_e}\frac{g_f^2}{2\rho_m} \tag{8-11}$$

传热因子 j 与 Re 的关系、沿程阻力系数 ξ 与 Re 的关系，通常以曲线的形式由制造厂提供。常用的板翅式换热器的准则数据见图 8-15。

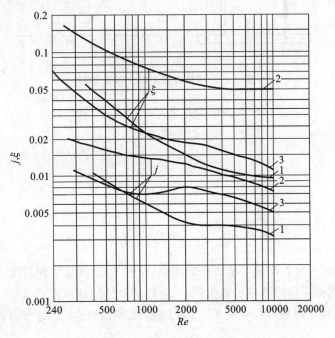

图 8-15 j-Re、ξ-Re 曲线
1—平直形翅片；2—锯齿形翅片；3—多孔形翅片

凯斯和伦敦在《紧凑式换热器》中提供了 56 种翅片的结构参数及其相应的准则关系曲线，只要翅片的结构尺寸与其相接近，就可参考这些准则关系曲线。

2. 翅片效果与表面效率

板翅式换热器属于间壁式换热器，从传热机理来说，它的主要特点是具有扩展二次表面，图 8-16 是板翅式换热器的表面传热机理示意图，图 8-17 为翅片表面的温度分布示意图。

板翅表面的传热计算同翅片管是一样的。板翅表面的对流换热量包括一次表面的换热量 Q_b 及二次表面的换热量 Q_f，即

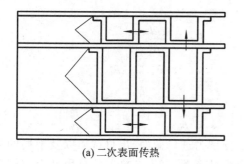
(a) 二次表面传热

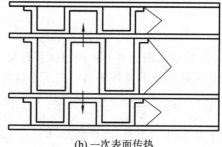
(b) 一次表面传热

图 8-16 板翅式换热器表面传热机理

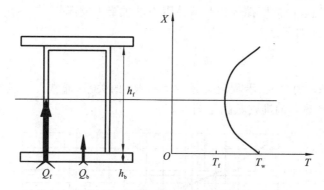

图 8-17 翅片表面温度分布示意图

$$Q = Q_{\mathrm{b}} + Q_{\mathrm{f}} = \alpha(F_{\mathrm{b}} + F_{\mathrm{f}}\eta_{\mathrm{f}})\theta_0 \tag{8-12}$$

或
$$Q = \alpha F_{\mathrm{t}}\eta_{\mathrm{s}}\theta_0 \tag{8-13}$$

其中

$$F_{\mathrm{t}} = F_{\mathrm{b}} + F_{\mathrm{f}}$$

$$\eta_{\mathrm{f}} = \frac{\theta_{\mathrm{f}}}{\theta_0} \tag{8-14}$$

$$\eta_{\mathrm{s}} = 1 - \frac{F_{\mathrm{f}}}{F_{\mathrm{t}}}(1 - \eta_{\mathrm{f}}) \tag{8-15}$$

F_{b} 和 F_{f} 分别是一次表面和二次表面的面积，θ_0 和 θ_{f} 分别是两种表面上对流换热过程的温差。η_{f} 和 η_{s} 分别称为翅片效率和表面效率，它们的数值同翅片形式、翅片参数、一次表面与二次表面的比例及换热过程的特性有关。运用表面效率的概念，带翅表面的传热就可同光滑表面一样进行计算。

3. 单叠布置与复叠布置

根据两侧流体不同强化传热的需要，两股流板翅式换热器的流道布置可以有两种方式。

1) 单叠布置

一个热流体通道与一个冷流体通道相间布置。在对称的两股流单叠布置的板翅式换热器中，翅片的温度分布曲线是对称的，如图 8-18 所示，其边界条件是

热流体通道　　　　$x = 0,\quad \theta = \theta_{\mathrm{h}};\quad x = l_1 = \dfrac{h_1}{2},\quad \left(\dfrac{\mathrm{d}\theta}{\mathrm{d}x}\right)_{\mathrm{h}} = 0;$

冷流体通道　　　　$x = 0,\quad \theta = \theta_{\mathrm{c}};\quad x = l_2 = \dfrac{h_2}{2},\quad \left(\dfrac{\mathrm{d}\theta}{\mathrm{d}x}\right)_{\mathrm{c}} = 0.$

由于翅片温度曲线对称，$\dfrac{\mathrm{d}\theta}{\mathrm{d}x}=0$ 的截面分别为各个通道的中间截面，翅片传导距离为翅片高度的一半。

2）复叠布置

在两个热流体通道之间，夹着两个冷流体通道，或者两个冷流体通道之间，夹着两个热流体通道。翅片的温度分布曲线如图 8-19 所示，其边界条件是

热流体通道 $\qquad x=0, \quad \theta=\theta_h; \quad x=l_1=\dfrac{h_1}{2}, \quad \left(\dfrac{\mathrm{d}\theta}{\mathrm{d}x}\right)_h=0;$

冷流体通道 $\qquad x=0, \quad \theta=\theta_c; \quad x=l_2=h_2, \quad \left(\dfrac{\mathrm{d}\theta}{\mathrm{d}x}\right)_c=0。$

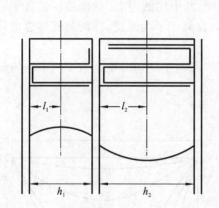

图 8-18 两股流单叠布置翅片温度分布曲线

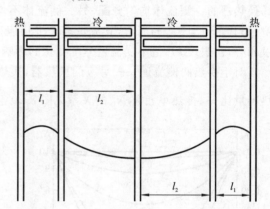

图 8-19 两股流复叠布置翅片温度分布曲线

此时热通道的温度对称截面为通道的中间截面，翅片的传导距离 $l_1=\dfrac{h_1}{2}$，为翅片高度的一半；冷通道的温度对称截面为两通道的中间截面，翅片传导距离 $l_2=h_2$，等于翅片高度。

复叠布置中的单个通道的翅片效率及表面效率仍按式（8-14）及式（8-15）计算。复叠布置中成双的两个通道应按下述方法处理。有效传热面为

$$\eta_s F = \dfrac{F_b}{2} + F_f \eta_f + \dfrac{F_b}{2}\eta_b \qquad (8\text{-}16)$$

其中复叠的两个通道只有一半的隔板表面作为一次表面，而其余的一半也应作为二次表面参加传热，其相应的效率 η_b 按下式计算：

$$\eta_b = \dfrac{1}{\mathrm{ch}(ml)} \qquad (8\text{-}17)$$

式（8-16）中二次表面效率 η_f 仍按式（8-14）计算，只是其中传导距离 l 应取为翅片高度 h_f。

4. 翅片形式与翅片结构尺寸的选择

翅片形式和翅片结构尺寸的选择是板翅式换热器设计的第一步。选择翅片的原则大致有以下几点：

（1）锯齿形翅片、波纹形翅片相对于平直形翅片是高效能翅片，传热因子与摩擦系数都比较大，可以减小换热器面积和尺寸。

（2）平直形翅片、多孔形翅片一般用于有相变换热的冷凝蒸发器或再沸器，还可用于含有固体颗粒的流体并要求尽可能避免其沉积的场合。在温差和压差比较大的情况下，从强度与传热角度考虑，使用平直形翅片比较合适。

（3）切换式换热器选用锯齿形翅片是合适的。一是可以强化换热，二是有利于水分和二

氧化碳的冻结清除。

（4）翅片结构尺寸的选择主要取决于换热系数。在换热系数较小的一侧，宜选用高而薄的翅片，主要着眼于增大传热面积；而换热系数较大一侧，则宜选用低而厚的翅片，可以具有较大的翅片效率。两侧换热系数相差悬殊时，可采用复叠布置。

5．气流均匀分配

板翅式换热器中气流在流道之间的均匀分布问题，对于效率比较高或者两侧流体均不混合的换热器性能的影响是一个突出问题。特别是对于以小温差工作的高效换热器流体的均匀分配，以及在各截面的局部平衡，应给予充分的关注。

对这个问题有专门的分析，分析过程基于如下假设：①所有的流道均假定为纯逆流换热；②换热器的一侧流体均匀分配，另一侧流体不均匀分配，其中比例为 F_L 的流道流量低于平均值，而其余$(1-F_L)$的流道，其流量高于平均值；③换热器属于平衡流型，即两侧流体总的热容量相等；④假设 kF 值不受流量分配变化的影响。

对于换热两侧流道——对应的换热器，换热器效率 η_{he} 与不均匀分配系数 F_L、不均匀分配热容量比$\dfrac{C_l}{C_h}$、传热单元数 N_{tu} 的关系见图 8-20 至图 8-23。

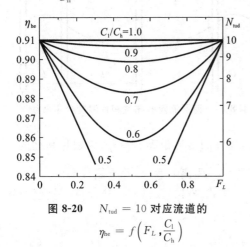

图 8-20　$N_{tud} = 10$ 对应流道的
$$\eta_{he} = f\left(F_L, \frac{C_l}{C_h}\right)$$

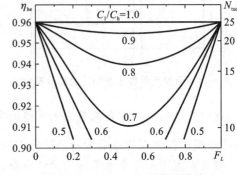

图 8-21　$N_{tud} = 25$ 对应流道的
$$\eta_{he} = f\left(F_L, \frac{C_l}{C_h}\right)$$

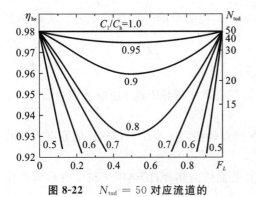

图 8-22　$N_{tud} = 50$ 对应流道的
$$\eta_{he} = f\left(F_L, \frac{C_l}{C_h}\right)$$

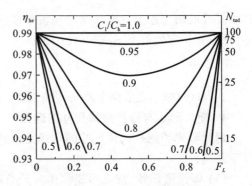

图 8-23　$N_{tud} = 100$ 对应流道的
$$\eta_{he} = f\left(F_L, \frac{C_l}{C_h}\right)$$

图中 N_{tud} 为设计的 N_{tu} 值，即假定两侧均为均匀分配的 N_{tu} 值，则有下列关系：

$$N_{tud} = \frac{kF}{C_u} \tag{8-18}$$

$$\eta_\mathrm{d} = \frac{N_\mathrm{tud}}{N_\mathrm{tud} + 1} \tag{8-19}$$

式中，η_d 为换热器的设计效率。C_u 为均匀一侧的热容量（W/K），这是假定换热器为平衡流型，两侧流体总热容量相等，它可按下式计算：

$$C_\mathrm{u} = F_L C_1 + (1 - F_L) C_\mathrm{h} \tag{8-20}$$

式中，C_1 是流量低于平均值流道的热容量（W/K）；C_h 是流量高于平均值流道的热容量（W/K）。

N_tua 是 N_tu 视观值，由于气流不均匀分配使换热器的实际效率 $\eta_\mathrm{he} < \eta_\mathrm{d}$，因而 N_tua 与 η_he 有下列关系：

$$\eta_\mathrm{he} = \frac{N_\mathrm{tua}}{N_\mathrm{tua} + 1} \tag{8-21}$$

由图 8-20 至图 8-23 可以看出，对应流道的气体不均匀分配对换热性能的影响是很大的。例如由图 8-22 知，在 $N_\mathrm{tud} = 50$、$\eta_\mathrm{d} = 98\%$ 时，若 $F_L = 0.5$，$\dfrac{C_1}{C_\mathrm{h}} = 0.80$，则效率降为 $\eta_\mathrm{he} = 94.4\%$，$N_\mathrm{tua} = 17$。此时传热面有效利用率仅为设计值的 34%。另外，随着 N_tu 值的增大，气流不均匀分配对换热器性能的影响程度也增加。由此可以看出对于高效换热器，其封头与流道均匀匹配设计的重要性，以及在制造、安装中要求严格的公差、执行标准的工艺规范和精密的检验制度的必要性。

研究还指出，只要有一侧流体处于均匀混合状态（见图 8-24），或者换热器分段连有封头加以混合（见图 8-25、图 8-26），则气流不均匀分配对换热器的性能影响就可以明显降低。

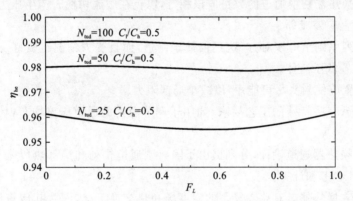

图 8-24 一侧流体均匀混合时 $\eta_\mathrm{he} = f\left(F_L, \dfrac{C_1}{C_\mathrm{h}}, N_\mathrm{tud}\right)$

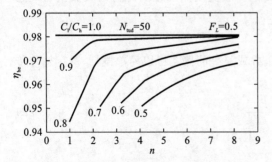

图 8-25 $N_\mathrm{tud} = 50$、$F_L = 0.5$ 分段混合时
$$\eta_\mathrm{he} = f\left(\frac{C_1}{C_\mathrm{h}}, n\right)$$

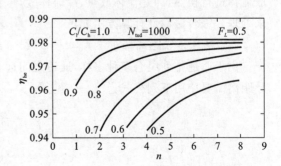

图 8-26 $N_\mathrm{tud} = 100$、$F_L = 0.5$ 分段混合时
$$\eta_\mathrm{he} = f\left(\frac{C_1}{C_\mathrm{h}}, n\right)$$

8.4 板翅式换热器设计示例

多股流板翅式换热器的设计包括如下几个方面：①物性数据的计算；②单元数确定，通道分配与通道排列；③各个通道翅片形式、翅片规格选取和翅片几何参数的计算；④温度场与传热温差的分析计算；⑤换热器几何尺寸的计算；⑥阻力校核计算；⑦传质交换分析计算。

而通道分配与通道排列是多股流板翅式换热器设计的关键问题。它受换热器中热质交换工况的影响与制约，同时又必须在计算之前先确定。这种相互矛盾的要求是造成设计困难的主要原因。确定通道分配与通道排列时一般应考虑如下原则：

（1）尽可能做到局部热负荷平衡，使沿换热器横向各通道的热负荷在一定的范围内达到平衡，以减小过剩热负荷的横向传导距离。其标志应是沿换热器同一横截面的壁面温度尽可能地接近。

（2）通道的分配应使各个通道的计算长度基本相近，也应使同一股气流在各个通道中的阻力基本相同，并低于控制值。

（3）通道排列应避免温度交叉，以减少热量内耗。

（4）同一股气流各个通道的翅片规格应该相同。不同气流的通道可以使用不同规格的翅片，但从制造工艺出发，应尽可能减少翅片的规格类型。

（5）切换式换热器切换通道的数目应该相等，以免在气流切换时产生压力波动，而且切换通道在通道排列上应该毗邻。

（6）通道排列原则上应该对称，这不仅便于制造，而且受力情况也较好。从强度考虑，两外侧的通道应布置低压流体。

（7）通道布置应使封头尽可能短，以减小局部阻力。

（8）还要考虑一些特殊的工艺要求，如用于调节温度的通道应该均布，且冷、热段的总通道数最好相等。

关于板翅式换热器通道设计，分别提出了隔离型通道排列和局部热负荷平衡性通道排列的方式，以供设计参考和计算。

多股流板翅式换热器具有比较复杂的温度场和热交换工况，因此其传热计算的数学模型比较复杂。综合法的基本思想是将参加换热的流体按放热、吸热分别综合，使其成为相当的两股流体进行换热，即热流体放热、冷流体吸热，从而把多股流换热问题简化为两股流换热问题来处理。综合法设计计算方法如下：

（1）翅片传导距离修正。

由于通道排列组合多种多样，通道之间远非单叠或复叠的概念可以简单概括，确定翅片传导距离需要使用下列公式：

$$l_j = \frac{h_j}{2} \frac{F_j}{F_\mathrm{g} \dfrac{Q_j}{Q}} \tag{8-22}$$

$$l_i = \frac{h_i}{2} \frac{F_i}{F_\mathrm{r} \dfrac{Q_i}{Q}} \tag{8-23}$$

式中，Q 为热负荷；F 为单位长度的换热面积；i、j 为热流体、冷流体编码。

式(8-22)适用于一股热流体对 n 股冷流体的场合,而式(8-23)则适用于一股冷流体对 n 股热流体的场合。

(2) 换热器长度的确定。

综合后相当于两股流的 kF 值为

$$kF = \frac{\alpha_g F_g \eta_g \sum \alpha_{rj} F_{rj} \eta_{rj}}{\alpha_g F_g \eta_g + \sum \alpha_{rj} F_{rj} \eta_{rj}} \tag{8-24}$$

$$kF = \frac{\alpha_r F_r \eta_r \sum \alpha_{gi} F_{gi} \eta_{gi}}{\alpha_r F_r \eta_r + \sum \alpha_{gi} F_{gi} \eta_{gi}} \tag{8-25}$$

式中,α_g、F_g、η_g 分别是给热流体的放热系数(W/(m² · K))、单位长度的传热面积(m²/m)、表面效率;α_r、F_r、η_r 分别是吸热流体的放热系数(W/(m² · K))、单位长度的传热面积(m²/m)、表面效率。

式(8-24)适用于一股热流体对 n 股冷流体的场合,而式(8-25)则适用于一股冷流体对 n 股热流体的场合。

相当于两股流换热器的长度为

$$L = \frac{Q}{kF \Delta T} \tag{8-26}$$

式中,ΔT 是综合成两股流的对数平均温差或积分平均温差,可按热负荷的比例进行计算。

(3) 分解校核。

在综合法中,还要分别计算各股冷气流与对应的按传热面积比例分配的热气流之间进行传热所具有的 kF 值与所需的通道长度 L 值。当然在一股热气流对 n 股冷气流的场合,也同样计算。

$$(kF)_{jg} = \frac{\alpha_j F_j \eta_j \alpha_g F_g \eta_g \dfrac{F_j}{\sum F_j}}{\alpha_j F_j \eta_j + \alpha_g F_g \eta_g \dfrac{F_j}{\sum F_j}} \tag{8-27}$$

$$(kF)_{ir} = \frac{\alpha_i F_i \eta_i \alpha_r F_r \eta_r \dfrac{F_i}{\sum F_i}}{\alpha_i F_i \eta_i + \alpha_r F_r \eta_r \dfrac{F_i}{\sum F_i}} \tag{8-28}$$

$$L_j = \frac{Q_j}{(kF)_{jg} \Delta T_{jg}} \tag{8-29}$$

$$L_i = \frac{Q_i}{(kF)_{ir} \Delta T_{ir}} \tag{8-30}$$

式(8-27)和式(8-29)适用于一股热流体对 n 股冷流体的场合,而式(8-28)和式(8-30)适用于一股冷流体对 n 股热流体的场合。

多股流板翅式换热器通道分配是否合理,可以以式(8-29)、式(8-30)与式(8-26)的计算结果是否相近作为评判标准,一般要求相对偏差不超过 10%。

现以空气分离设备的切换式换热器热段为例,说明板翅式换热器的计算方法及过程。例题包括手算法与电算法两部分,而电算法部分只给出框图与计算结果,程序部分从略。

例 8-1 某空分设备的切换式换热器的热段,共有四股流体(空气、氧、氮及污氮)同时参加换热,其中空气放热,其余三股流体吸热。对其进行设计。设计参数如下:

(1) 换热介质流量。

空气量 $V_k = 33900$ m³/h$=12.1739$ kg/s

污氮(94.7%N₂)量 $V_{WN} = 21300$ m³/h$=7.48967$ kg/s

氧气(99.6%O₂)量 $V_{O_2} = 6000$ m³/h$=2.38035$ kg/s

氮气(99.99%N₂)量 $V_{N_2} = 6600$ m³/h$=2.30404$ kg/s

(2) 状态参数。

状态参数编号见图 8-27,数据查物性软件得到。

$$p_1 = 5.74 \times 10^2 \text{ kPa}, \quad T_1 = 303 \text{ K}, \quad H_1 = 302.282 \text{ kJ/kg}$$

$$p_2 = 5.67 \times 10^2 \text{ kPa}, \quad T_2 = 174.673 \text{ K}, \quad H_2 = 171.176 \text{ kJ/kg}$$

$$p_5 = 1.33 \times 10^2 \text{ kPa}, \quad T_5 = 170 \text{ K}, \quad H_5 = 153.436 \text{ kJ/kg}$$

$$p_6 = 1.25 \times 10^2 \text{ kPa}, \quad T_6 = 300 \text{ K}, \quad H_6 = 272.7 \text{ kJ/kg}$$

$$p_8 = 1.12 \times 10^2 \text{ kPa}, \quad T_8 = 170 \text{ K}, \quad H_8 = 175.604 \text{ kJ/kg}$$

$$p_9 = 1.03 \times 10^2 \text{ kPa}, \quad T_9 = 300 \text{ K}, \quad H_9 = 311.188 \text{ kJ/kg}$$

$$p_{11} = 1.13 \times 10^2 \text{ kPa}, \quad T_{11} = 170 \text{ K}, \quad H_{11} = 174.37 \text{ kJ/kg}$$

$$p_{12} = 1.03 \times 10^2 \text{ kPa}, \quad T_{12} = 300 \text{ K}, \quad H_{12} = 308.913 \text{ kJ/kg}$$

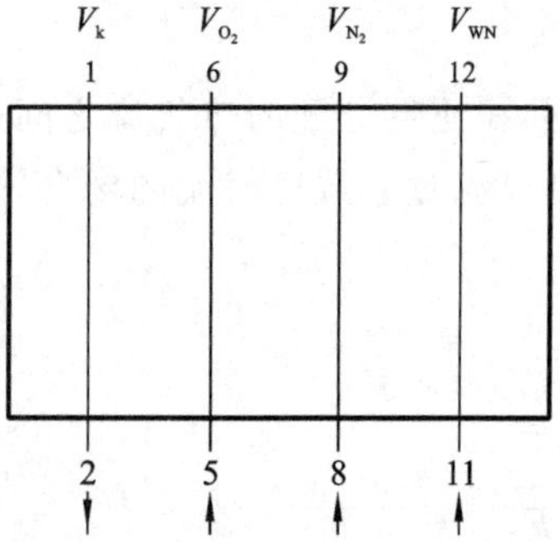

图 8-27 切换式换热器热段参数

(3) 热负荷。

总热负荷(空气夹层热负荷及跑冷损失) $Q = 1603.96$ kW

污氮夹层热负荷 $Q_{WN} = 1007.68$ kW

氧夹层热负荷 $Q_{O_2} = 283.89$ kW

氮夹层热负荷 $Q_{N_2} = 312.39$ kW

解 1) 结构设计

(1) 翅片结构参数。

选用锯齿形翅片,翅高 $h_f = 9.5$ mm,翅距 $s_f = 1.4$ mm,翅厚 $\delta_f = 0.2$ mm,隔板厚度 $\delta_p = 1$ mm。

翅内距 $x = s_f - \delta_f = 1.2$ mm

翅内高 $y = h_f - \delta_f = 9.3$ mm

当量直径 $d_e = \dfrac{2xy}{x+y} = 2.1257$ mm

板束宽度 $w_0 = 1000$ mm

封条宽度 $b = 15$ mm

有效宽度 $w = w_0 - 2b = 970$ mm

每层通道截面积 $A_i = \dfrac{xyw}{s_f} = 7.73229 \times 10^{-3}$ m²

板束的有效长度 $L = 1$ m 时,每层通道的传热面积

$$F_i = \frac{2(x+y)wL}{s_f} = 14.55 \text{ m}^2$$

一次传热面 $\qquad F_b = \dfrac{x}{x+y}F_i = 1.66286 \ \mathrm{m}^2$

二次传热面 $\qquad F_f = \dfrac{y}{x+y}F_i = 12.8871 \ \mathrm{m}^2$

（2）通道分配与通道排列

以局部热负荷平衡的相对偏差不大于 0.03、最大允许阻力为 5500 Pa、综合与分解计算长度最大允许偏差为 0.1 为调控指标，由通道排列计算程序所得到的通道分配计算结果如下：

换热器由四个单元组成，每个单元的总通道数 $N=93$，其中 $N_k=34, N_{WN}=34, N_{O_2}=11$, $N_{N_2}=14$。

根据通道分配与通道排列的计算原则，通道排列计算结果如下：

通道编号	1	2	3	4	5	6	7	8	9	10	11	12	13	14	15	16
气流	氧	空	污	氮	空	污	氮	空	污	空	污	氧	空	污	氮	空
通道编号	17	18	19	20	21	22	23	24	25	26	27	28	29	30	31	32
气流	污	氮	空	污	空	污	氧	空	污	氮	空	污	空	污	氧	空
通道编号	33	34	35	36	37	38	39	40	41	42	43	44	45	46	47	48
气流	污	氮	空	污	氮	空	污	空	污	氧	空	污	空	污	氧	空
通道编号	49	50	51	52	53	54	55	56	57	58	59	60	61	62	63	64
气流	空	污	空	氧	污	空	污	空	氮	污	空	氮	污	空	氮	污
通道编号	65	66	67	68	69	70	71	72	73	74	75	76	77	78	79	80
气流	空	污	氮	空	污	空	氧	污	空	氮	空	污	氮	空	氮	污
通道编号	81	82	83	84	85	86	87	88	89	90	91	92	93			
气流	空	氧	污	空	污	空	氮	污	空	氮	污	空	氧			

以通道数为横坐标，各通道热负荷代数和为纵坐标的通道热负荷分布曲线如图 8-28 所示。其中几个偏差较小的通道过剩热负荷值如下：

第 11 通道　　-0.07127 kW

第 22 通道　　-0.14254 kW

第 30 通道　　0.98919 kW

第 41 通道　　0.90890 kW

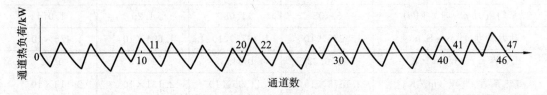

图 8-28　通道热负荷分布曲线

2）传热及流体阻力计算

由通道排列结构设计得到单元数 $N=4$，每个单元的总通道数 $n=93$，其中 $n_k=34, n_{WN}=34, n_{O_2}=11, n_{N_2}=14$。

各股气流的总通道数如下：

空气总通道数 $\qquad N_k = Nn_k = 4 \times 34 = 136$

污氮总通道数 $\qquad N_{WN} = Nn_{WN} = 4 \times 34 = 136$

氧通道数 $\qquad N_{O_2} = Nn_{O_2} = 4 \times 11 = 44$

氮通道数 $\qquad N_{N_2} = Nn_{N_2} = 4 \times 14 = 56$

(1) 各股气流的质量流速。

空气质量流速

$$g_k = \frac{V_k \rho_k}{3600 N_k A_f} = \frac{33900 \times 1.2928}{3600 \times 136 \times 7.73229 \times 10^{-3}} \ \text{kg/(m}^2 \cdot \text{s)} = 11.5766 \ \text{kg/(m}^2 \cdot \text{s)}$$

污氮质量流速

$$g_{WN} = \frac{V_{WN} \rho_{WN}}{3600 N_{WN} A_f} = \frac{21300 \times (0.947 \times 1.25673 + 0.053 \times 1.4289)}{3600 \times 136 \times 7.73229 \times 10^{-3}} \ \text{kg/(m}^2 \cdot \text{s)}$$
$$= 7.1222 \ \text{kg/(m}^2 \cdot \text{s)}$$

氧气质量流速

$$g_{O_2} = \frac{V_{O_2} \rho_{O_2}}{3600 N_{O_2} A_f} = \frac{6000 \times (0.996 \times 1.4289 + 0.004 \times 1.25673)}{3600 \times 44 \times 7.73229 \times 10^{-3}} \ \text{kg/(m}^2 \cdot \text{s)}$$
$$= 6.99649 \ \text{kg/(m}^2 \cdot \text{s)}$$

氮气质量流速

$$g_{N_2} = \frac{V_{N_2} \rho_{N_2}}{3600 N_{N_2} A_f} = \frac{6000 \times (0.999 \times 1.25673 + 0.0001 \times 1.4289)}{3600 \times 56 \times 7.73229 \times 10^{-3}} \ \text{kg/(m}^2 \cdot \text{s)}$$
$$= 5.321 \ \text{kg/(m}^2 \cdot \text{s)}$$

(2) 传热计算如下：

气　流	空　气	污　氮	氧	氮
总流道数 N	136	136	44	56
质量流速 $g/[\text{kg/(m}^2 \cdot \text{s)}]$	11.5766	7.1222	6.99649	5.321
冷段温度 T_0/K	174.673	170	170	170
热段温度 T_h/K	303	300	300	300
平均温度 T_m/K	238.837	235	235	235
进口压力 $p_i/(10^2 \text{ kPa})$	5.74	1.13	1.33	1.12
出口压力 $p_o/(10^2 \text{ kPa})$	5.67	1.03	1.25	1.03
平均压力 $p_m/(10^2 \text{ kPa})$	5.705	1.08	1.29	1.075
动力黏度 $\mu/(\text{N} \cdot \text{S/m}^2)$	1.5679×10^{-5}	1.4873×10^{-5}	1.694×10^{-5}	1.475×10^{-5}
比热容 $c_p/[\text{J/(kg} \cdot \text{K)}]$	1010.32	1034.37	914.5	1042
导热系数 $\lambda/[\text{W/(m} \cdot \text{K)}]$	2.1675×10^{-2}	2.11395×10^{-2}	2.131×10^{-2}	2.113×10^{-2}
当量直径 d_e/m	2.1257×10^{-3}	2.12571×10^{-3}	2.12571×10^{-3}	2.1257×10^{-3}
Re	1590.94	1017.91	877.952	766.84
Pr	0.727426	0.727761	0.726965	0.727368
$Pr^{2/3}$	0.808834	0.809082	0.808492	0.808798

气 流	空 气	污 氮	氧	氮
传热因子 j（按拟合公式*计算）	0.013033	0.014238	0.01466	0.015076
$St(St = j/Pr^{2/3})$	0.016113	0.017598	0.018133	0.018269
放热系数 $\alpha/[\mathrm{W}/(\mathrm{m}^2 \cdot \mathrm{K})]$ $(\alpha = Stc_p g)$	190.138	129.644	116.02	103.288
翅片导热系数 $\lambda/[\mathrm{W}/(\mathrm{m} \cdot \mathrm{K})]$	192	192	192	192
翅片参数 m/m^{-1} $\left(m = \left(\dfrac{2\alpha}{\lambda\delta_f}\right)^{1/2}\right)$	99.5139	82.1723	77.7349	73.3456
翅片传导距离 l/m $\left(l = \dfrac{h_f}{2}\dfrac{N_j F_i}{N_k F_i}\dfrac{Q_j}{Q_k}\right)$	4.75×10^{-2}	7.56076×10^{-3}	8.28065×10^{-3}	1.0043×10^{-2}
ml	0.472691	0.621285	0.674945	0.736573
$\mathrm{th}(ml)$	0.440371	0.52022	0.588223	0.62707
翅片效率 $\eta_f\left(\eta_f = \dfrac{\mathrm{th}(ml)}{ml}\right)$	0.931626	0.888517	0.871518	0.851334
表面效率 $\eta_s\left(\eta_s = 1 - \dfrac{F_f(1-\eta_f)}{F}\right)$	0.93944	0.901258	0.886196	0.868324

* 锯齿形翅片的传热因子拟合公式为

$$\ln j = -2.64136\times10^{-2}(\ln Re)^3 + 0.555843(\ln Re)^2 - 4.09424\ln Re + 6.21681$$

（3）换热器长度的确定：

$$\alpha_k \eta_{fk} F_k N_k = 190.138 \times 0.93944 \times 14.55 \times 136 = 353460$$

$$\sum \alpha_f \eta_{fj} F_j N_j = (116.02 \times 0.886196 \times 44 + 103.288 \times 0.868324 \times 56$$
$$+ 129.644 \times 0.901258 \times 136) \times 14.55 = 370109$$

$$kF = \frac{\alpha_k \eta_{fk} F_k N_k \sum \alpha_f \eta_{fj} F_j N_j}{\alpha_k \eta_{fk} F_k N_k + \sum \alpha_f \eta_{fj} F_j N_j} = \frac{353460 \times 370109}{353460 + 370109}\ \mathrm{W}/(\mathrm{m} \cdot \mathrm{K}) = 180796\ \mathrm{W}/(\mathrm{m} \cdot \mathrm{K})$$

对数平均温差

$$\Delta T_m = \frac{(174.673 - 170) - (303 - 300)}{\ln\dfrac{174.673 - 170}{303 - 300}}\ \mathrm{K} = 3.77491\ \mathrm{K}$$

换热器理论长度

$$L_0 = \frac{Q}{kF\Delta T_m} = \frac{1.60396\times10^6}{180796 \times 3.77491}\ \mathrm{m} = 2.35\ \mathrm{m}$$

取后备系数 1.15，两端导流板长度 0.53 m，则换热器实际长度为

$$L = 1.15L_0 + 0.53\ \mathrm{m} = 3.23\ \mathrm{m}，圆整为\ 3.3\ \mathrm{m}$$

（4）分解校核。

①污氮-空气。

$$kF_{\text{WN-k}} = \cfrac{\alpha_{\text{WN}} F_{\text{WN}} \eta_{\text{WN}} N_{\text{WN}} \alpha_{\text{k}} F_{\text{k}} \eta_{\text{k}} N_{\text{k}} \cfrac{F_{\text{WN}}}{\sum F_j}}{\alpha_{\text{WN}} F_{\text{WN}} \eta_{\text{WN}} N_{\text{WN}} + \alpha_{\text{k}} F_{\text{k}} \eta_{\text{k}} N_{\text{k}} \cfrac{F_{\text{WN}}}{\sum F_j}}$$

$$= \cfrac{129.644 \times 14.55 \times 0.901258 \times 136 \times 190.138 \times 14.55 \times 0.93944 \times 136 \times \cfrac{136}{236}}{129.644 \times 14.55 \times 0.901258 \times 136 + 190.138 \times 14.55 \times 0.93944 \times 136 \times \cfrac{136}{236}} \ \text{W/(m · K)}$$

$$= 108289 \ \text{W/(m · K)}$$

$$L_{\text{WN-k}} = \frac{Q_{\text{WN}}}{kF_{\text{WN-k}} \Delta T_{\text{m}}} = \frac{1007.68 \times 10^3}{108289 \times 3.77491} \ \text{m} = 2.465 \ \text{m}$$

$$E_{\text{WN-k}} = \frac{L_0 - L_{\text{WN-k}}}{L_0} = \frac{2.35016 - 2.46508}{2.35016} = -0.048899$$

②氧-空气。

$$kF_{\text{O}_2\text{-k}} = \cfrac{\alpha_{\text{O}_2} F_{\text{O}_2} \eta_{\text{O}_2} N_{\text{O}_2} \alpha_{\text{k}} F_{\text{k}} \eta_{\text{k}} N_{\text{k}} \cfrac{F_{\text{O}_2}}{\sum F_j}}{\alpha_{\text{O}_2} F_{\text{O}_2} \eta_{\text{O}_2} N_{\text{O}_2} + \alpha_{\text{k}} F_{\text{k}} \eta_{\text{k}} N_{\text{k}} \cfrac{F_{\text{O}_2}}{\sum F_j}}$$

$$= \cfrac{116.02 \times 14.55 \times 0.886196 \times 44 \times 190.138 \times 14.55 \times 0.93944 \times 136 \times \cfrac{44}{236}}{116.02 \times 14.55 \times 0.886196 \times 44 + 190.138 \times 14.55 \times 0.93944 \times 136 \times \cfrac{44}{236}} \ \text{W/(m · K)}$$

$$= 32930.6 \ \text{W/(m · K)}$$

$$L_{\text{O}_2\text{-k}} = \frac{Q_{\text{O}_2}}{kF_{\text{O}_2\text{-k}} \Delta T_{\text{m}}} = \frac{283.89 \times 10^3}{32930.6 \times 3.77491} \ \text{m} = 2.2837 \ \text{m}$$

$$E_{\text{O}_2\text{-k}} = \frac{L_0 - L_{\text{O}_2\text{-k}}}{L_0} = \frac{2.35016 - 2.2837}{2.35016} = 0.028266$$

③氮-空气。

$$kF_{\text{N}_2\text{-k}} = \cfrac{\alpha_{\text{N}_2} F_{\text{N}_2} \eta_{\text{N}_2} N_{\text{N}_2} \alpha_{\text{k}} F_{\text{k}} \eta_{\text{k}} N_{\text{k}} \cfrac{F_{\text{N}_2}}{\sum F_j}}{\alpha_{\text{N}_2} F_{\text{N}_2} \eta_{\text{N}_2} N_{\text{N}_2} + \alpha_{\text{k}} F_{\text{k}} \eta_{\text{k}} N_{\text{k}} \cfrac{F_{\text{N}_2}}{\sum F_j}}$$

$$= \cfrac{103.288 \times 14.55 \times 0.868324 \times 56 \times 190.138 \times 14.55 \times 0.93944 \times 136 \times \cfrac{56}{236}}{103.288 \times 14.55 \times 0.868324 \times 56 + 190.138 \times 14.55 \times 0.93944 \times 136 \times \cfrac{56}{236}} \ \text{W/(m · K)}$$

$$= 39051.7 \ \text{W/(m · K)}$$

$$L_{\text{N}_2\text{-k}} = \frac{Q_{\text{N}_2}}{kF_{\text{N}_2\text{-K}} \Delta T_{\text{m}}} = \frac{312.39 \times 10^3}{39051.7 \times 3.77491} \ \text{m} = 2.119 \ \text{m}$$

$$E_{\text{N}_2\text{-k}} = \frac{L_0 - L_{\text{N}_2\text{-k}}}{L_0} = \frac{2.35016 - 2.119}{2.35016} = 0.098317$$

与综合法计算的结果相比,偏差均比较小。

(5) 板束阻力。

板束流体阻力如下:

气　　流	空气(k)	污氮(WN)	氧(O$_2$)	氮(N$_2$)
Re	1590.94	1017.91	877.952	766.84
摩擦因子 f^*	0.061133	0.072469	0.07757	0.082972
板束长度 L/m	3.3	3.3	3.3	3.3
当量直径 d_e/m	2.12571×10^{-3}	2.12571×10^{-3}	2.12571×10^{-3}	2.12571×10^{-3}
质量流速 g/[kg/(m^2·s)]	11.5766	7.1222	6.99649	5.321
比容 v/(m^3/kg)	0.120256	0.6967	0.60955	0.6987
板束阻力 Δp/Pa $\left(\Delta p=4f\dfrac{L}{d_e}\dfrac{g^2 v}{2}\right)$	3059	7951.8	7186.3	5081.6

*　锯齿形翅片的传热因子拟合公式为

$$\ln j=0.132856(\ln Re)^2-2.28042\ln Re+6.79634$$

第 9 章　低温液体的储运与绝热技术

低温液体的储存和运输技术是低温技术的重要组成部分。低温液体必须用具有良好绝热性能的低温容器储存，以减少储存过程中的汽化损失。随着工业与生活的发展，低温容器的市场越来越大，种类越来越多，其发展主要是适应下列需求：①集中生产的低温液体产品供分散的用户使用，如气体液化工厂生产的液氧、液氮、液氩、液氢以及液化天然气、液化石油气；②短时间生产的或一次性购进而需要较长时间使用的低温液体，如医疗单位或一般的实验室自产或购进的液氮、液氦等；③较长时间生产的低温液体供短时间集中使用，如大型低温实验、火箭发射等所需要的液氦、液氮、液氧和液氢等；④解决不同运输工具间的不匹配问题，如设在海陆运输交接点的液化天然气站。

运输液体也比气体更加有效率。低温液体的储运随着低温技术的发展有更多需求。随着科学技术的发展，尤其是空间技术、超导技术和惯性约束核聚变的发展，对低温液体的储运会提出更高的要求。

低温液体的运输可以用两种方法：①用低温容器，这种方法机动灵活，适用于各种情况，但运输费用大，且运输过程中有汽化损失；②用管道输送，这种方法仅适用于流量较大、输送距离比较短的情况，如液化天然气的输送。

9.1　低温液体的储运容器

1. 液氧、液氮和液氩容器

低温液体的储运容器通常以所储存的液化气体命名，工业上储运的液化气体有液化天然气、液化甲烷、液氧、液氮、液氢、液氦以及液氟等。

低温容器按绝热方法分为：①普通绝热结构的容器，这种容器是在器壁外敷设一层绝热材料，适用于液化天然气的储运及大量的液氧、液氮的储运；②高真空绝热容器，这类容器用真空夹层来绝热，一般为小型，用于液氧、液氮、液氩的储运；③真空粉末绝热及真空纤维绝热容器，这类容器在其夹层壁中除保持真空外还装填了粉末绝热材料或纤维绝热材料，主要用于液氧、液氮及液氢的储运；④真空多层绝热容器，这类容器在真空夹层中有多层绝热结构，多用于液氢、液氦，现也用于液氧、液氮等；⑤带液氮保护屏的容器，这类容器除了用真空粉末绝热或真空多层绝热外，还设有液氮保护屏，主要用于液氦的储运。后四类容器通常称为杜瓦容器，杜瓦容器由同心装置的球形或圆筒形内胆及外壳组成，形成密闭的夹层，内部保持真空，或再装填绝热材料。除了这几类低温容器之外，对于液化天然气也可采用地下贮槽。

低温容器按用途还可以分为固定式及运输式两类。运输式容器有陆运、水运与空运之分，其中陆运容器与运输工具结合时称为槽车。

低温容器还可按工作压力分为两类：一类是在接近大气压力下工作；另一类是在 $1.5 \sim 3.0$ MPa 的压力下工作，称为高压容器。低压容器用于一般的储存和运输，而高压容器则是设置于消费中心，通过管网向用户供给低温液体，或经汽化后供给气体。高压容器也用于低温液体的远距离运输。

氧、氮、氩的沸点很接近,故液氧、液氮、液氩容器可不作改变而互相换用,只是换用时容器内部须经清洗。常有如下几种结构:小型容器、固定式贮槽和运输式贮槽。

1) 小型容器

小型容器,其容积一般小于 100 L,也称杜瓦瓶,用于少量液氧、液氮、液氩的储运。图 9-1 所示的结构是一种古老而典型的结构。它由双层球组成,内胆与外壳之间抽至高真空。内胆上有一根细长的颈管,用于注入和取出低温液体,也是内胆的支承。为了防止晃动,内、外壳体间有几块绝热弹性垫。为了维持夹层的真空度,在内胆的下部设有吸附剂室,内装活性炭或分子筛等吸附剂。高真空绝热型小型容器的技术性能见表 9-1。

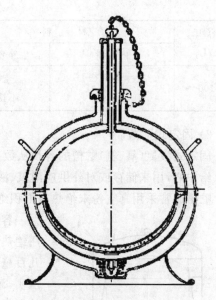

图 9-1　15 L 杜瓦容器

这种容器目前已有不少改进:用氩弧焊代替银焊或锡焊;采用真空粉末或高真空多层绝热代替原来高真空绝热;用铝合金或不锈钢代替铜制作内胆,用碳钢作外胆等,有的还采用低导热系数的玻璃钢管作颈管,使容器的绝热性和可靠性都有明显的提高。

表 9-1　一些小型高真空绝热容器的技术性能

有效容量			空瓶质量 /kg	外形尺寸/mm		正常日蒸发率/(％)	
容积 /L	贮氧量 /kg	贮氮量 /kg		外径	高度	液氧	液氮
5	5.7	4.01	4.5	220	450	14	20
15	17.1	12.03	13	370	700	7	10
30	34.3	24.06	25	510	820	<4.9	<7.0
50	57	40.1	30	560	840	<4.63	<6.58
100	114	80.2	73	560	1420	<4.21	<6.00

几种典型的小型容器的性能比较见表 9-2。

表 9-2　几种典型小型容器的性能比较

容积 /L	材　　料		绝热形式	液氮蒸发率 /(％)	质量 /kg
	内容器	外壳体			
15	紫铜	紫铜	高真空	7	12
	铝合金	铝合金	真空粉末	5	7
25	紫铜	紫铜	高真空	6~8	25
	铝合金、不锈钢	碳钢	真空多层	1.5~4.5	10~25
30	紫铜	紫铜	高真空	7~10	25~30
	不锈钢	不锈钢	真空多层	3.2~3.5	12

容积 /L	材 料		绝热形式	液氮蒸发率 /(%)	质量 /kg
	内容器	外壳体			
100	紫铜	紫铜	高真空	6	73
	不锈钢	不锈钢	真空多层	<1	53~69

2）固定式贮槽

固定式液氮(氧、氩)贮槽的容积从数百升至数千立方米，通常安装在空分装置附近或氧、氮供给中心，用来储存或对外供应液氧、液氮、液氩等。小型贮槽常做成圆柱形，大型的做成球形。贮槽通常采用真空粉末绝热或堆积绝热。

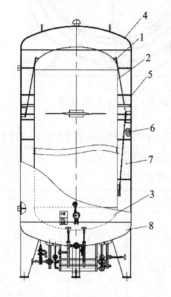

图 9-2　低温真空粉末绝热贮槽
1—内上封头；2—内筒体；3—内下封头；
4—外上封头；5—外上筒；6—珠光砂；
7—外下筒；8—外下封头

容积为 1~100 m³ 的贮槽大多采用真空粉末绝热。常用绝热材料有珠光砂和气凝胶，绝热层厚度从几十毫米至几百毫米。为了防止周期性的冷却和复热造成粉末聚结和压实，致使绝热性能下降，甚至损坏内容器，常在内容器的外面包一层弹性材料，如包扎一定厚度的玻璃纤维制品等，以补偿内容器的温度形变。

图 9-2 示出了低温真空粉末绝热贮槽的结构。

堆积绝热型的贮槽，其容积可达数千立方米，常制造成平顶的圆柱形。常用的绝热材料有珠光砂、微孔橡胶、玻璃纤维、矿渣棉、碳酸镁和硅藻土等。绝热层厚度一般为几十厘米，也有厚至 1 m 以上。这种贮槽应安装在有加热和通风设备的绝热地基上，以防地基冻裂。

固定式液氧贮槽和液氩贮槽还应附设回收气体的装置，将从贮槽和输液泵蒸发出来的气体压入钢瓶或使之液化返回贮槽。

3）运输式贮槽

液氧、液氮、液氩运输式贮槽中，船运和空运贮槽与固定式贮槽差别不大，只有陆上运输式贮槽受运输工具限制，一般做成圆筒形。

公路运输式贮槽的容积通常为 5~60 m³，采用真空粉末绝热，形式按容积大小而定，小型的可直接装在汽车的车槽内，大型的则制成专门的拖车。

铁路槽车的容积一般为 50 m³，相当于一节车厢的大小，总载荷达 100 t；内容器常用不锈钢制作，外壳用碳钢；采用真空粉末绝热，日蒸发损耗一般小于 0.6％。图 9-3 所示为一种槽车结构，其容积为 38 m³，外径 2.76 m，全长 11.9 m，高 3.04 m，质量 20.4 t（连平板车共 52 t）；采用真空粉末绝热，日蒸发损耗为 0.3％。

槽车的内容器用不锈钢吊杆固定在外壳体中，轴向吊杆上装有弹簧补偿器，其重力通过支承的缓冲装置传送到平板车上，纵向载荷通过横梁从外壳体传给平板车。内容器的放液口装有加长阀杆的放液阀。一些运输式液氧(氮、氩)容器的技术性能列于表 9-3。

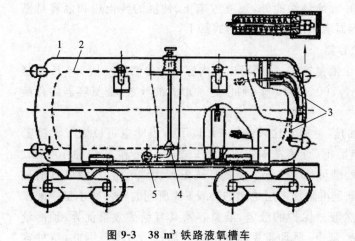

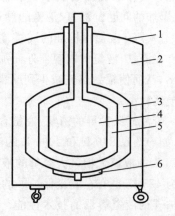

图 9-3　38 m³ 铁路液氧槽车
1—外壳体;2—内容器;3—吊杆;4—排液阀;5—排液管

图 9-4　具有液氮保护屏的液氢容器
1—外壳;2、5—高真空容器;
3—液氮屏;4—液氢;6—吸附室

表 9-3　一些运输式液氧(氮、氩)容器的技术性能

名称及型号	容积 /m³	工作 压力 /MPa	外形尺寸/mm (长×宽×高)	质量 /kg	绝热层		日蒸发率 /(%)	备注
					绝热 形式	厚度 /mm		
液氧拖车 YTK-13.6/0.15	13.6	0.147	1200×3200×2450	11100	真空 粉末		0.5	
液氧拖车 YTK-10/0.6	10	0.588	6200×1930×2000		高真空 多层		液氮 0.46 液氧 0.3	液氮、液氩槽 车均可使用
液氧拖车 YTK-9.3/0.41	9.3	0.412	6000×2400×2820	7250	真空 粉末	230	<0.5	
液氧拖车 YTK-6.3/0.25	6.3	0.245	4600×1930×2400		高真空 多层		液氮 0.56 液氧 0.37	槽车, 可用于液氩
液氧拖车 YTK-3.2/0.25	3.2	0.245	4100×1550×1650		高真空 多层		液氮 0.54 液氧 0.36	槽车,可 用于液氩
液氧贮槽 CCF-740	7.4	0.245	5000×2000×1950	3150	真空珠 光砂及 气凝胶	147	0.5	
液氧贮槽 CCF-530	5.3		3840×2000×1990	2860	真空 珠光砂	150	0.5	
液氧贮槽 CCF-120	1.2	0.146	6810×2340×2400	5207	真空 粉末		液氧 1.2	CA-10B 解放牌车载

2. 液氢、液氦容器

液氢、液氦的沸点很低,汽化潜热也很小,因此,储运液氢、液氦的设备要具有优异的绝热

性能。储存和运输液氢除要求有良好的绝热性能外,还应考虑正、仲氢的转化热和氢容易燃烧、爆炸的问题。液氢、液氦的储运容器常用的几种结构形式如下。

1) 具有液氮保护屏的液氢、液氦容器

在液氢、液氦的内容器外面加一个液氮容器,这样可以使内容器的外壁温度从300 K降至77 K,从而使辐射热流减少到原来的1/200~1/150。因此,这种形式的液氢、液氦容器的日蒸发损耗较小。

带液氮保护屏的液氢、液氦容器的容量通常比较小(50 L以下),当然也可以做成大型贮槽,如500 L、840 L和2000 L的液氢贮槽(日蒸发率分别为0.26%、0.8%和1%)和4000 L、4500 L的液氦贮槽。大容量的液氦贮槽可达121 m³(液氦日蒸发率为1.04%),液氮日消耗量为455 L,也有在液氮保护屏的基础上再附加多层绝热的。表9-4所列的是一些小型带液氮保护屏的液氦容器的技术性能。虽然液氮保护的液氢、液氦容器具有绝热效果优异、预冷量小、稳定时间短等优点,但其结构复杂、笨重,而且需要辅助冷却介质——液氮。因此,这种容器逐渐被多层绝热,特别是多屏绝热容器替代。

表 9-4 带液氮保护屏的液氦容器的技术性能

容积/L		外形尺寸/mm		液氦日蒸发率/(%)	液氮日消耗量/L	满载时的质量/kg
液氦	充液氮	外径	总高			
10	12~15	432	850	2.0~4.0	1.75~3	45~56
25	33~35	525	940	1.2~1.8	2.25~4	79~86
50	42~60	635	1120	0.9~1.0	2.75~4	130~166
100	48~65	635	1450	0.5~0.65	4.5~5	208~226

2) 气体屏及传导屏容器

液氢、液氦虽然沸点低、汽化潜热小,但蒸发的冷蒸气复热到室温时,所吸收的热量相对较大,因此在该类容器中,常采用回收冷蒸气"冷量"的气体屏或传导屏的绝热结构。

利用冷蒸气显热常有两种方式:一种是用铝作为壳体材料的球形液氢容器,加气体屏(如图9-5所示),令冷蒸气通过蛇管冷却保护屏,保护屏仍用高真空多层绝热;气体屏容器绝热性能与液氮保护屏相比要差一些,但质量几乎减轻一半。这种结构适用于容量小于1 m³的液氢、液氦容器。

另一种方法是如图9-6所示的加传导屏。它是在容器颈管上安装翅片,分别与各层传导屏相连,屏与屏之间仍装有多层绝热材料。通过绝热材料的一部分径向热流被金属屏阻挡,而通过每一个屏的纵向热流传到颈管上,被排出的冷蒸气带走。铝箔既是多层绝热的辐射屏,又是气体冷却的传导屏。通常传导屏的厚度为20~25 μm。这种绝热结构称为多屏绝热。显然屏的数量越多,绝热性能越好。但屏数增多到一定程度后,绝热性能提高不明显不说,还会导致结构复杂,制造困难。一般液氦容器常用20屏,液氢容器常用10屏。多屏绝热液氢或液氦容器具有质量轻、成本低、抽真空容易、热容量小、蒸发量低等优点。

图9-6所示为一个50 L的液氦容器,在上、下颈管之间有一塞子,加液时打开塞子,储存时用塞子使冷蒸气先通过主屏(蒸气冷却保护屏),再进入塞子上部,从颈管排出。该容器的外形尺寸为φ525 mm×1100 mm,液氦日蒸发率为2.7%。表9-5给出了一些气体屏容器的技术性能。

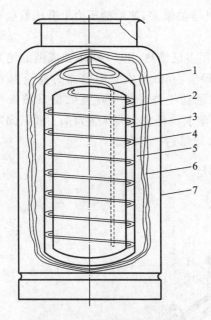

图 9-5　气体屏液氢储存容器

1—液体进出管；2—内胆；3—真空夹层；
4—气体管；5—保护屏；6—多层绝热；
7—外壳

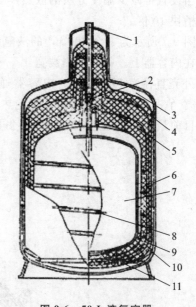

图 9-6　50 L 液氢容器

1—上颈管；2—下颈管；3—外壳体；4—多层绝热；
5—副屏；6—主屏；7—内容器；8—冷却蛇管；
9—多层内支承；10—座圈式外支承；11—吸附盘

表 9-5　一些气体屏容器的技术性能

容器名称	结构特点	容积/L	外形尺寸/mm		空瓶质量/kg	日蒸发率/(%)
			外径	高度		
液氢容器	单屏	40	500	770	22	5
	多屏	50	525	1100	63	1.5
	多屏	150	635	1245	84	1.5
液氦容器	多屏	25	463	950	56	4
	单屏	50	525	1100	63	1.6~2.7
	多屏	50	490	1310	63	2.5
	单屏	100	508	1422	90	1.2~1.7
	多屏	100	508	1570	100	1.0~1.5

3）固定式及运输式贮槽

液氢、液氦贮槽与液氧、液氮贮槽相仿，但绝热性能要求高，一般采用高真空多层绝热（液氢贮槽也用真空粉末绝热）。大型液氢贮槽中，有的采用液氮保护屏或多屏绝热的结构，也有把几种绝热方法结合起来使用的。此外，在这类贮槽中还必须考虑温度补偿，因为一个不锈钢贮槽从室温冷却到 20 K（－253 ℃）时，每米直径要收缩 3 mm 左右，一个直径为 15 m 的贮槽总收缩量达 45 mm 左右。因此，贮槽的构造必须适应温度变形。

贮槽在使用前要用惰性气体置换，并经抽真空处理。热的贮槽要均匀预冷（如采用喷雾法），防止产生过大的温度应力而损坏设备。另外在液氢固定式贮槽设计中，由于液氢的特性，还应当设置可减少温度分层的散热片等,不然会产生几度的温差,使贮槽压力上升比液氢运输式贮槽快 10 倍。

图 9-7 所示为一个 400 m³ 的液氢固定式贮槽,采用多层绝热,用 14 块单独成型的绝热被覆盖在内容器上。每块绝热被宽 1.5 m,长 18.3 m,厚 50 mm 左右。内容器的直径为 6530 mm,外壳直径为 7770 mm。内容器通过上部的吊架悬挂于外壳体中。该贮槽日蒸发率为 0.3%。它采用液氮保护屏的多层绝热结构,该贮槽的液氮消耗量为每天 455 L。液氢固定式贮槽目前最大容量已达 3200 m³,液氮固定式贮槽最大容量达 121 m³。

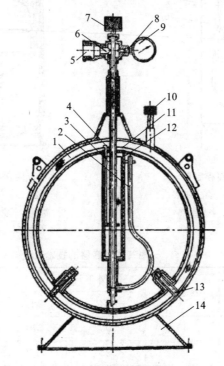

图 9-7　铝制液氢容器

1—多层绝热;2—排气导管;3—排气管;4—液体管;5—防爆膜;6—排气孔;7—单向阀;8—气体管;
9—压力表;10—抽气管罩;11—传导屏;12—内容器;13—支承;14—底座

表 9-6 列出了一些固定式贮槽的性能。

表 9-6　一些固定式贮槽的性能

贮槽名称	容积/m³	绝热形式	日蒸发率/(%)
液氢贮槽	3200	真空珠光砂	0.03
	2650	真空珠光砂	<0.10
	1900	真空珠光砂	0.08
	760	真空多层	0.07
	400	真空多层	0.30
	380	真空珠光砂	0.18
	340	真空珠光砂	0.13
	100	真空珠光砂	0.50

贮槽名称	容积/m³	绝热形式	日蒸发率/(%)
液氢贮槽	1.5	真空多层	3
	7	真空多层＋气体屏	0.5
	121	真空多层＋液氮屏	1.04

在运输式贮槽中,公路液氢拖车容积可达 50 m³,液氢半拖车的全容积有 63 m³ 和 40.5 m³,液氢槽船容积可达 1000 m³,铁路液氢槽车的容量一般为 107~125 m³。槽车的直径受铁路规定限制,107 m³ 液氢槽车长 23.5 m,内容器直径 2.5 m,长 20 m,用不锈钢制造。贮槽有 5 根带球形活动接头的真空吊杆,允许内容器冷却时收缩 60 mm。多层绝热厚度 25 mm,日蒸发率为 0.26%,加液损失为总容量的 2.6%,用压力输液时压差为 0.069 MPa,输送速度为 1100 L/min,贮槽跑车九天后,压力升高至 0.078 MPa。在强制放空时,用专门的装置把氢的浓度稀释到爆炸点以下,目前最大的铁路液氢槽车为 129 m³。

4)带制冷机的液氢、液氮容器

为了使液氢、液氮能长时间储存和长距离运输,除要求容器的绝热性能优良外,还可以用制冷机来回收逃逸的气体。在有正-仲态转化的液氢储存中,回收逃逸气体更为必要,因而出现了带制冷机的容器。

5)轻型贮槽

为适应航空运输和宇宙开发的需要,希望容器比质量尽可能小。这可通过采用轻质材料,如铝、钛及其合金或非金属材料来实现。用铝合金制造的液氢贮槽,可使其比质量下降至原来的几分之一甚至十几分之一。一个 400 m³ 液氢贮槽如图 9-8 所示。而表 9-7 则列出了轻型贮槽与其他贮槽比质量的比较。

表 9-7　液氢贮槽的比质量

贮槽名称	贮槽质量/kg	液氢质量/kg	贮槽质量/液氢质量
轻型杜瓦瓶	161	84	1.9
其他液氢容器	360	62	5.8
液氢拖车	21000	450	47.0
轻便小型液氢瓶	60.4	1.2	51.0
液氢铁路槽车	105500	1135	93.1

表 9-7 中的轻型杜瓦瓶是用于"阿波罗"登月计划的铝制液氢容器,容积为 670 L,外形尺寸为长 1.27 m、宽 0.29 m、高 1.92 m。它用铝合金 6061 制作,容器质量仅 161 kg,工作压力为 0.245~0.343 MPa。该容器采用毛榉木材作为隔热材料,将内容器的支承和隔热材料结合起来,因而很轻巧。整个绝热系统的质量仅 5 kg(除气冷屏外)。室温下漏热量为 0.0322 W,日蒸发率小于 1.5%。设计时,水平载荷为 8G(G 为装满液体后该容器的总质量),垂直载荷为 4.5G,其外形如图 9-9 所示。

3. 液化天然气的储运设备

由于液化天然气的正常沸点较高,汽化潜热比较大,因此液化天然气采用堆积绝热的贮槽或地下贮槽来储存,用槽船、槽车或管路来输送。

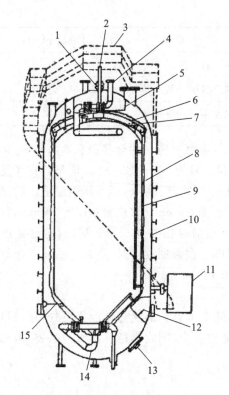

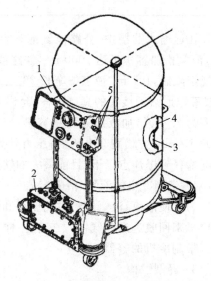

图 9-8　400 m³ 液氢贮槽

1—波纹管；2—悬吊杆；3—操作台；4—排气加压管；

5—通道；6—支承系统；7、13—人孔；8—多层绝热被；

9—内容器；10—外壳体；11—真空泵；

12—安全支架；14—液体排注管；15—倾向拉杆

图 9-9　670 L 轻质液氦容器

1—仪表板；2—管系室；3—内胆；

4—蒸气冷却屏；5—接线柱

1) 液化天然气的储存设备

地面储存设备多用金属制作，常用金属材料有 9Ni 钢、铝合金、奥氏体不锈钢和 36%Ni 的殷钢等。有的贮槽采用木材、岩石或混凝土等制作。

金属贮槽通常制成球形或平底圆柱形。小容量带压储存液化天然气用球形金属贮槽、容量大于 5 m³ 的大容量液化天然气贮槽，常采用平底圆柱形金属结构。平底金属贮槽的工作压力小于 0.01 MPa，采用正压堆积绝热。常采用的绝热材料有聚氨酯、聚苯乙烯等多孔泡沫塑料、玻璃纤维、软木、珠光砂、碳酸镁等。平底圆柱形金属贮槽的结构如图 9-10 所示。

为了提高土地的利用率并保证安全，可采用地下贮槽来储存液化天然气。地下贮槽有冻土贮槽和混凝土贮槽两种。

冻土贮槽系在地下土层中挖掘成型，然后用冷冻法把周围的土壤冻结，使之成为一个结构体，并同时起绝热作用。冻土贮槽的温度分布见图 9-11。这种贮槽成本低，地形选择容易，建造方便。

混凝土贮槽是在地下建造的预应力钢筋混凝土结构，其内壁装有耐低温的金属贴面，底部设有防冻加热器。这种贮槽可建造在任何岩石和土壤中，也可建成半地下式。它的成本随容积增大而降低，例如容积从 15900 m³ 增加到 71500 m³ 时，成本约降低一半。

图 9-12 所示为 130000 m³ 液化天然气贮槽的结构。一般来说，大容积的混凝土贮槽的成本比金属贮槽低 50%，比冻土绝热贮槽高 15%。

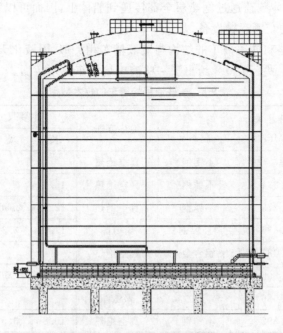

图 9-10　平底圆柱形金属贮槽

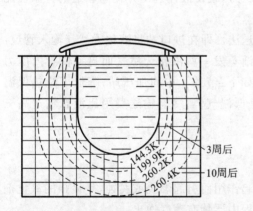

图 9-11　冻土贮槽冷冻绝热区温度分布图

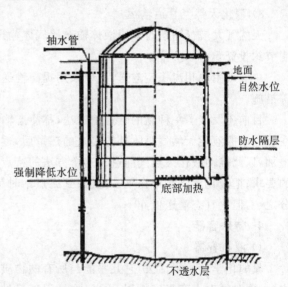

图 9-12　130000 m³ 液化天然气贮槽

2）液化天然气的运输设备

（1）液化天然气的海上运输设备。

海上运输天然气，当距离超过 1600 km 时，采用槽船比压力气体管线有利。槽船运输 6500 km 的成本相当于管线输送 2900 km 的成本。

海上运输液化天然气槽船容积通常为 26000～125000 m³，船上设有若干菱形、圆柱形或球形贮槽。船的主机为数万千瓦的蒸气透平。目前，最大槽船的容积已达 235000 m³。

近来发展的液化天然气的膜状液槽是用 0.5～1.2 mm 的殷钢制造的。殷钢的热膨胀系数极低，不必制成具有波纹的褶壁式薄膜，简化了制造工艺。采用殷钢的目的是构成一个密封的液体容器,其中的液体载荷通过绝热层全部传递到船体上,因而可以制成超薄膜结构。

（2）液化天然气的车辆运输设备。

液化天然气的公路和铁路槽车的结构与液氧槽车相类似,因液化天然气的密度小,同样容积贮槽的载液量要小一些。表9-8给出了一些液甲烷槽车技术数据。

表 9-8   一些液甲烷槽车的技术数据

序号	容积 /m³	工作压力 /MPa	内容器材料	绝热方式	主要尺寸/m			质量 /kg
					长	宽	高	
1	129		不锈钢	真空绝热				
2	54	0.294	不锈钢	真空绝热	16.7		4.1	51000
3	43.6	0.275	不锈钢	真空绝热	12.3	2.56		9750
4	42	0.686	9%镍钢	聚氨酯	11.7	2.3	3.9	9600
5	41.7	0.387	铝合金	真空绝热				8800
6	40.6	0.206	不锈钢	真空绝热	12.3	2.56		2600
7	33	0.686		聚氨酯				
8	18.2	0.392	不锈钢	真空绝热	10.8	3.5		

3）液化天然气管道输运

天然气大规模输送时采用液体输送比气体输送更为经济,输送量可提高 3.5～3.7 倍,并能节约投资 50%～75%。

一般采用单相流稳定输送,可以采用提高输送压力,或使液体过冷并提高管道的保温性能等措施。

目前还发展了一种新的管道输送法,称冷态输送法。即在进口站将液化天然气输入管道,在管道中的液化天然气吸收外界传入的热量后,逐渐蒸发一些液化天然气而自动使管内压力增加,以此推动液化天然气前进。这个方法的特点如下:节约了中间加压站;降低了绝热保温的要求;把液化设备集中在气井地区;到终点站时是低温气体;冷态输送费用比液态输送高三分之一,但比气态输送低 60%。

4. 特殊容器

1）液氟容器

氟的化学性质很活泼,它几乎能与所有的物质起作用而引起燃烧或腐蚀,是最强的氧化剂之一,同时氟对人有毒害作用,因此,在储运液氟过程中严禁有蒸气逸出。

要严格选择液氟容器的内筒材料,可采用奥氏体不锈钢、蒙乃尔合金、某些铝合金或钛合金等。与液氟接触的表面需要经过钝化处理,使之生成氟化物的保护膜。在有水时,蒙乃尔合金是最理想的材料。而在有强烈振动或冲击的时候,不采用钛合金。严禁使用非金属材料,只有极少数卤素非金属材料能使用,如聚四氟乙烯。

由于液氟的沸点为 85 K,比液氮高,因此常采用液氮保护结构。用液氮做保护介质时,可以保证液氟不会汽化。又由于容器有良好的绝热结构,即使在不补充液氮的情况下,也能保证液氟无损耗储存数周。

为确保安全,液氟管道上层安装双重阀门,所有的管道都应从容器顶部引出。采用氮气通过浸在液氟内的盘管加热增压,或在液面上用氮气增压排出液氟。

液氟容器通常是关闭的,只有排注液体时才开启。所有阀门用蒙乃尔波纹管密封,压盖的填料常用聚四氟乙烯人字纹环,并用遥控装置控制阀门。

运输用液氟容器与储存用液氟容器的主要区别是前者的支承结构能承受运输途中的正常震动。如某一液氟容器的设计参数为:竖直方向受力为$3g$,纵向受力为$2g$,横向受力为$1g$,液氟容器的最大设计内压力为0.48 MPa,外压力为0.31 MPa,液氮容器的最大内压力为0.31 MPa,外壳的最大内压力为0.069 MPa,最大外压力为0.102 MPa。

2)非金属低温容器

非金属低温容器具有质量轻、比强度高、无磁、电绝缘性好、微波透过性好等特点,适用于尖端科学和国防工业的一些特殊场合,诸如用于超导量子干涉器件(简称SQUID)及空间技术等。

非金属低温容器常采用纤维增强型复合材料,它包括:纤维缠绕的树脂体系材料(如环氧、酚醛和聚酯树脂,以及固化剂和稀释剂等);纤维增强材料(如玻璃纤维、碳纤维、硼纤维和钛纤维等);黏接体系材料(如环氧类黏合剂、聚氨酯类黏合剂、酚醛-缩醛类黏合剂、丙烯酸酯类黏合剂等),以及一些填充剂(如二氧化硅粉末、氧化钛粉末等)。为防止渗漏,常采用内衬结构(如聚酰亚胺、涤纶等)和电化学沉积镍、铝,或涂上一层氟化物共聚体涂料。

作为超导量子干涉器件用的非金属无磁杜瓦容器,应防止多层绝热的金属屏所产生的磁屏蔽,常把反射体材料(镀铝层)用电切割的方法将金属部分按一定的距离分隔开。一些非金属低温容器的技术性能列于表9-9中。

表9-9 一些非金属低温容器的技术性能

容积/L	绝热形式	外形尺寸(外径×高)/m	工作介质	日蒸发率/(%)
5	真空硅胶		液氮	8.6
15	真空多层		液氮	7.4
25	真空多层	0.46×0.85	液氮	2.4
30	真空多层	0.46×0.85	液氮	1.4
40	真空多层	0.61×1.83	液氮	2.0

3)大口径生物容器

大口径生物容器主要用于低温储存和运输良性牲畜的精液和胚胎、进行人工授精和胚胎移植,也可低温储存血浆、皮肤、细胞、免疫和其他微生物等,还可以用于冷处理、冷装配和有关仪器、元件的试验。由于长时间储存的需要,这种容器需要有良好的绝热性能和牢固的结构。

图9-13示出了一种低温生物容器的基本结构。这种容器的内、外筒体大多采用防锈铝(如LF21)制作,连接内、外筒体的颈管用玻璃钢材料制作,采用带式缠绕的多层绝热,多层材料为铝箔加纤维纸。由于采用了导热系数很小的非金属材料作颈管和高效的多层绝热,因此容器的绝热性能优良,蒸发损失很小。

目前生产常用的生物容器口径为50 mm、70 mm、100 mm、120 mm、210 mm等,最大的口径有500 mm。容器容量主要有3 L、6 L、10 L、15 L、30 L、35 L、50 L等。

为了满足运输要求,除颈管支承外,还在底部外加一个支承,常用结构如图9-14所示。

4)高压的低温容器

在一些特殊场合,如火箭的液体燃料加注、火箭发动机试验、高纯液化气体储运等,要求低温容器能承受高压,如将低温液体燃料(如液氢、液氧)压送到火箭高压推进器的液氢贮槽和液

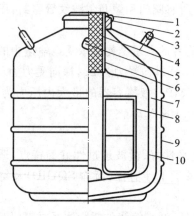

图 9-13 YN-35 型大口径生物容器

1—瓶盖；2—提把；3—手把；4—绝热塞；5—抽空嘴；

6—颈管；7—多层绝热；8—提筒；9—外壳；10—内胆座

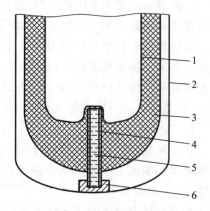

图 9-14 运输用生物容器底部支承结构

1—内容器；2—外壳；3—多层绝热；

4—支承管；5—多层材料；6—支承管座

氧贮槽中时，其工作压力高达 40 MPa。对于这类容器的结构，除考虑绝热外，还要解决耐高压和低温操作的结合问题。

考虑到材料在液氢温度下性能变劣，加上与液氧容器相匹配使用的液氢容器体积较大，壁厚相应增加，造成焊接质量难以保证安全可靠，为此采用带冷却套的多层球形结构。同时为了避免低温液体在排放后和加注时产生附加热应力，导管采用同轴多用管。

采用从外到里的冷却顺序，即先从最外边的支承层冷却，以利用冷却收缩的作用而使层间表面接触压力增大，减少接触热阻，而使各层的冷却速度加快，从而克服热传导比厚壁贮槽差的缺点。反之，如果从内向外逐层冷却，由于冷缩作用而使各层脱开，最后将使支承层失去支承的作用。

高压低温容器的结构设计中，安全设计一定要优先。首先要选择好材料，其次焊接的位置要交错布置，焊接结构要避免应力集中，焊接后要进行退火处理，以消除应力。

9.2 低温容器的特性与计算

1. 低温容器的热流分析及计算

热量通过传导、对流和辐射等途径传入低温容器。对于不同结构的容器，热量传入的途径也有所不同，但一般都包括下列几个方面。

1）残余气体分子的传热量

绝热空间存在气体时，气体分子传热主要受两个因素控制：一是气体分子的碰撞；二是分子与壁面间的热交换程度。可以根据气体分子的平均自由程与壁面的间距之比值，分成两种情况进行计算。

（1）气体分子平均自由程 l 与壁面间距 δ 之比远小于 1（如真空被破坏或充气冷却试件）时，传热量可按下式计算：

$$Q_1 = \lambda A_m \Delta T \tag{9-1}$$

式中，Q_1 为残余气体分子的传热量（W）；A_m 为传热面积（m^2）；λ 为导热系数（W/(m·K)）。

导热系数按下式计算：

$$\lambda = \frac{1}{3}M_r L n \bar{v} c_V \qquad (9-2)$$

式中，M_r 为气体相对分子质量；L 为气体分子平均自由程；n 为气体分子密度；$\bar{v}$ 为气体分子的平均速度；c_V 为气体分子的定容比热容。

对于多数气体，λ 的表达式可写成

$$\lambda = C\eta c_V \qquad (9-3)$$

其中
$$C = 1.5 \sim 2.5$$
$$\eta = T^n \quad (n = 0.6 \sim 0.9)$$

（2）气体分子平均自由程 L 与壁面间距 δ 之比远大于 1 时，两个同轴圆筒间的残余气体传热量 Q_1 按下式计算：

$$Q_1 = 18.2A_1 \frac{k+1}{k-1} \frac{\alpha_0 p}{\sqrt{M_r T}}(T_2 - T_1) \qquad (9-4)$$

式中，A_1 为冷表面面积（m^2）；k 为绝热系数，$k = c_p/c_V$；M_r 为气体相对分子质量；T 为真空计处的温度（K）；T_2、T_1 分别为热壁、冷壁的温度（K）；p 为气体压力（Pa）；α_0 为气体分子在 T_2、T_1 表面的总温度适应系数。

$$\alpha_0 = \frac{\alpha_1 \alpha_2}{\alpha_2 + \frac{A_1}{A_2}\alpha_1(1-\alpha_2)} \qquad (9-5)$$

若冷表面面积 A_1 近似等于热表面面积 A_2，则

$$\alpha_0 = \frac{\alpha_1 \alpha_2}{\alpha_1 + \alpha_2 - \alpha_1 \alpha_2}$$

又若 $\alpha_1 = \alpha_2 = \alpha$，则

$$\alpha_0 = \frac{\alpha}{2-\alpha} \approx \begin{cases} \dfrac{\alpha}{2}, \text{当 } \alpha \rightarrow 0 \text{ 时} \\ \alpha, \text{当 } \alpha \rightarrow 1 \text{ 时} \end{cases}$$

温度适应系数表示气体分子与表面碰撞后能量交换的程度，各种气体分子在不同表面的 α 值可由实验求出，如表 9-10 所示。

表 9-10　各种气体分子在不同表面的 α 值

温度/K	α		
	氦气（He）	氢气（H₂）	空气
300	0.3	0.3	0.8~0.9
77	0.4	0.5	1
20	0.6	1	
4	1		

系统处于平衡状态时，假设 $T = 300$ K，则式（9-4）可以写成

$$Q_1 = 1.05 \times \frac{k+1}{k-1}\alpha_0 \frac{T_2 - T_1}{\sqrt{M_r}}pA_1 \qquad (9-6)$$
$$= K'\alpha_0 p(T_2 - T_1)A_1$$

上式中 p 的单位为 Pa，K' 的数值见表 9-11。

表 9-11　K' 值

气 体 种 类	氮气（N_2）	氧气（O_2）	氢气（H_2）	氖气（Ne）	氦气（He）
T_1 与 T_2 的范围	<400 K	<360 K	77～300 K	20～77 K	任意
K'	1.193×10^{-4}	1.118×10^{-4}	3.961×10^{-4}	2.986×10^{-4}	2.101×10^{-4}

2）绝热空间及管口的辐射传热量

对于单纯高真空绝热容器或大口径的低温容器，辐射传热量是很大的。在不考虑气体的辐射时，其辐射传热量 Q_2 可由下式计算：

$$Q_2 = C_0\varepsilon_n F_1\left[\left(\frac{T_2}{100}\right)^4 - \left(\frac{T_1}{100}\right)^4\right]F_{1\text{-}2} \tag{9-7}$$

式中，Q_2 为高温表面传向低温表面的净辐射热（W）；C_0 为黑体的辐射常数，$C_0 = 5.67\times10^{-8}$ W/($m^2 \cdot K^4$)；F_1 为低温表面的面积（m^2）；T_2、T_1 分别为高、低温表面的温度（K）；$F_{1\text{-}2}$ 为低温表面对高温表面辐射角系数，在低温表面被高温表面包围时，一般取 1；ε_n 为有效辐射系数，在 $F_{1\text{-}2}=1$ 时，不同状况下的 ε_n 值见表 9-12。

表 9-12　在 $F_{1\text{-}2}=1$ 时，不同状况下的 ε_n 值

序号	两表面的形状	ε_n
1	无限长的同心圆筒，半径为 r_1、r_2，内圆筒记为 1	$\dfrac{1}{\dfrac{1}{\varepsilon_1} + \dfrac{r_1}{r_2}\left(\dfrac{1}{\varepsilon_2}-1\right)}$
2	半径为 r_1、r_2 的同心球面，内球面记为 1	$\dfrac{1}{\dfrac{1}{\varepsilon_1} + \left(\dfrac{r_1}{r_2}\right)^2\left(\dfrac{1}{\varepsilon_2}-1\right)}$
3	无限长的两平行平面	$\dfrac{1}{\dfrac{1}{\varepsilon_1} + \dfrac{1}{\varepsilon_2} - 1}$
4	两个任意形状的表面	$\dfrac{1}{\dfrac{1}{\varepsilon_1} + \dfrac{1}{\varepsilon_2} - 1}$
5	面 1 被比它大得多的面 2 包围，1、2 表面形状不定	ε_1
6	介于 4、5 之间的情况	$\varepsilon_1 > \varepsilon_n > \dfrac{1}{\dfrac{1}{\varepsilon_1} + \dfrac{1}{\varepsilon_2} - 1}$

3）辐射角系数的计算

在辐射传热的计算中，最主要的工作是选择材料在工作温度下的辐射率和求解辐射角系数。这里只给出低温容器中常见的几种表面形状之间的辐射角系数。

黑体微元面 dA_1 对微元面 dA_2 的辐射角系数的定义为

$$\mathrm{d}F_{\mathrm{d}A_1-\mathrm{d}A_2} = \frac{\cos\beta_1\cos\beta_2}{\pi L^2}\mathrm{d}A_2 \tag{9-8}$$

式中，L 为两个黑体微元面（$\mathrm{d}A_1$、$\mathrm{d}A_2$）之间的距离；β_1、β_2 为两微元面的法线与连线 L 的夹角。

其含义是从表面 $\mathrm{d}A_1$ 辐射出来的并到达表面 $\mathrm{d}A_2$ 的能量与表面 $\mathrm{d}A_1$ 辐射出来的全部能量之比值，用符号 $\mathrm{d}F_{1\text{-}2}$（或 $\mathrm{d}F_{\mathrm{d}A_1\text{-}\mathrm{d}A_2}$）表示。低温容器中常见的几种形式表面的辐射角系数如下：

（1）大口径容器盖板对液面的辐射角系数。

考虑颈管壁面的反射与吸收，则有效辐射角系数为

$$F_{1\text{-}2} = \frac{1}{2\pi}\left\{\lim\pi(1-\xi)\left[\sum_{n=0}^{n-1}\{x^2+(2n+1)^2+1-\sqrt{[x^2+(2n+1)^2+1-4(2n+1)^2]}\}\right]\right\}$$
$$x = l/A \tag{9-9}$$

式中，l 为颈管长度（mm）；A 为管口面积（mm²）；ξ 为颈管内壁面的反射率；n 为反射次数。

（2）具有矩形窗口的盖板对试样的辐射角系数

$$F_{1\text{-}2} = \frac{2}{\pi XY}\left\{\begin{array}{l}\ln\left[\frac{(1+X^2)(1+Y^2)}{1+X^2+Y^2}\right]^{\frac{1}{2}} + X\sqrt{1+Y^2}\arctan\frac{X}{\sqrt{1+Y^2}}+ \\ Y\sqrt{1+X^2}\arctan\frac{Y}{\sqrt{1+X^2}} - X\arctan X - Y\arctan Y\end{array}\right\} \tag{9-10}$$

式中，$X=a/h$；$Y=b/h$（a、b、h 分别是长、宽、高）。

（3）低温容器中吊杆以上的颈塞（或挡板）的辐射角系数。

若杆件为圆柱形，则它们之间的辐射角系数为

$$F_{1\text{-}2} = \frac{1}{\pi L}\left[2L\arctan\frac{\sqrt{1-R^2}}{L} + \frac{L^2}{2R}\left(\frac{\pi}{2}-\arcsin R\right) + \frac{\frac{\pi}{2}+\arcsin R}{\sqrt{\Lambda_2^2-1}} - \frac{\frac{\pi}{2}+\arcsin\frac{1-\Lambda_1 R}{\Lambda_1-R}}{\sqrt{\Lambda_1^2-1}}\right]$$
$$\tag{9-11}$$

其中 $\qquad L = \frac{l}{r_0}, \quad R = \frac{r}{r_0}, \quad \Lambda_2 = \frac{1}{2R} + \frac{R}{2}, \quad \Lambda_1 = \Lambda_2 + \frac{L^2}{2R}$

（4）低温设备的圆形通道盖板对侧面的辐射角系数。

结构如图 9-15 所示的辐射角系数按下式计算：

$$F_{1\text{-}3} = F_{2\text{-}3} = \frac{1}{2}\left(\frac{L}{R}\sqrt{4+\frac{L^2}{R^2}} - \frac{L^2}{R^2}\right) \tag{9-12}$$

也可以利用辐射角系数特性求出：

$$F_{1\text{-}3} = F_{2\text{-}3} = 1 - F_{1\text{-}2} \tag{9-13}$$

（5）低温装置中两根互相平行的管道外表面之间的辐射角系数。

当管道长度 l 与管径 r 之比 $l/r \gg 1$ 时，辐射角系数按下式计算：

$$F_{1\text{-}2} = F_{2\text{-}1} = \frac{1}{\pi}\left(\sqrt{X^2-1} + \arcsin\frac{1}{X} - X\right)$$
$$\tag{9-14}$$

其中 $X = 1 + s/(2r)$，s 表示两管道最近的距离，r 为管径。

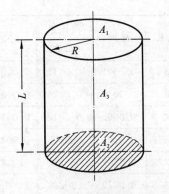

图 9-15 计算圆形通道盖板对侧面辐射角系数示意图

A_1—圆柱体的顶；A_2—圆柱体的底面；
A_3—圆柱体的侧面；R—圆柱体的半径

4) 通过绝热体的综合漏热量

在真空型的绝热体中,热量通过绝热体是以辐射、固体传导和气体传导等方式进行传递的,要精确地计算这部分热量是很困难的,为此在工程中用总的表观导热系数来处理。表观导热系数实际上可以看成上述几种传热现象的表观导热系数的叠加,即

$$\overline{K}(T,X) = \lambda_R(T) + \lambda_g(T,X) + \lambda_c(T,X) \qquad (9-15)$$

这样就可以计算出通过绝热体的综合漏热量 $Q_3(\text{J})$,即

$$Q_3 = \frac{\overline{K}(T,X)}{l} F_m \Delta T \qquad (9-16)$$

式中,$\overline{K}(T,X)$ 为绝热材料的总表观导热系数(W/(m·K));$\lambda_R(T)$ 为辐射表观导热系数(W/(m·K)),用下式计算:

$$\lambda_R = \frac{q_R \delta}{\Delta T_i N} = 4\sigma\varepsilon T_i^3 \frac{\delta}{N}$$

式中,q_R 为辐射传热量(W);δ 为层厚度(m);N 为层数;ΔT_i 为层间温度差(K)。

λ_g 为残余气体表观导热系数(W/(m·K)),用下式计算:

$$\lambda_g = \frac{1}{2}\alpha \frac{k+1}{k-1}\left(\frac{R}{2\pi M_r T}\right)^{\frac{1}{2}} p \frac{\delta}{N}$$

λ_c 为固体导热的表观导热系数(W/(m·K)),用下式计算:

$$\lambda_c = \frac{q_c}{\Delta T_i} \frac{\delta}{N} \qquad (9-17)$$

5) 机械构件的漏热

低温容器的机械构件漏热分为两种情况:一种是没有冷气冷却的构件;另一种是有冷气冷却的构件。下面先介绍没有冷气冷却的构件漏热量 $Q_A(\text{W})$ 的计算:

$$Q_A = \frac{A}{L}\int_{T_1}^{T_2}\lambda(T)dT = \frac{A}{L}\left[\int_{4K}^{T_2}\lambda(T)dT - \int_{4K}^{T_1}\lambda(T)dT\right] \qquad (9-18)$$

式中,A 为截面积(cm^2);L 为构件长度(cm);$\lambda(T)$ 为构件材料的导热系数(是温度的函数),见表 9-13 和表 9-14;T_1、T_2 分别为冷、热端温度(K)。

表 9-13　几种材料的 $\int_{4K}^{T}\lambda(T)dT$ 　　　　　（单位：W/cm^2）

| T/K | 玻璃 | 聚四氟乙烯 | 尼龙 | 铝 | 高纯铜 | 不锈钢 | | 莫涅尔合金 70%Ni +30%Cr(冷拉) |
						退火	冷拉	
6	0.0021	0.0011	0.00032	0.053	6.1	0.0133	0.0071	0.0123
8	0.0044	0.0026	0.00081	0.129	14.5	0.0348	0.0185	0.0329
10	0.0068	0.0044	0.00148	0.229	25.2	0.0652	0.0345	0.0629
15	0.0131	0.0098	0.00410	0.594	61.4	0.182	0.0975	0.181
20	0.0200	0.0164	0.00823	1.120	110	0.356	0.195	0.364
25	0.0279	0.0239	0.0139	1.81	166	0.592	0.325	0.614
30	0.0368	0.0322	0.0208	2.65	228	0.882	0.488	0.929
35	0.0471	0.0413	0.0290	3.63	285	1.22	0.685	1.300
40	0.0586	0.0508	0.0385	4.76	338	1.60	0.918	1.73
50	0.0846	0.0716	0.0604	7.36	426	2.47	1.48	2.73

T/K	玻璃	聚四氟乙烯	尼龙	铝	高纯铜	不锈钢		莫涅尔合金70％Ni+30％Cr(冷拉)
						退火	冷拉	
60	0.115	0.0936	0.086	10.4	496	3.45	2.15	2.15
70	0.151	0.116	0.113	13.9	554	4.52	2.94	2.94
76	0.175	0.130	0.131	16.2	586	5.19	3.47	3.47
80	0.194	0.139	0.142	17.7	606	5.66	3.84	3.84
90	0.240	0.163	0.173	22.0	654	6.85	4.84	4.84
100	0.292	0.187	0.204	26.5	700	8.05	5.93	9.40
120	0.408	0.237	0.269	36.5	788	10.6	8.33	12.6
140	0.542	0.287	0.336	47.8	874	13.1	11.0	15.9
160	0.694	0.338	0.405	60.3	956	15.7	13.8	19.5
180	0.858	0.390	0.475	73.8	1040	18.3	16.8	23.2
200	1.030	0.442	0.545	88.3	1120	21.0	19.9	27.1
250	1.500	0.572	0.720	128	1320	28.0	28.1	37.3
300	1.990	0.702	0.895	172	1520	35.4	36.9	48.0

表 9-14　一些材料在低温下的导热系数

材料名称	成分及状态	导热系数/[mW/(cm·K)]						
		1 K	4 K	10 K	40 K	80 K	150 K	300 K
黄铜	铜70,锌30	7	30	100	375	650	850	1200
铜-镍合金	铜70,镍30	0.9	5	20	120	200	250	
德银	铜47,锌41,镍9,铅2	0.9	7	28	130	170	180	220
康铜	铜60,镍40	1	8	35	140	180	200	230
蒙乃尔合金	退火		8.6	30	120	160	200	240
蒙乃尔合金	冷拔		5	18	84	140	180	220
铝合金	铝94,镁4.5,锰0.7	7	30	82	340	650	800	1200
铝合金	铝99,镁0.6,硅0.4	85	350	870	2700	2300	2000	2000
不锈钢347	Fe68,Cr18,镍10,锰1.5,其他为铌	0.59	2.5	7	46	80	110	150
镍	退火		4.5	17	80	110	130	140
镍	冷拔		2.7	9.3	50	92	120	140
金-钴	金97.9,钴2.1	2	10	40	135	200		
伍德合金	铋50,铅25,锡12.5,镉12.5	10	40	120	200	130		
焊锡	Sn60,Pb40	50	160	425	525	525	500	500

材料 名称	成分及 状态	导热系数/[mW/(cm·K)]						
		1 K	4 K	10 K	40 K	80 K	150 K	300 K
尼龙		0.21	0.56	0.62	1.0	1.16		
特氟隆		0.04	0.45	0.95	1.96	23		
派瑞斯玻璃		0.16				4.8	7.6	11
石英		0.19	0.95	1.2	2.5	4.8	8.0	14

如果已知构件材料在给定温区的平均导热系数,则可用下式计算构件的漏热:

$$Q_A = \frac{\bar{\lambda} A}{L}(T_2 - T_1) \tag{9-19}$$

式中,$\bar{\lambda}$ 为构件材料在 $T_1 - T_2$ 温区的平均导热系数。

一些材料的平均导热系数值列于表 9-15 中。

表 9-15 一些材料的平均导热系数 λ

材料 名称	λ/[W/(cm·K)]						
	77~300 K	20~300 K	4~300 K	20~77 K	4~77 K	4~20 K	2~4 K
派瑞克斯玻璃	0.0082	0.0071	0.0068	0.0028	0.0025	0.0012	0.0007
不锈钢	0.123	0.109	0.107	0.055	0.045	0.0097	0.0022
蒙乃尔合金	0.207	0.192	0.183	0.133	0.11	0.040	0.007
退火的德银	0.20	0.19	0.18	0.14	0.12	0.03	0.005
康铜	0.22	0.21	0.20	0.16	0.14	0.046	0.006
黄铜	0.81	0.70	0.67	0.31	0.26	0.078	0.015
无氧铜	1.91	1.71	1.63	0.95	0.80	0.25	0.07
电解铜	4.1	5.4	5.7	9.7	9.8	10	4

其他部分的漏热,如测量引线的传导热、焦耳热及其他内热源(实验杜瓦容器中)等,这部分热量同样会引起低温液体汽化,也要计算在内。

6) 颈管传热的简要分析

颈管的传热情况比较复杂,它包括冷、热两端之间的热传导,冷蒸气与颈内壁的对流换热。颈管外壁与绝热层之间的换热,以及通过颈管口对液体的辐射热等。因此,精确计算经由颈管传给低温液体的热量也是很复杂的。将通过颈管的最大传导热当成颈管传入低温液体的真正热流是不科学的,因实际颈管传入的热量有相当一部分又被冷空气带走,而并非全部传给了低温液体。

假设颈管材料的导热系数为一常数,冷空气与颈管之间的热交换进行得比较充分,则有下列热平衡方程:

$$Q = \lambda A \frac{\mathrm{d}T}{\mathrm{d}x} \tag{9-20}$$

$$Q = Q_0 + mc_{pf}(T_2 - T_1) \tag{9-21}$$

式中,Q 为颈管传热量(W);Q_0 为进入液体的热量(W);m 为排出的蒸气流量(kg/s);c_{pf} 为蒸气的定压比热容(kJ/(kg·K));λ 为颈管材料的导热系数(W/(m·K));x 为离颈管冷端的距离(m);T_1、T_2 分别为颈管冷、热两端的温度(K);A 为颈管的横截面积(m^2)。

联解式(9-20)和式(9-21),可以得到传入低温液体的热量 Q_0,即

$$Q_0 = \frac{mc_{pf}\Delta T}{e^{\frac{mc_p L}{\lambda A}} - 1} \tag{9-22}$$

式中,L 为颈管的有效传热长度(m)。

考虑颈管材料的导热系数 λ 是温度的线性函数,即

$$\lambda = \lambda_0 + \alpha(T_2 - T_1) \tag{9-23}$$

式中,λ_0 为颈管材料在 T_0 温度下的导热系数(W/(cm·K))。

以式(9-23)代入式(9-20),则可以得出下列两个方程:

$$Q = A[\lambda_0 + \alpha(T_0 - T_1)]\frac{dT}{dx} \tag{9-24a}$$

$$Q = Q_0 + mc_{pf}(T_2 - T_1) \tag{9-24b}$$

式中,Q 为沿颈管流入液体的实际热量。联解式(9-24a)和式(9-24b),得

$$\frac{L}{A} = \frac{1}{mc_{pf}}\left[\alpha\Delta T + \left(\lambda_0 - Q_0\frac{\alpha}{mc_{pf}}\right)\ln\frac{Q_0 + mc_{pf}\Delta T}{Q_0}\right] \tag{9-25}$$

在实际低温绝热结构的计算中,m 和 Q_0 均是未知的,使用式(9-25)和式(9-22)都不方便,此时可利用方程

$$Q_0 + Q_{r,g,e} = mL_b \tag{9-26}$$

式中,$Q_{r,g,e}$ 为除 Q_0 外传入低温容器的热量(包括辐射传热、剩余气体传热、无冷气冷却的其他固体传热)。

此时,式(9-25)就可以写成

$$\frac{L}{A} = \frac{\lambda}{mc_{pf}}\ln\left[\frac{mc_{pf}(T_2 - T_1)}{mL_b - Q_{r,g,e}} + 1\right] \tag{9-27}$$

也可以写成

$$\frac{L}{A} = \frac{1}{mc_{pf}}\left\{\alpha(T_2 - T_1) + \left[\lambda_0 - \frac{(mL_b - Q_{r,g,e})\alpha}{mc_{pf}}\right]\cdot\ln\left[\frac{mc_{pf}(T - T_0)}{mL_b - Q_{r,g,e}} + 1\right]\right\} \tag{9-28}$$

这样就可以用计算机根据式(9-27)或式(9-28)计算出 m 与 $\frac{L}{A}$、$Q_{r,g,e}$ 以及 Q_0 与 $\frac{L}{A}$、$Q_{r,g,e}$ 的

关系,并绘制成 m、Q_0、$\frac{L}{A}$、$Q_{r,g,e}$ 的有关图表,从而方便得到 m、Q_0。

实际情况下,除在冷端的冷蒸气温度与颈管的壁温相同外,其余部分蒸气温度总是低于管壁温度,即 $T_{fx} < T_{wx}$。可建立下面的方程组:

$$\frac{d}{dx}\left(\lambda_w A\frac{dT_w}{dx}\right) - \pi D\alpha(T_w - T_f) = 0 \tag{9-29}$$

$$mc_{pf}\frac{dT_f}{dx} - \pi D\alpha(T_w - T_f) = 0 \tag{9-30}$$

解此方程组,以 $\overline{\lambda_w}$、$\overline{c_{pf}}$ 分别表示壁面平均导热系数和流体平均定压比热容,得

$$\overline{\lambda_w}A\frac{d^2 T_w}{dx^2} = m\overline{c_{pf}}\frac{dT_f}{dx} \tag{9-31}$$

利用边界条件 $x=0$,$T_{f0} = T_{w0} = T_0$ 并经适当运算,可得

$$\overline{\lambda_w}A\frac{d^2 T_w}{dx^2} + \frac{\overline{\lambda_w}A\pi D\alpha}{m\overline{c_{pf}}}\frac{dT_w}{dx} - \pi D\alpha T_w = \pi D\alpha\left[\frac{\overline{\lambda_w}A}{m\overline{c_{pf}}}\left(\frac{dT_w}{dx}\right)_0 - T_0\right] \tag{9-32}$$

令 $A = \pi D\alpha$，$B = m\overline{c_{pf}}$，$C = \overline{\lambda_w}A$，则式(9-32)可变成

$$\frac{\mathrm{d}^2 T_w}{\mathrm{d}x^2} + \frac{A}{B}\frac{\mathrm{d}T_w}{\mathrm{d}x} - \frac{A}{C}T_w = \frac{A}{C}\left[\frac{C}{B}\left(\frac{\mathrm{d}T_w}{\mathrm{d}x}\right)_0 - T_0\right] \qquad (9-33)$$

由式(9-30)得

$$\frac{\mathrm{d}T_f}{\mathrm{d}x} = \frac{A}{B}(T_w - T_f) \qquad (9-34)$$

上面式中，D 为颈管内径(m)；α 为颈管内壁与蒸发的冷气流之间的放热系数(W/(m^2 · K))；T_f、T_w 分别为冷蒸气流、颈管壁的温度(K)；c_{pf} 为冷气流的定压比热容(kJ/(kg · K))。

利用边界条件和物理条件，能求出式(9-33)和式(9-34)两方程的解，就可以作出实际的 $Q = f(L, Q_{r,g,e})$ 与 $m = f(L, Q_{r,g,e})$ 的关系图。只要知道 L 和 Q，就可以查出 Q_0 和 m。

从上述分析中可以看出，除采用低温度系数的材料、减薄壁管、增加管长等措施外，增加颈管内壁粗糙度和涂黑处理、使用颈塞以及颈管外壁抛光、加绝热层等均可以减少颈部的传热量，提高低温容器的绝热性能。

2. 低温容器的预冷量和加热量计算

1）预冷

容器加液前，要先把容器从环境温度冷却到低温液体温度。在这个过程中，要消耗很多液体，液体的实际消耗量与预冷介质及方法有关。

(1) 最大需液量和最小需液量。

最大需液量 $M_{\max}$：只利用低温液体的汽化潜热来预冷容器的需液量。

最小需液量 $M_{\min}$：既利用低温液体的汽化潜热，又利用冷气流的显热来预冷时所需要的低温液体量。

可按下列公式进行计算：

$$M_{\min} = Gm_{\min} = G\frac{c_m}{c_{pf}}\ln\left[1 + \frac{c_{pf}}{L_b}(T_a - T_s)\right] \qquad (9-35)$$

$$M_{\max} = Gm_{\max} = \frac{Gc_m}{L_b}(T_a - T_s) \qquad (9-36)$$

式中，G 为容器内胆及附件的质量(kg)；c_m 为容器内胆及附件的平均比热容(kJ/(kg · K))；c_{pf} 为冷气体的平均比热容(kJ/(kg · K))；T_a 为环境温度(K)；T_s 为液体的饱和温度(K)；L_b 为液体的汽化潜热(kJ/kg)；$m_{\min}$、$m_{\max}$ 分别为最小单位需液量和最大单位需液量(kg/kg)。

表 9-16 给出了常用低温容器材料预冷时的最大单位需液量 $m_{\max}$ 和最小单位需液量 $m_{\min}$。

表 9-16　预冷时制冷剂液体的单位需要量

冷 却 介 质		只用潜热冷却的最大值 $m_{\max}/(10^{-3}\ \mathrm{m}^3/\mathrm{kg})$	用潜热和显热冷却的最小值 $m_{\min}/(10^{-3}\ \mathrm{m}^3/\mathrm{kg})$
使用液氦 (4.2～300 K)	不锈钢	30.8650	0.7937
	铜	28.6600	0.7937
	铝	59.5250	1.6094
使用液氮 (77～300 K)	不锈钢	0.5291	0.3307
	铜	0.4630	0.2866
	铝	1.0141	0.6393

冷 却 介 质		只用潜热冷却的最大值 $m_{max}/(10^{-3} \ m^3/kg)$	用潜热和显热冷却的最小值 $m_{min}/(10^{-3} \ m^3/kg)$
使用液氢 (4.2~77 K)	不锈钢	1.4551	0.1102
	铜	2.0062	0.1543
	铝	2.8660	0.2205

（2）实际预冷需要的液体量。

它介于最大需液量与最小需液量之间，难以精确计算。在一般情况下，实际需液量可按液体的汽化潜热再加上 20%～30% 冷气显热量来进行计算。表 9-17 列出了某不锈钢预冷的实验值。

从表 9-17 可以看出，为了节约昂贵的液氦，用不同的制冷剂液体进行分段冷却是有利的。例如，在冷却液氢容器时，如果直接用液氦冷却，将比先用液氢后用液氦的分段冷却要多消耗 7 倍的液氦。

表 9-17 不锈钢预冷的实验值（以液氢为冷却剂）

材 料 名 称	不 锈 钢	
长度/m	60.96	19.81
直径/m	0.2032	0.0381
质量/kg	2576.4	45.4
出口尺寸/m	0.0508	0.0063
总需液量（液氢）/kg	102.06	1.769
最大单位需液量（实验值）/(kg/kg)	0.039	0.039
最小单位需液量（实验值）/(kg/kg)	0.037	0.037

（3）绝热层的冷却速率

绝热层的热量传递（平板型）有下列关系式：

$$\frac{q(\tau)}{q} = 1 + 2\sum_{n=1}^{\infty} e^{-(an^2\pi^2\tau/\delta^2)} \tag{9-37}$$

对于球形容器，也有相似的计算公式：

$$\frac{q(\tau)}{q} = 1 + 2\frac{r_i}{r_0}\sum_{n=1}^{\infty} e^{-[an^2\pi^2\tau/(r_0-r_i)^2]} \tag{9-38}$$

式中，$q(\tau)$ 为瞬时冷损失（W）；q 为稳态时的冷损失（W）；a 为导温系数（m^2/s）；τ 为时间（s）；r_i 为绝热层内壁半径（m）；r_0 为绝热层外层半径（m）；δ 为绝热层厚度（m）。

当傅里叶数 $Fo = \tau/\delta^2 > 0.1$ 时，式（9-38）可以改写成近似计算式：

$$\frac{q(\tau)}{q} = 1 + 2e^{-\pi^2 Fo} \tag{9-39}$$

也可以用分析法来求得从注液到热稳定的时间，即 $\dfrac{q(\tau)}{q} = 1$ 时的 τ 值。

2）加热

容器的加热与预冷是反过程，特别对于一些实验容器和需要检修或去除杂质的容器，需要

在液体用完后加热回温到环境温度。此时就需要加热,加热的方法如下:

(1)自然加热,即依靠环境对容器加热;

(2)充气加热,即充入室温气体;

(3)电加热;

(4)破坏真空加热。

3)材料的比热容

低温容器的加热量与预冷量的计算过程,都与内胆壳体材料及绝热材料的比热容有关。表9-18列出了一些常用金属材料和绝热材料在不同温度下的比热容。

表 9-18　常用金属材料和绝热材料的比热容

材料名称	$c_p/[\mathrm{J}/(\mathrm{kg} \cdot \mathrm{K})]$										
焊锡 Sn50,Pb50	1 K	2 K	4 K	6 K	10 K	20 K	40 K	80 K	100 K	200 K	300 K
Sn40,Pb60							101.2	146.2	155.0	173.1	182
伍德合金		0.06	2.30	11.7	47.5						
不锈钢	0.46	0.47	0.47	0.55	0.844	6		251			490
康铜	0.11	0.23	0.49	0.80	1.69	6.80	47.6	184	238	362	410
黄铜 59					4.0	20.1	79.5	234	280	372	385
黄铜 62							246	289	381	391	
紫铜 T2			0.042			7.5	69	178	197	297	385
钛合金						8.41	58.4	229	301	480	539
铝合金						5.02	80	348	473	775	895
纯铝		0.11	0.30	0.50	1.40	6.9	130	376	481	797	902
派瑞克斯玻璃		0.025	0.19	0.74	4.2	27.4					
尼龙 66	0.019	0.152	1.22								
特氟隆		0.3	1.3	4.2	18	176	170	320	386	710	1010
环氧树脂		0.24	2.35	8.0	27.2	81.1					
阿皮松润滑脂	0.031	0.228	2.22	7.24	25.5	94.8	251	521	636	1175	2160

在常温常湿下,绝热层中空气的比热容占总的比热容的比例很小,而在低温下壳体材料与绝热材料的比热容下降很多,这时空气的比热容所占的比例就增大,有时占总比热容的25%以上。因此对非真空型容器进行预冷或加热时,都要考虑空气比热容的影响。

9.3　低温液体的管道输送

1. 管道输送方法

低温液体的管道输送有加压输送、重力输送和液体泵输送等方法。在管道运输中,除容器外,还需有管道、阀门、泵等。

2. 低温液体输送管道

1)低温液体输送管道的种类

低温液体输送管道按是否绝热,可以分成非绝热管道(裸管)和绝热管道两种。绝热管道又分为堆积绝热管道和真空绝热管道。真空绝热管道又分为高真空绝热型、真空粉末绝热型和高真空多层绝热型几种。不同类型的液氢管道从外界导入的热量见表 9-19。

表 9-19　不同类型的液氢管道导入的热量

管 道 类 型	导入的热量/W
非绝热管道	1471
多孔性块状材料绝热管道(10 mm 厚)	220
真空粉末绝热管道(100 mm 厚)	38
高真空绝热管道(管径 32 mm)	32
高真空多层绝热管道	0.88

2) 非绝热管道

非绝热管道(裸管)常用于距离较短的情况下间断输送液氮和液氧。在输送过程中,管道外表面形成霜层,起一定的绝热作用。

非绝热管道结构简单、容重小,有时也可以用于液氢的短距离、大流速输送。

3) 堆积绝热管道

堆积绝热管道是在管外包覆多孔性或纤维状绝热材料,如包覆玻璃纤维、泡沫塑料等。为防止空气和水分的渗透与凝结,常在绝热材料的外表面加隔套,例如包覆浸透环氧树脂的玻璃布和铝箔带或聚酯薄膜。管道绝热层的内、外径之比一般为 5～10。表 9-20 给出了堆积绝热的液氢管道的技术性能。

表 9-20　堆积绝热型液氢管道的技术性能

内径/外径	51/60	127/143	254/273
管道质量/kg	29	122	282
一对法兰质量/kg	3.2	13.1	34.9
绝热层外径/mm	162	295	450
绝热层密度/(kg/m³)	96	96	96
绝热层质量/kg	21	61	119
管道总质量/kg	56	210	472
绝热层比热容/[J/(kg·K)]	1.3×10^5(21 ℃)	1.3×10^5(24 ℃)	1.3×10^5(21 ℃)
绝热层平均导热系数/[W/(m·K)]	3.47×10^{-2}	3.47×10^{-2}	3.47×10^{-2}
管道漏热量/W	586	879	1291
接头漏热量/W	14.7	38.1	102.6
总漏热量/W	600	917	1392
管道法兰预冷量/MJ	2.84	11.93	28.26
绝热层预冷量/MJ	2.01	6.66	13.61
总预冷量/MJ	4.85	18.59	41.87

4) 真空绝热管道

真空绝热管道适用于长时间连续输送液氮、液氧、液氢和液氦。绝热空间真空度为 0.0133 Pa 以上,外管与内管直径之比为 2.0～2.8。

各类真空绝热型输液管基本上都采用套管式结构,如图 9-16 所示。内管常用德银管或不锈钢管,外管常用铜管或不锈钢管。每隔一定的距离,要给内管加上支承结构。支承结构常有三角形、正方形或球环形等。

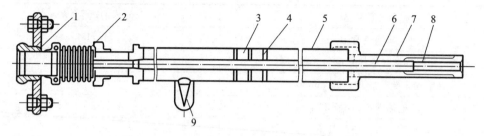

图 9-16 高真空绝热输送管

1—接头;2—波纹管;3—吸附剂;4—支撑片;5—外管;6—内管;7—套管;8—导向管;9—抽气头

真空绝热管道的冷缩补偿非常重要。例如,从室温到液氮温度,每米紫铜管收缩达 2.9 mm;到液氢温度要收缩 3 mm。通常采用波纹管来补偿温度变形,或采用膨胀系数特别小的材料来制作管道。波纹管装配要求低,但易损坏,最好是把波纹管装在外管上,以利于检修。

真空绝热管道的连接方式有插入式活动连接和不可拆连接两种。

真空绝热管道的真空度一般要求在 0.013 Pa 以上。为了保持这个高真空度,可在真空空间内放置一定量的吸附剂,以保持较长时间的静态真空。也有用抽气泵来抽气的动态真空法来保持真空度。还可以在真空空间中充入高沸点的气体,在管道输送低温液体时,这些高沸点的气体冷凝成液体或固体,形成真空。

真空绝热管的冷耗小,预冷量低,它是使用最广泛的一种输液管。

表 9-21 给出了高真空绝热液氢管道的技术要求,表 9-22 则给出了高真空绝热液氢管道的技术性能。

表 9-21 高真空绝热液氢管道的技术要求

公称直径/mm	管道漏热量/(W/m)	接头漏热量/W
50	2.21	11.63
100	4.33	20.00
150	6.35	30.82
200	8.46	46.87
250	10.58	64.55

表 9-22 高真空绝热液氢管道的技术性能

公称管径/mm	50	125	254
管内径/mm	49	123	265
管外径(外夹套)/mm	95	168	324
外管壁厚/mm	2.10	2.76	4.57
内管壁厚/mm	0.89	1.65	4.20
外法兰口径/mm	76	152	305

外管质量/kg	62.5	145	466
内管质量/kg	14.5	65.2	358
一对法兰质量/kg	8.6	21.7	68
支承垫圈数/个	4	4	4
总质量/kg	101	272	1000
管道漏热量/W	26.40	65.59	129.09
接头漏热量/kW	11.75	24.31	64.90
总漏热量/kW	38.15	89.90	193.99
预冷量/kJ	1478	6113	31234

研究表明,高真空绝热管道真空空间的真空度只要达到 1.33 Pa,冷却时间随真空度的变化就不明显。夹套外部尺寸(外管)对冷却过程影响不大。质量流量越大,管路冷却越快。

输液管应沿其流向稍微向上倾斜,长管道中的阀门间应配置泄压装置。

真空粉末绝热管道和真空多层绝热管道,当其绝热层厚度适当时,可以保证其传热量比高真空绝热管道小。真空粉末绝热管道比真空多层绝热管道预冷损耗大,不稳定周期长。例如管径分别为 50 mm 和 254 mm 的真空粉末绝热管道的预冷损耗,要比高真空绝热管道大 40% 和 25%。

为了便于固定设备与可动设备之间输液连接,常采用挠性输液管(或称输液软管)。挠性输液管的内管和外管均采用波纹管,将波纹管之间的绝热空间抽至高真空。为减少辐射漏热,在内管的外面包几层喷铝涤纶薄膜等多层材料。为了保持两管大致上同心,每隔一定的距离加一个支承片,防止内、外管之间的热短路。波纹管通常采用青铜或不锈钢制作,壁厚为 0.15～0.20 mm。在外管的外表面再包一层金属丝编织的保护套或聚氯乙烯,以保护真空空间的真空度。还应考虑在真空夹层中放置适量的吸附剂。

图 9-17 给出了小型挠性管的结构。表 9-23 则给出了一些挠性管的技术性能。

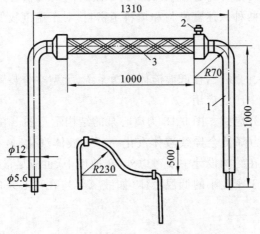

图 9-17　小型挠性输液管结构

1—刚性管;2—抽气管;3—挠性管

表 9-23　挠性管的技术性能

内管直径 /mm	外管直径 /mm	支承片间距 /mm	支承片材料	单位管长的热流 /(W/m)
6～8	16～20	100～200	聚四氟乙烯	1～2
32	60	100～200	聚氯乙烯	1.28

3. 低温液体泵

1）分类和结构特点

低温液体泵是用来输送低温液体，并提高其压力的机械。根据作用原理，低温液体泵可分为叶片式和往复式两大类。叶片式又分为离心式、混流式和轴流式。往复式又分为柱塞式和活塞式。

离心泵是叶片式泵中最常用的一种，有单级和多级之分。柱塞式泵是往复式泵中最常用的一种，有单列和多列之分。

离心式低温液体泵多用于低、中压输送。柱式低温液体泵用于压力高、流量小的系统。

低温液体泵在结构设计方面需注意以下问题：

（1）为保证零件在低温下冷收缩均匀，其结构应对称；

（2）泵的进、出口管路要设有冷收缩的补偿，如金属波纹管补偿等；

（3）常温区与低温区之间的连接零件应选用热导率低的材料制造，以减少导热损失；

（4）尽可能减少低温区工作的零件的热容量，以减少液体的汽化损失，缩短启动时间；

（5）在低温下工作且有相对运动的零件，应尽可能选择线膨胀系数相近的材料来制作，包络零件的线膨胀系数须小于或等于被包络零件的线膨胀系数，以防止冷收缩时产生卡死现象；

（6）对在低温下工作的重要零件，特别是对那些配合要求严格的运动零件（如轴封的动环和静环、柱塞泵的柱塞和缸套等），在进行最后一道精加工之前，必须作冷处理，冷处理温度一般应低于或等于工作温度，处理时间为 1～4 h；

（7）为防止低温液体的汽化，特别要注意泵体及进口处的绝热，一般用珠光砂或发泡材料，对温度很低的液氢泵和液氦泵则常采用真空绝热；

（8）密封是低温泵设计中的关键问题之一，泵的密封采用封闭式或轴封式，轴封式有三种类型，即机械密封（有干式和湿式两种）、迷宫密封和填料函密封，对于温度较低的泵，常采用机械密封。

2）离心泵

离心泵适用于扬程低、流量大的场合，在低温液体输送系统、大型空分装置、冶金工业中制氧设备故障后的氧气补给等过程中广泛应用。

目前国内使用的离心泵均为开启式。图 9-18 为离心泵的结构示意图。在离心泵中，当低温液体流入工作轮的槽道时，压力降低会导致液体汽化。部分液体汽化时，在液体中产生气泡，而发生气蚀。为防止气蚀，除在结构设计中要考虑外，在使用中，也应尽量提高吸入侧的液面高度并加大液体的过冷度。对于密度小的低温液体（如液氢等），在离心泵的吸入口应增加诱导轮，以防产生气蚀。

3）往复式柱塞泵

这种泵适用于输送压力较高而流量不大的低温流体。它既可以用于低温液体的输送（包括装置与容器之间的输送），也可以用来充瓶。用来充瓶时，把低温液体增压到 15 MPa 或更

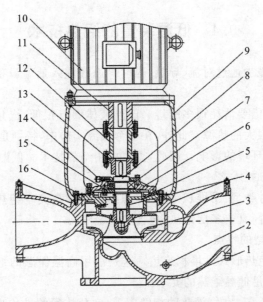

图 9-18　离心泵结构示意图

1—泵体;2—放水塞;3—叶轮;4—机械密封;5—放气阀;6—轴承体;

7—轴承;8—泵轴;9—支架;10—电机;11—电机联轴器;12—中间联轴器;

13—泵联轴器;14—油杯;15—轴承压盖;16—泵盖

高的压力,经过汽化器使低温液体汽化,再充入钢瓶内。

　　往复式柱塞泵的结构如图 9-19 所示。在往复式柱塞泵的结构设计中,减少漏热是一个非常重要的问题。目前一些新型的柱塞泵,均有真空绝热结构,并把泵体做得较长。泵体与柱塞均用不锈钢材料制造。这样可以改善泵体与柱塞的气密性。

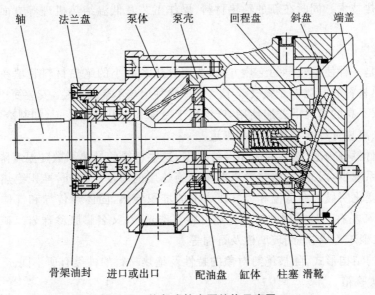

图 9-19　往复式柱塞泵结构示意图

　　通过凸轮轴上两个不同尺寸的凸轮改变柱塞的行程,从而达到改变输液量的目的。液氧从下部的进口管流入泵体外壳中,可对泵体起冷却作用,产生的气氧从上部的管子引出。为了防止液氧漏出和水分、润滑油漏入,在柱塞杆上装有填料,起密封作用。

9.4 低温装置的绝热技术

低温绝热的目的是减少通过对流、导热、辐射等途径漏入低温设备的热量,以维护低温装置的正常工作。

为了获得低温液体,需要消耗很多能量。低温液体沸点很低,汽化潜热小,室温环境相对于低温液体来说是一个很大的热源。此外,在整个低温实验中,特别是在测量与热量有关变量的实验中,必须排除周围环境的影响。因此,需要应用绝热技术。低温绝热技术是整个低温工程学科中广泛应用的基础技术之一。

低温绝热可分为四种类型:①堆积绝热(容积绝热);②高真空绝热;③真空粉末(或纤维)绝热(包含微球绝热);④高真空多层绝热(包含多屏绝热)。

1. 各种低温绝热类型的特点

低温装置中最早的绝热形式是堆积绝热。这是沿用高温保温的绝热形式,由于这种形式绝热效果差,因此不能满足低温绝热的要求。

19世纪后期,随着氧、氮、空气液化的相继实现,空分技术的进一步发展,低温绝热技术也有了较大的发展。1898年出现了双层壁高真空绝热的杜瓦容器。真空粉末(或纤维)绝热理论与实验研究也取得了不断进展。1909年就出现了真空粉末绝热技术。到20世纪30年代,真空粉末绝热广泛应用于以空气分离和液化为代表的低温领域。

20世纪50年代初期出现了高真空多层绝热,它是低温绝热史上的一个重要事件。特别是在50年代末期,由于空间技术的发展,液氢、液氦的用量激增,极大地推动了多层绝热技术的研究与应用。

后来人们对多层绝热和真空绝热技术进行了进一步的研究,发展出效果更佳的真空微球绝热和多屏绝热技术。同时在新的绝热材料、操作工艺及低温绝热机理等方面也取得了很大进展。

1) 堆积绝热

堆积绝热是一种使用较早的绝热方法,选用导热系数小的绝热材料装填在需要绝热的部位,有时在绝热材料的空隙中充氮气或干空气。这种绝热不需要真空,安装简单,可靠,造价低廉,在绝热要求不高的情况下普遍使用,广泛用于冷冻和大型低温装置,如制冷装置、天然气液化装置、空气分离装置等的各种设备和管道。

堆积绝热材料分为泡沫型、粉末型及纤维型,这些材料的导热系数随温度降低和质量减少近似呈线性关系减少,因此,其绝热效果取决于绝热层的厚度。另外,堆积绝热材料的导热系数随吸湿率的变化明显。在低温和大气压力下的堆积绝热,固体热传导和气体传热通常占总漏入热流的90%左右。最常用的堆积绝热材料有珠光砂(又名膨胀珍珠岩)、矿渣棉、碳酸镁、脲醛泡沫塑料、聚苯乙烯、超细玻璃棉及石棉等。

堆积绝热的结构形式,随被绝热对象的特性及绝热材料的种类有所不同。

(1) 低温实验箱。

一般有金属外壳,在其内部安装绝热材料。为了便于安装和防护,有时衬一层内胆。内胆常用薄壁不锈钢板或模压塑料制造。为防止由于壳体不严密而使绝热层受潮,可在绝热层的外面敷设防潮层。在绝热体的安装中,可将绝热材料(如泡沫塑料板)切成合适的尺寸,嵌入外壳与内胆之间,也可用硬质聚氨酯泡沫塑料浇铸成型。采用浇铸成型的绝热结构,对箱体的强度有所加强。

（2）空气分离设备。

在低温下工作的精馏塔和换热器等设备的绝热，也采用堆积绝热的形式，在外壳的内部填充珠光砂等绝热材料。为了防潮，要求外壳有良好的气密性。对于大型设备，可以从换热器中引出少量经复热后的不含水分的产品气体（氮气），或充入一些冷凝温度低于装置表面温度的气体，使绝热层中保持正压，以防止空气及水汽的漏入。

为防止设备在低温下热胀冷缩而使珠光砂下沉和压实，往往会在低温设备的冷表面包覆一层弹性层（如矿棉），再在弹性层外填充珠光砂。

（3）容器及管道。

容器及管道大多是圆柱形，常采用成型的绝热材料。对于移动式容器，操作人员常与设备接触，其绝热结构安装要牢固，并在外面加防护层。为便于识别，还可以在绝热结构的外表面涂上不同的颜色。图 9-20 所示为用管壳砌成的绝热结构。管道外表经除锈并涂有防锈漆或沥青，再敷设绝热材料（一层或几层），并包一层防潮材料（常用沥青、油毡或玛蹄脂玻璃纤维布），然后用铁丝网捆扎，涂抹一层石棉水泥，最后涂上规定的颜色。容器和管道的绝热也可以用型钢及薄壁钢板焊制一个外壳，在夹层中充入珠光砂、矿棉或泡沫材料。还可以用现场发泡的成型方法制成管道或容器的绝热体。总之，绝热结构要视被绝热的对象和选用的绝热材料而定。

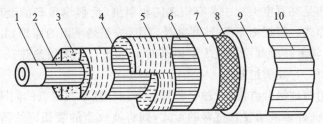

图 9-20　用管壳砌成的管道绝热结构

1—管道；2、4、6—沥青层；3、5—管壳；7—防潮层；8—铁丝网；9—石棉水泥；10—涂色

2）高真空绝热

高真空绝热是将绝热空间抽至 1 mPa 的真空度，以消除绝热空间的气体对流换热和大部分的气体热传导，因此，进入低温设备的热流主要是辐射热。

在高真空绝热中，影响绝热性能的主要因素有两个：

一是夹层的真空度。一般情况下，夹层真空度在 1.33×10^{-3} Pa 以上时，真空度对热流值影响很小。为了获得和保持这样高的真空度，必须在设计和工艺上加以注意。常用吸附剂来保持真空度，吸附剂的种类很多，常用于低温装置的吸附剂有活性炭和分子筛，常温吸附剂有锆石墨等。

二是辐射传热的大小。要减少辐射传热，最有效的方法是降低材料表面的发射率，以及降低热壁的温度。因此，常用低发射率的材料，并使辐射表面高度光亮、清洁，用液氮或冷蒸气冷却热屏等。

单纯的高真空绝热，具有结构简单、紧凑、热容量小、制造方便等优点。对于使用频繁、要求降温和复热快的实验装置（如输液管道，氢、氦液化器），一般采用高真空绝热为宜，但高真空的获得和保持比较困难，不适用于大型设备。

3）真空粉末（或纤维）绝热

这种绝热结构是在绝热空间充填多孔性绝热材料（粉末或纤维），再将绝热空间抽到一定的真空度。研究表明:在绝热空间填充多孔粉末或纤维,只要在低真空的情况下,就可以使气体分子的平均自由程大于粉末粒子(或纤维)之间的间距,从而可以消除气体的对流传热。而残余气体的热传导,也因为气压降低而显著下降。另外,多孔性材料对热射线的反射与吸收(包含散射),也起到了削弱辐射传热的作用。特别是添加一定数量的阻光材料(铜粉或铝粉)后,更有利于减少辐射传热。上述几种因素,使得这种绝热形式的绝热性能比单纯高真空绝热更好,而且避免了获得和保持高真空所带来的诸多困难。

对于这种绝热形式,影响绝热效果的因素除真空度外,还有粉末的粒度、容重、添加剂的种类与数量、界面温度等。所以近年来,有人在直径为 $15\sim150~\mu m$ 的空心玻璃球表面涂上一层铝膜(膜的厚度为几微米),以降低辐射传热,其有效导热系数虽然为多层绝热的 $2\sim4$ 倍,但具有各向同性、强度好、重复性好、安装简单,且适用于形状复杂的情况等一系列优点,因此,这种称为"微球绝热"的形式引起了广泛关注。

真空粉末(或纤维)绝热的优点如下:绝热性能好,优于堆积绝热两个数量级,优于高真空绝热一个数量级,而且真空度要求不高,一般为 $0.1\sim1~Pa$ 即可。这种绝热的缺点是要求夹层间距大、笨重。它适用于大、中型低温贮槽和设备。常用的绝热材料有珠光砂、气凝胶、硅胶及矿物纤维等。

4)高真空多层绝热

高真空多层绝热是在真空夹层中装有很多防辐射屏(反射率很高的金属膜),以此来降低辐射热的一种绝热形式。根据斯蒂芬-玻耳兹曼定律,按照热平衡的原理,并假定发射率相同,在安装 n 个屏以后,辐射热流就可以减少至原来的 $1/(n+1)$。多层绝热是当前绝热性能最好的一种绝热形式,被称为"超级绝热"。

多层绝热常采用两种组合方法:一种是将辐射屏用导热系数很低的间隔物分隔固定,如铝箔加玻璃纤维布;另一种是采用复合材料的形式,如将波纹型的喷铝涤纶薄膜、喷铝植物纤维纸,或一面喷铝,另一面涂二氧化硅的涤纶薄膜直接安装在真空夹层内,装配时比前面一种方便。

常用的多层绝热材料有铝箔、喷铝涤纶薄膜、铝箔纸、玻璃纤维布(纸)、尼龙网、丝绸等。影响多层绝热的因素有材料及其组合方式、真空度、层密度、总厚度、温度、机械负荷及杂质等。多层绝热具有绝热性能优异、质量轻、热容量小、耐久性好、成本适当等优点,广泛应用于中、小型的低温贮液器或绝热要求高的低温装置中。

研究表明,改进低温绝热结构的基本途径有两个:一是有效地抑制辐射传热;二是回收低温液体蒸发的冷蒸气冷量。多屏绝热是一种将多层防辐射屏与蒸气冷却屏相结合的绝热结构。将金属屏与蒸气出口管相连接,利用冷蒸气吸收的显热来冷却辐射屏,以降低热壁的温度,这抑制了辐射传热,提高了绝热效率。这些金属屏蔽层,既是多层绝热的防辐射屏,又可作为蒸气冷却屏,而且还有助于消除多层绝热的纵向导热。多屏绝热是多层绝热的一大改进,它具有绝热效率高、热容量小、质量轻、平衡时间短、制作简单、成本低廉等优点,可用于中、小型储存容器,特别适合于液氮、液氢的储存容器。

2. 绝热材料

除单纯高真空绝热外,所有的绝热结构中均需要采用绝热材料。绝热材料是确定绝热方式和结构的基础。

1)低温绝热材料的基本要求

低温绝热材料的基本要求如下:

（1）导热系数低、密度小；

（2）真空型的绝热材料放气率小、低温下吸附气体性能强；

（3）强度高、经久耐用；

（4）不氧化、不燃烧、不分解、化学性质稳定、对人体无害；

（5）吸湿性小、抗冻性强、膨胀系数小；

（6）适用温区广、来源充足、加工方便、价格便宜。

2）低温绝热材料的种类

低温绝热材料通常分成常用绝热材料和高真空多层（含多屏）绝热材料。

高真空多层绝热材料由高反射性、低辐射率的屏材料和导热系数低的间隔材料组成。屏材料常用铝箔或表面喷镀铝的塑料薄膜，间隔材料常用无碱玻璃纤维布（纸）、尼龙网、植物纤维等。

多层材料也可以选用单面喷镀金属膜、塑料薄膜或波纹型的喷铝薄膜。目前，国内研制了铝箔纸、单面涂二氧化硅的镀铝薄膜（又称 GS-80 多层材料）、填碳纸等新型绝热材料。

常用绝热材料按材质分为矿物质材料和有机质材料。矿物质材料的强度高，不易变质腐蚀，经久耐用，但需要一定的加工设备，而且有些材料的容重和导热系数较大。有机质材料加工方便、价格便宜、热导率小，但易燃易潮，易变质腐蚀。

常用绝热材料按其组织结构，还可以分成泡沫型、粉末型和纤维型三种。泡沫型有泡沫塑料、泡沫玻璃、泡沫混凝土等，粉末型有珠光砂、碳酸镁、气凝胶、软木颗粒、膨胀蛭石及硅藻土等，纤维型有矿渣棉、玻璃棉、石棉等。

3）常用绝热材料的性能

几种典型绝热材料的性能简介如下：

（1）泡沫塑料。

以聚合物或合成树脂为原料，加发泡剂和稳定剂，经加热发泡而成。它具有容重小、导热系数小、耐低温、吸振性好、能抗酸碱腐蚀、施工方便、适用于现场安装以及膨胀系数大、长期使用绝热性能不退化等优点。不同的泡沫塑料还有不同的特点。例如聚苯乙烯泡沫塑料吸湿性小、机械强度大，但有较大的易燃性。聚氨酯泡沫塑料质轻柔软、绝热性好、可进行现场发泡，但价格稍贵。脲醛泡沫塑料容重小，但机械强度差、吸湿性大。

一般的泡沫塑料均容易成型、切割与施工，因而使用很广泛，目前多用于冰箱、小型冷藏装置及低温实验设备中。

液氧设备不宜采用泡沫塑料，因为它有燃烧、爆炸的危险。

（2）泡沫混凝土。

泡沫混凝土是以硅酸盐水泥为原料，加发泡剂制成的多孔性砖石状材料。泡沫混凝土容重大、导热系数偏大、来源广泛、加工容易、成本低、机械强度大，抗冻性、抗燃性、抗腐蚀性好。它可用作建筑绝热材料，在冷库中应用较多。

（3）玻璃棉。

玻璃棉具有导热系数小、耐酸抗腐蚀、不蛀、吸湿率小、无毒、无味、化学性质稳定、容重小、价格低等特点。

（4）珠光砂。

珠光砂具有容重小、导热系数小、吸湿性小、化学性质稳定、适用温度范围广、资源丰富和价格低等优点。它广泛用于低温设备、低温容器及管道的绝热。

3. 绝热材料的热物理性质

1）导热系数

导热系数是绝热材料的最基本的特性，它与很多因素有关，其中影响较大的是温度、压力、密度、含湿量及环境气体。

所有绝热材料的导热系数都随温度的升高而增大，这是因为温度升高，材料孔隙中气体的导热及辐射换热都有所增强。而当压力降低时，材料孔隙中气体的导热减弱，所以材料的导热系数降低，特别是在高真空时其值降低很多。材料的密度减小时孔隙的体积所占的比例增大，此时材料的导热系数降低（气凝胶例外）。绝热材料的导热系数随着含湿量的增大而增大，当含湿量按体积计超过 5% 时，孔隙中的水滴或晶粒开始连接成片，材料的导热系数急剧增加，因此保持材料处于干燥状态很重要。

孔隙中气体的导热是绝热材料导热的重要组成部分，所以环境气体改变时材料的导热系数随之改变。气体的导热系数越大，则气体导热所占比重越大，材料的导热系数就与该气体的导热系数越接近。低温技术中所采用的绝热材料在氦和氢的气氛中的导热系数，可以认为等于这些气体的导热系数，因为氦和氢的导热系数比较大。

2）比热容

绝热材料的比热容是与绝热结构在降温（或升温）时所需的冷量（或热量）有关。比热容的数值越大，需要的冷量（或热量）就越多。绝热材料的比热容随着温度的降低而降低。

3）线膨胀系数

绝热材料受热时的线膨胀系数可用来表征绝热结构在降温（或升温）时的牢固性及稳定性。线膨胀系数越小，绝热结构降温时收缩或破裂的可能性就越小。泡沫状材料的线膨胀系数比较大，这可能是因为当材料受热时孔隙中的气体也要膨胀，而气体的膨胀系数比固体要大得多，因而使泡沫状材料的膨胀系数增大。

参 考 文 献

[1] 张祉祐,石秉三. 低温技术原理与装置[M]. 北京:机械工业出版社,1987.

[2] 沃克 K 著. 热力学(上册)[M]. 马元,等译. 北京:人民教育出版社,1981.

[3] R C Reid,T K Sherwood. Thermophysical Properties of Liquids and Gases[M]. 2nd Ed. Hoboken:Wiley & Sons Inc. ,1975.

[4] R C Reid,J M Prausnltz,T K Sherwood. The Properties of Gases and Liquids[M]. 3rd Ed. New York:Mc Graw-Hill Book Company,1977.

[5] N B Vargafitk. Tables on the Thermophysical Properties of Liquids and Gases[M]. 2nd Ed. Hoboken:Wiley & Sons Inc. ,1975.

[6] 吴沛宜,马元. 变质量系统热力学及其应用[M]. 北京:高等教育出版社,1983.

[7] Rant Z. Exergy,a new word for"technical work capacity"[J]. Forsch Ing Wes,1956,22: 36-37.

[8] Szargut J. Exergy Analysis of Thermal Chemical and Metallurgical Processes[M]. New York:Hemisphere Publishing Corporation,1988.

[9] Koeijer G D,Rosjorde A,Kjelstrup S. Distribution of heat exchange in optimal diabatic-distillation columns[J]. Energy,2004,29(12-15):2425-2440.

[10] Rivero R. Energy simulation and optimization of adiabatic and diabatic binary distillation[J]. Energy,2001,26(6):561-593.

[11] Jimenez E S,Salamon P,Rivero R,et al. Optimization of a diabatic distillation column with sequential heat-exchangers[J]. Ind Eng Chem Res,2004,43(23):7566-7571.

[12] Piccoli R L,Lovisi H R. Kinetic and thermodynamic study of the liquid-phase etherification of isoamylenes with methanol[J]. Industrial and Engineering Chemistry Research,1995,34(2):510-515.

[13] Agrawal R,Fidbowski Z T. On the use of intermediate reboilers in the rectifying section and condensers in the stripping section of distillation column[J]. Ind Eng Chem Res,1996,35(8):2801-2807.

[14] De Koeijer G M,Kjelstrup S,Salamon P,et al. Comparison of entropy production rate minimization methods for binary diabatic distillation[J]. Industrial and Engineering Chemistry Research,2002,41(23):5826-5834.

[15] De Koeijer G M,Kjelstrup S. Minimizing entropy production in binary tray distillation [J]. International Journal of Applied Thermodynamics,2000,3(3):105-110.

[16] Szargut J,Morris D R,Steward F R. Exergy analysis of thermal,chemical and metallurgical processes[M]. New York:Hemisphere Publishing Corporation,1988.

[17] Le Goff P,Cachot T,Rivero R. Exergy analysis of distillation processes[J]. Chem Eng Technol,1996,19:478-485.

[18] Rivero R,Anaya A. Exergy analysis of industrial processes,energy economy ecology

[J]. Latin American Applied Research,1997,27(4):191-205.

[19]　袁一,胡德生.化工过程热力学分析法[M].北京:化学工业出版社,1985.

[20]　李玉刚,李晓明,强光明,等.甲苯二胺精制过程节能改造的有效能分析[J].过程工程学报,2004,4(5):406-409.

[21]　李文辉,蔡日新.蒸馏过程热力学效率的分析[J].化工设计通讯,1996,22(2):60-64.

[22]　蒋旭,厉彦忠.高纯氮装置的有效能分析与计算[J].化学工程,2014,42(11):20-24.

[23]　何耀文,陈霭璠.有效能分析法讲座(三)[J].化学工程,1979,3:111-120.

[24]　W·弗罗斯特.低温传热学[M].北京:科学出版社,1982.

[25]　吴世功,张善森,等.低温工程学基础[M].上海:上海交通大学出版社,1991.

[26]　[日]田朝静一主编.低温[M].叶士禄,等译.北京:《低温工程》编辑部,1980.

[27]　郭方中.低温传热学[M].北京:机械工业出版社,1989.

[28]　侯炳林,朱学武.高温超导储能应用研究的新进展[J].低温与超导.2005,43(3):46-50.

[29]　陈国邦.低温工程材料[M].杭州:浙江大学出版社,1998.

[30]　A Arkharov,I Marfenina,Y Mikulin. Theory and Design of Cryogenic Systems[M]. Moscow:MIR Publishers,1981.

[31]　郑德馨,袁秀玲.低温工质热物理性质表和图[M].北京:机械工业出版社,1982.

[32]　舒泉声,等.低温技术与应用[M].北京:科学出版社,1983.

[33]　李化治.制氧新工艺及新设备[M].北京:冶金工业出版社,2005.

[34]　吴彦敏.气体纯化[M].北京:国防工业出版社,1983.

[35]　[日]北川浩,铃木谦一郎.吸附的基础与设计[M].北京:化学工业出版社,1983.

[36]　陈伟民.提取五种稀有气体的空分流程[J].深冷技术,1987,(2):3-7.

[37]　Kays W M,London A L. Compact Heat Exchangers[M]. 3rd ed. New York:McGraw-Hill,1984.

[38]　陈长青.多股流板翅式换热器的传热计算[J].制冷学报,1982,(1):30-41.

[39]　陈长青.变物性小温差换热器积分温差的精确计算[J].深冷技术,1984,(3):14.

[40]　徐烈,朱卫东,汤晓英,等.低温绝热与贮运技术[M].北京:机械工业出版社,1999.

[41]　徐烈,方荣生,马庆芳,等.低温容器——设计、制造与使用[M].北京:机械工业出版社,1987.

[42]　陈国邦,张鹏.低温绝热与传热技术[M].北京:科学出版社,2004.